Moderne Biowissenschaften **Band 16**

L. A. Blumenfeld · Probleme der molekularen Biophysik

L. A. BLUMENFELD

Probleme der molekularen Biophysik

Autorisierte Übersetzung
in deutscher Sprache
herausgegeben von
Dr. sc. nat. GÜNTER LASSMANN, Berlin

mit 36 Abbildungen und 9 Tabellen

AKADEMIE-VERLAG · BERLIN
1977

Originaltitel:

Л. А. Блюменфельд
Проблемы биологической физики
Издательство „Наука", 1974

Aus dem Russischen übersetzt von
Dipl.-Phys. Bernd Ebert, Berlin

Erschienen im Akademie-Verlag, 108 Berlin, Leipziger Straße 3—4

Lizenznummer: 202 · 100/507/77
Gesamtherstellung: VEB Druckhaus „Maxim Gorki", 74 Altenburg
Bestellnummer: 762 056 5 (2148/16) · LSV 1315
Printed in GDR
DDR 36,–

Vorwort des Autors zur deutschen Ausgabe

Die Vorbereitung der deutschen Ausgabe meiner Monographie fiel in die Zeit der Vorbereitung der zweiten sowjetischen Ausgabe. Dadurch wurde es möglich, in der Übersetzung eine Reihe von Änderungen zu berücksichtigen, die durch das Erscheinen neuer Befunde nach der Veröffentlichung der ersten Ausgabe bedingt waren und die sich aus zahlreichen Diskussionen zu den Grundfragen des Buches, die ich in den vergangenen zwei Jahren führen konnte, ergaben.

Die Behauptung, wonach biologische Systeme auf verschiedenen Organisationsniveaus als Maschinen betrachtet werden können, wurde in letzter Zeit zur Selbstverständlichkeit. Jedoch bei der Untersuchung der Mechanismen der wichtigsten elementaren physikalischen und chemischen Prozesse, die in der lebenden Zelle ablaufen, wird dieser „Maschinencharakter" gewöhnlich nicht berücksichtigt. Alle benutzen die klassischen Vorstellungen der chemischen Thermodynamik und Kinetik, die in Anwendung auf statistische Systeme entwickelt wurden. Eigentlich stellt die vorliegende Monographie den Versuch dar, eine Antwort auf folgende Frage zu geben: Wenn die biologischen Systeme bereits auf ihrem makromolekularen Niveau tatsächlich Maschinen darstellen, wie muß sich dann der wissenschaftliche Formalismus ihrer Beschreibung ändern?

Viele Annahmen und Schlußfolgerungen in der Monographie sind absichtlich übertrieben dargestellt. Das geschah deshalb, um die verbreiteten Standpunkte deutlicher gegenüberstellen zu können.

Zum Schluß möchte ich meine Anerkennung gegenüber G. Lassmann und B. Ebert für die ausgezeichnete Übersetzung dieses Buches in die deutsche Sprache zum Ausdruck bringen.

Moskau, Mai 1976 L. A. Blumenfeld

Vorwort des Herausgebers

Die Molekularbiologie zählt zu den Wissenschaftszweigen, die sich zur Zeit am dynamischsten entwickeln. Ihr physikalischer Teil — die molekulare Biophysik — hat in der Sowjetunion eine gute Tradition. Professor Blumenfeld, der auf viele Jahre wissenschaftlicher Arbeit auf diesem Gebiet zurückblicken kann, hat am Lehrstuhl für Biophysik der Physikalischen Fakultät der Moskauer Staatsuniversität eine Schule der molekularen Biophysik geschaffen, aus der seit über 15 Jahren physikalisch ausgebildete Molekular-Biophysiker hervorgegangen sind. Es ist deshalb zu begrüßen, daß Prof. Blumenfeld wesentliche Ideen aus seiner Spezialvorlesung „Probleme der modernen Biophysik" im vorliegenden Buch niedergelegt und damit einem wesentlich größeren Leserkreis zugänglich gemacht hat. Das Buch geht jedoch über eine Vorlesungsniederschrift weit hinaus. Der Autor unterzieht eine Reihe von Ergebnissen zu fundamentalen biologischen Prozessen einer kritischen Betrachtung vom Standpunkt der Physik aus. Er umreißt dabei den derzeitigen Kenntnisstand auf einigen ausgewählten Gebieten der molekularen Biophysik. Der besondere Wert des Buches besteht darin, daß der Autor auf Grund seiner kritischen Analyse molekularbiologischer Ergebnisse Problemstellungen formuliert, deren künftige Bearbeitung mit physikalischen Methoden und Prinzipien (experimentell wie theoretisch) ein tieferes Verständnis komplizierter biologischer Prozesse verspricht.

Die Auswahl der Probleme ist durch das Interesse und die bisherigen Arbeitsrichtungen des Autors bestimmt, umfassen aber so fundamentale Probleme, wie z. B. Sinn des Ordnungsgrades biologischer Systeme; Statistische Physik von Biopolymeren; Physik der Konformationsänderungen von Biomakromolekülen; Physik der Enzymkatalyse; Physik des innerzellulären Elektronentransfers und Physik bioenergetischer Prozesse.

Auf dem deutschsprachigen Büchermarkt gibt es nichts Vergleichbares. Die deutsche Übersetzung des Buches „Probleme der molekularen Biophysik" wurde mit der ausdrücklichen Absicht herausgegeben, die Entwicklung der *molekularen* Biophysik und damit auch die der Molekularbiologie in unserem Land zu fördern. Die Molekularbiologie ist eine noch vergleichsweise junge Wissenschaft, die hauptsächlich die Struktur und Funktion von Biopolymeren (d. h. im wesentlichen Proteine und Nucleinsäuren) sowie ihre verschiedenartigen Wechselwirkungen mit physikalischen und chemischen Methoden untersucht. Zunächst soll das Buch dem nicht unmittelbar auf diesem Gebiet tätigen aber interessierten größeren Leserkreis die Denkweise und Problematik des physikalischen Teils der Molekularbiologie ohne das Studium der Originalliteratur nahebringen. Ferner soll dem an physikalischen Methoden interessierten Molekularbiologen der Kenntnisstand und die Möglichkeit der Physik bei der Lösung einiger komplexer biologischer Prozesse aufgezeigt und der Zugang zur einschlägigen Fachliteratur

(nahezu 500 Literaturstellen bis einschließlich 1972 in einigen Fällen auch bis 1973 erfaßt) erleichtert werden.
Durch das Entgegenkommen des Autors und des Akademie-Verlages war es möglich, Ergänzungen zum Text infolge neuerer Arbeiten, die erst in der 2. Auflage des Titels in der Sowjetunion erscheinen, bereits in der vorliegenden deutschen Ausgabe zu berücksichtigen. Dadurch spiegelt das Buch den Kenntnisstand bis 1975 wider.
Ein wesentliches Anliegen der deutschen Ausgabe besteht darin, einerseits den Biophysik-Studenten höherer Semester ein lehrbuchhaftes Material für das Selbststudium in die Hand zu geben und andererseits dem in der Forschung stehenden Molekular-Biophysiker Anleitung bei der Interpretation seiner Ergebnisse und zugleich Anregung bei Problemdiskussionen zu geben.
In der deutschen Ausgabe wurde die Gliederung des Buches übernommen und versucht, den eigenen spezifischen Stil und die häufig akzentuiert zum Ausdruck gebrachte persönliche Meinung des Autors weitgehend zu erhalten. Die im Literaturverzeichnis im allgemeinen nicht übliche Mitführung von Titeln der Arbeiten wurde im Interesse eines größeren Informationsangebots ebenfalls übernommen.
Der deutsche Herausgeber möchte an dieser Stelle den Herren Dr. sc. W. Damerau, Dr. D. Schwarz und Dr. H. Sklenar für klärende Diskussionen bei der Abfassung des deutschen Manuskriptes sowie Frau Grunow vom Akademie-Verlag für die verständnisvolle Unterstützung bei der Herausgabe des Buches danken und der Hoffnung Ausdruck geben, daß die deutsche Ausgabe einen ebensolchen Zuspruch finden möge, wie das bei der 1. Auflage des Originals in der Sowjetunion der Fall war.

Berlin, im März 1976 Günter Lassmann

Vorwort

Dieses Buch entspricht im wesentlichen der vom Autor am Lehrstuhl für Biophysik der physikalischen Fakultät der Moskauer Staatsuniversität gehaltenen Vorlesung „Probleme der modernen Biophysik". Die Hörer dieser Vorlesung sind Studenten und Aspiranten des Lehrstuhls, die gute Vorkenntnisse auf dem Gebiet der Physik und Biologie besitzen. Beim Schreiben des Buches habe ich versucht, die Thematik einem großen Leserkreis zugänglich zu machen, d. h. Physikern, die sich in der Biologie nicht auskennen und Biologen, die die Physik nicht beherrschen, aber ich bin nicht sicher, ob mir das gelungen ist.

Das Buch ist weder ein Lehrbuch noch eine systematische Abhandlung eines Wissensgebietes. Ich bin der Auffassung, daß in der modernen Biophysik — darunter sollen Gebiete der Biologie verstanden werden, mit denen sich Wissenschaftler mit einer gründlichen physikalischen oder physiko-chemischen Ausbildung beschäftigen — in den letzten Jahren so viele konkrete Resultate erzielt wurden, daß die Zeit reif ist, einige allgemeine Fragen zu behandeln. Das vorliegende Buch dient der Behandlung dieser allgemeinen Fragen, deren Auswahl wesentlich durch die Neigungen und Interessen des Autors bestimmt wird.

Obwohl im Buch — wie aus der Gliederung hervorgeht — eine Reihe von Problemen der Biophysik behandelt wird, stellen diese im wesentlichen verschiedene Seiten eines Problems dar, das meiner Meinung nach das interessanteste ist, nämlich die Beziehungen zwischen Statistik und Mechanik in biologischen Systemen. Nach meinem Dafürhalten ist das Problem für die moderne Physik, wie auch für die moderne Biologie gleich aktuell. Die umfangreichen Untersuchungen biologischer Objekte auf makromolekularem Niveau veranlaßten die Physiker Systeme zu betrachten, die keiner getrennten statistischen oder mechanischen Beschreibung zugänglich sind. Die Monographie ist eigentlich der Analyse der aus dieser Betrachtungsweise folgenden Behauptungen gewidmet.

Vor der Drucklegung wurden viele Kapitel des Manuskriptes von einigen meiner Mitarbeiter und Freunde gelesen, deren Anmerkungen sehr nützlich bei der Überarbeitung des Textes waren. Zu besonderem Dank verpflichtet bin ich W. J. Pasechnik, der fast das ganze Manuskript kritisch durchgesehen hat, sowie S. E. Shnoll, A. P. Purmal, A. L. Buchachenko, E. K. Ruuge, A. F. Vanin, V. S. Deshcherevski (†) und F. J. Ataulakhanov.

Ausführliche Diskussionen mit D. S. Chernavski über viele Probleme, die in diesem Buch behandelt werden, halfen bei der Formulierung einer Reihe von Hypothesen und Gedanken.

Außerdem möchte ich die Gelegenheit nutzen, um N. P. Kirpichnikova und A. I. Klimov für die Hilfe bei der Vorbereitung der Abbildungen zu danken.

Meine „biologische Weltanschauung" entwickelte sich durch die langjährige Bekanntschaft mit Nikolai Vladimirowich Timofejev-Ressovski. Ich möchte gegenüber Nikolai Vladimirowich meine tiefe Verehrung und den Dank für alles, was ich von ihm in Miassowo, am Mosheisker Meer, in Obninsk und in Moskau gelernt habe, zum Ausdruck bringen.

L. A. Blumenfeld

Inhalt

1

Einführung

1.1. Was versteht man unter Biophysik?

In diesem Buch werden grundlegende Probleme der Biophysik behandelt. Es erscheint zweckmäßig, mit einigen Bemerkungen allgemeinen Charakters zum Inhalt dieser Wissenschaft zu beginnen.

Der Begriff „Biophysik" ist heute weit verbreitet. In vielen Ländern der Welt werden Zeitschriften unter dieser Bezeichnung herausgegeben, existieren Institute und Lehrstühle für Biophysik und gibt es Wissenschaftler, die sich Biophysiker nennen. Jedoch allein der Begriff dieser Wissenschaft führt bereits häufig zu Mißverständnissen. Existiert eventuell eine „biologische Physik", d. h. eine besondere Physik der lebenden Materie, die sich von der Physik, deren Gesetze die Schüler und Studenten lernen, unterscheidet? Die Antwort auf diese Frage ist gewissermaßen ein philosophisches Problem, das zur heutigen Zeit nicht streng begründet werden kann, für das aber trotzdem jeder, der sich mit der Untersuchung der lebenden Materie beschäftigt oder es vorhat, eine Antwort finden muß.

Deshalb greife ich ein wenig vor und formuliere meine Antwort zu dieser Überzeugungsfrage, die ich im weiteren zu begründen versuche, obwohl ich wiederholen möchte, daß das streng genommen nicht begründet werden kann. *Für die vollständige Beschreibung und das Verständnis des Baus und der Funktion aller existierenden biologischen Systeme sind die uns bekannten Grundgesetze der Physik im Prinzip vollkommen ausreichend.*[1])

Man muß dabei zwei Besonderheiten beachten. Die erste besteht darin, daß von den *Grund*gesetzen der Physik gesprochen wird. Hierbei haben wir die gleiche Situation wie bei der Beschreibung der Struktur und Funktion komplizierter mechanischer oder elektrotechnischer Anlagen. Die Konstruktionsgesetze dieser Anlagen können genauso kompliziert und spezifisch sein, es kommt jedoch niemand auf die Idee, für ihre Beschreibung neue physikalische Gesetze zu suchen, z. B. für die Eigenschaften einer vorgegebenen speziellen Schaltung eines Fernsehapparates. Diese Eigenschaften können sich konkreten und komplizierten Gesetzmäßigkeiten unterordnen, jedoch können sie auf der Grundlage physikalischer Prinzipien, nach denen die Elemente der Anlage wirken, und auf der Basis der Kenntnis der *Konstruktion* und der *Organisation* der Anlage vollständig verstanden und logisch hergeleitet werden. Für die Beschreibung einer jeden neuen Anlage, die sich von der anderen durch ihre Eigenschaften und Konstruktion unterscheidet, ist es nicht notwendig, eine neue Physik zu schaffen.

Die zweite Besonderheit besteht darin, daß die zu untersuchenden biologischen Systeme a priori als gegeben und existierend zu betrachten sind. Das bedeutet, daß im Rahmen

---

[1]) Hier wurde nicht an die chemischen Gesetze gedacht, die im Prinzip ebenfalls für ihre Begründung keine neuen physikalischen Postulate erfordern.

der bereits oben formulierten „Überzeugungsfrage“ die Biophysik noch nicht in der Lage ist, Probleme der chemischen und biologischen Evolution, die zur Entstehung der belebten Materie führen, zu lösen. Aber gerade die Theorie der biologischen Evolution, deren Grundlagen Darwin schuf, ist der Hauptinhalt der Biologie als der Wissenschaft vom Leben.

Im Zusammenhang damit bedingt die Tatsache, daß die existierenden biologischen Systeme als Ergebnis einer langzeitigen chemisch-biologischen Evolution entstanden sind, vollkommen jene physikalischen und chemischen Mechanismen sowie die Besonderheiten der Struktur biologischer Objekte, die in diesem Buch behandelt werden.

Somit wäre es wahrscheinlich richtiger, die Biophysik als den Teil der Biowissenschaften zu bezeichnen, in dem man heute auf der Grundlage der Prinzipien und Methoden der Physik arbeiten kann, d. h. mit anderen Worten, als den Teil der Biologie, in dem Forscher mit einer gründlichen physikalischen Ausbildung erfolgreich arbeiten können. Es ist verständlich, daß die Biophysik bis jetzt nur einen geringen Teil der ganzen Biologie ausmacht. Nach der optimistischen Meinung des Autors, wird sich dieser Teil im Laufe der Zeit stetig vergrößern und asymptotisch die ganze Biologie erfassen. *Heute ist die Biophysik der Teil der Biologie, der sich mit den physikalischen Prinzipien des Baus und der Funktion einiger verhältnismäßig einfacher biologischer Systeme befaßt, jedoch der diese als etwas Gegebenes betrachtet und sich* **nicht** *direkt mit der Frage ihrer Entstehung und Evolution beschäftigt.*

Jetzt wird es notwendig zu konkretisieren, was man in der obigen Diskussion unter „*Verständnis* des Baus und der Funktion aller existierenden Systeme“ zu verstehen hat. Wenn ein Wissenschaftler behauptet, daß er die chemischen Eigenschaften des Benzols versteht, bedeutet das für ihn die Möglichkeit, wenigstens im Prinzip logisch den ganzen Weg über die wichtigsten Postulate der Quantenmechanik, Elektrodynamik und der statistischen Physik bis hin zur Erklärung der Reaktionsfähigkeit und anderer chemischer Charakteristika jenes komplizierten Gebildes, das aus der räumlichen Anordnung von 6 Kohlenstoffkernen, 6 Protonen und 42 Elektronen besteht, zu durchlaufen.

Tatsächlich durchläuft niemand diesen Weg, denn er ist mit gewaltigen mathematischen Schwierigkeiten verbunden und ohne Zuhilfenahme grober Näherungen nicht gangbar. Man ist sich jedoch darüber einig, daß es hier unsinnig wäre, neue prinzipielle physikalische Postulate, die nicht aus der relativ geringen Zahl der schon vorhandenen folgen, einzuführen. Selbstverständlich werden auf diesem Weg eine Vielzahl chemischer Gesetze formuliert und einige von ihnen haben eine erhebliche verallgemeinernde Wirkung erlangt (z. B. das Periodensystem von D. J. Mendelejev), man kann jedoch in jedem Fall denselben Weg durchlaufen, ohne neue Postulate einzuführen.

Man sollte hierbei betonen, daß der Weg von den grundlegenden Postulaten bis zu konkreten Resultaten in der Mehrzahl der Fälle nicht beschritten werden muß, mehr noch, daß dieses sogar unsinnig wäre. Das würde die bewußte Absage von der Ausnutzung der großen Vielzahl chemischer Gesetzmäßigkeiten, die als Ergebnis der Forschungen vieler „Wissenschaftlergenerationen“ gefunden wurden und die im Endeffekt den Inhalt der Chemie ausmachen, bedeuten. Auf die wiederholt gestellte Frage, die in gewissem Grade ihren Sinn verloren hat, nämlich ob man chemische Gesetze auf physikalische zurückführen kann, müßte man wahrscheinlich so antworten: Im Prinzip ist das möglich, aber in der Regel unnötig!

Natürlich gibt es in der Forschung auch andere Situationen. Elektrische und magnetische Vorgänge kann man unmöglich auf der Grundlage der Mechanik ohne die Einführung neuer Postulate erklären. Diese Postulate sind die Verallgemeinerung von

Experimenten und folgen nicht logisch aus den Gesetzen der Mechanik. Die Einführung neuer Postulate ist wahrscheinlich immer mit der Einführung neuer universeller Konstanten verbunden (im betrachteten Beispiel mit der Einführung der Konstanten c). Beim Übergang von der Makrophysik zur Mikrophysik benötigt man die Postulate der Quantenmechanik und dabei erhält man die universelle Konstante[1]) *h*.

Die Überzeugungsfrage, von der vorher die Rede war, besteht eigentlich in der Bestätigung, daß sowohl in der Chemie, wie auch in der Biophysik zum Verständnis der Gesetzmäßigkeiten des Baus und der Funktion biologischer Systeme keine Notwendigkeit zur Einführung neuer Postulate und universeller Konstanten besteht.

Wie schon erwähnt, erschöpfen die physikalischen und chemischen Grundgesetze der in biologischen Systemen ablaufenden Prozesse in keinem Fall die Biologie. Die Grundlage der Biologie ist die Lehre von der biologischen Evolution. Das heißt natürlich nicht, daß zum Verständnis der biologischen Evolution neue physikalische Postulate nötig sind. Der erste Schritt des Evolutionsprozesses ist im Endeffekt die identische Reduplikation, d. h. die Reproduktion des Biopolymerkomplexes, der die genetische Information trägt und das Entstehen von Strukturvarianten, die durch spontane Mutationen hervorgerufen werden [144].

Wahrscheinlich wird die biophysikalische Theorie der biologischen Evolution von der Existenz des deutlichen Unterschiedes zwischen Phänotyp und Genotyp in einer beliebigen Einheit der belebten Materie ausgehen müssen; d. h. vom Unterschied zwischen dem Organismus, der unmittelbar mit der Umwelt in Wechselwirkung tritt und der in ihm enthaltenen Information über seinen Bau, die den Umweltbedingungen nicht unmittelbar ausgesetzt ist.

Die wichtigste Besonderheit des Prozesses der biologischen Evolution besteht darin, daß die Elementarakte der Änderung der Erbeigenschaften, die Mutationen, nur im Genotyp erfolgen, während Änderungen der Umwelt nur zu nichtvererbbaren Änderungen des Phänotyps führen.

Die Verbindung zwischen den phänotypen und genotypen Änderungen, d. h. die im wesentlichen Maße durch die Umwelt bestimmte folgerichtige Änderung des Genotyps, erfolgt durch den von Darwin entdeckten Prozeß der natürlichen Auslese. Eigentlich handelt es sich um die Evolution des Genotyps, die sichtbar wird in der Veränderung des Phänotyps.

Bei der Schaffung einer Theorie der biologischen Evolution kann man im Prinzip die Frage des Mechanismus der Weitergabe der im Genotyp enthaltenen Information über die Art der Umwandlung der Änderung des Genotyps in die des Phänotyps, d. h. die Frage des Mechanismus der Ontogenese, vernachlässigen. Die modernen mathematischen Evolutionstheorien gehen so vor. Unter Berücksichtigung unseres Wissensniveaus ist das wahrscheinlich auch der richtige Weg. Zwar führt die Teilung der Probleme der Evolution und Ontogenese zur Lösung des ersteren in Form eines mathematischen Kalküls, hinterläßt aber ein Gefühl der Unzufriedenheit.

Viele Forscher, die von den Errungenschaften der Molekularbiologie der letzten Jahre begeistert sind, denken, daß die Entwicklung der Biochemie der Nucleinsäuren und Nucleoproteide, die Aufklärung der Mechanismen der Replikation von DNS-Phagen sowie die Biosynthese und Regulation der Proteinsynthese uns auf direktem Wege zum wirklichen Verständnis der Mechanismen der Ontogenese und zur bequem verfolgbaren

[1]) Zwei Typen physikalischer Theorien, die die Einführung neuer Postulate und universeller Konstanten fordern, bzw. nicht fordern, findet man in [16, 282].

Änderung des Phänotyps führen. Man muß jedoch daran erinnern, daß das bis jetzt auf diesem Gebiet der Biologie auf molekularem Niveau Erforschte sich nur auf die Mechanismen der erbbaren Änderungen der Proteinmoleküle bezieht. Aber der weite Weg vom Protein bis zum ersten Kennzeichen des Lebens ist noch nicht erklärt und ohne diesen Weg zu durchlaufen ist ein wahrhaftes Verstehen und Erklären des Evolutionsprozesses nicht möglich. Ich denke, daß die Lösung dieser wichtigen Aufgabe der modernen Wissenschaft vor allem neue Ideen und Erkenntnisse erfordert. Leider werden diese Erkenntnisse vorläufig zu dem Teil der Biologie gehören, der noch nicht zur Biophysik gehört.

Im nächsten Kapitel wird über die Versuche, die Probleme der biologischen Evolution mit Hilfe der Thermodynamik zu erklären, berichtet.

Zwischen den Situationen in der Biophysik und in der Chemie gibt es einen wesentlichen Unterschied. Der Chemiker kennt meist den sogenannten „logischen Weg" von der Struktur seines Objektes (Moleküle oder Molekül) bis zu seinen chemischen Eigenschaften, und die Schwierigkeiten, die auf diesem Weg entstehen, sind in der Regel technischer Natur. Der Biophysiker kennt in der Mehrzahl der Fälle den logischen Weg von der Struktur zu den Funktionsweisen und den Eigenschaften nicht. Er ist nur fest davon überzeugt, daß ein solcher Weg existiert.

1.2. Die Bestandteile der Zelle und ihre spezifischen Eigenschaften

Bis jetzt haben wir von „biologischen Systemen", der „belebten Materie", usw. gesprochen, ohne genauer zu bestimmen, von welchen Objekten die Rede ist. Die Einteilung nach belebten und unbelebten Objekten wird in der Biologie ziemlich formal getroffen. Die Mehrzahl der Biologen ist der Meinung, daß das Leben mit der Zelle beginnt. Bei der Betrachtung biophysikalischer Probleme wird es für uns selten nötig sein, die Grenzen der Zelle zu überschreiten. Deshalb verabreden wir formal, daß wir — wenn nicht speziell etwas anderes vereinbart wird — unter den Bezeichnungen „biologisches System", „belebte Materie", usw. einfach die Zelle verstehen wollen.

Vor allem ist hervorzuheben, daß in der Zelle die gleichen Elemente des Periodensystems enthalten sind, wie in den Objekten der unbelebten Natur. Es existieren keine chemischen Elemente, die *nur* dem Leben eigen sind. Betrachtet man die elementaren, niedermolekularen Einheiten, aus denen im Endeffekt jede Zelle besteht, z. B. Aminosäuren der Proteine, Nucleotide der Nucleinsäuren, Monomere der Polysaccharide, Coenzyme, usw., so zeigt sich, daß auch hier keine prinzipiell neuen Verbindungen, keine neuen Bausteine, die nur von lebenden Systemen benutzt werden, existieren. Genau die gleichen oder ähnliche Verbindungen synthetisieren und untersuchen die Chemiker, die mit eindeutig unbelebten Objekten arbeiten.

Bei einer detaillierten Analyse dieser niedermolekularen Bausteine ergeben sich eine Reihe interessanter allgemeiner Gesetzmäßigkeiten. Obwohl diese Gesetzmäßigkeiten nicht spezifisch für die belebte Materie sind, könnte man denken, daß eine Auswahl von Eigenschaften dieser Elementarbausteine irgend etwas Wesentliches für die Funktion lebender Systeme enthält. Die wichtigsten niedermolekularen Komponenten sind: Nucleotide, Porphyrine, Flavine, Chinone, einige Aminosäuren, Karotinoide, usw., die eine Reihe gemeinsamer Eigenschaften besitzen. Sie sind charakterisiert durch eine

relativ niedrige Elektronenanregungsenergie, durch niedrige[1]) Ionisationspotentiale und hohe[1]) Elektronenaffinität sowie durch Elektronenpolarisierbarkeit.
Kurz gesagt, es scheint, als ob alle chemisch aktiven Gruppen für die Teilnahme an Prozessen, die den Elektronentransport erfordern, bestimmt sind.
Bei der Untersuchung der Struktur elementarer niedermolekularer Bestandteile, aus denen die Zelle besteht, muß man noch eine interessante Besonderheit beachten, nämlich, daß gleiche chemische Strukturen an den verschiedensten Prozessen beteiligt sind. Nikotinsäureamid-adenin-dinucleotid (NAD) und Nikotinsäureamid-adenin-dinucleotidphosphat (NADP) haben in der Zelle eine wasserstoffübertragende Funktion. Sie bestehen aus stickstoffhaltigen Basen, einem Zucker-Fünfring (Ribose) und einem Phosphorsäurerest. Adenosintriphosphat (ATP) ist Speicher und Quelle der Energie für die wichtigsten innerzellulären Prozesse und besteht ebenfalls aus einer stickstoffhaltigen Base, aus Phosphorsäureresten und Ribose. Die Monomere der Nucleinsäuren, die für die Erhaltung und Weiterleitung der Erbinformation bestimmt sind und die Eiweißsynthese gewährleisten, bestehen aus den gleichen Gruppen. Die „Armut der Phantasie“ der Natur ist verblüffend. Wenn ein Chemiker eine spezielle wasserstoffübertragende Verbindung synthetisieren müßte, so wäre es möglich, daß er anders vorgehen würde. Es entsteht der Eindruck, als ob die Natur für verschiedene Zwecke die Stoffe benutzt hatte, die gerade „zur Hand“ waren. Von diesem Standpunkt aus gibt es keine einzigartigen Besonderheiten in der Chemie der niedermolekularen Komponenten der Zelle. Wahrscheinlich könnte man das Leben auch aus anderen niedermolekularen Bausteinen aufbauen. Die Einzigartigkeit der Chemie des Lebens besteht lediglich darin, daß sie in Milliarden Jahren chemischer und biologischer Evolution realisiert und gefestigt wurde.

Häufig wird die Behauptung vertreten, daß das Problem nicht in der speziellen chemischen Zusammensetzung, sondern in der Einzigartigkeit der Sequenz der Monomere in den Kettenmolekülen der Nucleinsäuren und Proteine besteht. In dieser Hypothese steckt ein gewisser Sinn. Wir wissen z. B., daß die Sequenz der Nucleotide in allen existierenden DNS-Molekülen festgelegt ist, und daß die Anordnung dieser Monomere den Aufbau aller Zellproteine und praktisch aller Eigenschaften des einzelligen und wahrscheinlich auch des vielzelligen Organismus determiniert. Folgt daraus aber, daß nur diese bestehenden einzigartigen Sequenzen mit dem Leben zu vereinbaren sind?
Dazu berechnen wir auf elementarem Wege die Wahrscheinlichkeit des spontanen Entstehens wenigstens einer der heute auf der Erde existierenden Monomersequenzen im DNS-Molekül. Als Resultat der Rechnung erhalten wir die obere Grenze dieser Wahrscheinlichkeit, weil alle Näherungen, die wir vornehmen, den gesuchten Wert nur vergrößern.
Wir setzen voraus, daß alle heute existierenden Nucleotidsequenzen nicht deshalb einzigartig sind, weil gerade *sie* sich als Resultat der chemischen und biologischen Evolution festigten, sondern weil sie chemisch einzigartig sind, d. h. daß gerade *sie* mit dem Leben vereinbare Eigenschaften der biologischen Systeme gewährleisten. Wie groß ist dann die Zahl dieser Anordnungen? Nehmen wir an, daß die Biosphäre auf der Erdoberfläche die Dicke von 1 km hätte und vollkommen durch DNS-Moleküle mit einem Molekulargewicht 10^6 und der Dichte 1 ausgefüllt wäre. Die Anzahl der DNS-Moleküle in der Biosphäre läge dann in der Größenordnung von 10^{41}. Weiterhin mögen alle DNS-Moleküle unterschiedliche Nucleotidsequenzen besitzen, d. h. nach unserer

[1]) Niedrig und hoch heißt hier: im Vergleich zur Mehrzahl organischer Verbindungen.

Voraussetzung hieße das, daß die Zahl der einzigartigen mit dem Leben zu vereinbarenden Sequenzen gleich 10^{41} ist.
Die Gesamtzahl der möglichen Anordnungen im doppelsträngigen DNS-Molekül mit einem Molekulargewicht von 10^6 (die Zahl der Nucleotide in einem Strang beträgt ungefähr 1500) das aus 4 verschiedenen Nucleotidtypen besteht, ist $4^{1500} \approx 10^{900}$. Ferner soll im Verlauf der Existenz der Erde ($\approx 10^{10}$ Jahre oder 10^{17} sec) alle 10^{-8} sec auf jedem Quadratnanometer der Erdoberfläche (die Oberfläche der Erdkugel hat die Größe von etwa 10^{32} nm^2) die Synthese *eines* Polynucleotids aus der Zahl der möglichen Sequenzen erfolgen. Die Wahrscheinlichkeit, daß dabei wenigstens einmal ein DNS-Molekül mit einer einzigartigen Anordnung der Nucleotide aus der Zahl der 10^{41} existierenden entsteht, ist $3 \cdot 10^{17} \cdot 10^8 \cdot 10^{32} \cdot 10^{41} \cdot 10^{-900} \approx 10^{-800}$.

Auf den ersten Blick scheint es so, als ob der Berechnung die Forderung der gleichzeitigen Polymerisation aller 1500 Nucleotide zugrunde liegt. Das ist nicht der Fall. Genau das gleiche Resultat erhält man, wenn die Synthese nach beliebigem Mechanismus und zeitlich gedehnt unter kontinuierlichem Anwachsen des Molekulargewichts verläuft (natürlich vergrößert sich die Zeit für einen Syntheseakt, aber die gesuchte Wahrscheinlichkeit verringert sich). Es ist lediglich notwendig, daß zwischen den Nucleotidsequenzen entlang der Kette keine wesentliche Korrelation auftritt. Auf der Grundlage dessen, was wir heute über die Nucleotidsequenzen in der DNS und die Aminosäuren in den Proteinen wissen, kann man behaupten, daß die letztgenannte Forderung erfüllt ist.
Das Ergebnis der Rechnung gestattet zwei miteinander unvereinbare Schlußfolgerungen:

1. Die Entstehung des Lebens ist unmöglich. 2. Die Hypothese über die chemische Einzigartigkeit der existierenden Sequenzen ist falsch. Die erste Schlußfolgerung ist offensichtlich falsch. Das läßt die Schlußfolgerung zu, daß die in der belebten Natur in den Biopolymeren realisierte Anordnung der Monomere sich von den anderen nur dadurch unterscheidet, daß sie existieren, jedoch ihre chemischen und physikalischen Eigenschaften an sich nicht einzigartig sind.
Somit liegt die Einzigartigkeit des Aufbaus der Biopolymere im biologischen Bereich. Diese Strukturen wurden einzig und allein durch die langandauernde biologische Evolution möglich. Offensichtlich mußte der chemische Bau der niedermolekularen Zellkomponenten und der Biopolymere nur einer vergleichsweise geringen Anzahl allgemeiner Forderungen genügen. Das Resultat (d. h. die belebte Materie) hängt im geringen Maße von der konkreten chemischen Struktur und den physikalischen Merkmalen ab, die zufällig in den früheren Evolutionsetappen realisiert wurden. Im Prinzip hätten es auch andere Baugruppen und fast beliebige Sequenzen sein können!

1.3. Zielstellung des Buches

Wie bereits erwähnt, ist das Buch den grundsätzlichen Problemen der Biophysik gewidmet. Die biologischen Systeme wollen wir als gegeben betrachten, nämlich entstanden als Ergebnis des Evolutionsprozesses. Behandelt werden nicht nur mehr oder weniger gelöste Probleme sondern auch vollkommen ungelöste (die letzteren stellen die überwiegende Mehrheit der Probleme, vor denen der Physiker steht, der belebte Systeme untersucht). Schließlich werden auch Scheinprobleme und solche Fragen behandelt, die sich bei eingehender Betrachtung als sinnlos erweisen, auch wenn man ihnen momentan viel Platz in der Literatur einräumt.

Die folgenden drei Kapitel sind thermodynamischen Fragen gewidmet, zu denen eine Reihe widersprüchlicher Meinungen existiert. Auf der Grundlage der Analyse experimenteller Daten und theoretischer Vorstellungen gelangen wir zu dem Schluß, daß die biologischen Systeme und ihre Bestandteile (angefangen bei den wichtigsten Biopolymeren) mechanisch-statistische Maschinen darstellen. Die „Mechanik" garantiert hinreichend große Relaxationszeiten, die für alle wichtigen innerzellulären Prozesse notwendig sind, die „Statistik" aber den hohen Grad an Zuverlässigkeit.

In den nachfolgenden Kapiteln werden physikalische Aspekte der Konformations- und Konfigurationsänderungen von Makromolekülen, der Enzymkatalyse, der Prozesse des Elektronentransfers und der Energieumwandlung, die vom Standpunkt des Autors aus für die Mehrzahl der in der lebenden Zelle ablaufenden Prozesse bestimmend sind, betrachtet. Die Auswahl der konkreten Beispiele entspricht den Kenntnissen und persönlichen Interessen des Autors. Der Umstand, daß im Buch Prozesse der Proteinsynthese und Molekulargenetik nicht betrachtet werden, ist ein Mangel. Als Rechtfertigung kann man anführen, daß die Anzahl von Übersichten, Artikeln und Monographien, die diesem Gebiet der Molekularbiologie gewidmet sind, bereits ausreichend groß ist.

2

Der Ordnungsgrad biologischer Strukturen

2.1. Sind biologische Strukturen wirklich so „geordnet“?

In fast jedem Buch, das theoretischen Fragen der Biologie und Biophysik gewidmet ist, findet man die Behauptung über den erstaunlichen Ordnungsgrad biologischer Strukturen, der auf allen Organisationsebenen vom Makromolekül bis zum Organismus sichtbar wird. Eine der wichtigsten Ideen des hervorragenden Buches von SCHRÖDINGER: „Was ist Leben?“ [189], die eine große Rolle bei der Entwicklung der modernen Biophysik in den vierziger Jahren spielte, besteht darin, daß die belebten Systeme sich von „negativer Entropie ernähren“. Der Meinungsstreit über „Antientropie-Tendenzen des Lebens“ der bis zur Behauptung vom „Antientropie-Charakter der biologischen Evolution“ geht, nimmt einen allgemeinen Platz nicht nur bei den Biologen und Philosophen sondern auch bei einigen Physikern ein.
In der Tat, setzt der räumliche und zeitliche Ordnungsgrad den Wissenschaftler in Erstaunen, wenn er biologische Strukturen und Prozesse (Zellteilung, Morphogenese) untersucht. Die Verwunderung ist jedoch eine emotionelle Kategorie. Wenn man behauptet, daß der Ordnungsgrad eines Systemes höher sei als der eines anderen, dann ist es notwendig, den Ordnungsgrad zu messen. Nach den Gesetzen der Physik existiert bisher nur eine Größe, die den Ordnungsgrad eines Objektes angibt, nämlich seine Entropie. Deshalb gehört zur Aufgabenstellung dieses Kapitels der Entropievergleich von Systemen aus der belebten und unbelebten Natur, d. h. eine Bewertung der Entropieänderung die mit dem Entstehen der biologischen Organisation verbunden ist.
Vergleiche und Abschätzungen die von physikalischen Prinzipien ausgehen, führen zu der Schlußfolgerung, daß die biologischen Systeme keinen ausnehmend hohen Ordnungsgrad besitzen, und das bei der belebten Materie keinerlei „Antientropie-Tendenzen“ zu finden sind. Deshalb ist es notwendig, den objektiven Inhalt vom besonderen Ordnungsgrad belebter Systeme, der sich hinter unklaren Vorstellungen verbirgt, herauszuarbeiten. Dabei erhebt sich die sehr delikate Frage nach dem *Sinn* des Ordnungsgrades. Der zweite Teil dieses Kapitels wird der Betrachtung dieser Frage gewidmet.

2.2. Entropie und Information

„Ich warf einen Würfel fünfmal und jedesmal die Zwei.“ „Aus einem Kartenspiel mit 32 Karten zog ich auf gut Glück eine Karte, es war die Pik Dame.“ „Gestern regnete es in Moskau.“ In welcher dieser drei Mitteilungen ist mehr Information enthalten?
Das Problem der Berechnung der absoluten Informationsmenge, die in einer Mitteilung enthalten ist, wurde im Jahre 1949 gelöst [449]. Wie bekannt ist, wird die Informations-

menge I durch folgende Formel bestimmt:[1])

$$I = \lg_2 \left(\frac{P_1}{P}\right) \tag{2.1}$$

wobei P die a priori-Wahrscheinlichkeit eines Ereignisses (die Wahrscheinlichkeit vor dem Eintreffen der Information) und P_1 die Wahrscheinlichkeit nach dem Eintreffen der Information ist. Der Einfachheit halber nehmen wir an, daß alle Informationen zutreffend und eindeutig sind, d. h. $P_1 = 1$. Dann gilt

$$I = -\lg_2 P. \tag{2.2}$$

Als Einheit für I wird die Informationsmenge angenommen, die in einer zutreffenden Mitteilung über ein Ereignis, dessen a priori-Wahrscheinlichkeit gleich 1/2 ist, enthalten ist. Diese Einheit der Informationsmenge erhielt die Bezeichnung „bit" (aus dem Englischen „binary digits").

Im ersten Beispiel gilt: $P = \left(\frac{1}{6}\right)^5 = \frac{1}{7776}$ und $I = \lg_2 7776 = 12{,}9$ bit. Beim zweiten Beispiel ist $I = -\lg_2 \left(\frac{1}{32}\right) = 5$ bit. Zur Berechnung der in der dritten Mitteilung enthaltenen Informationsmenge muß man die a priori-Wahrscheinlichkeit der Regentage in Moskau kennen. Nach den Angaben einer mehrjährigen Statistik hat Moskau im Mittel 170 Regentage im Jahr. Somit ergibt sich $I = -\lg_2 \frac{170}{365} \approx 1{,}1$ bit.

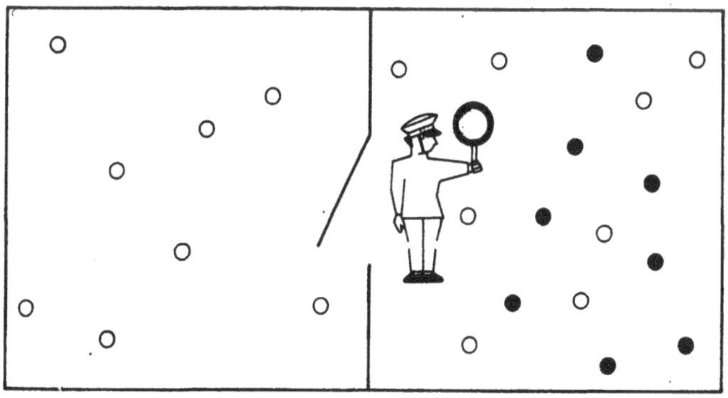

Abb. 2.1 Maxwellscher Dämon

20 Jahre vor dem Erscheinen der Arbeiten von SHANNON beschäftigte sich auf dem Gebiet der Informationsanalyse der ungarische Physiker SZILLARD mit der Lösung eines von MAXWELL im Jahre 1871 [395] formulierten thermodynamischen Paradoxons. Der Grundgedanke ist folgender: Man hat ein isoliertes System, einen Gasbehälter, der durch eine Trennwand in zwei Teile geteilt wird. In der Trennwand befindet sich ein Türchen und ein „Dämon" (einerlei, ob intelligentes Wesen oder Automat), der mit der Fähigkeit ausgerüstet ist, einzelne Gasmoleküle zu sehen und langsame von schnellen zu unterscheiden (Abb. 2.1). Der „Dämon" öffnet das Türchen nur dann,

---

[1]) Diese Formel ist für den vereinfachten Fall richtig, daß $\frac{1}{P}$ *gleichwahrscheinliche* Ereignisse stattfinden können.

wenn ein schnelles Molekül von rechts auf das Türchen zufliegt. Die Tätigkeit des „Dämons" führt dazu, daß sich das Gas im linken Teil erwärmt und im rechten abkühlt. Somit würde im isolierten System Wärme vom kalten zum warmen Körper geleitet, und die Entropie würde sich im Widerspruch zum zweiten Hauptsatz der Thermodynamik vermindern.

An der Lösung dieser Frage arbeiteten mehrere Wissenschaftlergenerationen. Jedoch erst SZILLARD [468], der eine vereinfachte Variante des Paradoxons von MAXWELL untersuchte (in einem Gefäß mit einem Kolben befindet sich nur *ein* Gasmolekül), schenkte der Notwendigkeit des Gewinns von Information über die Moleküle besondere Aufmerksamkeit und entdeckte die Zusammenhänge zwischen Information und thermodynamischen Eigenschaften. Einen großen Beitrag zum Verständnis des Wesens dieser Beziehungen leisteten DEMERS [272, 273], ROTHSTEIN [439, 440] und BRILLOUIN [39].

Die Lösung des MAXWELLschen Paradoxons durch BRILLOUIN ist folgende: Der Dämon kann die Moleküle nur dann sehen, wenn er (oder ein Teil der Konstruktion, die Dämon genannt wird) sich mit dem übrigen System nicht im thermodynamischen Gleichgewicht befindet. Im anderen Fall kann der Dämon innerhalb des Behälters nur die Strahlung eines absolut schwarzen Körpers sehen, dessen Intensität und dessen Spektrum nur von der Temperatur abhängt. Darum muß der Dämon mit einer Taschenlampe ausgerüstet sein, wobei sich die Temperatur des Glühfadens von der Temperatur des Systems unterscheiden muß (der Dämon muß die Moleküle beleuchten!). Die genaue Analyse zeigt, daß alle Operationen, die mit dem Gewinn von Information verbunden sind, unbedingt zur Erhöhung der Entropie des Systems führen; wenigstens (im Idealfall) um die Größe, um die der Dämon die Entropie unter Ausnutzung seiner Information senken kann.

Viele Autoren, die ähnliche Probleme betrachteten (besonders die sich auf die Biologie beziehen), benutzen die Bezeichnung *Negentropie,* wobei sie darunter einfach die Entropie mit negativem Vorzeichen verstehen. Der Sinn der Einführung dieser Bezeichnung ist schwer zu verstehen. Ist es nicht gleich, ob man über die Erhöhung der Negentropie oder über die Verringerung der Entropie spricht? Schließlich ist die Negentropie nichts anderes als die BOLTZMANNsche-H-Funktion. Jedoch aus historischen Gründen setzt man vor diese Funktion das Minuszeichen und nennt es Entropie. Es sind keine vernünftigen Gründe ersichtlich, die zu einer erneuten Änderung des Vorzeichens Anlaß geben.

Die oben genannte Beziehung zwischen Entropie und Information wurde von BRILLOUIN in Form des sogenannten *Negentropieprinzips der Information* formuliert.

a) Information führt zu einer Entropiesenkung des Systems und umgekehrt (d. h. man kann die Information zur Entropiesenkung des Systems und die Senkung der Entropie für den Informationsgewinn nutzen). Im Idealfall können bei reversiblem Ablauf der entsprechenden Prozesse solche Umwandlungen im Prinzip ohne Verluste erfolgen.

b) Im Verlauf eines beliebigen Experimentes, das unser Wissen über das System vergrößert (das Information über das System liefert), vergrößert sich die Entropie des Systems oder seiner Umgebung. Diese Vergrößerung ist gleich (für reversible Prozesse) oder übersteigt (für irreversible Prozesse) die Senkung der Entropie des Systems auf Kosten der erhaltenen Information.

Den Zusammenhang zwischen Entropie und Information kann man auf folgende Weise erläutern. Es sei der Makrozustand eines Systems gegeben, d. h. gegeben sind mit einem bestimmten Genauigkeitsgrad solche Parameter wie Volumen, Druck, Temperatur, chemische Zusammensetzung, äußere elektrische Felder, Magnetfelder und Gravitationsfelder, usw. Für jeden Makrozustand des Systems existiert eine Reihe von Mikrozuständen (im Mikrozustand sind die Zustände aller Teilchen, aus denen das System besteht, mit einer Genauigkeit, die die Unschärfe-Relation erlaubt, bestimmt). Die Anzahl der Mikrozustände, die dem Makrozustand entsprechen, sei gleich W (bei Temperaturen oberhalb des absoluten Nullpunkts ist diese Zahl für beliebige Makrosysteme riesig). W wird als thermodynamische Wahrscheinlichkeit oder statistisches Gewicht des Systems bezeichnet. Alle W Mikrozustände, die einem gegebenen Makrozustand entsprechen, haben die gleiche a priori-Wahrscheinlichkeit. Zu wissen in welchem Mikrozustand sich das System befindet, heißt, alles über das System zu wissen. Versuchen wir die Informationsmenge über ein System im gegebenen Makrozustand zu berechnen, die notwendig ist, um den Mikrozustand eindeutig zu bestimmen. Mit anderen Worten, welche Informationsmenge fehlt für die vollkommene Beschreibung des Systems im gegebenen Makrozustand? Nehmen wir an, daß wir eine Serie von Experimenten durchgeführt und den Mikrozustand bestimmt haben[1]).

Vor dem Versuch war die a priori-Wahrscheinlichkeit, daß sich das System im gegebenen Mikrozustand befand, gleich $\frac{1}{W}$ nach dem Versuch wurde sie gleich 1. Die erhaltene Informationsmenge ist entsprechend (2.2)

$$I = -\lg_2 \frac{1}{W} = \lg_2 W. \tag{2.3}$$

Außerdem wird die Entropie S eines Systems durch die Planck-Boltzmann-Formel mit der thermodynamischen Wahrscheinlichkeit W verknüpft.

$$S = k \cdot \ln W \tag{2.4}$$

$k = 1{,}38 \cdot 10^{-16}$ erg · grad^{-1}, oder $3{,}31 \cdot 10^{-24}$ Entropieeinheiten in Clausius (Cl) (1 Cl = 1 cal · grad^{-1}) bedeutet die Boltzmann-Konstante.

Es ist leicht zu erkennen, daß die Formeln (2.3) und (2.4) bis auf einen mit einer Dimension behafteten konstanten Faktor übereinstimmen. Somit ist die Entropie des Systems nichts anderes, als die Informationsmenge, die zur umfassenden Beschreibung des Systems fehlt. Die Größen I und S sind tatsächlich identisch. Die Situation ist hier die gleiche, wie auch im Fall des Zusammenhangs der Gesamtenergie eines Teilchens mit seiner Masse, die entsprechend $E = m \cdot c^2$ durch den konstanten Faktor c^2 miteinander verknüpft sind. Analog ist die Energie eines Strahlungsquants mit seiner Strahlungsfrequenz, durch den konstanten Faktor h verbunden ($E = h\nu$). Um von der durch „bit" ausgedrückten Informationsmenge zur Entropie in Clausius zu gelangen, muß man den Logarithmus zur Basis 2 in den natürlichen umwandeln und mit k multiplizieren. Somit erhalten wir

$$S\,(\mathrm{Cl}) = 2{,}3 \cdot 10^{-24} \cdot I\,(\mathrm{bit}). \tag{2.5}$$

Einige Wissenschaftler zweifeln die oben genannten Überlegungen an. Sie meinen, daß das Anerkennen der Äquivalenz von Entropie und Information, die zur umfassenden Beschreibung des Systems fehlt, zur Anerkennung der Abhängigkeit eines objektiven physikalischen Parameters nämlich der Entropie von einem subjektiven Faktor — der

---

[1]) In Wirklichkeit ist das unmöglich.

Vollständigkeit unseres Wissens für das System — führen könnte. Diesen Zweifeln liegen jedoch Mißverständnisse zugrunde. Der Grad der Unbestimmtheit der Mikrozustände bei einem gegebenen Makrozustand des Systems ist ein vollkommen objektiver Parameter. Dieser vergrößert sich zum Beispiel mit dem Ansteigen der Temperatur durch die Vergrößerung der Zahl der möglichen Mikrozustände. Wenn ein Forscher versucht, die Entropie des Systems zu senken, indem er Experimente mit dem Ziel der Verminderung der Zahl der möglichen Mikrozustände durchführt (z. B. Vergrößerung der Meßgenauigkeit der Makroparameter), so führt nach dem Prinzip von Brillouin die im Meßprozeß in das System hineingetragene Störung zum Anwachsen der Entropie um einen Betrag, der auf keinen Fall kleiner ist als die Senkung der Entropie des Systems, die als Ergebnis der zusätzlich erhaltenen Information über den Zustand des Systems entsteht. Interessant ist, daß für Makrosysteme, jede beliebige, denkbare Vergrößerung der Meßgenauigkeit der Makroparameter zu einer verschwindend kleinen Senkung der Entropie durch die zusätzlich erhaltene Information führt. Betrachten wir ein einfaches Beispiel. Die Änderung der Entropie bei der Verdampfung von einem Gramm Wasser beträgt $\approx$ 1,8 Cl bei 40 °C. Bestimmen wir den Makrozustand durch Vergrößerung der Meßgenauigkeit der Temperatur von $\pm 10\,°C$ auf $\pm 10^{-6}\,°C$ genauer, so kann man mit guter Näherung annehmen, daß die Zahl der möglichen Mikrozustände dem Temperaturintervall proportional ist.

Als Resultat der genaueren Temperaturmessung erhalten wir dann eine Verminderung der Zahl der möglichen Mikrozustände um $\frac{20}{2 \cdot 10^{-6}} = 10^7$. Die zur vollkommenen Beschreibung des Systems fehlende Information senkt sich um $\lg_2 10^7 \approx 23{,}3$ bit, die Entropie aber nur um $5 \cdot 10^{-23}$ Cl, d. h. um einen verschwindend geringen Teil der Meßgröße!

Zu dieser Problematik sei noch ein Hinweis gestattet. Strenggenommen haben die Begriffe Entropie und thermodynamische Wahrscheinlichkeit nur für Gleichgewichtszustände Gültigkeit. Deshalb ist den Zahlenwerten der Entropie für biologische Systeme die gleiche Bedeutung beizumessen, die ihnen in der Nichtgleichgewichtsthermodynamik zukommt (s. Kap. 3.).

2.3. Entropie und biologischer Ordnungsgrad

Viele der in der Zelle ablaufenden chemischen Prozesse sind mit wesentlichen Entropieänderungen (sowohl Erhöhung als auch Senkung) verbunden. Diese Änderungen unterscheiden sich durch nichts von den unter gewöhnlichen Bedingungen ablaufenden chemischen Reaktionen. Sie werden durch nichts spezifisch Biologisches charakterisiert. Im vorliegenden Abschnitt werden wir die Entropieänderungen, die wesentlich durch den „biologischen" Ordnungsgrad entstehen, berechnen. Unter „biologischem" Ordnungsgrad wollen wir verstehen:

1. Den Ordnungsgrad des Baus vielzelliger Organismen aus Zellen;
2. Den Ordnungsgrad des Baus von Zellen aus Biopolymeren;
3. Den Ordnungsgrad des Baus von Proteinen und Nucleinsäuren (wir beschränken uns auf DNS) aus den entsprechenden Monomeren.

Diese Berechnungen sind natürlich grobe Näherungen, sie können jedoch eine Antwort auf die uns interessierende Grundfrage geben: Gibt es thermodynamische Kriterien des biologischen Ordnungsgrades?

1. *Der Ordnungsgrad des Baus vielzelliger Organismen aus Zellen*

Der Körper des Menschen setzt sich aus rund 10^{13} Zellen zusammen. Unter ihnen mögen keine austauschbaren Zellen und keine Paare gleicher Zellen sein. Das heißt, daß die relative Verteilung der Zellen einzigartig ist. Die notwendige Informationsmenge für den Bau einer einzigen Struktur aus $(10^{13}!)$ möglichen ist gleich

$$I = \lg_2 (10^{13}!) \approx 10^{13} \cdot \lg_2 10^{13} \approx 4 \cdot 10^{14} \text{ bit}. \tag{2.6}$$

Somit beträgt die Senkung der Entropie, auf Grund des Ordnungsgrades, beim Bau des menschlichen Organismus

$$\Delta S = 2 \cdot 10^{-24} \cdot 4 \cdot 10^{14} \approx 10^{-9} \text{ Cl}. \tag{2.7}$$

2. *Der Ordnungsgrad des Baus der Zellen aus Biopolymeren*

Die Anzahl der Biopolymermoleküle (Proteine, Nucleinsäuren, Phosphorlipide und andere) in der Zelle ist im Mittel gleich 10^8. Gehen wir wieder von dem Postulat aus, daß alle Moleküle verschieden sind und ihre relative Verteilung die einzig mögliche ist, dann ist die Informationsmenge für den Bau einer Zelle aus fertigen Polymeren gleich

$$I = \lg_2 (10^8!) \approx 10^8 \cdot \lg_2 10^8 \approx 2{,}6 \cdot 10^9 \text{ bit}. \tag{2.8}$$

Für alle Zellen des menschlichen Organismus erhalten wir $2{,}6 \cdot 10^{22}$ bit, was einer Entropiesenkung um $\Delta S = 6 \cdot 10^{-2}$ Cl entspricht (in dieser Größe ist der oben berechnete Wert ΔS für den Bau des Organismus aus Zellen berücksichtigt).

3. *Der Ordnungsgrad des Baus von Proteinen und DNS aus Monomeren*

Der Organismus des erwachsenen Menschen besteht aus rund 7 kg Proteinen und rund 150 g DNS, was $3 \cdot 10^{25}$ Aminosäure- und $3 \cdot 10^{23}$ Nucleotidresten entspricht. Für die Schaffung einer einzigen Sequenz aus $20^{3 \cdot 10^{25}}$ möglichen sind für Proteine rund $1{,}3 \cdot 10^{26}$ bit Information notwendig. Im Fall der DNS sind rund $6 \cdot 10^{23}$ bit erforderlich. Bei der Umrechnung auf die Entropie erhalten wir für die Proteine, bzw. die DNS rund 300 Cl, bzw. 1 · Cl (in diese Größen gehen die weiter oben berechneten ΔS-Werte der Bildung des Organismus aus Zellen und des Baus der Zellen aus Biopolymeren automatisch mit ein).

Somit ist der Ordnungsgrad der biologischen Organisation des menschlichen Körpers nicht größer als 301,5 Cl, wobei die Anordnung der Aminosäurereste in den Proteinmolekülen den größten Beitrag zu diesem Ordnungsgrad leistet. Eine solche Entropiesenkung bei der Entstehung der kompliziertesten biologischen Organisation — des menschlichen Körpers — wird mit Leichtigkeit durch triviale physikalische und chemische Prozesse kompensiert. So kann man z. B. eine Entropieerhöhung um 300 Cl durch die Verdampfung von 170 cm³ Wasser oder durch die Oxidation von 900 g Glukose erreichen.

Die oben angeführten Berechnungen zeigen, daß die Entstehung und Entwicklung der

biologischen Organisation thermodynamisch gesehen so gut wie „kostenlos“ ist. Die Entropie einer Menge von 10^{13} einzelligen Organismen unterscheidet sich kaum von der Entropie des Menschen der aus 10^{13} Zellen besteht.
Allen Diskussionen über die sog. „Antientropie-Tendenzen“ der biologischen Evolution, bzw. über den ausschließlichen Ordnungsgrad der belebten Materie liegt ein eindeutiges Mißverständnis zugrunde. Den thermodynamischen Kriterien entsprechend ist ein beliebiges biologisches System nicht geordneter als ein Stück Stein des gleichen Gewichts.

2.4. Der Sinn des biologischen Ordnungsgrades

Obwohl die Ausführungen und Berechnungen, die im vorangegangenen Abschnitt angeführt wurden, kaum zu bestreiten sind, hinterlassen sie trotzdem ein Gefühl der Unzufriedenheit. Man kann sich schwer von dem Gedanken trennen, daß irgendwo ein Fehler steckt: Ist nicht der beeindruckende Ordnungsgrad der biologischen Struktur und der biologischen Prozesse ohne alle Berechnungen völlig klar! Wenn die Physik behauptet, daß dieser Ordnungsgrad „nichts kostet“, so möchte man sagen: um so schlimmer für die Physik! Intuitiv empfindet man, daß die biologischen Strukturen einen besonderen qualitativ anderen Ordnungsgrad besitzen, den man zwar in Entropieeinheiten messen kann, aber viel für das Verständnis der Spezifik der belebten Materie darf man dabei nicht erwarten.
Wie leicht zu sehen ist, liegt unserer intuitiven Erkenntnis vom besonderen Ordnungsgrad der biologischen Strukturen der Umstand zugrunde, daß dieser Ordnungsgrad *sinnvoll* ist. Der Ordnungsgrad, der belebten Materie — die in ihr enthaltene Information — *hat einen Sinn.* Sinn ist ein teleologischer Begriff — sinnvoll ist das, was ein Ziel hat. Muskel-, Nerven- und andere Zellen des Herzens sind deshalb so geordnet, daß das Herz genau so arbeitet und nicht anders. Die Moleküle verschiedener Proteine und Phospholipide in den Membranen der Mitochondrien sind deshalb *so* geordnet, daß in diesen Membranen Prozesse des Elektronentransfers und der Energieakkumulation mit hoher Effektivität ablaufen können. Die Aminosäurereste im γ-Globulinmolekül sind deshalb *so* geordnet, damit dieses Protein eine spezifische immunologische Aktivität besitzt.
Wir wollen versuchen, Klarheit darüber zu erhalten, was der Sinn des biologischen Ordnungsgrades ist, welche Eigenschaften ein System besitzen muß, dessen Ordnungsgrad einen Sinn hat. Soviel mir bekannt ist, stellte sich zuerst KASTLER diese Frage und versuchte sie in einer kleinen, aber inhaltsreichen Monographie „Die Entstehung der biologischen Organisation“ [77] zu beantworten. Im folgenden werden wir KASTLERS Prinzip zur Lösung dieser Fragestellung verwenden und einige seiner Beispiele anführen.
In einem umfangreichen Wasserbehälter sei eine große Menge von Nucleotiden gelöst, d. h. Monomere, aus denen die Desoxyribonucleinsäure (DNS) besteht. In der Lösung sollen sich vier verschiedene Nucleotidsorten befinden: Desoxyadenosin-5'-Phosphat (A), Desoxyguanosin-5'-Phosphat (G), Desoxycytidin-5'-Phosphat (C) und Desoxythymidin-5'-Phosphat (T). Zwischen den Nucleotidmolekülen können beliebige Polykondensationsreaktionen ablaufen, die zur Bildung von Di-, Tri- und anderen Polynucleotiden

(Einstrangpolymere) führen, z. B.:

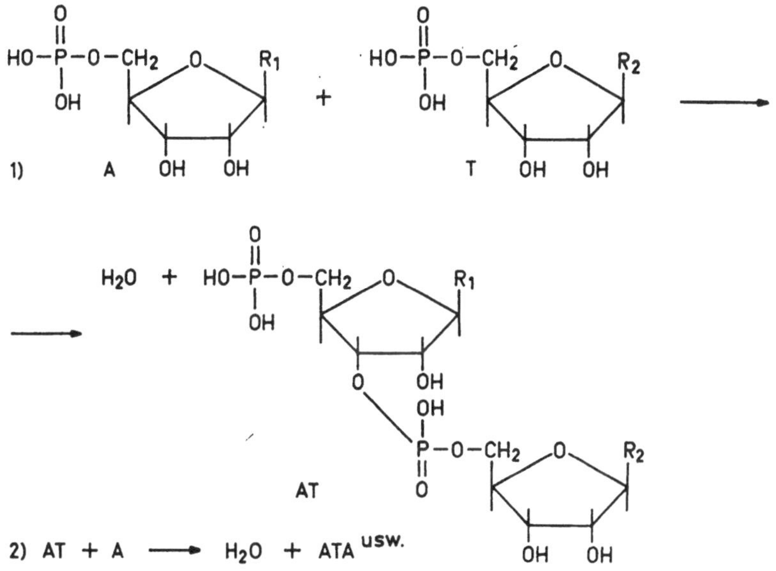

R_1 und R_2 sind der Adenin- bzw. Thyminrest.

Die Hydrolysegeschwindigkeit der Phosphordiester-Bindungen, die bei der Polykondensation entstehen, ist wesentlich größer, als die Geschwindigkeit der Polykondensation, wodurch das Gleichgewicht in diesem System zur Seite der Monomere verschoben ist. Die momentane Konzentration der Di- und Trimere sowie der anderen Polymere dürfte nicht sehr groß sein; sie wird um so geringer sein, je länger die Kette ist.

Die Geschwindigkeitskonstanten der Reaktionen $(H)_i + H \rightarrow (H)_{i+1} + H_2O$ (H sei eines der vier Nucleotide) mögen unabhängig von der Kettenlänge (d. h. von i) und von den Nucleotidsorten, zwischen denen eine chemische Bindung erfolgt, sein. Außerdem sei die Konzentration aller Nucleotide (A, G, C und T) gleich. Dann müßte eine geringe Anzahl von Polymerketten unterschiedlicher Länge, die stets in einer Lösung mit einem sehr großen Überschuß an Monomeren im dynamischen Gleichgewicht vorliegen, eine völlig zufällige Reihenfolge der Nucleotide aufweisen, wobei die a priori-Wahrscheinlichkeiten aller Ketten gleich sind. Wenn die Bedingung der Gleichheit der Geschwindigkeitskonstanten und Konzentrationen nicht erfüllt ist, so werden einige Ketten häufiger als andere entstehen und im System wird irgendeine Verteilung der a priori-Wahrscheinlichkeit der Ketten existieren. Jedoch ist in diesem Fall diese oder jene entstandene Kette, bzw. der eine oder andere bei der Polykondensation entstandene Ordnungsgrad ohne Sinn.

Erweitern wir unser System. Außer den Prozessen der Polykondensation der Hydrolyse der Phosphordiester-Bindungen (d. h. neben den Prozessen der Synthese und des Zerfalls der Einstrangpolymere) soll im Prinzip auch die Synthese komplementärer Nucleotide nach dem Prinzip ihrer Adsorption an der Matrix des Polymerstrangs und die Bildung von Phosphordiester-Bindungen zwischen den bereits an der Polymerkette adsorbierten Nucleotiden erfolgen. Die Sequenz der Nucleotide in der neuen Kette wird vollständig durch die Sequenz des bereits vorhandenen Einstrangpolymers bestimmt.

Gegenüber A befindet sich stets T, gegenüber G stets C. Durch die Stereochemie der entsprechenden Nucleotide wird dies festgelegt. Die bei einer solchen matrixgesteuerten Synthese

$$(H)_i + i \cdot H \rightarrow [(H)_i]_2 + i \cdot H_2O$$

entstehenden Zweistrangpolymermoleküle sind weitaus stabiler als die einsträngigen Moleküle. Bei ihnen erfolgt praktisch keine Hydrolyse. Ihre Hydrolysegeschwindigkeit:

$$[(H)_i]_2 + 2i \cdot H_2O \rightarrow 2i \cdot H$$

ist viel kleiner als die Dissoziationsgeschwindigkeit (Aufschmelzen):

$$[H_i]_2 \rightarrow 2(H)_i$$

und als die Geschwindigkeit der nach dem Matrizenmechanismus ablaufenden Reduplikation:

$$[(H)_i]_2 + 2i \cdot H \rightarrow 2[(H)_i]_2 + 2i \cdot H_2O.$$

Das erste Zweistrangmolekül in diesem System bildet sich in einem ganz zufälligen Prozeß mit einer geringen Wahrscheinlichkeit: bei einem der Einstrangpolymermoleküle erfolgte die matrixgesteuerte Synthese bevor die Hydrolyse einsetzen konnte. Die Sequenz der Moleküle in diesem Einstrangmolekül konnte beliebig sein. Nach der Bildung der Zweistrangstruktur jedoch hat sich die Situation im System entscheidend geändert. Die Sequenz der Nucleotide, die in einem solchen *langlebigen* Zweistrangpolymer realisiert ist, erhielt einen Sinn. Der Sinn besteht einfach darin, daß die gegebene Sequenz als zweisträngiges, stabiles und zur Reduplikation befähigtes Molekül *existiert*, andere mögliche Sequenzen existieren nicht. Auf Grund der oben angeführten Besonderheiten der Zweistrangstruktur wird die Konzentration der Einstrangpolymere mit der gleichen — jetzt bereits *besonderen* — Anordnung im System schnell anwachsen. Die Einstrangpolynucleotide befinden sich jetzt nicht nur im dynamischen Gleichgewicht mit den Monomeren, sondern auch mit den stabilen zweisträngigen Strukturen, die die gleiche Sequenz der Nucleotide haben. Die Konzentration der Zweistrangpolymere wird durch die Reduplikation auf Kosten der Monomere anwachsen. Zufällig gebildete Einstrangpolymere mit einer „guten", „sinnvollen" Sequenz haben große Chancen zu „überleben", weil sie stabile zweisträngige Strukturen mit komplementären Polymermolekülen bilden, einsträngige Polymere mit „schlechter", „sinnloser" Sequenz fallen dagegen fast immer der Hydrolyse zum Opfer. Zufällige geringe Abweichungen von der „richtigen" Sequenz, die die Stabilität der Zweistrangstruktur nicht merklich vermindern, werden sich ebenfalls reduplizieren und stellen den Anfang von selbständigen Systemen dar, die mit dem Ausgangssystem um die vorhandene Reserve an monomeren Nucleotiden konkurrieren können.

Auf diese Weise entstand infolge des *Erinnerns an eine zufällige Sequenz* in dem von uns angeführten hypothetischen Beispiel ein Ordnungsgrad, der einen Sinn hat. Es entstand ein System, das imstande ist, eine sinnvolle Information zu schaffen. Jetzt kann man die Frage stellen: *Wozu* haben die Polymere in diesem System eine solche Nucleotidsequenz? Die Antwort lautet: Damit sie existieren können, denn bei dieser Sequenz haben sie maximale „Überlebenschancen". In ihren physikalischen Eigenschaften brauchen sich die Polymermoleküle mit einer solchen Sequenz durch nichts von den anderen zu unterscheiden. Diese Sequenz hat einfach deshalb Sinn, weil zufällig ein System von sich selbst erzeugenden Polymeren mit dieser Reihenfolge entstand. Somit ist der Sinn eines Ordnungsgrades eine biologische Kategorie, d. h. er wird bestimmt durch die ganze Entwicklungsgeschichte des gegebenen Ordnungsgrades, durch seine Evolution. Es wäre abwegig zu meinen, daß der Begriff „Sinn" etwas Mystisches sei, das sich den physikalischen Gesetzen nicht unterordnet. Im Prinzip kann man alle Eigenschaften der Objekte, die einen Sinn haben, logisch aus ihren physikalischen Eigenschaften unter der Bedingung der Kenntnis ihrer Entwicklungsgeschichte herleiten.

Wie bereits im 1. Kapitel erwähnt wurde, vertritt der Autor die Meinung, daß das Evolutionsproblem bis jetzt noch nicht zum Gebiet der Biophysik gehört.

Das oben angeführte Beispiel des sich selbst reproduzierenden Nucleinsäuresystems erhebt in keiner Weise Anspruch darauf, daß man es mit der Entstehung des Lebens auf der Erde vergleichen kann. Es stellt einfach einen Versuch dar, der die wesentlichsten Eigenschaften des Prozesses der Schaffung eines sinnvollen Ordnungsgrades am Beispiel von Biopolymeren unter Verwendung einiger ihrer gut bekannten Eigenschaften zeigen soll.

Kastler führt ein anderes Beispiel für das Entstehen eines sinnvollen Ordnungsgrades an. Nehmen wir an, wir hätten einen Tresor mit einem Schloß, dessen Öffnungscode aus drei Ziffern besteht. Es sei ein Zahlenvorrat von 0 bis 9 und eine Konstruktion für eine zufällige Auswahl vorhanden, die es uns erlaubt aus dem Vorrat drei Ziffern auszuwählen. Mit Hilfe dieser Konstruktion wählen wir drei Zahlen und geben sie als Code in das Schloß des Tresors. Bis zu dieser Operation unterscheiden sich beliebige denkbare Folgen aus drei Zahlen nicht voneinander: Sie hatten alle keinen Sinn. Die Eingabe dieses zufällig ausgewählten Zahlentripletts in das Schloß des Tresors machte diese Kombination sinnvoll. Der Sinn besteht einfach darin, daß mit der gegebenen Kombination der Tresor geöffnet werden kann, mit einer anderen jedoch nicht.

Es ist leicht einzusehen, daß sich dieses Beispiel durch nichts von dem Nucleinsäurebeispiel unterscheidet. In beiden Fällen wird der sinnvolle Ordnungsgrad und damit die neue sinnvolle Information durch die Erinnerung an eine zufällige Auswahl geschaffen. Dabei ist von der *Schaffung* einer neuen Information die Rede, nicht aber von ihrem Herausheben aus dem Rauschen. Bis zu dem Zeitpunkt, da das Polymer mit der zufälligen Nucleotidsequenz die stabile zweisträngige Struktur bildete oder bis zur Einführung der zufälligen Kombination aus drei Zahlen in das Tresorschloß existierte die Information darüber, daß gerade diese Kombination „besser" als andere ist, einfach noch nicht. (Die eine Kombination bestand darin, daß sie die Fähigkeit zur langen Existenz und zur Selbsterzeugung erlangte, die andere, daß sie die Fähigkeit zur Öffnung des Tresors erhielt.) Der Ordnungsgrad erhielt einen Sinn, die Information wurde geschaffen, erschaffen. Im Ergebnis dieses Prozesses wandelte sich das nicht Voraussagbare in das Unvermeidliche um [77]. Es ist durchaus möglich, daß letzten Endes die Grundlage einer beliebigen Schöpfung das Prinzip der Erinnerung an eine zufällige Auswahl ist.

Die Fähigkeit, eine neue Information zu schaffen, dem Ordnungsgrad einen Sinn zu geben, ist wahrscheinlich eine unabdingbare Eigenschaft der belebten Materie. Jede Definition ist bedingt und begrenzt, trotzdem möchte ich die nachfolgende Definition dem Leser nicht vorenthalten: Lebende Systeme — nennt man sich selbst reproduzierende Systeme, die zur Schaffung von Information befähigt sind, die direkt oder indirekt auf ihre Selbstreproduktion zurückwirkt.

2.5. Die Notwendigkeit mechanischer Komponenten

Systeme, die einen sinnvollen Ordnungsgrad schaffen (Beispiele dafür wurden im vorangegangenen Abschnitt gebracht), besitzen eine allgemeine Eigenschaft. Sie enthalten sinnvolle Komponenten und Konstruktionen, deren Lebenszeit die Zeit eines Arbeitszyklusses des Systems übersteigt. Für das Nucleinsäuresystem bedeutet das, daß die stabile Komponente, das zweisträngige Polymer, bis zur Reduplikation nicht schmilzt und nicht hydrolysiert wird. Für das zweite Beispiel heißt das, daß das Schloß des Tresors nach der Einführung des Codes nicht zerstört werden darf, bis wenigstens ein Zahlentriplett ausprobiert wurde. Anscheinend ist die Forderung nach der Anwesenheit langlebiger, langsam relaxierender Gebilde (Konstruktionen) für die belebte Materie unbedingt notwendig. Man kann kein biologisches System nur unter Verwendung der Gasphase aufbauen!

Im Verlauf des ganzen Buches und bei der Betrachtung der verschiedensten biologischen Prozesse werden wir laufend damit in Berührung kommen, daß in diesen Prozessen langsam relaxierende mechanische Komponenten (Konstruktionen) eine zentrale Rolle spielen.

2.6. Probleme

Faßt man den Inhalt dieses Kapitels zusammen, so kann man behaupten, daß die Probleme, die bei der Betrachtung des Ordnungsgrades biologischer Strukturen, seiner Schaffung und Evolution entstehen, nicht zum Gebiet der Physik zählen. Es existieren keine thermodynamischen Aspekte der biologischen Evolution, wie es auch keine besondere „Biologische Thermodynamik“ gibt.

In den letzten Jahren wurde es bei der Betrachtung der theoretischen Biologie zur Mode, den Apparat der Informationstheorie zu benutzen. Bis zur heutigen Zeit besitzt jedoch die Mehrzahl der unter Verwendung der Informationstheorie in der Biologie hervorgebrachten Arbeiten einen trivialen Charakter; gut bekannte Fakten und Voraussetzungen werden nur in eine andere Sprache übersetzt. Für biologische Systeme, d. h. für Systeme mit sinnvollem Ordnungsgrad, wird das Bestimmende nicht die Menge, sondern die Qualität, d. h. der Wert der Information. Die Schaffung eines formellen Apparates der Informationstheorie, der die Qualität berücksichtigt, wäre ein wichtiger Schritt zur Entwicklung einer theoretischen Biologie.

3

Nichtgleichgewichtsthermodynamik und Biophysik

3.1. Offene Systeme

Biologische Objekte sind thermodynamisch offene Systeme, die die Fähigkeit haben, mit ihrer Umgebung Energie und Stoffe auszutauschen. Diese triviale Behauptung wurde in den letzten drei Jahrzehnten so oft wiederholt, daß der aufmerksame Leser oder Hörer beginnt, einen tieferen (obgleich nicht sehr klaren) Sinn als den hineinzulegen, der wirklich in dieser Behauptung enthalten ist.

Die herkömmliche Thermodynamik ist nur für isolierte Systeme, die aus einer großen Teilchenzahl bestehen und sich im Zustand des thermodynamischen Gleichgewichts befinden, anwendbar. Nur für solche Systeme haben die wichtigsten thermodynamischen Größen wie Temperatur und Entropie einen strengen physikalischen Sinn. Im Grunde genommen wußte das bereits Boltzmann, aber streng bewiesen wurde es von Hinchin in seiner hervorragenden aber leider wenig bekannten Monographie „Mathematische Grundlagen der statistischen Mechanik" [161]. Deshalb ist der häufig geäußerte Gedanke, daß die übliche Thermodynamik ihrem Wesen nach Thermostatik ist, vollkommen richtig.

Da völlig isolierte Systeme in der Natur nicht existieren, muß man genau wissen, welcher Sinn sich hinter den thermodynamischen Größen verbirgt, wenn man sie zur Beschreibung realer Systeme verwendet. Die Begriffe der Gleichgewichtsthermodynamik kann man in den Fällen benutzen, wenn es sich um Zeiten handelt, die genügend groß sind, damit die Wechselwirkungen zwischen den Komponenten des Systems zur Annäherung an das statistische Gleichgewicht führen, und genügend klein, damit man die „langsamen" Wechselwirkungen des Systems mit der Umgebung und die langsamen Änderungen des Grades des „kinetischen Nichtgleichgewichts" (s. Kap. 4) vernachlässigen kann (näheres darüber bei [117]).

Die Mehrzahl der in beliebigen Zellen und vielzelligen Organismen ablaufenden Prozesse, genügen der oben formulierten Forderung. Dabei handelt es sich in der Hauptsache um chemische Umwandlungen unter der Bedingung, daß uns nur die Eigenschaften der Anfangs- und Endzustände des Prozesses interessieren, die mehr oder weniger sinnvoll aus der Menge der miteinander verbundenen und gleichzeitig ablaufenden Reaktionen ausgewählt sind. In diesem Sinne ist die Anwendung der Gleichgewichtsthermodynamik für belebte Systeme genauso richtig (oder genauso falsch) wie für unbelebte Systeme.

Bei der Untersuchung der belebten und unbelebten Natur trifft man jedoch auf Situationen, bei denen man die Wechselwirkungen des Systems mit der Umwelt unter keinen Umständen vernachlässigen darf. Für die Beschreibung von Prozessen, die in solchen Systemen ablaufen, existiert ein Wissenschaftszweig, der die Bezeichnung Thermodynamik irreversibler Prozesse oder Nichtgleichgewichtsthermodynamik erhielt. Genaugenommen wurde die Theorie nur für „wenig irreversible" Systeme entwickelt.

Diese Theorie erweist sich, wie wir später sehen werden, als äußerst nützlich bei der Betrachtung einer Reihe von Erscheinungen der belebten und unbelebten Natur, wobei sich die entsprechenden Erscheinungen in biologischen Systemen durch keine Besonderheiten unterscheiden.

Die ersten Versuche zur Schaffung einer Nichtgleichgewichtsthermodynamik gehen auf die Mitte des vergangenen Jahrhunderts zurück und sind mit der Untersuchung einer Reihe von thermoelektrischen Erscheinungen verknüpft. Die Grundgleichungen der Theorie wurden jedoch erst im Jahre 1931 durch ONSAGER gefunden [415, 416]. Die weitere Entwicklung der Nichtgleichgewichtsthermodynamik ist mit Namen wie KASIMIR, MEIXNER und PRIGOGINE verbunden.

Wahrscheinlich wurden die ersten Vorstellungen über das prinzipielle Nichtgleichgewicht der belebten Materie in den Arbeiten der zwanziger und dreißiger Jahre unseres Jahrhunderts von BAUER [2] und GURVICH [59] dargelegt. Begriffe wie „stabile Nichtgleichgewichts-Systeme" von BAUER und „Molekulare Konstellationen" von GURVICH kommen tatsächlich dem Begriff der stationären Zustände, die entfernt vom Gleichgewicht durch konstante äußere thermodynamische Kräfte erreicht werden (Nichtgleichgewichtsthermodynamik von ONSAGER) und sogar dem Begriff der dissipativen Strukturen, der in den Arbeiten von PRIGOGINE eingeführt wurde, sehr nahe.

In diesem Kapitel werden die Grundlagen der Nichtgleichgewichtsthermodynamik für den Bereich dargelegt, in dem die linearen phänomenologischen Beziehungen erfüllt sind (s. z. B. [61, 62, 159]). Am Ende des Kapitels werden einige Ergebnisse vorgestellt, die PRIGOGINE und seine Mitarbeiter in den letzten Arbeiten über dissipative Strukturen mit stark gestörtem Gleichgewicht erhalten haben.

Damit im Zusammenhang muß man auch Schwingungsvorgänge bei chemischen und biologischen Prozessen betrachten. Die Analyse der entsprechenden Arbeiten veranlaßt, die Zweckmäßigkeit eines allgemeinen thermodynamischen Herangehens an das Verhalten von Systemen mit stark gestörtem Gleichgewicht in Zweifel zu ziehen.

3.2. Phänomenologische Beziehungen

Bei der Betrachtung eines beliebigen irreversiblen Prozesses kann man in einem makroskopischen System zwei Typen von Parametern, die diesen Prozeß charakterisieren, unterscheiden. Solche Parameter sind z. B. bei der Wärmeleitung der Wärmefluß Q und der ihn hervorrufende Temperaturgradient grad T. Im Fall der Stromleitung ist der Fluß der Elektrizitätsmenge (Stromstärke I) dem Gradient der Spannung (grad V) proportional (OHMsches Gesetz). Das FICKsche Gesetz verbindet den Diffussionsfluß eines Stoffes mit dem Konzentrationsgradienten. In einer chemischen Reaktion ist der Fluß des sich umwandelnden Stoffes (d. h. die Reaktionsgeschwindigkeit v) durch die chemische Affinität bedingt

$$A = \sum_i \nu_i \cdot \mu_i,$$

wobei ν_i ein stöchiometrischer Koeffizient und μ_i das chemische Potential der i-ten Komponente ist und das Produkt $\nu_i \cdot \mu_i$ für die Ausgangs- und Endprodukte der Reaktion in die Summe mit verschiedenen Vorzeichen eingeht.

Die Gradienten der Konzentration, der Temperatur, der Spannung, der chemischen Affinität, usw., die im System den Transport von Stoffen, von Wärme, von Ladungen und chemische Umwandlungen hervorrufen, erhielten die allgemeine Bezeichnung *thermodynamische Kräfte* oder einfach *Kräfte* und man bezeichnet sie in der Regel mit den Symbolen X oder Y. Die Größen des zweiten Typs nennt man *thermodynamische Flüsse* oder einfach *Flüsse* und bezeichnet sie mit dem Symbol J.

Wir sahen, daß die oben angeführten Gesetze der irreversiblen Prozesse zur Proportionalität zwischen den Flüssen und den entsprechenden Kräften führen:

$$J_i = L_{ii} \cdot x_i, \tag{3.1}$$

wobei L_{ii} — phänomenologische Koeffizienten sind (Wärmeleitfähigkeit, elektrische Leitfähigkeit, Diffusionkonstante usw.).

Im allgemeinen Fall ist eine beliebige Kraft in der Lage, einen beliebigen Fluß hervorzurufen. So kann grad T nicht nur zum Entstehen eines Wärmeflusses, sondern auch zum Stofftransport (Thermodiffusion) führen. Deshalb muß man die linearen phänomenologischen Beziehungen in folgender Form schreiben:

$$J_i = \sum_{k=1}^{n} L_{ik} \cdot X_k. \tag{3.2}$$

Wir betrachten jetzt die ONSAGERschen *Reziprozitätsbeziehungen*, die die Grundlage der Nichtgleichgewichtsthermodynamik bilden. Um den Inhalt seines Lehrsatzes genau zu formulieren (wir beschränken uns auf die Betrachtung des physikalischen Inhalts und auf die bei der Beweisführung gemachten Annahmen des Lehrsatzes), ist unbedingt die Existenz zweier verschiedener Typen von thermodynamischen Kräften in Betracht zu ziehen, die im weiteren mit X und Y bezeichnet werden. Zur Vereinfachung schließen wir Systeme, die sich in einem äußeren Magnetfeld befinden, bei unseren Untersuchungen aus.

Gegeben ist ein isoliertes System, dessen Zustand (und folglich der der vorhandenen thermodynamischen Kräfte) durch folgende zwei Parametertypen bestimmt wird: $A_1, A_2, \ldots, A_n$; sind gerade Geschwindigkeitsfunktionen, die ins Teilchensystem eingehen (z. B. lokale Energien, Konzentrationen), $B_1, B_2, \ldots, B_m$, sind die entsprechenden ungeraden Funktionen (z. B. lokale Geschwindigkeitsgradienten). Die Abweichung dieser Parameter von den Werten im Gleichgewicht

$$A_i^0 \text{ und } B_i^0 \text{ sei:} \quad \alpha_i = A_i - A_i^0, \qquad \beta_i = B_i - B_i^0. \tag{3.3}$$

Die Abweichung ΔS der Entropie vom (maximalen) Wert im Gleichgewicht[1]) kann man in erster Näherung als quadratische Funktion schreiben:

$$\Delta S = -\frac{1}{2}\sum_{i,k=1}^{n} g_{ik} \cdot \alpha_k \cdot \alpha_i - \frac{1}{2}\sum_{i,k=1}^{m} h_{ik} \cdot \beta_k \cdot \beta_i, \qquad \text{wobei}$$

$$g_{ik} = \frac{\partial^2 \Delta S}{\partial \alpha_i \cdot \partial \alpha_k}, \qquad h_{ik} = \frac{\partial^2 \Delta S}{\partial \beta_i \cdot \partial \beta_k} \text{ ist.} \tag{3.4}$$

Die thermodynamischen Flüsse lassen sich offensichtlich durch die Änderungsgeschwindigkeit der Parameter A und B bestimmen, die thermodynamischen Kräfte

[1]) Gemeint ist eine auf die Volumeneinheit bezogene Größe ΔS, d. h. im allgemeinen Fall lokale ΔS-Werte.

dagegen durch die Abweichung dieser Parameter von den Gleichgewichtswerten. Wir führen die thermodynamischen Flüsse in der Form:

$$\left.\begin{aligned} J &= \frac{d\alpha_i}{dt}, \qquad i = 1, 2, \ldots, n, \\ I &= \frac{d\beta_i}{dt}, \qquad i = 1, 2, \ldots, m, \end{aligned}\right\} \tag{3.5}$$

und die thermodynamischen Kräfte als:

$$\left.\begin{aligned} X_i &\equiv \frac{\partial \Delta S}{\partial \alpha_i} = -\sum_{k=1}^{n} g_{ik} \cdot \alpha_k, \qquad i = 1, 2, \ldots, n, \\ Y_i &\equiv \frac{\partial \Delta S}{\partial \beta_i} = -\sum_{k=1}^{m} h_{ik} \cdot \beta_k, \qquad i = 1, 2, \ldots, m, \end{aligned}\right\} \text{ ein.} \tag{3.6}$$

Flüsse und Kräfte sind durch die linearen phänomenologischen Beziehungen vom Typ (3.2) verbunden und die phänomenologischen Koeffizienten L_{ik} genügen den Onsager*schen Reziprozitätsbeziehungen*

$$\begin{aligned} L_{ik}^{(\alpha\alpha)} &= L_{ki}^{(\alpha\alpha)} \qquad (i, k = 1, 2, \ldots, n), \\ L_{ik}^{(\alpha\beta)} &= -L_{ki}^{(\beta\alpha)} \qquad (i = 1, 2, \ldots, n;\ k = 1, 2, \ldots, m), \\ L_{ik}^{(\beta\beta)} &= L_{ki}^{(\beta\beta)} \qquad (i, k = 1, 2, \ldots, m). \end{aligned} \tag{3.7}$$

Beim Beweis des Lehrsatzes von Onsager (d. h. bei der Herleitung der Beziehung (3.7)) wird das Postulat von der mikroskopischen Umkehrbarkeit, d. h. von der Invarianz der Bewegungsgleichung für jedes Teilchen bezüglich der Änderung des Vorzeichens der Zeit, verwendet. Außerdem ist es bei der Beweisführung notwendig, zwischen der Dämpfungsgeschwindigkeit der Fluktuation α_i (einem extensiven Parameter A_i) und dem Betrag der Fluktuation eine lineare Kopplung zu postulieren.

$$\frac{d\alpha_i}{dt} = M \cdot \alpha_i. \tag{3.8}$$

Dieses Postulat bedeutet, daß die Fluktuationen genügend klein sind. Somit sind die Reziprozitätsbeziehungen (3.7) nur für Systeme richtig, die dem Gleichgewicht relativ nahe sind.

Große Bedeutung in der Nichtgleichgewichtsthermodynamik hat eine mit σ bezeichnete Größe, die *Entropieproduktion* genannt wird. Diese Größe charakterisiert die Geschwindigkeit der Entropieänderung in einem Einheitsvolumen des Systems beim Ablauf irreversibler Prozesse. Hierbei ist besonders zu betonen, daß nicht die gesamte Entropieänderung des Systems gemeint ist, sondern nur der Teil der Änderungen, der durch die im System ablaufenden irreversiblen Prozesse hervorgerufen wird. Für offene Systeme kann man die Geschwindigkeit der gesamten Entropieänderung $\frac{dS}{dt}$ in zwei Teile zerlegen:

$$\frac{dS}{dt} = \frac{d_eS}{dt} + \frac{d_iS}{dt}, \tag{3.9}$$

wobei $\frac{d_eS}{dt}$ der Entropiefluß ist, der durch den Energie- und Stoffaustausch *zwischen dem System und seiner Umgebung* hervorgerufen wird.

$\frac{d_iS}{dt} \equiv P = \int \sigma \cdot dV$ dagegen stellt die gesamte Entropieproduktion auf Grund der irreversiblen Prozesse *innerhalb* des Systems dar.

Wie schon gesagt, ist die Entropieproduktion σ die *im* System in einer Volumen- und Zeiteinheit entstandene Entropie, d. h. sie ist die Intensität der Entropiequelle im System. Wenn wir zur lokalen Formulierung nicht nur für $\frac{d_iS}{dt}$ sondern auch für die übrigen Glieder von (3.9) übergehen, erhalten wir für den Fall offener Systeme folgende Ausdrücke für den 2. Hauptsatz der Thermodynamik:

$$\frac{d\varrho s}{dt} = -\mathrm{div}\, \boldsymbol{J}_{s.\mathrm{ges}} + \sigma \tag{3.10}$$

$$\sigma \geqq 0. \tag{3.11}$$

Hier bedeuten: s — die Entropie je Masseneinheit, ϱ — Dichte (ϱs — die Entropie je Volumeneinheit), $\boldsymbol{J}_{s.\mathrm{ges}}$ — den gesamten Entropiefluß durch eine Einheitsoberfläche pro Zeiteinheit.

Die Beziehung (3.10) ist die Gleichung für die Entropiebalance in einem offenen System beim Vorhandensein einer Entropiequelle mit der Intensität σ, die der Bedingung (3.11) genügt. Für isolierte Systeme ist $J_s = 0$ und (3.10) und (3.11) nehmen die gewöhnliche Form des 2. Hauptsatzes der Thermodynamik an.

Bei der Herleitung von (3.10) und (3.11) wird vorausgesetzt, daß das Gesetz: $d_iS \geqq 0$ auch für unendlich kleine Teile des Systems erfüllt ist. Das ist um so besser erfüllt, je weniger das Gleichgewicht des Systems gestört ist. Je weiter das System vom Gleichgewicht entfernt ist, um so größer ist die Wahrscheinlichkeit der lokalen Entropiefluktuationen, die im Widerspruch zu (3.11) stehen.

Aus (3.4) erhalten wir:

$$\sigma = \frac{d\Delta S}{dt} = -\sum_{i,k=1}^{n} g_{ik} \cdot \alpha_k \frac{d\alpha_i}{dt} - \sum_{i,k=1}^{m} h_{ik} \cdot \beta_k \frac{d\beta_i}{dt}. \tag{3.12}$$

Setzen wir in (3.12) die Formeln (3.5) und (3.6) ein, so ergibt sich:

$$\sigma = \sum_{i=1}^{n} J_i \cdot X_i + \sum_{i=1}^{m} I_i \cdot Y_i. \tag{3.13}$$

Die Entropieproduktion erweist sich als doppellineare Funktion *gekoppelter* Flüsse und Kräfte. Die Gleichung (3.13) gestattet es, die richtigen Ausdrücke für irreversible thermodynamische Kräfte und Flüsse zu finden.

3.3. Stationäre Zustände

Betrachten wir ein offenes System, das charakterisiert wird durch n unabhängige Kräfte[1]), die entsprechend (3.2) zur Entstehung von n Flüssen führen:

$$J_i = \sum_{i=1}^{n} L_{ik} \cdot X_k \qquad (i = 1, 2, \ldots, n).$$

Die Entropieproduktion σ ist dann:

$$\sigma = \sum_{k=1}^{n} J_i \cdot X_i. \tag{3.13'}$$

Das bedeutet, daß eine Volumeneinheit des Systems in einer Zeiteinheit die Energie $T \cdot \sigma$ dissipiert. Setzen wir (3.2) in (3.13′) ein, so erhalten wir unter Berücksichtigung von (3.11)

$$\sigma = \sum_{i,k=1}^{n} L_{ik} \cdot X_i \cdot X_k \geqq 0. \tag{3.14}$$

Auf Grund der Wechselwirkung mit der Umgebung mögen j von n Kräften konstant gehalten werden (z. B. kann man durch Wärmezuführung an den Grenzen des Systems den Temperaturgradienten konstant halten).

Suchen wir nun den Zustand, bei dem σ ein Minimum annimmt. Zu diesem Zweck bestimmen wir den Extremwert von σ für die übrigen $(n - j)$ Kräfte, die nicht konstant gehalten werden:

$$\frac{\partial \sigma}{\partial X_i} = 0 \qquad (i = j + 1, j + 2, \ldots, n); \tag{3.15}$$

unter Berücksichtigung (von (3.14) erhält man:

$$\sum_{k=1}^{n} (L_{ik} + L_{ki}) X_k = 0 \qquad (i = j + 1, j + 2, \ldots, n). \tag{3.16}$$

Zusammen mit der Reziprozitätsbeziehung von Onsager:

$$L_{ik} = L_{ki} \tag{3.17}$$

nimmt (3.16) folgende Gestalt an:

$$2 \sum_{k=1}^{n} L_{ik} \cdot X_k = 0 \qquad (i = j + 1, j + 2, \ldots, n). \tag{3.18}$$

Diese Summe ist nichts anderes als J_i (s. (3.2)). Darum erhalten wir für den gesuchten Zustand mit einer minimalen Entropieproduktion:

$$J_i = 0 \qquad (i = j + 1, j + 2, \ldots, n). \tag{3.19}$$

[1]) Der Einfachheit halber teilen wir die Kräfte nicht in zwei Typen wie oben, sondern bezeichnen sie mit einem Symbol X.

Das heißt folglich: Wenn ein System durch n unabhängige Kräfte charakterisiert wird ($X_1, X_2, \ldots, X_j$), von denen j Kräfte konstant gehalten werden ($X_1, X_n, \ldots, X_j = \text{const}$), so verschwinden für den Zustand mit minimaler Entropieproduktion σ die Flüsse mit $i = j + 1, \ldots, n$.
Dieser Lehrsatz wurde von PRIGOGINE bewiesen und erhielt seinen Namen. Im Zustand mit einer minimalen Entropieproduktion sind alle Kräfte konstant: $X_1, X_2, \ldots, X_j$ werden konstant (aber beliebig) gehalten, $X_{j+1}, \ldots, X_n$ dagegen sind die Wurzeln $(n - j)$ linearer Gleichungen (3.18) mit $(n - j)$ Unbekannten. Dieser Zustand trägt die Bezeichnung stationärer Zustand j-ter Ordnung. Wenn j gleich Null ist, so verschwinden für den Zustand mit der minimalen Entropieproduktion alle Flüsse und Kräfte und σ wird entsprechend Null. Somit ist der stationäre Zustand nullter Ordnung der thermodynamische Gleichgewichtszustand.
Betrachten wir jetzt das Verhalten eines Systems, das aus dem stationären Zustand j-ter Ordnung mit einer minimalen Entropieproduktion herausgeführt wurde. Alle Parameter der Kräfte und Flüsse im stationären Zustand werden rechts oben mit dem Index Null gekennzeichnet. m sei eine der Zahlen $j + 1, j + 2, \ldots, n$, das bedeutet, daß die Kraft X_m nicht von außen konstant gehalten wird. Zu dieser Kraft wird die Größe δX_m addiert und alle anderen Kräfte ohne Änderung belassen; es ergibt sich somit:

$$X_m = X_m{}^0 + \delta X_m \qquad (j + 1 \leqq m \leqq n) \tag{3.20}$$

$$X_j = X_j{}^0 \qquad (j = 1, 2, \ldots, m - 1, m + 1, \ldots, n). \tag{3.21}$$

Damit erhalten wir für den neuen Wert J_m:

$$J_m = J_m{}^0 + L_{mm} \cdot \delta X_m,$$

entsprechend dem Prinzip von PRIGOGINE ist $J_m{}^0 = 0$ und

$$J_m = L_{mm} \cdot \delta X_m. \tag{3.22}$$

Berechnen wir σ nach der Addition einer Störung δX_m:

$$\sigma = \sum_{i=1}^{n} J_i \cdot X_i = \sum_{i,j=1}^{n} L_{ij} \cdot X_i{}^0 \cdot X_j{}^0 + \sum_{i=1}^{n} (L_{im} + L_{mi}) X_i \cdot \delta X_m + L_{mm}(\delta X_m)^2 \tag{3.23}$$

Hier ist die erste Summe gleich σ^0 während die zweite identisch Null ist (die Größe δX_m muß vor das Summenzeichen gebracht werden und unter Anwendung der Reziprozitätsbeziehung erhalten wir für die Summe: $2\delta X_m \cdot J_m{}^0$ und nach dem PRIGOGINE-Prinzip ist $J_m{}^0 = 0$).
Deshalb gilt:

$$\sigma = \sigma^0 + L_{mm}(\delta X_m). \tag{3.24}$$

Weil σ^0 die minimale Entropieproduktion ist, ergibt sich:

$$L_{mm}(\delta X_m)^2 > 0 \tag{3.25}$$

und entsprechend (s. (3.22)):

$$J_m \cdot \delta X_m > 0. \tag{3.26}$$

Die letzte Ungleichung stellt das Prinzip von LE CHATELIER für Nichtgleichgewichtszustände dar. Tatsächlich führt die Störung δX_m zur Entstehung eines Flusses J_m mit gleichem Vorzeichen, d. h. zur Verminderung der Störung. So führt z. B. die Erhöhung von grad T zur Entstehung eines Wärmeflusses in Richtung des Temperaturgradienten, der diesen Gradienten vermindert.
Somit kehrt ein System, in dem der stationäre Zustand mit minimaler Entropieproduktion gestört wurde, spontan in den Ausgangszustand zurück.
Wie aus dem Dargelegten deutlich wird, bilden die linearen phänomenologischen Gleichungen und die ONSAGERsche Reziprozitätsbeziehung die Grundlage der z. Z. bestehenden Nichtgleichgewichtsthermodynamik. Daraus folgt, daß die erhaltenen Schlußfolgerungen nur für Systeme mit einem wenig gestörten Gleichgewicht richtig sind. Nur für solche Systeme ist die Verwendung der gewöhnlichen thermodynamischen Parameter und Funktionen mehr oder weniger begründet, nur für sie treten an die Stelle des stabilen Gleichgewichtszustandes der gewöhnlichen Thermodynamik, stabile stationäre Zustände. An Stelle der gegen konstante Extremwerte strebenden Entropie und thermodynamischen Potentiale tritt eine neue Größe, die Entropieproduktion, die bei den gegebenen Bedingungen gegen einen festen minimalen Wert strebt. Die Nichtgleichgewichtsthermodynamik ist in ihrem Anwendungsbereich von großem Nutzen. Die Methoden des Herangehens und die Vorstellungen der Nichtgleichgewichtsthermodynamik sind besonders nützlich bei der Untersuchung der verschiedensten Transporterscheinungen, unter anderem auch in biologischen Systemen. In den letzten Jahren haben sich die Diskussionen verstärkt, daß sich speziell biologische Systeme den Gesetzen der Nichtgleichgewichtsthermodynamik nicht unterordnen. Sie basieren auf Mißverständnissen. In den Fällen, wenn Übergangsprozesse zwischen Zuständen, die sich in den uns interessierenden Zeitabschnitten mit guter Näherung im Gleichgewicht befinden oder praktisch im Gleichgewicht befindliche Teile des Systems gemeint sind, dann gehorcht die belebte Materie hervorragend den Gesetzen der Gleichgewichtsthermodynamik.
In den Fällen, wenn die Abweichungen von Gleichgewichtszustand relativ gering sind (ONSAGERsches Gebiet), gehorchen die belebte Materie und die in ihr ablaufenden Prozesse den Gesetzen der Nichtgleichgewichtsthermodynamik. Handelt es sich aber um Prozesse mit einer wesentlichen Störung des Gleichgewichts, so verlieren die thermodynamischen Kriterien für die tote und belebte Natur in gleichem Maße ihren Sinn.

3.4. Dissipative Strukturen

In den letzten Jahren erschienen Arbeiten von PRIGOGINE und seinen Mitarbeitern, in denen versucht wurde, eine Thermodynamik für Systeme mit stark gestörtem Gleichgewicht, für die die phänomenologischen Beziehungen (3.2) und die Bedingung (3.7) nicht erfüllt sind, zu entwickeln. Die Autoren erhielten einige allgemeine Resultate und benutzen sie zur Beschreibung einer Reihe biochemischer Prozesse. Im vorliegenden Abschnitt werden die gefundenen Resultate vorgestellt, ihre Bedeutung diskutiert und die Entwicklungsperspektiven dieser Richtung eingeschätzt. In unseren Ausführungen dienen die Arbeiten von GLANSDORFF und PRIGOGINE [303] und von PRIGOGINE [431] als Grundlage.

In der Makrophysik existieren zwei Typen von Strukturen: Gleichgewichtsstrukturen und dissipative Strukturen. Als Beispiel für eine Gleichgewichtsstruktur, die ohne Stoff- und Energieaustausch mit der Umgebung konstant ist, kann ein Kristall dienen. Der Ordnungsgrad der Gleichgewichtsstruktur hängt von der Temperatur ab: Je niedriger die Temperatur ist, um so größer ist der Anteil der inneren Energie U an der HELMHOLTZschen freien Energie:

$$F = U - TS. \tag{3.27}$$

Dadurch werden immer mehr geordnete Gleichgewichtsstrukturen, die geringen Entropiewerten entsprechen, möglich.
Der Gleichgewichtszustand eines gegebenen Systems bei gegebenen Parameterwerten ist eindeutig: Er hängt von der Entwicklungsgeschichte des Systems nicht ab. Der Zustand des Systems wird durch eine Reihe von Parametern bestimmt, deren Zuwachs den Charakter totaler Differentiale trägt; es existieren Potentiale, die im Gleichgewicht Extrema haben. Mit anderen Worten, der Gleichgewichtszustand ist stabil. Bei geringen Abweichungen kehrt das System spontan in den Ausgangszustand zurück.
Dissipative Strukturen können nur durch den Energie- und Stoffaustausch mit der Umgebung existieren. Die Verteilung der von außen zugeführten Energie sorgt für den Erhalt der geordneten Struktur mit einer Entropie, die geringer ist als im Gleichgewicht. Im vorangegangenen Abschnitt wurde gezeigt, daß im Geltungsbereich der linearen phänomenologischen Beziehungen zwischen den Flüssen und Kräften und der ONSAGERschen Reziprozitätsbeziehung (d. h. mit wenig gestörtem Gleichgewicht), die dissipativen Strukturen stationäre Zustände offener Systeme darstellen. An Stelle der Entropie und freien Energie der Systeme im Gleichgewicht tritt die Entropieproduktion σ, dessen Zuwachs den Charakter eines totalen Differentials hat. Bei geringen Abweichungen vom stationären Zustand auf Grund der Fluktuationen ist die zusätzliche Entropieproduktion $\delta\sigma$ immer positiv, wodurch die stationären Zustände stabil sind (Prinzip von LE CHATELIER, s. (3.26)).
Bei großen Abweichungen des Systems vom Gleichgewicht, beim Anwachsen der „Spannung“ im System können dissipative Strukturen eines anderen Typs auftreten, die mit dem Entstehen mechanischer Bewegung verbunden sind. Als Beispiel betrachten wir eine Erscheinung aus der Hydrodynamik (BENARSches Problem).
Wenn wir eine Flüssigkeitsschicht von unten gleichmäßig erwärmen, so entsteht ein Temperaturgradient und folglich auch ein Dichtegradient, der gegen die Schwerkraft gerichtet ist (die dichteren Flüssigkeitsschichten liegen weiter oben). Dieser gestörte stationäre Zustand ist stabil (dissipative Struktur des ersten Typs), solange grad T eine bestimmte Größe nicht übersteigt. Danach geht das System sprunghaft in einen Zustand mit makroskopischen Konvektionsbewegungen der Flüssigkeit über. Bei Werten von grad T, die größer sind als die kritischen für dissipative Strukturen des ersten Typs, wird die Größe $\delta \int d\sigma$ negativ und durch eine beliebig kleine Fluktuation erfolgt der sprunghafte Übergang. In dissipativen Strukturen des zweiten Typs ist ein Teil der Entropiesenkung des Systems relativ zu den Gleichgewichtswerten durch die kinetische Energie der sich bewegenden Flüssigkeit bedingt:

$$\Delta S = -\frac{E_{\text{kin}}}{T}. \tag{3.28}$$

Somit ist das Auftreten dissipativer Strukturen des zweiten Typs mit dem Entstehen eines instabilen stationären Zustandes verbunden, d. h. wir befinden uns außerhalb des

Geltungsbereiches des Prinzips vom Minimum der Entropieproduktion. Gleichzeitig kann die entstehende Struktur durch den Minimalwert einer Größe charakterisiert werden, die ein totales Differential darstellt und den Sinn einer verallgemeinerten Entropieproduktion hat. Das hat z. B. Gültigkeit für das BENARsche Problem.
Den Zuwachs der Entropieproduktion kann man in zwei Teile zerlegen:

$$d\sigma = d_x\sigma + d_y\sigma, \tag{3.29}$$

wobei

$$d_x\sigma = \sum_i J_i \cdot dX_i, \qquad d_y\sigma = \sum_i X_i \cdot dJ_i \tag{3.30}$$

gelten (s. (3.13), (3.13')). Für die totale Entropieproduktion erhalten wir:

$$P = \int \sigma \cdot dV \tag{3.31}$$

und analog mit (3.29)

$$dP = d_xP + d_yP. \tag{3.32}$$

GLANSDORFF und PRIGOGINE haben nachgewiesen, daß ein Teil der Entropieproduktion sogar gegen ein Minimum strebt, wenn die linearen Beziehungen[1]) zwischen den Flüssen J_i und Kräften X_i fehlen, d. h.:

$$d_xP = \int dV \sum_i J_i \cdot dX_i \leqq 0. \tag{3.33}$$

Handelt es sich um makroskopische mechanische Prozesse, d. h. um dissipative Strukturen des zweiten Typs, so führen wir folgende Größe ein:

$$d\Phi = \int dV \sum_i J_i' \cdot dX_i' \leqq 0, \tag{3.34}$$

wobei in den Flüssen J_i' und Kräften X_i' auch die mechanischen Prozesse berücksichtigt sind. Im Fall des BENARschen Problems wurde gezeigt, daß $d\Phi$ ein totales Differential ist. Damit kann man (3.34) integrieren und das System wird durch Extremwerte eines Potentials charakterisiert.
Für dissipative Strukturen des zweiten Typs jedoch findet man nicht immer einen Parameter, der den Charakter eines totalen Differentials hat. Dissipative Strukturen des zweiten Typs können auch bei chemischen Reaktionen auftreten, namentlich bei chemischen Schwingungsprozessen, wenn sich im Makrovolumen eines offenen Systems die Konzentrationen einiger Reagenzien und die Geschwindigkeiten einiger Reaktionen periodisch ändern. Es wurde gezeigt, daß für chemische offene Systeme mit stark gestörtem Gleichgewicht im allgemeinen Fall keine Größe vom Typ (3.34), die ein totales Differential darstellt, existiert. Das bedeutet, daß im allgemeinen Fall für stark gestörte Gleichgewichte keine Größen vom Typ der Entropieproduktion (im ONSAGER-Gebiet der Nichtgleichgewichtsthermodynamik) oder vom Typ der freien Energie (für geschlossene Systeme) existieren, die den Charakter eines Potentials haben und den Zustand des Systems bestimmen.
Im Grunde genommen folgt daraus, daß für solche Systeme die thermodynamische Betrachtungsweise sinnlos ist. Tatsächlich lassen sich die entsprechenden Aufgaben mit

[1]) Im linearen Bereich $d_xP = d_yP = \frac{1}{2} dp$ entsteht der gewöhnliche stationäre Zustand mit $dP \leqq 0$.

den Methoden der Hydrodynamik und der chemischen Kinetik lösen; die Einführung ungenau definierter „lokaler Potentiale“, und die Versuche, die thermodynamische Behandlung über die Grenzen des Geltungsbereiches der ONSAGERschen Beziehungen hinaus auszudehnen, ergaben keine nennenswert einfacheren Ergebnisse bei der Anwendung auf konkrete Systeme.

Kürzlich untersuchten KEISER und FOX [497] die Bedingung von GLANSDORFF und PRIGOGINE über die Stabilität stationärer Zustände für ein offenes System chemischer Reaktionen. Die ausführliche Analyse auf der Grundlage des strengen Stabilitätskriteriums einer Funktion nach LJAPUNOV ergab, daß das Kriterium von GLANSDORFF—PRIGOGINE (d. h. die Forderung, daß die zweite Ableitung der Entropie ein Minimum wird) für diese Systeme seinen Sinn verliert, wenn sie weit vom Gleichgewicht entfernt sind. Die Autoren kommen zu dem Schluß, daß dieses Kriterium nur in der Nähe des thermodynamischen Gleichgewichts gültig ist. Die Untersuchung der Stabilität der Zustände, die weit vom Gleichgewicht entfernt sind, erfordert nicht nur eine thermodynamische sondern auch eine kinetische Betrachtungsweise.

Wir kehren noch einmal zu den dissipativen Strukturen des ersten und zweiten Typs zurück und stellen nun die Frage nach ihrer Bedeutung in der Biologie. Wenn ich zunächst die Frage der Rolle der chemischen Schwingungsprozesse bei der biologischen Regulation unberücksichtigt lasse, so kann ich nicht umhin, meinen Zweifel an der Perspektive dieser ganzen Richtung der Nichtgleichgewichtsthermodynamik (natürlich ist hier nur die Biologie gemeint) zum Ausdruck zu bringen. Natürlich kann man behaupten, daß die Struktur eines beliebigen lebenden Systems (von der Zelle bis zum vielzelligen Organismus) letzten Endes durch die von außen zugeführte Energie und durch die zugeführten Stoffe erhalten wird. In diesem Sinne sind belebte Systeme dissipative Strukturen. Mehr darf man aus dieser Behauptung nicht herauslesen.

Der makroskopische sinnvolle Ordnungsgrad biologischer Strukturen entsteht nicht dadurch, daß einige Parameter des Systems kritische Werte überschreiten. Diese Strukturen sind wie komplizierte architektonische Gebilde unter Verwendung einer sinnvollen Information nach einem Programm gebaut. Sie sind in vielen Milliarden Jahren chemischer und biologischer Evolution geschaffen worden. Selbstverständlich befinden sich belebte Strukturen auf allen Organisationsebenen nicht im Gleichgewicht, und während der Zeit ihres Lebens wird das Nichtgleichgewicht durch die Dissipation der von außen eintretenden Energie und Stoffe erhalten.

Mit dem gleichen Recht kann man sagen, daß eine Maschine im Nichtgleichgewichtszustand gehalten wird, z. B. durch die regelmäßige Schmierung, den Ersatz der verbrauchten Teile, usw. Biologische Systeme jedoch, die nach einem vorgegebenen Programm entstanden sind, sind im wesentlichen *kinetisch* stabilisiert. Der Übergang in den Gleichgewichtszustand, d. h. die Zerstörung des schon existierenden Gebildes erfordert die Überwindung einer großen Potentialbarriere.

3.5. Schwingungsprozesse in Chemie und Biochemie

Es gibt eine alte Sage. An den Toren einer Stadt hielten die Wächter die Reisenden an und fragten sie: „Warum seid ihr hierher gekommen?“ Diejenigen, die die Wahrheit sagten, wurden geköpft, die Lügner aber wurden gehängt. Da fand sich ein schlauer Mensch, der antwortete: „Ich kam hierher, damit man mich hängt!“ Und somit begann ein Schwingungsprozeß: Wenn er die Wahrheit sagt, muß man ihn köpfen, aber dann erweist sich, daß er lügt und man muß ihn hängen, aber das bedeutet wiederum, daß er die Wahrheit sagt, usw. Die Wächter schwankten zwischen den beiden extremen Antworten, ohne eine von ihnen annehmen zu können. In diesem Paradoxon widerspricht die Schlußfolgerung aus der Behauptung der Behauptung selbst.

Der Entstehungsmechanismus von Schwingungen in chemischen Reaktionen kommt dem Dargelegten sehr nahe. Damit bei chemischen Reaktionen in offenen Systemen ungedämpfte Schwingungen der Konzentration von Zwischenprodukten auftreten können, ist es notwendig, daß es bei einem der Teilschritte des Prozesses inhibierende Stadien gibt, die der Entstehung dieses Stoffes vorgelagert sind. Es ist notwendig, daß das Ergebnis des Prozesses dem Prozeß selbst widerspricht, d. h. daß eine negative Rückkopplung[1]) vorhanden ist.

Die Frage nach der Existenz homogen schwingender chemischer Systeme (bei denen der Schwingungsablauf nur durch die Besonderheiten der chemischen Reaktion bedingt ist) hat eine lange Geschichte. Die theoretischen Voraussagen von Lotka [377, 378, 379], Volterra [481] und Frank-Kamenetzki [155, 156] blieben lange Zeit ohne experimentelle Bestätigung. Wahrscheinlich beobachtete Belousov [4] als erster die Schwingung einer chemischen Reaktion. Der vollständige, streng experimentelle Beweis der Existenz einer ganzen Klasse von schwingenden homogenen chemischen Redoxreaktionen und ihre quantitative Untersuchung jedoch wurde zuerst von Shabotinski und Mitarbeitern erbracht [67—71, 494]. Sie untersuchten als erste auch räumliche Effekte in selbstschwingenden chemischen Systemen. Solche Effekte entstehen in den Fällen, wenn die zu einer Ausmittelung führenden Diffusions- und Konvektionsprozesse langsamer ablaufen, als die chemischen Prozesse. Die von ihnen im zweidimensionalen System erhaltenen fortschreitenden Konzentrationswellen, die zur Entstehung seltsamer dynamischer und räumlicher Strukturen führen, können sich als nutzbringend bei der Betrachtung einer Reihe wichtiger biophysikalischer Fragen erweisen (Fragen der Erregungsausbreitung und der Regulation).

Der Bereich der Parameterwerte, bei denen im Reaktionssystem im Stadium der negativen und positiven Rückkopplung Schwingungsvorgänge entstehen, ist so groß, daß in den komplizierten Abläufen enzymatischer innerzellulärer Prozesse unbedingt Schwingungen zu beobachten sein müssen. Tatsächlich wurden oszillierende biochemische Reaktionen in den letzten Jahren zum Objekt zahlreicher theoretischer und experimenteller Untersuchungen. Von den wichtigsten Arbeiten möchte ich auf folgende verweisen: [11, 126, 133, 165, 166, 169, 318]. In den Arbeiten [281, 487] wurden biochemische Schwingungsprozesse experimentell beschrieben.

Die ersten systematischen experimentellen Untersuchungen innerzellulärer biochemischer Schwingungsprozesse wurden von Chance und Mitarbeiter [249, 250, 319] durchgeführt. Allem Anschein nach besteht kein Zweifel, daß in der Zelle Schwingungsprozesse möglich sind. Diese Prozesse können eine wichtige Rolle bei der Regulation spielen, weil sie bei geringfügigen Änderungen einiger Schlüsselparameter sehr leicht in neue Abläufe übergehen können. Mehr als das kann man heute schwerlich behaupten. Ein solches „chemisch-kinetisches“ Herangehen ist wahrscheinlich ganz zweckmäßig bei Abläufen, wie denen von Jacob und Monod beschriebenen (s. [168]) sowie bei der

---

[1]) Selbstverständlich ist für die Realisierung von Schwingungsprozessen nicht nur eine negative sondern auch eine positive Rückkopplung notwendig.

Glykolyse [448], usw., jedoch nur dann, wenn wir uns für die physikalischen Mechanismen der elementaren Stadien dieser Abläufe nicht interessieren.

An dieser Stelle möchte ich einige Worte über die häufig zitierte Monographie von GUDWIEN: „Die zeitliche Organisation der Zelle“ sagen [58]. Der Autor schuf eine sogenannte „talandische“[1]) statistische Mechanik und Thermodynamik. Die Grundlage dafür bildet die Annahme eines Systems von chemischen Oszillatoren, die das Verhalten der Zelle bestimmen. Die „talandische Temperatur“ dient z. B. als Maß der Abweichung des Systems von einem stationären Zustand in dem die biochemischen Schwingungen abgeklungen sind. Je geringer die talandische Temperatur ist, um so geringer ist die Schwingungsamplitude, um so „größer“ ist das lineare Verhalten des Systems. Beim Aufbau der talandischen statistischen Mechanik dienen die Konzentrationen der biochemischen Komponenten als mikroskopische Variable (sie spielen die gleiche Rolle wie Koordinaten und Impulse in der gewöhnlichen Statistik). Die Theorie von GUDWIEN ist scharfsinnig und schön. Ich kann mir jedoch vorstellen, daß die Ideen, die dieser Theorie zugrunde liegen, dem Objekt nicht ganz adäquat sind. Ich bin der Meinung, daß die chemische Schwingungskinetik, ganz gleich welche Rolle die periodischen chemischen Prozesse bei der Regulation des Metabolismus und der Biosynthese spielen, nicht als Grundlage für die Schaffung einer allgemeinen Theorie der Zelle dienen kann. Bis jetzt ist noch unklar, worin (außer neuen Begriffen) das Neue des Herangehens von GUDWIEN für die Beschreibung und für das Verstehen der Zelleigenschaften besteht. Es ist möglich, daß das von ihm ausgearbeitete theoretische Skelett eine Art „Vorbereitung im Voraus“ ist, und daß es nach dem Erkennen eines neuen physikalischen Inhalts[2]) noch verwendet werden wird.

3.6. Probleme

Bei der Untersuchung vieler wichtiger biologischer Probleme in der Zelle und im Organismus ist es notwendig, die ONSAGERsche Nichtgleichgewichtsthermodynamik zu benutzen. Dabei treten keine spezifisch thermodynamischen Probleme, die mit den Besonderheiten der biologischen Objekte verbunden sind, auf. Die Ausdehnung der Thermodynamik über die Grenzen der Reziprozitätsbeziehung hinaus führt in der Regel dazu, daß sie aufhört, Thermodynamik zu sein (d. h. man verliert alle Vorteile einer thermodynamischen Behandlung) und sich in chemische Kinetik, Hydrodynamik oder andere wohl bekannte Wissensgebiete umwandelt. Selbst wenn es gelingen würde, eine folgerichtige Thermodynamik für das außerhalb des Geltungsbereiches der linearen phänomenologischen Beziehungen liegende Gebiet zu schaffen (was bisher nicht gemacht wurde), so hätte das nach Meinung des Autors keine wesentliche Bedeutung für das Verständnis der Besonderheiten von Bau und Funktion biologischer Systeme.

---

[1]) Aus dem Griechischen ταλανδισ-Schwingung.

[2]) Siehe auch die Abhandlungen der GUDWIENschen Theorie in der oben zitierten Arbeit [117].

4

Statistische Physik von Biopolymeren

4.1. Wo beginnt die Mechanik?

Es wurde bereits mehrmals betont, daß biologische Systeme gewissermaßen Konstruktionen darstellen, d. h. Strukturen, *die geschaffen wurden für die Erfüllung bestimmter Funktionen*[1]). Wenn wir für die Beschreibung der Zelle zwischen zwei extremen Modellen — einem Uhrwerk oder einer homogenen chemischen Reaktion in der Gasphase — auswählen könnten, so wäre die Wahl eindeutig:
Die Zelle kommt dem Mechanismus einer Uhr wesentlich näher als einem rein statistischen System. Worin besteht der prinzipielle Unterschied zwischen der Physik statistischer und mechanischer Systeme? Um eine Antwort auf diese Frage zu finden, untersuchen wir die Arbeit einer Maschine, für deren Funktion beide Systemtypen notwendig sind. Als Beispiel einer solchen Maschine kann man einen Verbrennungsmotor wählen. Einerseits macht sich für die Beschreibung der Eigenschaften des Benzin-Luft-Gemisches und der Gesetzmäßigkeiten des Ablaufs der entsprechend ausgelösten chemischen Reaktionen eine statistische Beschreibung erforderlich. Wesentliche Charakteristika dieses Motors sind makroskopische Parameter wie Temperatur und Druck. Für ihre Bestimmung ist die statistische Betrachtungsweise, die Mittelung über den ganzen Phasenraum, die statistische Berechnung der riesigen Zahl der Freiheitsgrade der Moleküle, Atome, Ionen und Radikale, aus denen sich das Gasgemisch zusammensetzt, notwendig. Andererseits erfordert die Arbeit der anderen Komponenten des Motors (des Zylinders, des Kolbens, der Ventile, der Zündung, usw.) eine vollkommen andere Beschreibung — nämlich eine mechanische. Diese Komponenten des Motors bestehen im allgemeinen auch aus einer Vielzahl von Atomen und sind durch eine riesige Menge von Freiheitsgraden charakterisiert, jedoch jede dieser Komponenten hat nur wenige mechanische Freiheitsgrade (es kann sogar nur ein einziger sein), die die Konstruktion des Systems vollständig bestimmen.[2])
Der Grund des Auftretens dieser besonderen Freiheitsgrade besteht darin, daß für mechanische Systeme nur verhältnismäßig wenige Gebiete des Phasenraumes und eine relativ geringe Zahl der möglichen Mikrozustände erlaubt ist. Man muß dabei genau beachten, daß das nicht durch eine erhöhte Energie bestimmter Gebiete des Phasenraumes erfolgt. Sie sind kinetisch nicht erreichbar, weil sie durch eine hohe kinetische Barriere von den Gebieten des Phasenraumes getrennt sind, die durch starre Bindungen im System, d. h. durch ihre Konstruktion gegeben sind. So muß sich zum Beispiel ein Punkt des Phasenraumes, der dem Vorhandensein von Kolbenatomen außerhalb des Zylinders entspricht, in der Energie nicht von einem Punkt unterscheiden, der der

[1]) Über die Notwendigkeit des teleologischen Vorgehens in der Biologie s. Abschnitt 2.4.

[2]) Das Auftreten mechanischer Freiheitsgrade überführt die Konstruktion in eine Maschine.

normalen Lage des Kolbens entspricht. Wenn der Motor jedoch richtig zusammengebaut wurde, braucht man den ersten Phasenpunkt überhaupt nicht zu betrachten, weil zur Erreichung dieses Zustandes entweder der Kolben oder der Zylinder zerstört werden muß, was nur in einer Zeit erfolgen kann, die unvergleichlich größer ist, als die charakteristische Funktionszeit des mechanischen Systems. Die Konstruktion wird durch eine streng begrenzte Menge erlaubter Punkte des Phasenraumes charakterisiert, sie verwendet einen geringen Teil der Gibbschen kanonischen Gesamtheit und stellt in diesem Sinne ein System mit stark gestörtem Gleichgewicht dar. Dieses Nichtgleichgewicht unterscheidet sich jedoch prinzipiell vom Nichtgleichgewicht offener Systeme, das im vorangegangenen Kapitel betrachtet wurde und durch die stetige Dissipation der von außen zugeführten Energie hervorgerufen wird. Der Unterschied zwischen einem solchen thermodynamischen Nichtgleichgewicht und dem Nichtgleichgewicht einer derartigen Konstruktion hat *kinetische* Gründe und ist dadurch bedingt, daß wir die Systeme in Zeitintervallen untersuchen, die wesentlich geringer sind, als die, die für die Relaxation zum echten statistischen Gleichgewicht erforderlich sind. Die Konstruktionen sind im Nichtgleichgewicht, d. h. im geordneten Zustand gewissermaßen „eingefroren". Im 1. Kapitel sahen wir, daß der Ordnungsgrad biologischer Konstruktionen sinnvoll ist. Dieser Sinn entsteht im Prozeß der biologischen Evolution. Wir wollen hier die Frage über den Sinn der biologischen Strukturen unberührt lassen, d. h. wir werden ihre Funktionsweisen nicht betrachten. An einfachen Beispielen werden wir zu erläutern versuchen, zu welchen Folgen das kinetische Nichtgleichgewicht biologischer Strukturen führt.

Es unterliegt keinem Zweifel, daß die Zelle einer Konstruktion ähnlicher ist, als einem statistischen System. Dabei erhebt sich die gesetzmäßige Frage: Auf welchem Organisationsniveau wird die Konstruktion wesentlich, wo dringt die Mechanik in die reine Statistik ein?

Soviel mir bekannt ist, wurde zuerst in einem Artikel von Khurgin, Chernavski und Shnoll klar gesagt, daß das bereits auf dem Niveau einzelner Makromoleküle, der Biopolymere, erfolgt [162]. In Kapitel 6. kommen wir noch einmal bei der Betrachtung der physikalischen Aspekte der Enzymkatalyse auf diese Arbeit zurück. Wir werden sehen, daß man mit einigen Behauptungen der Autoren nicht einverstanden sein kann. Die prinzipielle Bedeutung dieser Arbeit ist jedoch offenkundig.

Den Grundstein für eine quantitative Beschreibung von Biopolymerstrukturen als partielle Nichtgleichgewichtssysteme (im oben beschriebenen kinetischen Sinn) legte Lifshiz [104]. Der nächste Abschnitt dieses Kapitels ist ausschließlich der Darlegung dieser Arbeit gewidmet.[1])

4.2. Statistische Physik eines einsträngigen Homopolymers

Wir beginnen die Betrachtung mit einer langen, biegsamen Polymerkette, die aus N gleichen monomeren Gliedern besteht. Die Zahl N sei genügend groß, so daß man die Kette als statistisches System und ihre möglichen Konfigurationszustände als makroskopische Phasen dieses Systems betrachten kann. Die Monomere sind miteinander durch feste kovalente Bindungen gekoppelt, deren Energie E^0 so groß ist, daß

[1]) Den im Jahre 1965 begonnenen Arbeiten von Edwards [499] liegt ein ähnliches Herangehen an die statistische Mechanik der Polymerkette zugrunde. Die Darlegung und Diskussion dieser Arbeiten kann man in der kürzlich von Freed erschienenen Zusammenfassung finden [500].

ihre Zerreißfrequenz $\omega \sim \exp\left(-\frac{E^0}{kT}\right)$ folgender Ungleichung genügt:

$$\omega \cdot \tau \ll 1, \tag{4.1}$$

wobei τ die charakteristische Zeit für die Konfigurationsrelaxation der Polymerkette ist. Ungleichung (4.1) bedeutet, daß die Primärstruktur der Polymerkette kinetisch stabilisiert ist und daß die Korrelationsbeziehungen zwischen den Positionen benachbarter Glieder ständig wirken. Tatsächlich folgt aus (4.1), daß in den uns interessierenden Zeiten der Größenordnung τ das System im Nichtgleichgewicht ist und ein lineares Gedächtnis besitzt.

Die Berücksichtigung des linearen Gedächtnisses führt sogar bei der Analyse der Eigenschaften eines freien Stranges (wenn seitwärts gerichtet Sekundärbindungen fehlen) zu nichttrivialen Schlußfolgerungen. Wie allgemein bekannt ist (s. z. B. [46]), bildet ein solcher Strang bei genügend großem N auf Grund der durch die Fluktuation seiner Geometrie hervorgerufenen Krümmungen ein Knäuel mit dem Radius der Größenordnung $R_N = a\sqrt{N}$, wobei a die Größenordnung der Abstände zwischen den benachbarten Monomer-Gliedern ausdrückt. Das Vorhandensein eines linearen Gedächtnisses drückt sich darin aus, daß im Konfigurationsraum die Verteilungsfunktion Z_{frei} als Produkt der Korrelationsfunktionen $g_j = g(\boldsymbol{x}_j, \boldsymbol{x}_{j+1})$ zwischen den benachbarten Gliedern geschrieben wird:

$$Z_{\text{frei}}(\boldsymbol{x}_1, \ldots, \boldsymbol{x}_N) = \prod_j g_j. \tag{4.2}$$

Bestimmen wir die Korrelationsfunktion durch die Differenz der Vektoren:

$$g_j = g(\boldsymbol{x}_{j+1} - \boldsymbol{x}_j) = g(\boldsymbol{y}_j), \qquad \int g d^3\boldsymbol{y} = 1, \tag{4.3}$$

wobei $\vec{\boldsymbol{x}}_j$ $(j = 1, 2, \ldots, N)$ — verallgemeinerte Koordinaten der Kettenglieder sind. Lifshiz führt die Dichte der Glieder in einem Punkt mit der Koordinate $\vec{\boldsymbol{x}}$ ein:

$$n(\vec{\boldsymbol{x}}) = \sum_{j=1}^{N} \delta(\vec{\boldsymbol{x}} - \vec{\boldsymbol{x}}_j) \tag{4.4}$$

und berechnet die Korrelation der Dichte, d. h. die Größe, die die Änderung der Dichte in einem durch das Knäuel besetzten Punkt des Raumes mit der Änderung der Dichte in einem anderen Punkt des Raumes verbindet. Es stellt sich heraus, daß der Korrelationsradius von der gleichen Größenordnung ist, wie auch das Ausmaß des Knäuels. Das heißt, daß man die Dichte des Knäuels nicht zur thermodynamischen Charakteristik des Systems heranziehen kann. Es ist nicht möglich, einen konstanten Mittelwert der Dichte bei der Mittelung über das ganze Knäuel zu erhalten. Die Dichtefluktuationen in verschiedenen Punkten des Knäuels sind voneinander abhängig und es muß unbedingt über die Zeit und nicht über den Raum gemittelt werden. Infolge der Dichtekorrelation (d. h. bei Vorhandensein eines linearen Gedächtnisses, das zur Begrenzung der erlaubten Gebiete des Phasenraumes führt) finden im Knäuel makroskopische Pulsationen mit einer charakteristischen Zeit

$$\tau \sim N^2 \tag{4.5}$$

und mit einer Pulsationsamplitude der gleichen Größenordnung wie die Dichte selbst statt. Das erhaltene Resultat ist wesentlich an die Näherung eines freien biegsamen Strangs und an die Vernachlässigung aller Wechselwirkungen gebunden mit Ausnahme der wichtigsten, die durch das lineare Gedächtnis bedingt sind. In Wirklichkeit kann man die räumlichen Wechselwirkungen zwischen den voneinander entfernten Monomergliedern (entlang der Hauptkette), die sich durch die Faltung nähern, nicht vernachlässigen. Diese seitwärts gerichteten Bindungen bestimmen ganz wesentlich die resultierende Konfiguration der Makromoleküle. Außerdem kann sich die Wechselwirkung des Polymerstrangs mit der Umgebung, z. B. mit einem Lösungsmittel, als bestimmend erweisen.

Die Existenz hydrophober Glieder der Polymerkette an der Oberfläche des Knäuels zerstört die Wasserstoffbrückenstruktur des Wassers und führt zur sogenannten hydrophoben Wechselwirkung, die das ganze Knäuel zusammendrückt. Deshalb untersucht Lifshiz in der folgenden Näherung ein Knäuel, das aus einem biegsamen Homopolymerstrang gebildet wird und sich in einem äußeren das Knäuel komprimierenden Potentialfeld $u(\boldsymbol{x})$ befindet. Dieser Schritt ist für die nachfolgende Berücksichtigung der räumlichen Wechselwirkung notwendig.

Jetzt wird jedes Kettenglied durch eine Energie charakterisiert, die durch die räumliche Lage des gegebenen Gliedes bestimmt ist. Wir beschreiben die Energie (in Einheiten der Temperatur) eines Gliedes, das sich im Punkt $\boldsymbol{x}$ befindet, durch:

$$\varphi(\boldsymbol{x}) = \frac{U(\boldsymbol{x})}{T}. \tag{4.6}$$

Die Energie aller Systeme, die sich im Punkt G des Konfigurationsraumes befinden (d. h. mit den gegebenen Koordinaten $\boldsymbol{x}_j$ aller Glieder[1])) ist:

$$\mathfrak{E} = \sum_{j=1}^{N} \varphi(\boldsymbol{x}_j) = \int n(\boldsymbol{x}) \cdot \varphi(\boldsymbol{x})\, d^3\boldsymbol{x}. \tag{4.7}$$

Die freie Energie $F(\boldsymbol{x})$ (in Einheiten von T) des Systems im Potentialfeld, die vom Niveau des freien Knäuels aus berechnet wird, kann in folgender Form geschrieben werden:

$$\frac{F_1}{T} \equiv F \equiv F(\varphi) - F(0) = -\ln Z_N, \tag{4.8}$$

wobei F_1 die freie Energie in herkömmlichen Einheiten darstellt, die Zustandssumme Z_N berücksichtigt dabei das vorhandene äußere Feld genauso wie die Existenz eines linearen Gedächtnisses, d. h.:

$$\left.\begin{aligned} Z_N &= \int \exp\{-\sum \varphi(\boldsymbol{x}_j)\} \prod_j g(\boldsymbol{y}_j)\, dG, \\ dG &= \prod_j d^3\boldsymbol{x}_j = \prod_j d^3\boldsymbol{y}_j. \end{aligned}\right\} \tag{4.9}$$

Anschließend werden die plausiblen Ausdrücke für die Gleichgewichtsdichte der Glieder $\bar{n}(\boldsymbol{x}_j)$, der Energie E (in T-Einheiten) und der Entropie S des Systems eingeführt:

$$\bar{n}(\boldsymbol{x}) = \frac{\delta F}{\delta \varphi} \tag{4.10}$$

$$E = \frac{\mathfrak{E}_1}{T} \equiv E\{\varphi\} - E\{o\} = \int \varphi(\boldsymbol{x}) \cdot \bar{n}(\boldsymbol{x})\, d^3\boldsymbol{x} = \int \varphi(\boldsymbol{x}) \cdot \frac{\delta F}{\delta \varphi}\, d^3\boldsymbol{x} \tag{4.11}$$

$$S = S\{\varphi\} - S\{o\} = E - F = \int \varphi(\boldsymbol{x}) \cdot n(\boldsymbol{x})\, d^3\boldsymbol{x} - F, \tag{4.12}$$

[1]) Zur Vereinfachung wurde angenommen, daß der Zustand eines Gliedes durch seine Koordinaten vollständig bestimmt ist, d. h. mögliche Unterschiede in der Orientierung des Gliedes werden nicht berücksichtigt.

wobei $\mathfrak{E}_1$ die Energie in herkömmlichen Einheiten ist. Bei genügend großem N führt die Berechnung von Z_N schließlich[1]) zur Lösung folgender Gleichung:

$$\int g(\boldsymbol{x} - \boldsymbol{x}')\, \psi(\boldsymbol{x}')\, d^3\boldsymbol{x}' = \exp\,(\varphi - \lambda)\, \psi(\boldsymbol{x}). \tag{4.13}$$

Die ψ-Funktion wird durch folgende Gleichung bestimmt:

$$\psi^2(\boldsymbol{x}) = \frac{n(\boldsymbol{x})}{N} \exp\,[-\varphi(\boldsymbol{x})] \equiv \varrho(\boldsymbol{x}) \cdot \exp\,[-\varphi(\boldsymbol{x})], \tag{4.14}$$

wo $\varrho(\boldsymbol{x})$ die auf ein Glied bezogene Dichte der Glieder im Punkt $\boldsymbol{x}$ ist. λ ist ein Energieparameter des Systems, der auf einfache Weise mit der freien Energie verknüpft ist:

$$Z_N \approx \exp\,(-\lambda \cdot N), \tag{4.15}$$

$$F = N \cdot \lambda = N \cdot \lambda\{\varphi\}. \tag{4.16}$$

Wenn die Funktion $\varphi(\boldsymbol{x})$ genügend glatt ist, d. h. wenn sie sich im Bereich der Größenordnung des Intervalls zwischen den Gliedern wenig ändert und die Korrelationsfunktion $g(\boldsymbol{x})$ als kugelsymmetrisch betrachtet werden kann, dann erhalten wir für (4.13) folgende Gleichung:

$$a^2 \Delta\psi + [1 - \exp\,(\varphi - \lambda)]\, \psi = 0. \tag{4.17}$$

Die Lösung dieser Gleichung, d. h. der Ausdruck der „Eigenfunktionen" ψ und der erlaubten „Eigenwerte" λ hängen vom Ausdruck der Funktion $\varphi(\boldsymbol{x})$ ab. Wenn das Feld im Unendlichen verschwindet, d. h. $\varphi(\infty) = 0$, und wenn $\varphi(\boldsymbol{x})$ im Bereich des Knäuels eine genügend tiefe Potentialmulde bildet, um das Knäuel als kompakten Globulus zu erhalten, entstehen diskrete Eigenwerte λ. Bei einem gegebenen Potentialfeld $u(\boldsymbol{x})$ erfolgt dieser Prozeß bei Temperaturen, die niedriger sind als eine bestimmte kritische Temperatur Θ_K. Bei höheren Temperaturen erfolgt keine Quantelung der freien Energie und λ hat ein kontinuierliches Spektrum. Die Grenze des Kontinuums liegt beim Wert $\lambda_K = 0$. Wenn die Mulde genügend breit ist, so befindet sich das Niveau des Grundzustandes in der Nähe des Bodens der Mulde, d. h.:

$$|\varphi(\boldsymbol{x}) - \lambda| \ll 1. \tag{4.18}$$

Dann erhalten wir für (4.17) folgende Gleichung:

$$a^2 \Delta\psi + (\lambda - \varphi)\, \psi = 0. \tag{4.19}$$

Diese Gleichung ist mit der stationären SCHRÖDINGER-Gleichung formal identisch.
Die erhaltene Gleichung kann man für verschiedene konkrete Fälle lösen. So finden wir z. B. für eine tiefe kugelsymmetrische Mulde $\varphi(\boldsymbol{r}) = \varphi_0 + \frac{1}{2}\alpha r^2$ den Grundzustand bei:

$$\lambda = \varphi_0 + \frac{3}{2}\, \alpha^{\frac{3}{2}}. \tag{4.20}$$

---

[1]) Ausführliche Darlegungen hierzu s. [104].

Für $T > \Theta_K$ existieren keine diskreten Niveaus und bei der Erniedrigung der Temperatur entsteht das erste diskrete Niveau:

$$\lambda_k = \lambda\{\varphi_K\} = \lambda\left\{\frac{u(\boldsymbol{x})}{\Theta_K}\right\}.$$

Für T-Werte in der Nähe Θ_K haben wir:

$$\lambda\left\{\frac{u}{T}\right\} - \lambda\left\{\frac{u}{\Theta_K}\right\} \sim (T - \Theta_K)^2. \tag{4.21}$$

Somit ist im Punkt Θ_K ein Phasenübergang zweiter Ordnung realisiert:

$$\frac{F_T}{N} = \lambda_T = \begin{cases} A(T - \Theta_K)^2, & \text{für} \quad T < \Theta_K \\ 0 \quad , & \text{für} \quad T > \Theta_K \end{cases} \tag{4.22}$$

(hier fällt F_T mit F_1 zusammen).

Die Analyse der Korrelation der Dichtefluktuation zeigt, daß bei $T < \Theta_K$, wenn die Mulde für die Aufrechterhaltung des Knäuels ausreicht, die Dichte $\varrho(\boldsymbol{x}) \sim \psi^2 \cdot \exp \varphi$ zur thermodynamischen Größe wird und ihre räumliche Mittelung wieder einen Sinn erhält.

In einem realen Makromolekül existieren außer der Wechselwirkung zwischen benachbarten Gliedern, die durch die Vorgabe der Korrelation g_j berücksichtigt werden, zusätzliche räumliche Wechselwirkungen $\mathfrak{U}$ zwischen entfernten Teilen der Kette, die auf Grund der Faltungen zueinander kommen. In diesem Fall kann man die Energie der Systeme als Summe der paarweisen Wechselwirkung u_{ik} zwischen den sich annähernden Gliedern darstellen:

$$\mathfrak{U}(\boldsymbol{x}_1, \ldots, \boldsymbol{x}_N) = \frac{1}{2} \sum u_{ik}; \qquad u_{ik} = \mathfrak{U}(\boldsymbol{x}_i - \boldsymbol{x}_k) \tag{4.23}$$

Für den allgemeinen Fall, daß die räumliche Wechselwirkung $\mathfrak{U}$ und das äußere Potentialfeld φ vorhanden sind, erhält man Gleichungen, die (4.13), (4.17) und (4.19) analog sind, nur an Stelle von $\varphi(\boldsymbol{x})$ wird das von der Dichte n abhängige effektive „self-consistent field“ $\Phi(n, \boldsymbol{x})$ eingesetzt:

$$\Phi(n, \boldsymbol{x}) = \varphi(\boldsymbol{x}) + \mu_0(n) - \ln n, \tag{4.24}$$

wobei $\mu_0(n)$ das chemische Potential des Gliedes mit der lokalen Dichte n ist.

Einige Bemerkungen zur Anwendung des chemischen Potentials [501]. Alle Besonderheiten der Statistik einer Polymerkette werden dadurch bestimmt, daß die Monomere durch das lineare Gedächtnis bis zum Abstand r_{korr} ($r_{\text{korr}} \gg a$) korreliert sind. Deshalb ist die Dichteverteilung im Globulus nicht lokal. In der ersten Näherung (an Hand des Parameters $\frac{a}{r_{\text{korr}}}$) kann man jedoch die Raumwechselwirkung beschreiben, indem man ein effektives chemisches Potential $\mu^*(n, T) = \mu(n, T) - T \cdot \ln n$ einführt, wobei $\mu(n,T)$ das chemische Potential der gleichen Gesamtheit getrennter Glieder mit der gleichen Raumwechselwirkung mit der Dichte n und der Temperatur T darstellt. Somit wird das chemische Potential genauso eingeführt, wie in der kondensierten Phase ohne lineares Gedächtnis, weil man im System mit linearem Gedächtnis eine Volumeneinheit auswählen kann, in der die lokalen Abstände zwischen den wechselwirkenden Gliedern viel geringer sind, als die Abstände zwischen diesen Gliedern entlang der Kette (das Modell „wechselwirkender Perlen auf einem beweglichen Faden").

Der Einfluß des Lösungsmittels auf die Dichteverteilung kann in Abhängigkeit des effektiven chemischen Potentials $\mu^*(n)$ vom Zustand des Lösungsmittels berücksichtigt werden. So hängt $\mu^*(n)$ z. B. vom Druck P im Lösungsmittel ab. Diese Abhängigkeit liegt hauptsächlich darin begründet, daß sich das Volumen des Lösungsmittels bei der Bildung eines dichten Globulus um die Größe ΔV ändert (das Lösungsmittel wird durch die Glieder des Polymers verdrängt, weil die Lösungsmittelmoleküle nicht in den dichten Globulus eindringen können). Deshalb verrichtet die Kette bei der Bildung des Globulus die Arbeit $P \cdot \Delta V$. In diesem Fall wird der Zustand der Polymerkette nicht durch das Minimum der HELMHOLTZschen freien Energie, sondern durch das Minimum der GIBBschen freien Energie (des thermodynamischen Potentials) $G(n) = F(n) + P \Delta V$ bestimmt. In den Ausdrücken für das effektive chemische Potential und das effektive „self-consistent-field" (4.24) treten neue Glieder auf, die den Zustand des Lösungsmittels, des Drucks, pH usw. widerspiegeln.

Wenn das äußere Feld fehlt und auf der rechten Seite von (4.24) der erste Summand verschwindet, kann die Umwandlung des Knäuels in einen Globulus auf Grund der räumlichen Anziehungskräfte trotzdem erfolgen. Um ein unbegrenztes Zusammendrücken zu verhindern, erweist es sich als notwendig, die im Bereich von Atomabständen wirkenden Abstoßungskräfte zu berücksichtigen. In diesem Fall ist der Globulus ein Gebilde vom Typ eines zweiphasigen Systems mit einem dichten Kern, der die Rolle der kondensierten Phase spielt, und einer „Gasperipherie", in der das Feld der räumlichen Wechselwirkung zur Ausbildung eines Globulus nicht ausreicht und die Kette nur durch kovalente Bindungen aufrechterhalten wird.

Im weiteren werden wir die energetischen Charakteristika in der gewöhnlichen Form beschreiben, die die Temperaturabhängigkeit explizit berücksichtigt, d. h. an Stelle von F schreiben wir $\frac{F}{T}$ und an Stelle von μ_0 gilt $\frac{\mu_0(n, T)}{T}$.

Die Zustandsgleichung eines zweiphasigen kugelsymmetrischen Globulus für $\varphi(\boldsymbol{x}) = 0$, lautet wie folgt.

$$\begin{aligned} &\int g(\boldsymbol{x} - \boldsymbol{x}') \cdot \psi(\boldsymbol{x}')\, d^3\boldsymbol{x}' = \psi(\varkappa) \cdot \exp\left[\Phi(n) - \lambda\right], && (a) \\ &\psi^2 = n \cdot \exp\left[\lambda - \Phi(n)\right], && (b) \\ &\Phi(n) = \mu_0(n, T)\,\frac{1}{T} - \ln n; \quad n = n(\boldsymbol{r}) && (c) \\ &n(\infty) = \psi(\infty) = 0. && (d) \end{aligned} \tag{4.25}$$

Die Normierungsbedingung, die für den Fall der Bildung eines Globulus den Wert von λ festlegt, ist dabei:

$$4\pi \int n(r) \cdot r^2\, dr = N. \tag{4.26}$$

Wenn die Dichte n klein ist („Gasphase"), so hängt — wie aus der gewöhnlichen Thermodynamik bekannt ist — das chemische Potential von n auf folgende Weise ab:

$$\frac{\mu_0}{T} = \ln n + \alpha(T) \cdot n, \tag{4.27}$$

wobei die Funktion $\alpha(T)$ positiv bei hohen und negativ bei tiefen Temperaturen ist. Für die kondensierte Phase (große n-Werte) hat Φ bei einem bestimmten n_m ein Minimum $\Phi_{\min}$, in dessen Umgebung Φ quadratisch von $(n - n_m)$ abhängt. Somit hängt das durch die räumliche Wechselwirkung bedingte „self-consistent field" $\Phi(n)$ folgendermaßen von der Dichte ab:

$$\Phi(n) = \begin{cases} \alpha(T)\, n, & \alpha(T)\, n \ll 1, \\ \Phi_{\min} + \gamma(n - n_m)^2, & |n - n_m| \ll n_m. \end{cases} \qquad (4.28)$$

Ein typischer Verlauf der Funktion $\Phi(n)$ ist auf Abbildung 4.1 dargestellt.

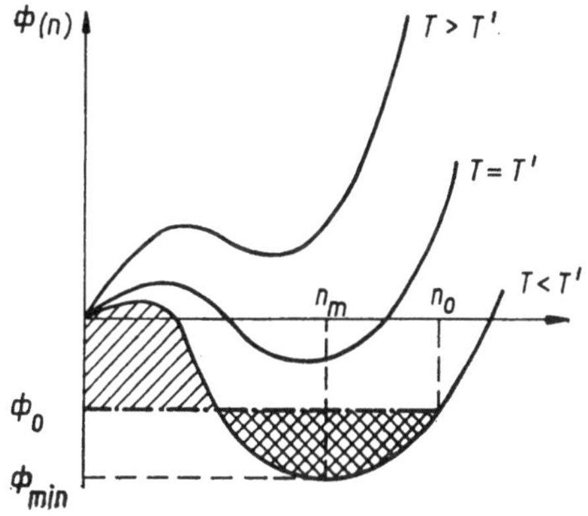

Abb. 4.1. Typischer Verlauf der Funktion $\Phi(n)$ (nach [104]). T'-Temperatur, bei der die Energie des kdmpakten Globulus gleich der Energie des freien Knäuels ist. Die horizontale strichpunktierte Linie für die Funktion $\Phi(n)$ für $T < T'$ wird so hineingelegt, daß die schraffierten Flächen gleich sind.

Für große Globula bedeutet die Lösung von (4.25) folgendes: Die gesamte Masse des Globulus ist in einem dichten Kern mit einer fast konstanten Dichte $n_0 \left(\frac{4}{3} \pi R^3 n_0 \approx N\right)$ konzentriert. Die Übergangsschicht und die „gasförmige" Peripherie ist äußerst dünn ($\delta R \ll R$). Für jede der Phasen auf beiden Seiten der dünnen Übergangsschicht kann man (4.25) analog (4.17) in folgender Form schreiben:

$$a^2 \frac{d^2\psi}{dx^2} = \psi[\exp(\Phi(n) - \lambda) - 1], \quad \psi^2 = n \exp[\lambda - \Phi(n)], \qquad (4.29)$$

wobei $x = r - R$ ist. n ist jetzt eine Funktion von x und die Grenzbedingungen für die kondensierte (I) und „gasförmige" (II) Phase lauten wie folgt:

Phase I: $n(-\infty) = n_0$,

$\psi^2(-\infty) = \psi_0^2 = n_0 \exp(\alpha - \Phi_0)$,

Phase II: $n(\infty) - \psi^2(\infty) = 0$; (4.30)

$n(-\infty)$ bedeutet die Dichte der Kettenglieder im Innern des Globulus[1]), d. h. bei $r \ll R$.

Aus (4.29) und (4.30) erhalten wir sogleich:

$$\lambda = \Phi(n_0) \equiv \Phi_0, \qquad \psi_0^2 = n_0. \qquad (4.31)$$

[1]) Natürlich darf $x = (r - R)$ nicht kleiner als $-R$ werden.

In größerer Entfernung von der Phasengrenze erhalten wir die Lösung von (4.25) in Form von Exponentialfunktionen:

$$\begin{aligned} n(x) - n_0 &\sim \exp(v_1 x) \qquad (x \to -\infty), \\ n(x) &\sim \exp(v_2 x) \qquad (x \to \infty), \end{aligned} \tag{4.32}$$

wobei v_1 und v_2 gewisse Funktionen von n_0 sind. LIFSCHITZ findet n_0 durch geeignete Wahl der Randbedingungen der Lösungen ψ_1 und ψ_2 der exakten Gleichung (4.25), nicht aber aus der differentiellen Form (4.29), die nur in großer Entfernung von der Phasengrenze richtig ist. In jedem Punkt muß die thermodynamische Ungleichung (s. 4.25, c):

$$\frac{1}{T}\frac{\partial \mu_0}{\partial n} = \frac{\partial \Phi}{\partial n} + \frac{1}{n} > 0 \tag{4.33}$$

erfüllt sein, und der kompakte Globulus muß thermodynamisch gesehen günstiger sein als ein lockeres Knäuel, d. h.

$$\int_0^{n_0} \Phi(n)\, \delta n < 0. \tag{4.34}$$

Für das erste Integral von (4.29) erhalten wir unter Berücksichtigung von (4.30) und (4.31)

$$a^2 \left(\frac{d\psi}{dx}\right)^2 = \begin{cases} \int_0^n (\Phi - \Phi_0)\, dn - g(n), & \text{Phase I} \\ \int_{n_0}^n (\Phi - \Phi_0)\, dn - g(n), & \text{Phase II} \end{cases} \tag{4.35}$$

wobei $g(n) = n[(\exp(\Phi - \Phi_0) - 1 - (\Phi - \Phi_0)]$ ist.
Die rechten Seiten von (4.35) unterscheiden sich um die Größe $\int_0^{n_0} (\Phi - \Phi_0)\, dn$. Folglich muß zum Erhalt einer stetigen Lösung von (4.29) folgende Gleichung erfüllt sein:

$$\int_0^{n_0} (\Phi - \Phi_0)\, dn = \int_0^{n_0} \Phi(n)\, dn - n_0 \Phi(n_0) = 0. \tag{4.36}$$

Daraus ergibt sich (s. 4.34):

$$\Phi_0 \equiv \Phi(n_0) < 0. \tag{4.37}$$

Durch Gleichung (4.36) ist n_0 bestimmt. Somit existiert eine Temperatur T' unterhalb derer (4.34), (4.36) und (4.37) erfüllt sind. Diese Temperatur erhalten wir aus folgenden Gleichungen:

$$\Phi(n_0, T') = 0, \qquad \int_0^{n_0} \Phi(n, T')\, \delta n = 0. \tag{4.38}$$

Außerdem muß für den gesamten Wertebereich der Dichte von 0 bis n_0 (4.33) erfüllt sein, d. h. die Temperatur T muß höher als die kritische sein ($T > T_k$). Hier ist das Wort „kritisch" im herkömmlichen Sinn gebraucht, d. h. es handelt sich um die Temperatur-

grenze, an der ein stetiger Übergang vom „Gas“ zur „Flüssigkeit“ existiert. Aus Abbildung 4.1 geht hervor, wie man an Hand der Kurven $\Phi(n)$ unter Verwendung von (4.36) den Wert n_0 findet.
Somit können für ein hinreichend langes Homopolymer mit räumlicher Wechselwirkung folgende Situationen auftreten:

1. $\underline{T' > T_k}$.
1a) $T > T'$.

Für diesen Fall hat die Zustandsgleichung (4.25) keine Lösung für ein zweiphasiges System. Es bildet sich kein Globulus. Das System verhält sich wie ein freier Strang ohne räumliche Wechselwirkung.

1b) $T_k < T \leqq T'$.

Bei $T = T'$ erfolgt die Bildung eines Globulus. Dabei entsteht zusätzliche freie Energie, die bei $T < T'$ gleich $\frac{F}{TV} = n_0\Phi(n_0)$ ist. Bei dieser Bedingung gilt auch (4.36). Der Übergang bei $T = T'$ ist ein Phasenübergang 1. Ordnung.

1c) $T \leqq T_k$.

Bei $T = T_k$ entsteht zwischen den beiden Phasen des Systems ein Dichtesprung (Phasenübergang 2. Ordnung). Trotzdem ist die Bedingung (4.36) im Zentrum des Kerns erfüllt.

2. $\underline{T' < T_k}$.
2a) $T > T'$. Analog wie bei 1a.

2b) $T \leqq T'$.

Bei $T = T'$ bildet sich durch den Phasenübergang 1. Ordnung ein Globulus mit einem Dichtesprung zwischen dem kompakten Kern und der „gasförmigen“ Peripherie.

Der vorangegangenen Darstellung lag hauptsächlich die erste Arbeit von Lifshiz [105] zugrunde. In den Arbeiten [498, 501] erhielten Lifshiz und Grosberg eine Reihe neuer wesentlicher Resultate. Es wurde die Möglichkeit der Bildung eines Globulus ohne gasförmige Peripherie, der Fall der Bildung großer und kleiner Globula und der Einfluß des Lösungsmittels berücksichtigt. Anschließend werden kurz die wichtigsten Befunde dargestellt.
Bei der Verringerung der Temperatur fällt die Dichte der Glieder in der „gasförmigen“ Peripherie analog, wie das bei der Dichte des Dampfes über einem Wassertropfen der Fall ist. Für den Fall der Polymerkette kann jedoch die Dichte auf Grund der kovalenten Bindungen nicht beliebig klein werden. Deshalb wird bei genügend niedrigen Temperaturen sogar eine sehr lange Kette einen Globulus ohne „gasförmige“ Peripherie bilden. Somit sind drei Phasenzustände der Polymerkette möglich: Knäuel, Globulus mit gasförmiger Peripherie und Globulus ohne Peripherie. Diese drei Zustände sind schematisch in Abb. 4.2 dargestellt. Die ausführliche Analyse der Thermodynamik dieser Zustände und der Übergänge zwischen ihnen, wurde anhand des bereits erwähnten Modells der „Wechselwirkung von Perlen auf einem beweglichen Faden“

durchgeführt. Es wurde der Grenzfall der großen Globula untersucht (das Volumen des dichten Kerns des Globulus $V_0 = \frac{4}{3}\pi R^3$ übersteigt das Korrelationsvolumen $V_0 \gg r^3_{\text{korr}}$. wesentlich). Die wesentlichsten Befunde sind im Phasendiagramm (Abb. 4.3) dargestellt. Für einen großen Globulus (N ist ausreichend groß) stellt der Übergang Knäuel < Globulus mit „gasförmiger"' Peripherie einen Phasenübergang erster Ordnung dar (Kurve AB). In der Nähe des Phasenübergangs, wenn $0 < \tau = T' - T \ll T'$ (T' ist die Übergangstemperatur bei gegebenem N) gilt, hängt die freie Energie linear von τ ab. Wenn $T' > T_K$ ist, dann erfährt die an der Oberfläche des Globulus liegende Schicht beim Durchgang durch die Temperatur T_K (dick gestrichelte Linie EB im Phasendiagramm) einen Phasenübergang zweiter Ordnung.

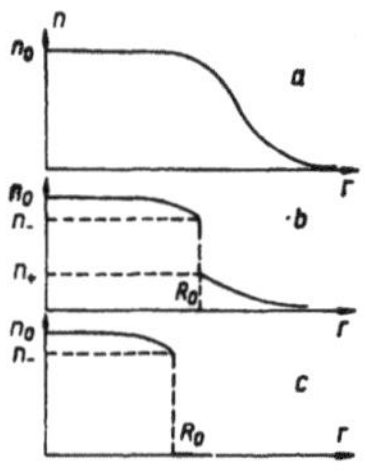

Abb. 4.2. a) Radiale Dichteverteilung in einem Globulus mit „gasförmiger" Peripherie, bei einer Temperatur, die die kritische Temperatur des Systems aufgefalteter Glieder übersteigt: $T > T_K$; b) dasselbe in einem Globulus mit „gasförmiger" Peripherie bei $T < T_K$; c) dasselbe in einem Globulus ohne Pheripherie. n_- und n_+ sind die Dichten innerhalb bzw. außerhalb der Grenze des dichten Globulus (nach [498]).

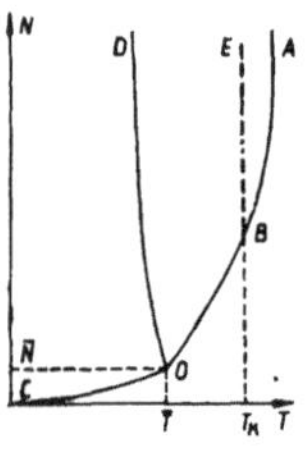

Abb. 4.3. Phasendiagramm für das Modell „der wechselwirkenden Perlen auf einem beweglichen Faden" bei konstantem P. Die Linien DOC begrenzen das Gebiet des Globulus ohne Peripherie bzw. DOBA das des Globulus mit „gasförmiger" Peripherie und COBA — das des Knäuels.

Im Ergebnis des Phasenübergangs erhält die Dichteverteilung an der Phasengrenze Globulus—Peripherie einen Sprung (s. Abb. 4.2—b).
Für einen genügend kleinen Globulus $T_K > T'$ erfolgt nur ein Phasenübergang erster Ordnung: Knäuel—Globulus mit „gasförmiger" Peripherie (Linie OB im Phasendiagramm).
In dem Fall, wenn das System der kovalenten Bindungen die Erfüllung der Forderung nach der Stetigkeit des lokalen chemischen Potentials an der Grenze des Kerns der Globula nicht erlaubt, bildet sich ein Globulus ohne Peripherie. Für den Grenzfall einer kleinen Kette bildet sich der dichte Globulus immer ohne Peripherie durch einen Phasenübergang erster Ordnung (Linie CO im Diagramm). Für kleine und große Globula mit Peripherie erfolgt bei Temperatursenkung ein Phasenübergang erster Ordnung, wobei sich die „gasförmige" Peripherie im Globulus „versteckt" (Linie DO im Diagramm). Der Tripelpunkt $O(\overline{N}, \overline{T})$ wird dadurch bestimmt, daß in diesem Punkt die freien Energien der Globula beider Typen verschwinden. Man kann zeigen, daß $\overline{T} > T_K$ ist.

In der Arbeit [501] wurde der Einfluß des äußeren Drucks auf die Gestalt des Phasendiagramms untersucht. Bei genügend niedrigen Temperaturen bildet sich immer ein Globulus ohne „gasförmige“ Peripherie.
Die Entwicklung des von LIFSHIZ in der vorgestellten Arbeit untersuchten Modells, sollte weitergeführt werden, indem nicht nur die Korrelation der Koordinaten der Monomer-Glieder sondern auch ihre Orientierung berücksichtigt wird. Ein prinzipieller Fortschritt wäre natürlich auch die Untersuchung von Heteropolymeren, die außer dem linearen Gedächtnis auch ein Informationsgedächtnis besitzen. Ein Kettenglied ist nicht nur durch die Koordinate oder die Orientierung sondern auch durch die Monomerart charakterisiert. Jedoch der in dieser Arbeit gegangene erste Schritt zur Schaffung einer statistischen Theorie der Biopolymere, der ihre wichtige Eigenschaft — das lineare Gedächtnis — berücksichtigt, führte bereits zu interessanten und nichttrivialen Ergebnissen, die wahrscheinlich auch in einer allgemeineren Theorie erhalten bleiben.

4.3. Statistisches Nichtgleichgewicht von Biopolymerstrukturen auf verschiedenen Organisationsniveaus

Bei der Betrachtung des Einstrang-Homopolymers im vorangegangenen Abschnitt gingen wir davon aus, daß das kinetische Nichtgleichgewicht, d. h. das Gedächtnis, durch die Fixierung jedes Monomergliedes an seinem Platz entlang der Kette begrenzt ist. Würde es sich um ein Heteropolymer handeln, so könnte man sagen, daß sich das Gedächtnis nur auf die Primärstruktur bezieht. Unter Einbeziehung der Einschränkung, die durch die kovalenten Bindungen entlang der Kette bedingt ist, führt die Bildung des Knäuels oder des kompakten Globulus mit festen gequantelten Werten der freien Energie oder die Entstehung der zweiphasigen Struktur mit einem kondensierten Kern und einer „gasförmigen“, pulsierenden Peripherie entsprechend der im vorangegangenen Abschnitt dargelegten Vorstellungen zum Gleichgewichtszustand des Systems. Somit befinden sich in dieser Näherung die Sekundär- und Tertiärstruktur der Biopolymere im Gleichgewicht und sind eindeutig bestimmt (bei $T < T'$) durch die kinetisch im Nichtgleichgewicht befindliche Primärstruktur.
Es ist jedoch wahrscheinlich, daß das Nichtgleichgewicht nicht immer auf das Niveau der Primärstruktur begrenzt ist. Reale Eiweißmoleküle mit einer genügend großen Zahl von Aminosäureresten, die in der Lage sind, eine große Zahl verschiedener, paarweise-räumlicher Wechselwirkungen zu realisieren, besitzen möglicherweise eine Vielzahl dicht beieinander liegender Niveaus der freien Energie, die verschiedenen Varianten voneinander durch eine hohe Potentialschwelle getrennter Sekundärbindungen entsprechen. In diesem Fall ist die Übereinstimmung des einmalig realisierten sinnvollen Systems (d. h., das durch die gegebene enzymatische oder immunologische Aktivität charakterisiert wird) mit einer Struktur, die bei gegebener Aminosäuresequenz dem absoluten Minimum der freien Energie des Systems entspricht, praktisch unwahrscheinlich. Wahrscheinlich fällt von einer bestimmten Kettenlänge an die native Struktur nicht mehr mit der absolut im Gleichgewicht befindlichen zusammen.
Das oben Angeführte bedeutet nicht, daß die Sekundär- und Tertiärstruktur der Biopolymere in der Zelle nicht durch ihre genetisch bedingte Primärsequenz bestimmt werden. Bei gegebenen kinetischen Mechanismen der Biosynthese bestimmt die Primärsequenz eindeutig die Sekundär- und Tertiärstruktur, die sich jedoch im oben genannten

Sinn nicht im Gleichgewicht befinden müssen. Tatsächlich kann man gegenwärtig ein einfaches Biosyntheseschema der Proteinmakromoleküle in den Ribosomen postulieren, wo die durch die Transfer-RNS herangetragenen Aminosäurereste sich nach dem in der Boten-RNS fixierten Programm miteinander durch Peptidbindungen verbinden. Die gebildete Polypeptidkette wird nach und nach aus dem Ribosom ins Cytoplasma gedrängt. Bei hinreichend großer Länge der wachsenden Polypeptidkette, die mit einem Ende im Ribosom befestigt ist, kommt der Moment, wo ein Phasenübergang 1. Ordnung vom freien Knäuel zum kompakten Globulus erfolgen muß. Dabei wird nicht unbedingt das niedrigste der diskreten Niveaus der freien Energie, das der Kette mit gegebener Länge und Zusammensetzung entspricht, eingenommen. Zuerst kann eine ungünstige aber kinetisch leichter zugängliche Konformation entstehen, die langsam zu einer Gleichgewichtskonformation, die dem niedrigsten Niveau der freien Energie entspricht, relaxiert, wenn das Wachstum der Kette danach abbricht und das fertige Eiweißmolekül vom Ribosom abreißt.

Wenn die Kette weiter wächst, wird die Lage der neuen Teile durch den vorhandenen „Kern" bestimmt. Nach einiger Zeit kann für die ausgewachsene längere Kette das Gleichgewicht der Konformation des anfänglich gebildeten kompakten Globulus (seine Sekundär- und Tertiärstruktur) vollkommen gestört sein. Dem niedrigsten Niveau der freien Energie der ausgewachsenen Polypeptidkette entspräche eine vollkommen andere Konformation als die der ersten Teile, aus denen vorher der kompakte Globulus bestand. Der Übergang in eine neue Konformation kann jedoch kinetisch unmöglich sein. Ein solcher Übergang würde entweder die Zerstörung der Hauptkette oder des ganzen Globulus mit einer (in streng gegebener Reihenfolge) aufeinanderfolgenden Zerstörung einer Vielzahl von Sekundärbindungen erfordern. Somit kann in ausreichend großen Biopolymermolekülen das „feste" Gedächtnis nicht nur in der Primär- oder der Sekundärstruktur, sondern auch in der Tertiärstruktur verankert sein. Trotzdem widerspricht bei gegebenen Mechanismen und Synthesezeiten der Biopolymere das kinetische Nichtgleichgewicht der Sekundär- und Tertiärstruktur nicht der Tatsache, daß die Primärsequenz der Monomere diese Strukturen vollständig bestimmt, d. h. daß sie genetisch vorprogrammiert sind.

In Verbindung mit dem oben gesagten, erscheint mir die Frage darüber, ob sich die Sekundär- und Tertiärstruktur vollkommen im Gleichgewicht (bei gegebenem Nichtgleichgewicht der Primärsequenz) befinden, unwichtig. Unter realen Bedingungen kann dieses Problem völlig ohne Sinn sein. Die Funktion der wichtigsten Biopolymere ist gekoppelt mit fortwährend ablaufenden mikrochemischen Änderungen:

Bindung und Abspaltung niedermolekularer Verbindungen, Ionisation saurer und basischer Gruppen, Änderung der Menge gebundener Ionen, usw. Jede dieser lokalen Änderungen führt zur Änderung des effektiven Feldes Φ, d. h. kann von der Gleichgewichts- zur Nichtgleichgewichtskonformation führen.

Dabei ist es nicht wichtig, ob die vorhandene Konformation sich im absoluten oder nur im lokalen Gleichgewicht befindet, d. h. ob sie die niedrigste freie Energie einer Auswahl geometrisch benachbarter möglicher Konformationen besitzt. Später werden wir sehen, daß die Frage nach den Zeiten und dem Charakter von Relaxationsprozessen, die das System nach erfolgter schneller Änderung des effektiven Feldes in den neuen Gleichgewichtszustand (oder in das lokale Gleichgewicht) treiben, am wichtigsten ist.

Die Diskussion analoger Probleme findet man im Vortrag von Lifshiz auf dem IV. Internationalen Biophysik-Kongreß [105].

4.4. Einige Eigenschaften von Biopolymerstrukturen, die sich aus der statistisch-physikalischen Betrachtungsweise ergeben

Als eine der wichtigsten Eigenschaften von Biopolymeren kann man das vorhandene feste Gedächtnis bezeichnen. Dieses bedeutet ein kinetisches Nichtgleichgewicht auf dem Niveau der Primärstruktur und — bei genügend großen Molekülen — der Sekundär- und möglicherweise auch der Tertiärstruktur. Entsprechend der oben dargelegten Theorie von LIFSHIZ, führen das feste lineare Gedächtnis und die räumliche Wechselwirkung zur Entstehung diskreter Niveaus der freien Energie im entstandenen kompakten Globulus.

Bei Heteropolymeren entspricht wahrscheinlich jedem diskreten Niveau eine definierte Konformation, d. h. eine bestimmte Art der Ausbildung von Sekundärbindungen (Wasserstoffbrücken, Disulfidbrücken, Ionenpaar-Bindungen) zwischen in der Peptidkette weit voneinander entfernten Aminosäureresten, wodurch die Sekundär- und Tertiärstruktur von Makromolekülen[1]) gebildet wird.

Die Existenz der durch Potential- und Entropiebarrieren von anderen Konformationszuständen getrennten diskreten Konformationsniveaus, die genetische Determiniertheit der Primärstruktur und die Konstanz der kinetischen Biosynthesemechanismen führen zu der erstaunlich genauen *Reproduktion* der Biopolymere. Tatsächlich sind die molekularen Verteilungsfunktionen, z. B. gleicher Proteine (d. h. solche die einem Gen entsprechen) unter den verschiedensten Bedingungen außerordentlich schmal, wesentlich schmaler als die Verteilungsfunktionen beliebiger bekannter synthetischer Polymere. Diese genaue Reproduktion garantiert die funktionelle Spezifität der Biopolymere (die enzymatische, immunologische, usw.), die für belebte Systeme außerordentlich bedeutsam ist.

Unabhängig davon führen geringe lokale Störungen (z. B. die Ausbildung zusätzlicher Bindungen mit kleinen Molekülen oder Ionen) oder allgemeine Störungen (z. B. geringe Temperaturänderungen), die zur Überführung des Moleküls in einen neuen Konformationszustand nicht ausreichen (d. h. zur Änderung des Bindungsschemas der Sekundärbindungen, die die räumlichen Wechselwirkungen bestimmen), zu einer relativ starken Änderung der Geometrie, d. h. der Konfiguration des Moleküls. In dieser Beziehung unterscheiden sich die Eigenschaften großer Moleküle, die eine Sekundär- und Tertiärstruktur besitzen, extrem von den Eigenschaften kleiner Moleküle. Das Minimum der freien Energie kann bei Biopolymeren mit unveränderter Konformation bei einer etwas anderen Lage der nicht durch Sekundärbindungen gebundenen Monomere erreicht werden. Das wird durch die möglichen Rotationen um die Einfach-Bindungen der Peptidkette und ebenso durch die nicht sehr strengen Forderungen, die an die Linearität der Wasserstoffbrückenbindungen gestellt werden, usw. begünstigt.

Die gewissermaßen „durchsichtige" Struktur eines Biopolymers erinnert an eine kompli-

---

[1]) Der Begriff Konformation wird häufig mit unterschiedlicher Bedeutung in der Literatur gebraucht. In diesem Buch wird der Ausdruck „Konformation" nur zur Bezeichnung des Zustandes der Makromoleküle mit einem fixierten Schema der Sekundärbindungen verwendet. Als Konformationsübergänge und -wechsel bezeichnen wir Änderungen, die mit der Änderung dieses Schemas verbunden sind. Die geometrische Form des Moleküls, die durch den Abstand der nicht durch Sekundärbindungen gekoppelten Monomere bestimmt wird, kann sich in den Grenzen einer Konformation ändern. Diese geometrische Form werden wir Konfiguration und die entsprechenden Änderungen Konfigurationsänderungen nennen.

zierte Drahtkonstruktion, die sich bei Temperaturänderungen oder bei geringen lokalen Spannungen „verziehen“ kann. Diese Besonderheit großer Kettenmoleküle mit Sekundär- und Tertiärstruktur muß man bei der Untersuchung ihrer chemischen Wechselwirkungen untereinander und mit kleinen Molekülen berücksichtigen.

Bei ausreichend starken Störungen dürfte man echte Konformationsübergänge mit dem Abbruch vorhandener und dem Aufbau neuer Sekundärbindungen erwarten. Wenn die diskreten Niveaus der freien Energie dicht genug beieinander liegen und nur durch relativ geringe Energie- und Entropiebarrieren[1]) voneinander getrennt sind, ist die Entstehung von Konformationsschwingungen, die Relaxationscharakter haben, möglich. Mitunter erfassen Übergänge und Schwingungen nicht das ganze Molekül sondern tragen mehr oder weniger lokalen Charakter.

Bei der Untersuchung aller Erscheinungen, die mit der Änderung der Biopolymerkonfiguration oder -konformation verbunden sind, muß man berücksichtigen, daß diese Strukturen — wie oben erläutert wurde — in hohem Grade mechanische Systeme mit einem festen Gedächtnis auf verschiedenen Organisationsniveaus darstellen, die bestimmte Bereiche des Phasenraumes ohne eine Zerstörung der Struktur nicht erreichen können. Deshalb ist zu erwarten, daß die Existenz weniger ausgewählter Freiheitsgrade und die Bewegung von Teilen des Systems während der Konformations- und Konfigurationsübergänge vorwiegend *mechanischer* Natur ist. Für reine Relaxations-Konformationsübergänge nach schnellen Störungen, die dem Zustand eines neuen partiellen Gleichgewichts zustreben, sind sehr lange charakteristische Zeiten zu erwarten.

Alle aufgezählten Eigenschaften der Biopolymerstrukturen müssen in entscheidendem Maße die Funktion der Biopolymere beeinflussen.

---

[1]) Eine kleine Entropiebarriere bedeutet, daß für den Übergang von einem Zustand in einen anderen nacheinander eine relativ geringe Zahl schwacher Bindungen geändert werden muß, oder daß dieser Übergang auf vielen Wegen realisiert werden kann.

5

Konformations- und Konfigurationsänderungen von Biopolymeren

5.1. Einführung

Am Ende des vorigen Kapitels sahen wir, zu welchen Schlußfolgerungen der Umstand führen kann, daß die wichtigsten Biopolymere im wesentlichen im kinetischen Nichtgleichgewicht befindliche Strukturen mit einem Gedächtnis auf verschiedenen Organisationsebenen und mit ausgewählten Freiheitsgraden sind, d. h. daß es sich gewissermaßen um „Maschinen" handelt. In solchen Systemen muß man für die Abbildung ihrer echten Bewegung in Raum und Zeit wesentlich weniger Freiheitsgrade berücksichtigen, als im Prinzip für ihre völlige Beschreibung notwendig sind. Zwei Gründe sprechen für ein solches „mechanisches Verhalten" der Biopolymer-Moleküle: Ihre großen Abmessungen und die Möglichkeit der Bildung einer großen Zahl von Sekundärbindungen, die einerseits genügend stark sind, um die verschiedenen Konformationen (die diskreten Niveaus der freien Energie nach Lifshiz [104]) zu fixieren, und andererseits genügend schwach um die durch verschiedene Störungen hervorgerufenen Konfigurations- und Konformationsübergänge zuzulassen.
Gerade die Fähigkeit zu Konformationsübergängen, die Fähigkeit zur Bewegung unter Beteiligung ausgewählter mechanischer Freiheitsgrade ist die wichtigste Eigenschaft der Biopolymere, die wesentlich ihre Funktion bestimmt. Der Untersuchung solcher Übergänge wurden in den letzten Jahren viele Arbeiten, die hauptsächlich experimenteller Natur sind, gewidmet. Jedoch beachten viele Autoren bei der Analyse ihrer experimentellen Fakten die in Kapitel 4. angeführten Besonderheiten der biologisch wichtigen makromolekularen Strukturen nicht. Deshalb werden im vorliegenden Kapitel nicht nur die experimentellen Untersuchungsergebnisse der Konformations- und Konfigurationsänderungen betrachtet, sondern auch die Ergebnisse anderer Arbeiten neu analysiert (unter Weglassung der Ergebnisse, die unmittelbar zur Enzymkatalyse gehören und im folgenden Kapitel erläutert werden).
Die größte Zahl der in der Literatur vorhandenen Arbeiten ist der Untersuchung der sogenannten Denaturierung von Biopolymeren gewidmet. Dieser Begriff hat keinen streng definierten Sinn und wird zur Bezeichnung der verschiedensten Änderungen der Makromoleküleigenschaften unter dem Einfluß der unterschiedlichsten Einwirkungen verwendet. Bei der Betrachtung thermodynamischer und kinetischer Eigenschaften verschiedener Denaturierungsprozesse entsteht ein allgemeines Problem, nämlich das der Anwendbarkeit, der in der physikalischen Chemie der kleinen Moleküle verwendeten Begriffe und Gleichungen zur Beschreibung von Prozessen an denen Biomakromoleküle beteiligt sind. Es handelt sich um die Anwendbarkeit des Massenwirkungsgesetzes, der van't Hoff-Gleichung, der Arrhenius-Gleichung und der Theorie des aktivierten Zustandes. Wegen der Bedeutung dieser Frage für viele der in diesem Buch behandelten Probleme, wird sie schon hier ausführlich betrachtet, obwohl die wichtigsten Schluß-

folgerungen (die sich auf die Kinetik und den Mechanismus der Enzymreaktionen und auf die Mechanismen der Energieumwandlung in der Zelle beziehen) erst später Verwendung finden.
Große Aufmerksamkeit wird den thermodynamischen und kinetischen Aspekten der Konformations- und Konfigurationsänderungen der Proteine, die bei lokalen chemischen Störungen (Bildung von Komplexen mit kleinen Molekülen oder Ionen, Aufnahme und Abgabe eines Elektrons, usw.) zu beobachten sind, geschenkt.

5.2. Denaturierung von Biopolymeren

Der Proteindenaturierung ist eine beträchtliche Zahl von Original- und Übersichtsarbeiten sowie von Kapiteln in Lehrbüchern gewidmet. Es ist sogar unmöglich, die wichtigsten experimentellen Resultate und theoretischen Vorstellungen aufzuzählen. Dazu besteht auch gar keine Notwendigkeit, weil mit der Vervollkommnung der physikalischen Untersuchungsmethoden immer deutlicher wird, daß es im Prinzip keinen einheitlichen Denaturierungsprozeß gibt, dessen Besonderheiten und Mechanismen man ergründen könnte. Wahrscheinlich ist das einzige allgemeine Kennzeichen aller Effekte, die mit der sogenannten Denaturierung einhergehen, die wesentliche Änderung der Konformation der Makromoleküle, die in einem engen Wertebereich äußerer Parameter (Temperatur, pH, hydrostatischer Druck, usw.) erfolgt. In diesem Sinn kann man von einem hohen Kooperationsgrad der Denaturierungsänderungen, die manchmal an Phasenübergänge erinnern, sprechen. Wahrscheinlich handelt es sich häufig auch um Phasenübergänge (Globulus-Knäuel) wie sie im vorangegangenen Kapitel behandelt wurden.
Am ausführlichsten wurde sowohl experimentell, als auch theoretisch das Schmelzen oder der Helix-Knäuel-Übergang der DNS untersucht. Im Literaturverzeichnis sind die wichtigsten Arbeiten zu dieser Thematik erwähnt [8, 157, 158, 270, 370, 496, 502]. Besondere Beachtung sollte man einer Reihe von Arbeiten von Lasurkin, Frank-Kamenetzki und Trifonov schenken, die wahrscheinlich den wesentlichsten Beitrag zur Schaffung einer folgerichtigen Konzeption zur Aufklärung des detaillierten Schmelzmechanismus des doppelhelikalen DNS-Strangs geleistet haben. Für den Fall der Proteindenaturierung existieren keine Arbeiten dieser Art und können wahrscheinlich auch nicht existieren. Genauer gesagt, der detaillierte Schmelzmechanismus des Konformationsübergangs eines jeden Proteins ist durch die spezifische Konformation des Makromoleküls bestimmt, und aus diesem Grund muß es ebensoviele Mechanismen und Theorien geben, wie verschiedene Proteine existieren. Zu einem gewissen Grade ist ein allgemeines Herangehen erst nach Schaffung einer statistischen Physik für Systeme mit einem Gedächtnis auf verschiedenen Organisationsebenen möglich. Den Beginn der Schaffung einer solchen Theorie stellen die im vorangegangenen Kapitel betrachteten Arbeiten von Lifshiz dar.
Im Verlaufe vieler Jahre wurde zur Analyse der Denaturierungsprozesse am häufigsten eine einfache thermodynamische Betrachtungsweise angewandt, wobei man die Denaturierung als gewöhnliche monomolekulare chemische Reaktion, bei der Stoff A (die native Form des Biopolymers) in Stoff B (denaturierte Form) umgewandelt wird, betrachtet. Es wurde vorausgesetzt, daß man diese Umwandlung im Prinzip reversibel und bei definierten Werten äußerer Parameter (Temperatur, pH, Konzentration des denaturierenden Agens, usw.) durchführen kann, bei denen immer die echte Gleichgewichtsbeziehung zwischen den Konzentrationen A und B erreicht wird. Das be-

zeichnete man als ausreichend, um zur Beschreibung des Denaturierungsprozesses das Massenwirkungsgesetz und die Gleichung der Reaktionsisotherme von VAN'T HOFF anwenden zu können. Bei der Auswertung der Resultate kinetischer Untersuchungen wurden die Gleichung von ARRHENIUS sowie die Vorstellungen der Theorie der absoluten Reaktionsgeschwindigkeiten verwendet und die Aktivierungsenergie und -entropie der Prozesse auf herkömmliche Weise berechnet. Erst in allerletzter Zeit begann man im Zuge der Entwicklung der hochempfindlichen Mikrokalorimetrietechnik mit der unmittelbaren Messung der Wärmetönungen von Denaturierungsprozessen (sowie auch von verschiedenen Komplexbildungsprozessen kleiner Moleküle mit Proteinen und von Assoziationsreaktionen von Makromolekülen).
Ein Vergleich der Ergebnisse der Gleichgewichts- und thermochemischen Messungen läßt Zweifel an der Gesetzmäßigkeit der ersteren aufkommen. Überdies stehen viele Resultate der Gleichgewichtsuntersuchungen untereinander im Widerspruch. Tatsächlich sind die nach der Gleichung von VAN'T HOFF bestimmten Wärmetönungen und die Umwandlungsentropie (ΔH bzw. ΔS) mitunter von der Nachweismethode der Denaturierungsmessungen (Änderung der Löslichkeit, Absorptionsspektrum, Viskosität, Rotationsdispersion, Enzymaktivität, Abbaustabilität, Zugänglichkeit verschiedener chemischer Gruppen) der Art und Weise der Denaturierung (Hitze, pH-Änderung, Zugabe von Harnstoff und anderen Denaturierungsagenzien) und von bedeutenden Änderungen des Salzgehaltes der Lösung abhängig. Beispiele dafür kann man in allen Monographien und Übersichten, die thermodynamischen Aspekten der Proteindenaturierung gewidmet sind, finden (z. B. [72]).
Eine ganz analoge Situation ist auch für die Aktivierungsparameter — die Denaturierungsenergie ΔE_a und -entropie ΔS_a — typisch.
Wir werden nun einige Beispiele zur Bestimmung thermodynamischer Denaturierungsparameter mit Gleichgewichts- und thermodynamischen (direkten) Methoden wie auch die Bestimmung der Aktivierungsparameter aus kinetischen Messungen betrachten.

Säuredenaturierung von Ferrihämoglobin

Die direkte Messung der Wärmetönung dieser Reaktion [294] wurde bei Temperaturen von 15 °C und 25 °C durchgeführt. Bei 15 °C ändert sich die Geschwindigkeitskonstante der Reaktion im pH-Bereich 3,51 — 3,19 von 0,031 auf 0,130 min^{-1} und die Wärmetönung des Prozesses ergibt sich zu $\Delta H = -76 \pm 1{,}6$ kcal/mol. Bei 25 °C ändert sich die Geschwindigkeitskonstante der Reaktion im pH-Bereich 3,79—3,40 von 0,029 auf 0,350 min^{-1} und die Wärmetönung wechselt das Vorzeichen und beträgt $+10{,}0 \pm 0{,}3$ kcal/mol (eine positive Wärmetönung entspricht einer Wärmeaufnahme im Verlauf des Prozesses). Berücksichtigt man, daß bei der Denaturierung eine Bindung von Protonen erfolgt (die gleiche Anzahl bei beiden Temperaturen) und führt man eine Energiekorrektur ein, die notwendig ist zum Herauslösen der Protonen aus dem Milieu (diese Energie ist bei 25 °C Null und $+12{,}5$ kcal/mol bei 15 °C), so wird der Unterschied zwischen den Wärmetönungen bei 15 °C und 25 °C noch größer:

$$\Delta H^{15} = -88{,}5\ \text{kcal/mol}, \qquad \Delta H^{25} = +10{,}0\ \text{kcal/mol}. \tag{5.1}$$

Somit wächst bei einer Temperaturerhöhung um 10 °C die Wärmetönung um fast 100 kcal/mol unter Änderung ihres Vorzeichens. Das entspricht formell einer Erhöhung der Molwärme bei der Denaturierung um $\Delta c_p = +9850\ \text{cal} \cdot \text{mol}^{-1} \cdot \text{grad}^{-1}$ (bei 20 °C).

Ähnliche Werte wurden bei der Untersuchung der Denaturierung des Serumalbumins erhalten [237].

Womit kann eine so starke Temperaturabhängigkeit der Wärmetönung gekoppelt sein? Im Prinzip kann man sie auf zwei Arten erklären. Erstens kann dieses Resultat vollständig durch das Kirchhoffsche Gesetz bestimmt sein, d. h. durch die Differenz der Molwärmen des nativen und denaturierten Zustandes (dann hat die oben eingeführte Größe Δc_p einen realen physikalischen Sinn und kann nicht als formal bezeichnet werden). Die Änderung der Molwärme kann z. B. damit verbunden sein, daß im denaturierten Zustand die hydrophoben Gruppen an die Oberfläche gelangen und sich die Energie der hydrophoben Wechselwirkung mit dem Lösungsmittel vergrößert. Eine Alternative zur angeführten Erklärung wäre die Voraussetzung, daß man bei verschiedenen Temperaturen unter Säureeinwirkung prinzipiell unterschiedliche Prozesse beobachtet. Das heißt, daß sich entweder die Anfangs- oder die Endstruktur mit der Temperatur ändert, wobei diese Änderung von einer Wärmeaufnahme oder -abgabe begleitet wird. Nach dieser Vorstellung erfolgt bei jeder Temperatur eine andere Reaktion der Säuredenaturierung mit der entsprechenden Wärmetönung. Worin besteht der prinzipielle Unterschied dieser beiden möglichen Erklärungen? Im ersten Fall wird die Änderung der Wärmetönung mit der Temperatur $\left(\frac{\partial \Delta H}{\partial T}\right)$ durch die Differenz der Molwärmen des Anfangs- und Endzustandes (Δc_p) bestimmt.

Im behandelten Beispiel ist:

$$\frac{\partial \Delta H}{\partial T} = \Delta c_p = 9850 \text{ cal} \cdot \text{mol}^{-1} \cdot \text{grad}^{-1}. \qquad (5.2)$$

Dabei erfolgen alle Strukturänderungen des Systems als Resultat der Denaturierungsreaktion (d. h. beim gegebenen Versuchsablauf als Folge der pH-Änderung bei konstanter Temperatur, bzw. bei einem anderen, z. B. als Folge der Temperaturänderung, bei konstantem pH-Wert). Die Temperaturänderung allein führt zu keiner Änderung der Merkmale des Anfangs- und Endzustandes. Für diesen Fall muß die bekannte thermodynamische Beziehung gelten:

$$\frac{\partial \Delta H}{\partial T} = T \frac{\partial \Delta S}{\partial T}, \qquad (5.3)$$

die den Temperaturkoeffizienten der Wärmetönung mit dem Temperaturkoeffizienten der Entropieänderung des Systems im Verlauf der Reaktion verknüpft.

Wenn die zweite Erklärung richtig ist, so laufen bei verschiedenen Temperaturen selbstverständlich verschiedene Reaktionen ab und die Beziehung (5.3) ist nicht erfüllt. Dann müßten in ΔH und ΔS, die den Prozeß des Umbaus charakterisierenden Größen $\Delta H'$ und $\Delta S'$ eingehen. Diese Größen entstehen durch den Einfluß der Temperatur auf die Ausgangs- (oder End-) Produkte und sind nicht durch eine Beziehung vom Typ (5.3) verbunden. Möge z. B. der Prozeß der Säuredenaturierung bei einer beliebigen Temperatur T_1 mit einer Enthalpieänderung $\Delta H(T_1)$ und einer Entropieänderung $\Delta S(T_1)$ einhergehen. Führen wir jetzt den gleichen Prozeß bei einer höheren Temperatur T_2 durch. Natürlich wird das Kirchhoffsche Gesetz erfüllt sein und die Größen ΔH und ΔS ändern sich auf Kosten der Endgröße Δc_p. Sollte sich jedoch die Struktur des Ausgangsmoleküls ändern, d. h. würde durch die Erwärmung eine Umwandlung erfolgen, die durch die Parameter $\Delta H'$ und $\Delta S'$ charakterisiert wird, so erhalten wir für die registrierbaren thermodynamischen Parameter der Säuredenaturierung: $\Delta H(T_2) - \Delta H'$ und $\Delta S(T_2) - \Delta S'$.

(Der Einfachheit halber wurde angenommen, daß die Struktur des denaturierten Endzustandes praktisch von der Temperatur unabhängig ist.) Weil $\Delta H'$ und $\Delta S'$ nicht durch die Beziehung (5.3) miteinander verknüpft sind, sondern durch die tatsächliche Proteinstruktur bestimmt werden, ist für die beobachtbaren Parameter der Säuredenaturierung ($\Delta H - \Delta H'$ und $\Delta S - \Delta S'$) die Beziehung (5.3) ebenfalls nicht erfüllt.

Wenn die zweite Erklärung richtig ist, muß die Struktur des untersuchten Proteins im Zimmertemperatur-Bereich eine Änderung erfahren, die den Reaktionsverlauf der Säuredenaturierung wesentlich beeinflußt.

Die Untersuchung des gleichen Prozesses der Säuredenaturierung mit Gleichgewichtsmethoden ergab vollkommen andere Resultate. Bei der Bestimmung der Denaturierungsgleichgewichtskonstanten K mit Hilfe der Spektrophotometrie (bei der Denaturierung ändert sich das Absorptionsspektrum des Ferrihämoglobins im Bereich des sichtbaren Lichtes) fanden STEINHARDT und ZAISER [463, 495] unter Verwendung der VAN'T HOFFschen Gleichung

$$K = \exp\left(\frac{\Delta S}{R}\right) \exp\left(-\frac{\Delta H}{RT}\right) \tag{5.4}$$

$$\frac{d \ln K}{d\left(\frac{1}{T}\right)} = -\frac{\Delta H}{R}, \tag{5.5}$$

daß die graphische Darstellung von $\ln K$ über $1/T$ zwei lineare Bereiche mit einem Knick bei 15,5 °C hat. Im Temperaturintervall von 0,2 °C bis 15,5 °C ergab sich eine Wärmetönung von 32 kcal/mol. Im Temperaturintervall von 15,5 °C bis 25°C ist sie praktisch gleich Null.

Die widersprüchlichen Resultate der Gleichgewichtsmessungen und die direkten thermodynamischen Messungen erscheinen äußerst merkwürdig, wenn man davon ausgeht, daß die Temperaturabhängigkeit der Wärmetönung vollkommen durch die Differenz der Molwärmen des Anfangs- und Endzustandes, d. h. durch das KIRCHHOFFsche Gesetz bestimmt wird. Auf den ersten Blick könnte man denken, daß bei der Bestimmung der Wärmetönung mit Hilfe der Gleichgewichtsmessungen (d. h. durch den Tangens des Neigungswinkels der Geraden in den Koordinaten $\ln K$ und $1/T$) vorausgesetzt wird, daß die Größen ΔH und ΔS konstant sind. Das ist jedoch nicht der Fall. Angenommen ΔH und ΔS hängen nicht von der Temperatur ab. Dann erhalten wir aus (5.4):

$$\frac{dK}{dT} = K \frac{\Delta H}{RT^2} \tag{5.6.}$$

was der Beziehung (5.5) äquivalent ist.

Wenn ΔH und ΔS von der Temperatur abhängen, erhalten wir

$$\frac{dK}{dT} = K\left(\frac{\Delta H}{RT^2} - \frac{1}{RT}\frac{\partial \Delta H}{\partial T} + \frac{1}{R}\frac{\partial \Delta S}{\partial T}\right). \tag{5.7}$$

Die Erfüllung der Beziehung (5.3) wandelt automatisch (5.7) in (5.6) um.

Somit ist in der Formel (5.5) nicht gefordert, daß die Enthalpie- und Entropieänderungen im Verlauf des zu untersuchenden Prozesses von der Temperatur unabhängig sind, sondern es ist die Voraussetzung enthalten, daß diese Änderungen der Beziehung (5.3) genügen.

Speziell, wenn das KIRCHHOFFsche Gesetz gilt, d. h.:

$$\Delta H = \Delta H^0 + \Delta c_p \cdot T, \qquad \Delta S = \Delta S^0 + \Delta c_p \cdot \ln T \tag{5.8}$$

und wenn die Temperaturabhängigkeit der Umwandlungsenthalpie und -entropie nur durch die Differenz der Molwärmen des Anfangs- und Endzustandes bestimmt wird, muß die Anwendung der VAN'T HOFFschen Gleichung zu wahren ΔH-Werten führen.

Die beobachteten wesentlichen Resultatsunterschiede der kalorimetrischen Messungen und der Gleichgewichtsmessungen, die sich nicht nur in der Größe sondern auch im Vorzeichen der ΔH-Änderung in Abhängigkeit von der Temperatur unterscheiden, sind durch keine einfache Interpretation zu erklären.

FOREST und STURTEVANT [294] erklären die Abweichung ihrer Resultate von den mit Hilfe der Gleichgewichtsmethoden erhaltenen Werten, durch die Voraussetzung, daß die Säuredenaturierung des Ferrihämoglobins in zwei Stufen abläuft, wobei die eine spektrophotometrisch nicht registriert wird. K_1 und K_2 mögen die Gleichgewichtskonstanten dieser beiden Etappen sein und ΔH_1 und ΔH_2 die entsprechenden wahren (kalorimetrisch gemessen) molaren Wärmetönungen:

$$A \underset{\Delta H_1}{\overset{K_1}{\rightleftharpoons}} B \underset{\Delta H_2}{\overset{K_2}{\rightleftharpoons}} C. \tag{5.9}$$

Zuerst betrachten wir folgende Situation. Nur der zweite Übergang soll spektrophotometrisch erfaßbar sein und die Spektrenmerkmale von A und B sind nicht zu unterscheiden (der Forscher ahnt nicht einmal, daß ein Übergangszustand B existiert).

Die wahren Gleichgewichtskonzentrationen von B und C mögen b_e bzw. c_e sein, wobei a_0 der gesamten Proteinkonzentration entspricht. Dann erhalten wir für unseren Fall der spektrophotometrischen Messung folgende scheinbare Gleichgewichtskonstante

$$K_{\text{sch}}^{(1)} = \frac{c_e}{a_0 - c_e}. \tag{5.10}$$

Setzt man in (5.10) folgende Ausdrücke ein:

$$K_1 = \frac{b_e}{a_0 - b_e - c_e}, \qquad K_2 = \frac{c_e}{b_e}, \tag{5.11}$$

dann erhält man:

$$K_{\text{sch}}^{(1)} = \frac{K_1 \cdot K_2}{1 + K_1}. \tag{5.12}$$

Berücksichtigt man, daß nach VAN'T HOFF

$$\frac{dK}{dT} = K \frac{\Delta H}{RT^2} \tag{5.6}$$

gilt, so findet man nach Umformung:

$$\Delta H_{\text{sch}}^{(1)} = \Delta H_2 + \frac{\Delta H_1}{1 + K_1}. \tag{5.13}$$

Die zweite mögliche Situation besteht darin, daß nur der erste Übergang registriert wird und die Spektrenmerkmale von B und C nicht zu unterscheiden sind[1]).
Dann erhalten wir analog:

$$K_{\text{sch}}^{(2)} = \frac{b_e + c_e}{a_0 - b_e - c_e} = K_1 + K_1 \cdot K_2, \tag{5.14}$$

$$\Delta H_{\text{sch}}^{(2)} = \Delta H_1 + \frac{K_2}{1 + K_2} \Delta H_2. \tag{5.15}$$

Berechnen wir jetzt den durch thermodynamische Messungen erhaltenen wahren Wert der Denaturierungsenthalpie.
Zu Beginn des Prozesses soll 1 Mol der Form A existieren und am Ende soll sich die Gleichgewichtsmenge b_e der Form B und c_e der Form C gebildet haben. Das bedeutet, daß die Umwandlung I (mit der molaren Wärmetönung ΔH_1) zur Umwandlung von $(b_e + c_e)$ Molen der Form A geführt hat und anschließend c_e Mole der gebildeten Form der Umwandlung II (mit der molaren Wärmetönung ΔH_2) unterliegen.
Daraus folgt:

$$\Delta H_{\text{wahr}} = (b_e + c_e) \cdot \Delta H_1 + c_e \cdot \Delta H_2.$$

Erinnert man sich an (5.11) und setzt $a_0 = 1$, dann ergibt sich:

$$b_e = \frac{K_1}{1 + K_1 + K_1 \cdot K_2}, \qquad c_e = \frac{K_1 \cdot K_2}{1 + K_1 + K_1 \cdot K_2},$$

woraus sich der wahre ΔH-Wert ergibt:

$$\Delta H_{\text{wahr}} = \frac{K_1(1 + K_2)\,\Delta H_1 + K_1 \cdot K_2 \cdot \Delta H_2}{1 + K_1 + K_1 \cdot K_2}. \tag{5.16}$$

Wenn der Prozeß fast vollständig abläuft, d. h. wenn $K_1, K_2 \gg 1$, dann erhalten wir:

$$\Delta H_{\text{wahr}} = \Delta H_1 + \Delta H_2 \tag{5.17}$$

und

$$\Delta H_{\text{sch}}^{(1)} = \Delta H_2, \qquad \Delta H_{\text{sch}}^{(2)} = \Delta H_1 + \Delta H_2. \tag{5.18}$$

Wenn bei den Messungen ein stark nach rechts verschobenes Gleichgewicht vorliegt, handelt es sich im Fall der ersten Situation bei der nach van't Hoff berechneten Meßgröße um die Wärmetönung der 2. Stufe (die unter gleichzeitiger Änderung der Eigenschaften abläuft, die bei der Registrierung Einfluß haben). Beim Eintreten der zweiten Situation müssen wir den echten Enthalpiewert des Prozesses erhalten. Bei der Bestimmung der Gleichgewichtskonstanten für die Berechnung der van't Hoffschen

---

[1]) In der Originalarbeit von Forest und Sturtevant [294] wird fälschlicherweise die unreale Situation betrachtet, daß die Merkmale von A und C nicht zu unterscheiden sind, d. h. das Endprodukt der Denaturierung ist an Hand der untersuchten Eigenschaft (im vorliegenden Fall spektrophotometrisch) nicht vom Ausgangsprodukt — dem nativen Protein — zu unterscheiden. Für die Säuredenaturierung des Hämoglobins (wahrscheinlich auch in allen anderen Fällen) trifft das nicht zu. Das hieße, daß man praktisch eine vollständig durchgeführte Denaturierung nicht registrieren kann.

Enthalpie ist in einem großen Bereich das Konzentrationsverhältnis des denaturierten Proteins zum nativen Protein entscheidend (der Denaturierungsgrad wird durch pH oder Temperatur geändert), das gilt in gleichem Maße für ein stark nach rechts verschobenes Denaturierungsgleichgewicht. Daher widerspricht die zweite Situation, bei der nur der erste Übergang von (5.9) registriert wird, den experimentellen Fakten und braucht nicht behandelt zu werden. In der Tat unterscheiden sich der kalorimetrisch gemessene und der VAN'T HOFFsche Enthalpiewert nicht nur stark voneinander, sondern sie verschieben sich bei Temperaturänderungen auch in verschiedene Richtungen. Es bleibt noch die Situation zu betrachten, bei der die erste Stufe von (5.9) nicht registriert wird, aber mit einer Wärmetönung verbunden ist. Wenn das Gleichgewicht stark auf die Seite des denaturierten Zustandes verschoben ist, dann muß die an Hand der Temperaturabhängigkeit gefundene scheinbare Enthalpie des Prozesses entsprechend (5.18) gleich der wahren Enthalpie der zweiten Stufe sein. Somit erhalten wir folgende Werte:

$$\Delta H_1^{25} = +10\,\text{kcal/mol}, \qquad \Delta H_2^{25} = 0, \tag{5.19a}$$

$$\Delta H_1^{15} = -120{,}5\,\text{kcal/mol}, \qquad \Delta H_2^{15} = +32\,\text{kcal/mol}. \tag{5.19b}$$

Wenn man die Temperaturabhängigkeit der scheinbaren Gleichgewichtskonstante K_{sch} unter der Bedingung mißt, daß letztere nahe Eins ist (d. h. bei solchen pH-Werten, bei denen die Konzentration der denaturierten und nichtdenaturierten Formen vergleichbar sind), kann man leicht zeigen, daß die experimentellen Fakten für ΔH_{sch} und ΔH_{wahr} (ΔH_{wahr} ist bei kalorimetrischen Messungen gleich $\Delta H_1 + \Delta H_2$) nur richtig sind bei:

$$\Delta H_1^{25} = 10\,(1 + 1/K_1)\,\text{kcal/mol} \tag{5.20a}$$

$$\Delta H_2^{25} = -10/K_1\,\text{kcal/mol}$$

$$\Delta H_1^{15} = 120{,}5\,(1 + 1/K_1)\,\text{kcal/mol}$$

$$\Delta H_2^{15} = 32 + 120{,}5/K_1\,\text{kcal/mol}. \tag{5.20b}$$

Die Gleichungen (5.19) und (5.20) sind nur in Übereinstimmung zu bringen, wenn bei beiden Temperaturen $K_1 \to \infty$ strebt, d. h. wenn das Gleichgewicht $A \rightleftharpoons B$ von (5.9) ständig nach rechts verschoben ist. Dies scheint gänzlich unwahrscheinlich, wenn man bedenkt, daß die Wärmetönungen eines solchen Prozesses verschiedene Vorzeichen haben und sich um ca. 130 kcal/mol (5.19) unterscheiden. Somit kann die Unterteilung der Reaktion der Säuredenaturierung des Ferrihämoglobins in zwei Stufen die scharfen Widersprüche zwischen den Ergebnissen der kalorimetrischen und Gleichgewichts-Messungen nicht erklären. Somit entstehen Zweifel an der bedingungslosen Anwendbarkeit der VAN'T HOFFschen Gleichung zur Untersuchung der Proteindenaturierung.

Das wahrscheinlich wichtigste Ergebnis der oben analysierten Untersuchungen, ist der Beweis, daß Temperaturänderungen im physiologischen Bereich zu wesentlichen Strukturänderungen der Moleküle führen, die von einer Änderung des Wärmeinhalts begleitet sind. Davon zeugt die starke Änderung der thermodynamisch gemessenen Wärmetönung der Reaktion in dem schmalen Temperaturintervall von 15 °C bis 25 °C.

Den direkten experimentellen Beweis von Strukturumwandlungen globulärer Proteine bei Temperaturänderungen im physiologischen Bereich lieferten die kalorimetrischen Untersuchungen der Hitzedenaturierung.

Hitzedenaturierung von Proteinen

Unter den zahlreichen Denaturierungsmöglichkeiten nimmt die Hitzedenaturierung einen besonderen Platz ein. Für die Bestimmung thermodynamischer Parameter eines Prozesses mißt man die Abhängigkeit des Umwandlungsprozesses von der Temperatur, d. h. von dem Faktor, dessen Änderung tatsächlich zur untersuchten Umwandlung führt. Diesen Umstand muß man bei der Diskussion thermodynamischer Aspekte der Hitzedenaturierung von Proteinen unbedingt beachten. Die wesentlichsten Resultate wurden bei der Anwendung der Mikrokalorimetrie und beim Vergleich mit den Ergebnissen von Gleichgewichtsuntersuchungen erzielt. In Anbetracht der Wichtigkeit dieser Frage werden im folgenden zwei Arbeiten auf dem Gebiet der Thermodynamik der Hitzedenaturierung globulärer Proteine, die in zwei führenden Laboren der Welt entstanden, ausführlich betrachtet.

Beginnen wir mit den Untersuchungsergebnissen der reversiblen Hitzedenaturierung des Chymotrypsinogen von Jackson und Brandts [330]. Kalorimetrische Untersuchungen laufen auf die Messung der partiellen spezifischen Wärme c_p des Proteins in Abhängigkeit von der Temperatur hinaus. Eine typische differentielle Kalorimetriekurve ist in Abbildung 5.1 A dargestellt. In der Abbildung 5.1 B ist die integrale Form der gleichen Kurve gezeigt. Die durchgezogene Linie in Abbildung 5.1 B gibt die Abhängigkeit der partiellen Enthalpie H von der Temperatur für ein Protein in Lösung wieder.

Für natives Chymotrypsinogen bei 20 °C ist c_p (nat) gleich 0,40 cal · g^{-1} · grad^{-1} und wird durch eine starke Temperaturabhängigkeit charakterisiert. Die Erhöhung der Temperatur um 1° führt zur Vergrößerung von c_p um 0,7%. Diese Änderung der spezifischen Wärme mit der Temperatur wird nicht durch Wechselwirkungsänderungen mit dem Lösungsmittel hervorgerufen, sondern stellt eine Eigenschaft des Proteinmakromoleküls selbst dar, weil diese auch bei wasserfreiem Chymotrypsinogen erhalten bleibt. Bei wasserfreiem Chymotrypsinogen ist die spezifische Wärme um 30% geringer als in Lösung, aber der Temperaturkoeffizient bleibt praktisch unverändert (0,6% anstatt 0,7%). Bei der Annäherung an die Denaturierungstemperatur nimmt der Anstieg von c_p mit der Temperatur zu, die spezifische Wärme durchläuft ein Maximum und fällt dann fast bis auf den Ausgangswert zurück. Die spezifische Wärme des denaturierten Chymotrypsinogen c_p (den) wird durch einen wesentlich geringeren Temperaturkoeffizienten charakterisiert, als die spezifische Wärme des nativen Proteins. Die Autoren berechnen die durch die Denaturierung hervorgerufene Enthalpieänderung nach folgender Formel:

$$\Delta H_{\mathrm{kal}}^{\mathrm{den}}(T) = \int_{T'}^{T''} c_p \, dT - \int_{T'}^{T} c_p(\mathrm{nat}) \, dT - \int_{T}^{T''} c_p(\mathrm{den}) \, dT , \tag{5.21}$$

d. h. sie setzen die Übergangsenthalpie der Fläche gleich, die durch die Punkte *a b c d e a* begrenzt wird (s. Abb. 5.1 A). Zur Durchführung dieses Verfahrens müssen die Werte c_p (nat) und c_p (den) ins Übergangsgebiet extrapoliert werden, wobei ein Denaturierungssprung *ed* der spezifischen Wärme auftritt. Dieses Verfahren ist nicht völlig eindeutig. Wie später gezeigt wird, erhielten andere Autoren für das gleiche Protein bei der Extrapolation von c_p (nat) $\Delta c_p = 0$.

Die Unterteilung des gesamten Temperaturintervalls in zwei Bereiche entspricht einer Definition der Denaturierung als Übergang zwischen zwei makroskopischen Zuständen dem nativen und dem denaturierten. Der native Zustand existiert bei allen Temperaturen, die niedriger sind als der Anfang des „hauptsächlichen“ Denaturierungsübergangs (Punkt *a* in Abb. 5.1A), der definiert ist als Bereich starker Änderungen verschiedener physikalischer Eigenschaften. Der denaturierte Zustand existiert bei allen Temperaturen, die höher liegen als dieser Übergang. Die Temperaturabhängigkeit von c_p innerhalb dieser Gebiete, die dem nativen bzw. denaturierten Zustand entsprechen, betrachtet man als Merkmal des Zustandes (nicht als Merkmal seiner Änderung) unabhängig davon, ob die Temperatur eine Änderung der spezifischen Wärme durch die gewöhnliche thermische Anregung innerer Freiheitsgrade der Makromoleküle,

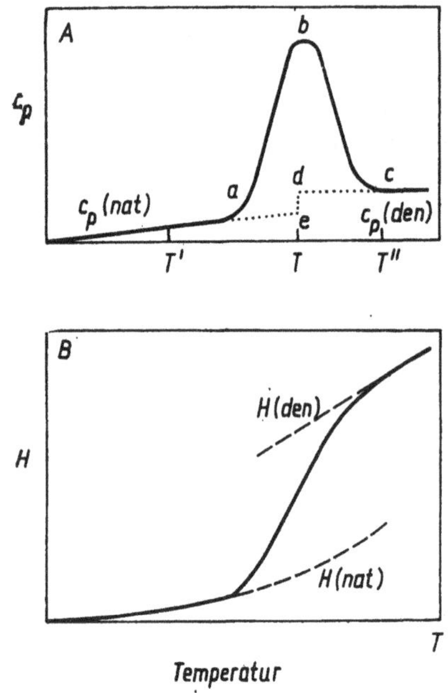

Abb. 5.1. Typische differentielle (*A*) und integrale (*B*) Kalorimetriekurven des Chymotrypsinogens im Bereich der Hitzedenaturierung (nach [330]).

durch Konformationsübergänge, die mit der Aufnahme von Wärme verbunden sind oder durch die Änderung der Wechselwirkung des Proteins mit dem Lösungsmitte erfolgt (s. unten 5.6). Bei einer solchen Definition des Ausgangs- und Endzustandes des Makromoleküls, zwischen denen der Denaturierungsübergang erfolgt, dürften die unmittelbar kalorimetrisch gemessenen Übergangsenthalpien (nach der Fläche *a b c d e a* in Abb. 5.1A) nicht stark von den VAN'T HOFFschen Gleichgewichtswerten ΔH_{cd}^{den} abweichen. Die VAN'T HOFFschen Gleichgewichtswerte findet man an Hand derselben graphischen Darstellung, nämlich der Abhängigkeit der Gleichgewichtskonstanten K von der Temperatur. Bei Verwendung der Formel (5.6), wird dabei angenommen, daß K gleich dem Verhältnis der entsprechenden Flächen unter der Kurve in Abbildung 5.1A ist. Die Meßergebnisse ΔH_{cal}^{den} und ΔH_{cd}^{den} für die Denaturierung des Chymotrypsinogen bei verschiedenen pH-Werten sind in der Tabelle 5.1 angeführt.

Die in VAN'T HOFFschen Koordinaten ($\ln K$ und $1/T$) berechneten Werte der Gleichgewichtskonstanten ergeben keine Gerade, was natürlich auch daraus folgt, daß Δc_p nicht gleich Null ist. Die in der Tabelle angeführten Werte ΔH_{cd}^{den} beziehen sich auf die Temperatur, bei der in Abbildung 5.1A c_p ein Maximum hat.

Wie aus Tabelle 5.1 ersichtlich ist, befinden sich die kalorimetrischen Werte und Gleichgewichtswerte von ΔH^{den} in ausreichend guter Übereinstimmung. Den Sprung von Δc_p bei der Übergangstemperatur erklären die Autoren mit einer Konformationsänderung des Proteins bei der Denaturierung, und zwar mit dem Heraustreten hydrophober Gruppen an die Oberfläche des Globulus. Die nicht weniger wesentlichen Änderungen von c_p (nat) im Bereich tiefer Temperaturen werden nicht als Zustandsänderungen des Moleküls bezeichnet.

Tabelle 5.1

pH	T [°C]	ΔH_{kal}^{den} [kcal · mol⁻¹]	ΔC_p [cal · mol⁻¹ · grad⁻¹]	ΔH_{cd}^{den} [kcal · mol⁻¹]
1,95	40,6	103	4200	94
2,03	42,0	102	3300	98
2,08	42,0	99	3900	98
2,59	48,0	126	3200	126
2,99	53,9	145	2800	133
3,02	54,2	135	2800	134

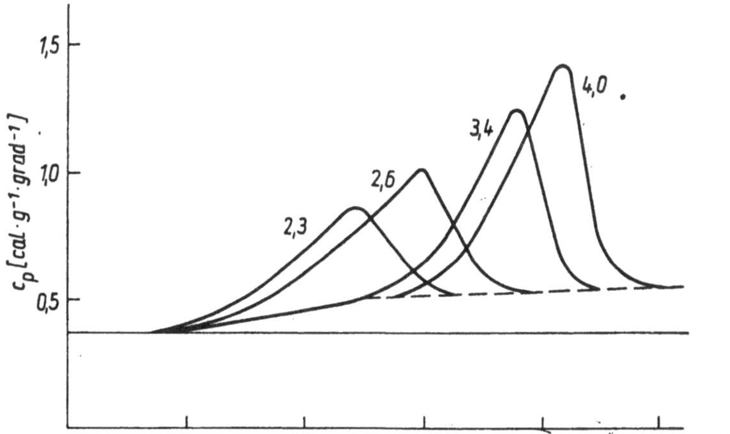

Abb. 5.2. Kalorimetriekurven des Chymotrypsinogen bei unterschiedlichen pH-Werten (nach [432]). Die Zahl an den Kurven stellt den pH-Wert dar.

Die auf diese Weise erhaltene Übereinstimmung von ΔH_{kal}^{den} und ΔH_{cd}^{den} weist nach Auffassung der Autoren auf den einstufigen Charakter des Denaturierungsprozesses hin. Als interessantestes Ergebnis der durchgeführten Untersuchungen kann man den Nachweis der Existenz wesentlicher Änderungen der spezifischen Wärme des nativen Proteins im Bereich physiologischer Temperaturen bezeichnen. Diese Änderungen erfolgen weit vor dem Nachweis des hauptsächlichen Denaturierungsprozesses. Diese c_p-Änderungen (die von zahlreichen Autoren bei allen bisher untersuchten Proteinen gefunden wurden) werden in einem großen Temperaturintervall beobachtet und verlaufen kontinuierlich. Sprunghafte Vordenaturierungsänderungen von c_p wurden bisher noch nicht festgestellt.

Die Hitzedenaturierung des Chymotrypsinogen (und einiger anderer Proteine) wurde auch von Privalov, Hechilashvili und Atanasov kalorimetrisch untersucht [432]. Die von ihnen angewandte Untersuchungsmethode und die gefundenen experimentellen Kurven unterscheiden sich praktisch nicht von den eben betrachteten, obwohl die Kurven anders ausgewertet wurden. In Abbildung 5.2 sind typische Kalorimetriekurven für einige pH-Werte dargestellt. Für die partielle spezifische Wärme des Chymotrypsinogens bei 20 °C wurde der gleiche Wert 0,4 cal · g^{-1} · $grad^{-1}$, wie in der vorher betrachteten Arbeit erhalten.
Privalov und Mitarbeiter vertreten jedoch die Meinung, daß sich c_p (nat) bis 28 °C nicht ändert, darüber aber bei allen untersuchten pH-Werten ansteigt.

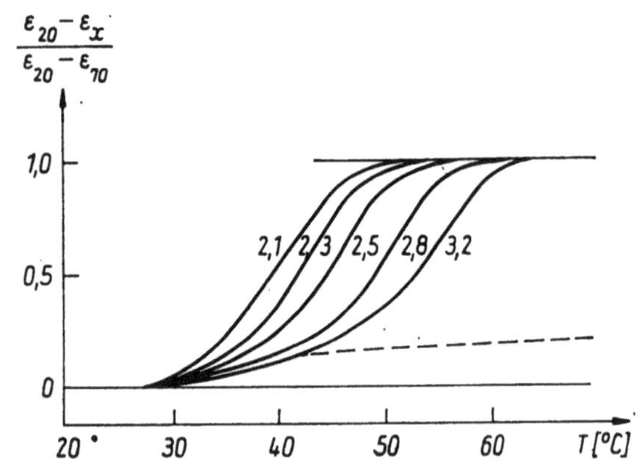

Abb. 5.3. Temperaturabhängigkeit der Extinktion einer Chymotrypsinogenlösung bei 2820 Å und verschiedenen pH-Werten (nach [432]).

Die Autoren interpretieren die beobachteten Änderungen der spezifischen Wärme als zwei Stadien — der Vordenaturierung und der Denaturierung. Die Unterteilung in zwei Stadien erhält man auch dann, wenn man die Umwandlungen des Proteins am Verhalten der Extinktion ε (bei 2820 Å) bei Temperaturänderungen verfolgt (Abb. 5.3). Die genaue Unterteilung in zwei Stadien wird so vorgenommen, daß die spektrophotometrischen Meßergebnisse für das zweite — das Denaturierungsstadium — (in den van't Hoffschen Koordinaten) eine Gerade ergeben. Somit wird postuliert, daß $\Delta H_{\mathrm{vH}}^{\mathrm{den}}$ von der Temperatur unabhängig ist (im Gegensatz zu dem in der vorher betrachteten Arbeit gemachten Vorschlag). Die Autoren behaupten sogar, daß sich die spezifische Wärme nur im Verlauf des Vordenaturierungsstadiums (unterbrochene Linie in Abb. 5.2) ändert, und daß folglich der durch die Denaturierung hervorgerufene Sprung der spezifischen Wärme in diesem Fall fehlt. Die unter diesen Voraussetzungen berechneten kalorimetrischen Werte der Denaturierungsenthalpie $\Delta H_{\mathrm{kal}}^{\mathrm{den}}$ kommen den Gleichgewichtswerten sehr nahe (Tab. 5.2).
Man kann noch eine andere Hypothese über den Temperaturverlauf der wahren spezifischen Wärme aufstellen. Man kann annehmen, daß sich c_p nur beim zweiten Stadium des Prozesses, dem Denaturierungsstadium oder im Verlauf beider Stadien proportional zur aufgenommenen Wärmemenge ändert. Im letzten Fall erhält man die gesamte Enthalpie des Prozesses $\Delta H_{\mathrm{kal}}^{0}$, die in der vierten Spalte der Tabelle 5.2 aufgeführt ist. Subtrahiert man von $\Delta H_{\mathrm{kal}}^{0}$ den entsprechenden Wert $\Delta H_{\mathrm{vH}}^{\mathrm{den}}$, so kann man die Wärmemenge abschätzen, die im ersten, dem Vordenaturierungsstadium aufgenommen wird

(30—60 kcal · mol⁻¹). Der erhaltene Wert stimmt nicht hinreichend genau mit den Abschätzungen der Wärmetönung des ersten Stadiums überein. Diese Abschätzungen wurden entsprechend der VAN'T HOFFschen Gleichungen aus der Steilheit des Übergangs gewonnen. Allerdings sind diese Abschätzungen zweifelhaft. Das erste und zweite Stadium überlappen sich teilweise und die Trennung des Denaturierungsstadiums durch die Postulierung der Temperaturunabhängigkeit der Enthalpie dieser Stadien ist kaum ausreichend begründet. Trotzdem halten es die Autoren für möglich, daß die Änderung von c_p nur im Vordenaturierungsstadium erfolgt. Weil dieses Stadium teilweise durch das zweite Stadium überlagert wird, gelang es den Autoren nicht, die Fläche

Tabelle 5.2

pH	ΔH_{vH}^{den} [kcal · mol⁻¹]	ΔH_{kal}^{den} [kcal · mol⁻¹]	ΔH_{kal}^{0} [kcal · mol⁻¹]
2,3	75	78	105
2,6	100	102	140
2,8	105	110	155
3,4	132	130	182
4,0	143	140	200
5,0	145	148	207

zu bestimmen, die der aufgenommenen Wärmemenge entspricht. Davon ausgehend kommen sie zu dem etwas merkwürdigen Schluß, daß im Vordenaturierungsstadium weder Wärme verbraucht noch freigesetzt wird und daß nur eine Änderung der spezifischen Wärme erfolgt. Es ist jedoch kaum denkbar, daß so starke temperaturbedingte Änderungen der spezifischen Wärme nur durch die thermische Anregung innermolekularer Freiheitsgrade hervorgerufen werden können. Die Autoren nehmen an, daß die Änderungen der spezifischen Wärme hauptsächlich mit der Zahl der Kontakte zwischen hydrophoben Proteingruppen und dem Lösungsmittel verbunden sind (JACKSON und BRANDTS erklärten auf diese Weise die von ihnen postulierte Unstetigkeit von c_p bei der Denaturierung). Wenn man die experimentellen Fakten unvoreingenommen betrachtet, kann man zu folgender Darstellung gelangen. Bei einer Temperatursteigerung (angefangen bei Zimmertemperatur) beobachtet man eine wesentlich größere Wärmeinhaltsänderung des gelösten Proteins, als man es von der trivialen Erhöhung der spezifischen Wärme durch die thermische Anregung innermolekularer Freiheitsgrade erwarten dürfte. Bei einem bestimmten Temperaturbereich wird die Enthalpieänderung intensiver und verlangsamt sich danach wieder. Die Enthalpieänderung des Systems im Vordenaturierungsstadium ist in der Größenordnung mit den Denaturierungsänderungen vergleichbar.

Alle diese Änderungen sind mit Strukturänderungen der Makromoleküle verbunden (was auch teilweise durch ihre Wechselwirkung mit dem Lösungsmittel zum Ausdruck kommt). Es könnte sein, daß dem Vordenaturierungsstadium Konfigurationsänderungen und dem Denaturierungsstadium Konformationsübergänge entsprechen (1. Fußnote im Abschnitt 4.4).

In späteren Arbeiten berichtete PRIVALOV [121, 503, 504, 505] über Kalorimetriemessungen der Vordenaturierungsänderungen und der Hitzedenaturierung globulärer

Proteine, so z. B. für Lysozym, Chymotrypsin, Chymotrypsinogen, Myoglobin, Cytochrom *c* und Ribonuclease. Im Vergleich zur oben betrachteten Arbeit [432] gibt es einige unwesentliche Änderungen, die sich auf die experimentellen Ergebnisse und auf ihre Interpretation beziehen. Im mittleren Denaturierungspunkt (Punkt d in Abb. 5.1) tritt ein Sprung der spezifischen Wärme wie in der Arbeit von JACKSON und BRANDTS [330] auf. Das lineare temperaturbedingte Anwachsen von c_p beginnt bereits bei der niedrigsten betrachteten Temperatur (20 °C). Der Autor ist der Meinung, daß man die bei der Erwärmung in einem Protein ablaufenden Änderungen in zwei qualitativ unterschiedliche Stadien aufteilen kann, dem Stadium des linearen Anwachsens der spezifischen Wärme und dem Stadium der intensiven Wärmeaufnahme. Die Enthalpieänderung im zweiten, dem Denaturierungsstadium[1]) stimmt praktisch in allen Fällen mit den entsprechend der VAN'T HOFFschen Gleichung aus der Form der Kalorimetriekurve berechneten Gleichgewichtswerten überein.

Bei der Untersuchung des Vordenaturierungsstadiums kommt PRIVALOV zu dem wichtigen Schluß, daß man dieses Stadium nicht als triviale temperaturbedingte Änderung der spezifischen Wärme interpretieren kann. Bei der Untersuchung des Absorptionsspektrums im Vordenaturierungs- und Denaturierungstemperaturintervall weist der Autor auf die Existenz deutlich sichtbarer isosbestischer Punkte im Vordenaturierungsintervall (von 20 °C bis 65 °C bei pH 3,0) hin. Ausgehend davon, kann man zu der Schlußfolgerung kommen, daß im gegebenen Temperaturintervall zwei ineinander übergehende Konformationszustände existieren. PRIVALOV jedoch schließt die Möglichkeit einer Reihe aufeinanderfolgender Übergänge nicht aus. In der Tat muß nicht jeder Konformationsübergang unbedingt zur Änderung des Absorptionsspektrums des Häms führen.

Auf dem ersten Blick könnte man den Eindruck gewinnen, daß prinzipielle Unterschiede zwischen den oben betrachteten Ergebnissen der Säure- und Hitzedenaturierung der Proteine bestehen. Wir haben gesehen, daß sich bei der Säuredenaturierung des Ferrihämoglobins die kalorimetrischen und Gleichgewichts- (VAN'T HOFFschen) Wärmetönungen stark voneinander unterscheiden. Gleichzeitig gelingt es, für die Hitzedenaturierung eine völlig ausreichende Übereinstimmung zwischen den kalorimetrischen und Gleichgewichtswerten der Enthalpie des Prozesses durch eine unwesentliche „Anpassung" (die mehr oder weniger beliebige Unterteilung in Stadien oder die beliebige Extrapolation von c_p (nat) in das Gebiet des Denaturierungsübergangs) zu erreichen. Dennoch ist der Unterschied der Ergebnisse dieser zwei Typen von Experimenten völlig verständlich. Wir sahen, daß für den Fall der Säuredenaturierung die thermodynamische Bedingung (5.3) und die VAN'T HOFFsche Gleichung nicht anwendbar sind. Die Verletzung der Bedingung (5.3) ist damit verbunden, daß mit der Temperaturänderung eine kontinuierliche Umstrukturierung des Makromoleküls, d. h. eine Änderung seiner Enthalpie, erfolgt. Es handelt sich im wesentlichen um eine chemische Umwandlung, die durch bestimmte ΔH- und ΔS-Werte, die nicht durch die Beziehung (5.3) miteinander gekoppelt sind, charakterisiert wird. Wenn wir die Säuredenaturierung bei verschiedenen Temperaturen untersuchen, trägt deshalb nicht nur die Differenz der spezifischen Wärme des nativen und denaturierten Proteins (wenn sie existiert) zur Resultierenden der Temperaturabhängigkeit der gemessenen Wärmetönung bei, sondern auch die Änderung des Wärmeinhalts des nativen Proteins (und

---

[1]) Eine Aufteilung einer einheitlichen Kurve in Anteile, die den zwei Stadien entsprechen, bedeutet eine gewisse (wenn auch geringfügige) Willkür bei der quantitativen Abschätzung.

möglicherweise der Weg des Denaturierungsprozesses) liefert durch den temperaturbedingten Umbau der Struktur einen Beitrag. Letzten Endes hängt die gesamte Wärmetönung der Säuredenaturierung von der Temperatur ab, und sie genügt nicht der Beziehung (5.3). Schließlich ist die VAN'T HOFFsche Gleichung nicht erfüllt und die Gleichgewichtswerte ΔH und ΔS verlieren ihren Sinn.
Wir werden später sehen, zu welchen Fehlern das formelle Einsetzen der experimentellen Ergebnisse in die VAN'T HOFFsche Gleichung in diesem Fall führen kann.
Wenn man die Temperatur dagegen nicht nur zum Erhalt der VAN'T HOFFschen Auftragung benutzt, sondern als Parameter, dessen Änderung den zu untersuchenden Prozeß hervorruft, handelt es sich um eine ganz andere Situation. In diesem Fall (der Hitzedenaturierung) erfolgt bei der Temperaturänderung die Umwandlung selbst und die Anfangsbedingungen sind für die kalorimetrischen und Gleichgewichtsmessungen gleich.
Die Auswahl des Wertebereiches des Parameters, der dem zu untersuchenden Übergang entspricht, wird im wesentlichen so durchgeführt, daß die Beziehung (5.3) erfüllt ist. Deshalb kann man immer die Teile des Übergangs auswählen, für die die kalorimetrischen und Gleichgewichtsmessungen unter der Bedingung übereinstimmen, daß der Übergang ausreichend symmetrisch relativ zur Temperatur ist. Wenn man alle Änderungen des Ausgangs- und Endzustandes, die es nicht erlauben, die kalorimetrischen und Gleichgewichtsdaten zu vergleichen, auf die Eigenschaften dieser makroskopischen Zustände bezieht, dann wäre es verwunderlich, wenn es nicht gelänge, den Teil der Umwandlung zu finden für den eine solche Gegenüberstellung möglich ist (s. Kap. 5.6).
Wie bereits festgestellt, ist das wichtigste Ergebnis der kalorimetrischen Untersuchung der Hitzedenaturierung globulärer Proteine der Nachweis der allmählichen Vordenaturierungsänderungen in einem breiten Bereich physiologischer Temperaturen. Erwähnenswert ist noch, daß alle kalorimetrischen Daten die Monotonie der Änderung thermodynamischer Parameter bei allen untersuchten Proteinen in einem breiten Temperaturintervall bestätigen.
Nach der Analyse einer Vielzahl von Experimenten, die mit den verschiedensten Methoden durchgeführt wurden, kommt man auch zu dem Schluß, daß bei relativ niedrigen Temperaturen wesentliche Strukturänderungen der Proteine stattfinden. Die entsprechenden Ergebnisse und Literaturzitate kann man in den bekannten Monographien finden [89, 170]. Dabei ist zu bemerken, daß sich viele Beispiele auf die starke Änderung der Aktivierungsparameter enzymatischer Reaktionen in einem engen Temperaturintervall beziehen (Knicke im ARRHENIUS-Plot).
Diese Ergebnisse werden später ausführlich betrachtet. In der Monographie [89] findet man ebenfalls Resultate über die Änderung anderer physikalischer Parameter (z. B. Polarisierungsgrad der Fluoreszenz, Geschwindigkeitskonstante des Abklingens der Photochemolumineszenz, Quantenausbeute der Photoinaktivierung, Lage des Maximums des Fluoreszenzspektrums der Proteine im Temperaturintervall 10 °C bis 14 °C)[1]). Die beobachteten Kurven sind in den Übergangsbereichen in der Regel leicht geneigt und von einer Übereinstimmung der Übergangspunkte bei der Untersuchung eines Proteins mit verschiedenen Methoden kann man nur mit viel Phantasie sprechen. Es steht jedoch außer Zweifel, daß im untersuchten Temperaturintervall im Proteinmakromolekül irgendwelche Strukturumwandlungen vor sich gehen.

---

1) Vgl. auch die ausführlichen Untersuchungen des Rinderserumalbumins im Bereich reversibler Temperaturänderungen mit der Spinsondenmethode [533].

Die durch kalorimetrische Messungen der Denaturierungsprozesse von Proteinen [233, 234, 471] gefundenen starken Änderungen der temperaturbedingten wahren Wärmetönung beweisen auch die wesentlichen temperaturbedingten Umstrukturierungen der Makromoleküle außerhalb des Denaturierungsbereiches.

Kinetik von Denaturierungsprozessen

Eine beträchtliche Zahl von Arbeiten ist der Messung kinetischer Parameter der Proteindenaturierung gewidmet. Zur Auswertung der Ergebnisse benutzen fast alle Autoren die ARRHENIUS-Gleichung (wie stets bei der Untersuchung der Geschwindigkeit biochemischer Prozesse):

$$\varkappa = A \cdot \exp(-\Delta E_a/RT) \tag{5.22}$$

und die Grundgleichung der Theorie des aktivierten Zustandes (Theorie von EYRING)

$$\varkappa = \left(\frac{kT}{h}\right) \cdot \exp\left(\frac{\Delta S_a}{R}\right) \cdot \exp\left(-\frac{\Delta E_a}{RT}\right), \tag{5.23}$$

wobei $\varkappa$ — die Geschwindigkeitskonstante der Reaktion, ΔE_a — die Aktivierungsenergie oder -enthalpie[1]), ΔS_a — die Aktivierungsentropie, k — die BOLTZMANN-Konstante, h — die PLANCKsche Konstante und R — die Gaskonstante bedeuten.

Unter der Voraussetzung, daß die Temperaturabhängigkeit der Geschwindigkeitskonstanten faktisch völlig durch den Exponentialfaktor in (5.22) bestimmt wird, findet man ΔE_a und A und errechnet dann aus (5.23) ΔS_a.

Somit stellen ΔE_a und ΔS_a die wichtigsten Parameter dar, deren Größe den Mechanismus und die kinetischen Besonderheiten des Denaturierungsprozesses (wie auch vieler anderer biochemischer Prozesse) bestimmen. Erhält man für ΔS_a große positive Werte, dann spricht man von der „Chaotisierung" des Systems im aktivierten Zustand und führt eine Abschätzung der relativen Bedeutung der Energie- und Entropiefaktoren im Verlauf des Prozesses durch.

Dabei muß man klar erkennen, daß der Anwendung von Gleichungen des Typs (5.22) und (5.23) die Annahme der Existenz des aktivierten Zustandes zugrunde liegt, der sich mit dem Ausgangszustand im Gleichgewicht befindet (bei allen Freiheitsgraden, außer der Bewegung entlang der Reaktionskoordinate). Die Größe ΔE_a stellt die Wärmetönung der Übergangsreaktion des Systems aus dem Ausgangszustand in den aktivierten Zustand dar. Wir sahen bereits, daß die Bestimmung der Wärmetönung der Denaturierungsprozesse aus Gleichgewichtsmessungen unter Verwendung der VAN'T HOFFschen Gleichung (die in diesem Sinne der ARRHENIUS-Gleichung (5.22) vollkommen identisch ist), zu Werten führen kann, die nichts mit den wahren Werten zu tun haben. Wenn jedoch die Rede von thermodynamischen Parametern ist, kann man die uns interessierenden Wärmetönungen immer unmittelbar kalorimetrisch messen. Für die kinetischen Aktivierungsparameter existiert diese Möglichkeit nicht, so daß ein vorsichtiges Herangehen an die nach ARRHENIUS erhaltenen Parameter und ihren physikalischen Inhalt geraten erscheint. Die Untersuchung der in der Literatur vorhandenen Fakten verstärkt unser Mißtrauen. Wir führen nur ein Beispiel an.

---

[1]) Einige Autoren machen Unterschiede zwischen der Aktivierungsenergie ΔE_s und der -enthalpie ΔH_s unter der Voraussetzung, daß $\Delta H_a = \Delta E_a - RT$ ist. Die Größe ΔS_a in (5.23) vergrößert sich um R. Man kann zeigen, daß dieser Widerspruch auf einem Mißverständnis beruht.

Okunuki [414] führte kinetische Messungen zur Untersuchung der Denaturierung der kristallinen α-Amylase aus dem *Bacillus subtilis* unter Zuhilfenahme verschiedener denaturierender Agenzien durch. Als Maß des Denaturierungsgrades diente die Geschwindigkeit der Enzymhydrolyse des Proteins durch die Proteinase, die aus der gleichen Kultur erhalten wurde (die Denaturierung führt zur Beschleunigung der Proteolyse). Die kinetischen Denaturierungskurven ließen sich gut durch Reaktionsgleichungen erster Ordnung beschreiben. Die Temperaturabhängigkeit der Geschwindigkeitskonstanten genügte der Arrhenius-Gleichung. Die Meßergebnisse sind in der Tabelle 5.3 dargestellt (Die Werte $\varkappa$ und ΔF_a beziehen sich auf 50 °C; pH = 8,0 und lediglich bei der Säuredenaturierung lag der Wert bei pH = 4,5).

Tabelle 5.3

Denaturierungsart	$\varkappa$ [sec^{-1}]	ΔF_a [$kcal \cdot mol^{-1}$]	ΔH_a [$kcal \cdot mol^{-1}$]	ΔS_a [Cl]
6 m Harnstoff	$1{,}73 \cdot 10^{-4}$	24,6	32,8	25,4
ebenso +0,05 m $CaCl_2$	$3{,}95 \cdot 10^{-5}$	25,5	32,8	22,4
Hitze	$1{,}12 \cdot 10^{-5}$	26,4	67,6	127,5
ebenso +0,05 m $CaCl_2$	$4{,}18 \cdot 10^{-7}$	28,4	67,6	121,5
Säure	$7{,}07 \cdot 10^{-4}$	23,7	39,5	49,5
ebenso +0,05 m $CaCl_2$	$5{,}10 \cdot 10^{-5}$	25,4	39,5	43,7

Wie wir sehen, ändert sich bei verschiedenen Denaturierungsarten die real beobachtbare Geschwindigkeit der Prozesse nicht mehr als um 3 Größenordnungen, was einer eindeutig mit der Geschwindigkeitskonstanten verbundenen Änderung der Größe ΔF_a (der freien Aktivierungsenergie) um nicht mehr als 4,7 kcal/mol entspricht. Damit ändern sich die aus den Gleichungen (5.22) und (5.23) errechneten Größen ΔH_a bzw. ΔS_a um 34,8 kcal/mol bzw. 105,1 Cl. Diese Änderung entspricht einer Gesamtänderung von Exponentialfaktor und Präexponentialfaktor der Gleichung (5.22) um 24 Größenordnungen. Die ungewöhnliche Größe dieser Änderungen, die man durch keine direkten Meßmethoden überprüfen kann, ist sehr verdächtig.

In einer Reihe von Arbeiten wurden die Geschwindigkeiten der Konformationsänderungen gemessen, die mit der Renaturierung des Proteins nach der plötzlichen Unterbrechung der Einwirkung des die Denaturierung hervorrufenden Agens einhergehen. Diese innermolekularen Änderungen erwiesen sich als ziemlich langsam. So konnten z. B. Konformationsänderungen der säuredenaturierten Staphylokokken-Nuclease, ausgelöst durch eine plötzliche Änderung des pH bis zu neutralen Werten, an Hand der Intensitätsänderungen der Tryptophan-Fluoreszenz verfolgt werden [290]. Die Konformationsänderungen erfolgen in zwei nacheinander ablaufenden Prozessen: ein schneller mit $\tau_{1/2} \approx 0{,}055$ sec, der von der Temperatur unabhängig ist und ein langsamer, der sich bei steigender Temperatur beschleunigt ($\tau_{1/2}$ vermindert sich von 0,60 sec auf 0,15 sec bei einer Temperatursteigerung von 13 °C auf 38 °C). Wahrscheinlich gelangt das Protein im Ergebnis des ersten Prozesses nicht in den Ausgangszustand zurück sondern in einen anderen kinetisch besser zugänglichen Zustand und danach erfolgt die langsame Relaxation in den Ausgangszustand.

Für eine Reihe von Enzymen, deren Denaturierung mit optischen Methoden und an Hand der Wiederherstellung der Enzymaktivität untersucht wurde, fanden Teipel und Koshland noch langsamere Prozesse [473, 474] (das erste Stadium, das mit wesentlichen

Strukturänderungen einhergeht, dauerte 1 min, das zweite Stadium aber, bei dem die Wiederherstellung der Aktivität erfolgte und die Strukturänderungen unwesentlich waren, erforderte um zwei Größenordnungen mehr Zeit).

5.3. Existieren Unterschiede zwischen Aktivierungsenergie und -enthalpie?

In vielen Monographien und Übersichten, die die Theorie der absoluten Reaktionsgeschwindigkeiten behandeln (s. z. B. [50] oder [368]), wird die Formel hergeleitet, in die sich die EYRING-Gleichung umwandelt, wenn man die Aktivierungsenthalpie ΔH_a durch die sogenannte „experimentelle" Aktivierungsenergie $\Delta E_{exp.}$, die nach ARRHENIUS bestimmt wird, ersetzt. Es zeigt sich, daß wir in diesem Fall für:

$$\varkappa = \frac{kT}{h} \cdot \exp\left(\frac{\Delta S_a}{R}\right) \cdot \exp\left(-\frac{\Delta H_a}{RT}\right) \tag{5.24}$$

schreiben müssen[1]):

$$\varkappa = e\,\frac{kT}{h} \cdot \exp\left(\frac{\Delta S_a}{R}\right) \cdot \exp\left(-\frac{\Delta E_{exp.}}{RT}\right). \tag{5.25}$$

Wir wiederholen die Herleitung von (5.25), die in den zitierten Arbeiten enthalten ist. Die experimentelle Aktivierungsenergie findet man anhand der Temperaturabhängigkeit der Geschwindigkeitskonstanten der Reaktion durch die empirische ARRHENIUS-Gleichung:

$$\varkappa = A \exp\left(-\frac{\Delta E_{exp.}}{RT}\right), \tag{5.26}$$

$$\frac{d \ln \varkappa}{dT} = \frac{\Delta E_{exp.}}{RT^2}. \tag{5.27}$$

Daneben folgt aus (5.24):

$$\frac{d \ln \varkappa}{dT} = \frac{1}{T} + \frac{\Delta H_a}{RT^2}. \tag{5.28}$$

Setzen wir (5.27) in (5.28) ein, so erhält man:

$$\Delta H_a = \Delta E_{exp.} - RT. \tag{5.29}$$

Setzen wir nun (5.29) in (5.24) ein, so ergibt sich (5.25).
Versuchen wir den Sinn der einzelnen Herleitungsetappen zu verstehen. In der theore-

1) Manchmal wird darauf hingewiesen, daß (5.25) nur für monomolekulare Gasreaktionen und für alle Reaktionen in der kondensierten Phase, wo die Bildung des aktivierten Komplexes nicht mit einer Änderung des Partialvolumens einhergeht, gültig ist. In anderen Fällen können an Stelle des Faktors e die Faktoren e^2, e^3 usw. stehen. Wir begnügen uns hier mit der Betrachtung des einfachsten Falls, d. h. mit (5.25).

tischen Gleichung (5.24) sind ΔH_a und ΔS_a konstante[1]) Größen, deren Wert für konkrete Systeme im Prinzip errechnet werden kann. In der empirischen Gleichung (5.26) betrachtet man A und $\Delta E_{\text{exp.}}$ als Konstanten. Es ist völlig klar, daß bei allen möglichen Werten der Konstanten ΔH_a, ΔS_a, A und $\Delta E_{\text{exp.}}$ die Kurven, die durch die Gleichungen (5.24) und (5.26) beschrieben werden, nicht zusammenfallen können. Der Vergleich zwischen den Gleichungen (5.27) und (5.28) hat offenbar folgenden Sinn. Für die gegebenen Werte zweier unabhängiger Größen $\Delta E_{\text{exp.}}$ und ΔH_a sucht man die Temperatur, bei der die in den Koordinaten lg $\varkappa$ und $1/T$ dargestellten Kurven von (5.24) und (5.26) die gleiche Steigung haben.

Somit stellt (5.29) *die Gleichung zur Bestimmung der Temperatur dar, bei der die lineare Auftragung der Kurven von* (5.24) *und* (5.26) *die gleiche Steigung haben.*

Das Einsetzen von (5.29) in (5.24) mit T als Variable ist ohne physikalischen Sinn.

Wenn der Experimentator die Ergebnisse kinetischer Untersuchungen mit Hilfe der Theorie des aktivierten Zustandes bearbeitet (d. h. er errechnet ΔS_a), indem er in (5.24) $\Delta E_{\text{exp.}}$ an Stelle von ΔH_a einsetzt, setzt er stillschweigend voraus, daß die Aktivierungsbarriere gleich der Enthalpie des Umwandlungsprozesses der Ausgangsprodukte in den aktivierten Zustand ist, und daß die Temperaturabhängigkeit des Präexponentialfaktors auf Grund des schmalen Temperaturintervalls und des Fehlers der experimentellen Fakten nicht in Erscheinung tritt. Keinen anderen Sinn hat die Verwendung der Arrhenius-schen Aktivierungsenergie in den Formeln der Theorie des aktivierten Zustandes.

5.4. Reaktionen unter Beteiligung von Proteinen

Auf dem Gebiet der Komplexbildung globulärer Proteine mit niedermolekularen Verbindungen und anderen Proteinen erschienen in den letzten Jahren zuverlässige kalorimetrische Daten, die Strukturänderungen auch im Bereich niedriger Temperaturen nachweisen. Betrachten wir einige Beispiele.

Adams und Weiss [192] untersuchten die Reaktionen zwischen Hämoglobin und Haptoglobin (einem globulären Protein mit einem Molekulargewicht von 85000, das die peroxydatische Aktivität des Hämoglobin erhöht) mit Hilfe der Kalorimetrie. Die Komplexbildungsenthalpie ΔH bei den Temperaturen 4°, 20° bzw. 37 °C betrug +7,2; −29,7 bzw. −70,2 kcal/mol.

Kürzlich wurden diese Untersuchungen von französischen Forschern wiederholt [506]. Die Reaktion erwies sich komplizierter, als sie von Adams und Weiss vorgeschlagen wurde, aber die wichtigsten quantitativen Befunde blieben die gleichen.

Die Größe des beobachteten Effektes entspricht den Temperaturabhängigkeiten, die bei der Proteindenaturierung registriert werden, nur das Vorzeichen ist entgegengesetzt. Bei der Senkung der Temperatur wird die Umwandlungsenthalpie positiv. Die Autoren versuchen, dieses Resultat wie bei der Denaturierung durch die Differenz der spezifischen Wärmen des Anfangs- und Endzustandes zu erklären, die hervorgerufen wird durch die Änderung der Zahl der Kontakte zwischen den hydrophoben Gruppen und dem Lösungsmittel. Um jedoch das andere Vorzeichen des Effektes zu erklären, müssen die Autoren voraussetzen, daß die hydrophoben Gruppen im Assoziat noch tiefer im Globulus verborgen sind, d. h., daß das Assoziat in dieser Beziehung noch nativer ist, als das Ausgangsmakromolekül.

---

[1]) Oder sie sind temperaturabhängig und durch die Beziehung (5.3) miteinander verknüpft. Das hat keine prinzipiellen Änderungen in den nachfolgenden Diskussionen zur Folge.

Schon im Jahre 1966 bestimmte CLARKE [264] die Temperaturabhängigkeit der Gleichgewichtskonstanten dieser Reaktion durch Fluoreszenzlöschung bei der Titrierung von Haptoglobin zum Hämoglobin. Im Intervall von 5 °C bis 30 °C war die Gleichgewichtskonstante praktisch temperaturunabhängig. Somit erhalten wir bei Anwendung der VAN'T HOFFschen Gleichung auf diese Reaktion $\Delta H = 0 \pm 2$ kcal/mol, d. h. einen Wert der nichts mit der wahren kalorimetrischen gemessenen Enthalpie der Reaktion zu tun hat.

Es existiert eine Reihe von Arbeiten, die den Kopplungsprozeß von Inhibitoren mit einigen globulären Enzymproteinen kalorimetrisch untersuchen. SHIAO und STURTEVANT [452] bestimmten die Wärmetönungen der Bindung von Indol, N-Azetyl-d-tryptophan bzw. Proflavin mit α-Chymotrypsin und erhielten bei pH = 7,8 und 25 °C −25,2, −19,0 bzw. −11,3 kcal/mol. Gleichzeitig erhält man für die Gleichgewichtskonstante der Reaktion von N-Azetyl-d-tryptophan mit α-Chymotrypsin bei pH = 7,9 und 5 °C [335] praktisch den gleichen Wert wie bei pH = 7,9 und 25 °C [296], was nach VAN'T HOFF bedeutet, daß die Umwandlungsenthalpie Null ist. Danaeben untersuchte YAPEL [492] die Temperaturabhängigkeit der Gleichgewichtskonstanten für die Reaktion von Indol bzw. N-Azetyl-d-tryptophan mit α-Chymotrypsin bei pH = 8,0 und erhielt nach VAN'T HOFF für ΔH die Werte −22,6 bzw. 9,8 kcal/mol. Somit liefern die Gleichgewichtsmessungen verschiedener Autoren unter Verwendung der VAN'T HOFFschen Gleichung im gegebenen Fall falsche und nicht übereinstimmende Resultate. SHIAO und STURTEVANT kommen zu der Schlußfolgerung, daß ein wesentlicher Teil der Wärmetönungen, die kalorimetrisch bei der Bindung der Inhibitoren an das α-Chymotrypsin registriert werden, durch Konformationsänderungen des Proteins bedingt sind.

Diese Aussage wird durch die systematische Untersuchung thermodynamischer Parameter der Wechselwirkung von Inhibitoren mit α-Chymotrypsin bestätigt. Die Arbeiten dazu wurden von SHIAO [451] unter verschiedensten Bedingungen durchgeführt. In allen Fällen wurden bei der Bindung des Inhibitors Konformationsänderungen des Proteins registriert, wobei diese Änderungen um so stärker sind je größer die Enzymaktivität ist (bei pH = 7,8 werden stärkere Konformationsänderungen beobachtet, als bei pH = 5,6). Die Bindung des Inhibitors ist von einer Änderung der Zahl der am Protein gebundenen Protonen begleitet, was man als zusätzlichen Beweis für Konformationsänderungen betrachten kann. Die Freisetzung von Protonen ist stark temperaturabhängig. Bei 25 °C werden sie sogar adsorbiert.

Analoge Effekte wurden von HINZ, SHIAO und STURTEVANT [324] bei der kalorimetrischen Untersuchung der Bindung des Inhibitors Hexit-1,6-diphosphat an Aldolase gefunden. Betrachten wir diese Arbeit etwas näher. Bei der Bindung des Inhibitors vergrößert sich die Protonisierung des Proteins (die Zahl der an ein Proteinmolekül gebundenen Protonen wächst bei allen untersuchten Temperaturen um $1,4 \pm 0,2$ durch die Komplexbildung des Inhibitors bei Sättigungskonzentrationen des Inhibitors). Die Autoren führten eine Korrektur um die Wärmemenge durch, die notwendig ist, um die Protonen aus dem Puffer herauszulösen und bestimmten die Bindungsenthalpie ΔH_b des in gesättigter Lösung vorhandenen Inhibitors, wenn jedes Proteinmolekül im Mittel 2,7 Inhibitormoleküle bindet. Die Messungen ergaben eine starke lineare Abhängigkeit der Werte ΔH_b von der Temperatur (Tab. 5.4).

Die Autoren erklären diese Abhängigkeit der Änderung der spezifischen Wärme des Proteins bei der Bindung des Inhibitors, auf die übliche Art und finden $\Delta c_p = -410$ cal · grad^{-1} für ein Mol gebundenen Inhibitor.

Danach wird folgender Meß- und Berechnungsablauf durchgeführt. Die Gleichgewichtskonstante der Bindung des Inhibitors I durch das Enzym E bei 25 °C bestimmt man durch kalorimetrische Titration:

$$K_b = \frac{[EI]}{\{[E_0] - [EI]\}\{[I_0] - [EI]\}}. \tag{5.30}$$

Entsprechend der Formel

$$\Delta G_b{}^0 = -RT \ln K_b \tag{5.31}$$

findet man die freie Standard-Energie der Bindung bei 25 °C. Danach errechnet man mit Hilfe der GIBBS-HELMHOLTZ-Gleichung

$$\frac{\Delta G_b{}^{0(1)}}{T_1} - \frac{\Delta G_b{}^{0(2)}}{T_2} = \Delta H_b{}' \left(\frac{1}{T_1} - \frac{1}{T_2}\right) - \Delta c_p \ln \frac{T_1}{T_2}, \tag{5.32}$$

wobei

$$\Delta H_b{}' = \Delta H_b - \Delta c_p T \approx 328{,}9\ \mathrm{kcal/mol} \tag{5.33}$$

ist, die Werte $\Delta G_b{}^0$ bei anderen Temperaturen. Nachfolgend bestimmt man mit Hilfe der allgemeinen thermodynamischen Beziehung:

$$\Delta S_b{}^0 = \frac{\Delta H_b - \Delta G_b{}^0}{T} \tag{5.34}$$

Tabelle 5.4

T [K]	278	283	288	293	298	303	308	313	318
ΔH_b [kcal/mol]	23,3	17,8	12,3	6,8	1,3	−4,3	−9,8	−15,3	−20,8
$\Delta G_b{}^0$ [kcal/mol]	−5,91	−6,38	−6,75	−7,03	−7,23	−7,31	−7,32	−7,23	− 7,05
$\Delta S_b{}^0$ [Cl]	104,8	85,2	65,9	47,0	28,4	10,1	−7,9	−25,6	−43,1
g K_b	4,62	4,90	5,10	5,22	5,30	5,25	5,16	5,00	4,88

die Größe $\Delta S_b{}^0$ bei verschiedenen Temperaturen. Die Werte für $\Delta G_b{}^0$, $\Delta S_b{}^0$ und der an Hand von Gleichung (5.31) berechneten Größen K_b sind ebenfalls in Tabelle 5.4 angeführt. Untersuchen wir den Ablauf und die Resultate dieser Berechnung genauer. Das direkte Experiment zeigte, daß die Wärmetönung der Bindung des niedermolekularen Inhibitors an das Protein stark temperaturabhängig ist. Bei der Berechnung nimmt man an, daß diese Abhängigkeit durch die Existenz einer *konstanten* Differenz Δc_p der spezifischen Wärmen des Ausgangs- (2,7 Moleküle freier Inhibitor + freies Protein) und Endzustandes (Komplex) bedingt ist. Somit wird in dieser Phase der Berechnung postuliert, daß Δc_p temperaturunabhängig ist und daß alle im System ablaufenden Strukturänderungen durch die Bindung des Inhibitors hervorgerufen werden. Die gegen den absoluten Nullpunkt der Temperatur extrapolierten Werte der Übergangsenthalpie $\Delta H_b{}'$ erwiesen sich als außerordentlich groß.

Das Verfahren zur Bestimmung dieser Größe illustriert Abbildung 5.4, worin die angenommene Temperaturabhängigkeit des Wärmeinhalts der Ausgangs- (H_{frei}) und Endprodukte (H_{kompl}) der Reaktion dargestellt ist. Dabei muß daran gedacht werden, daß die absolute Steigung der Geraden $H(T)$ willkürlich ist. Durch das Experiment und die Berechnung ist nur Δc_p, d. h. der Winkel zwischen den zwei Geraden fixiert.

Bei der Bestimmung von ΔS_b^0 könnte man auch ohne die Gleichung (5.32) auskommen. Wenn der einzige Grund für die Temperaturabhängigkeit der Umwandlungsenthalpie die konstante Differenz von Δc_p ist, und wenn man mit Hilfe der Gleichungen (5.30), (5.31) und (5.34) den Wert ΔS_b^0 bei 25 °C errechnet (bei dem die Gleichgewichtskonstante experimentell gefunden wurde), so findet man unter Ausnutzung der Formel (5.8) ΔS_b^0 sofort für jede beliebige Temperatur

$$\Delta S_b^{0(1)} - \Delta S_b^{(20)} = \Delta c_p \cdot \ln\left(\frac{T_1}{T_2}\right). \tag{5.35}$$

Die Resultate wären natürlich dieselben. Somit bilden zwei Postulate die Grundlage der Berechnung, nämlich die Gültigkeit der Beziehung (5.3) und die Temperaturunabhängigkeit von Δc_p. Berücksichtigt man — wie oben bereits erwähnt — die praktisch immer zu beobachtenden Umstrukturierungen globulärer Proteine bei physiologischen Temperaturen, so ist festzustellen, daß die Erfüllung beider Postulate äußerst zweifelhaft erscheint. Durch diese Berechnungen erhalten die Autoren die Werte der Gleichgewichtskonstanten für die Komplexbildung bei verschiedenen Temperaturen (s. Tab. 5.4). Natürlich ergeben die gefundenen Werte keine Gerade in den Koordinaten lg K_b und $1/T$ und außerdem hat K_b ein Maximum bei 25 °C (d. h. bei der einzigen Temperatur, wo diese Größe wirklich gemessen wurde). Es wäre sehr interessant, die direkten Werte K_b auch bei den anderen Temperaturen zu bestimmen.

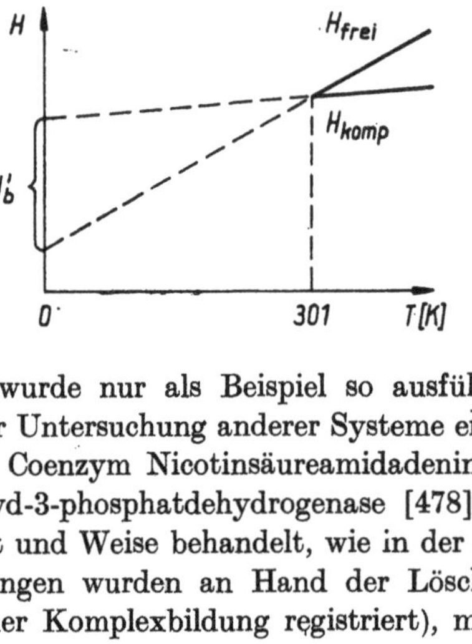

Abb. 5.4. Bestimmung der Größe $\Delta H_b'$.

Diese Arbeit wurde nur als Beispiel so ausführlich betrachtet. Analoge Resultate wurden bei der Untersuchung anderer Systeme erhalten, z. B. bei der Komplexbildung zwischen dem Coenzym Nicotinsäureamidadenindinucleotid (NAD) und dem Enzym Glyzerinaldehyd-3-phosphatdehydrogenase [478]. Die erhaltenen Werte wurden auf die gleiche Art und Weise behandelt, wie in der oben betrachteten Arbeit (die Gleichgewichtsmessungen wurden an Hand der Löschung der Tryptophanfluoreszenz des Proteins bei der Komplexbildung registriert), mit der Ausnahme, daß die Größe K_b unmittelbar bei den entsprechenden Temperaturen gemessen wurde. Folgende Werte wurden erhalten (Tab. 5.5).

Tabelle 5.5

T [K]	278,2	298,2	313,2
K_b [mol^{-1}]	$6{,}55 \cdot 10^5$	$2{,}36 \cdot 10^5$	$1{,}05 \cdot 10^5$

Direkte kalorimetrische Messungen ergaben bei diesen Temperaturen die unten angeführten Werte ΔH_b (in kcal pro Mol gebundenen NAD's). Die Werte ΔS^0 wurden mit Hilfe der gleichen Gleichgewichtsformel, wie in der vorigen Arbeit errechnet, d. h.

unter der Annahme, daß die oben formulierten Postulate gültig sind und folglich auch die Gleichung von VAN'T HOFF gilt (Tab. 5.6).

Tabelle 5.6

T [K]	278	298	313
ΔH_b	−1,9	−12,4	−20,1
ΔS_b^0	+19,9	−16,8	−41,6

Daneben ergibt die Berechnung anhand der Gleichung von VAN'T HOFF unter Zugrundelegung der Werte K_b im ganzen untersuchten Temperaturintervall $\Delta H_b = -9{,}0 \pm 1{,}0$ kcal pro Mol NAD. Dieser Wert unterscheidet sich markant von den wahren kalorimetrischen Werten ΔH_b (und auch von dem an Hand der Gleichung (5.33) errechneten Wert $\Delta H_b' = 143{,}08$ kcal pro Mol NAD). Diese Unterschiede führen zu ernsthaften Zweifeln an der Gültigkeit der Postulate, die die Grundlage für die Anwendung der Gleichgewichtsmethoden und die von den Autoren durchgeführten Berechnungen bilden.

Die Tatsache, daß beliebige lokale mikrochemische Änderungen des Proteinmakromoleküls (z. B. Anlagerung eines niedermolekularen Liganden, Oxidation oder Reduktion eines Ions der Übergangsmetalle im aktiven Zentrum, usw.) in der Lage sind, zu wesentlichen makroskopischen Änderungen der Konformation oder Konfiguration des Biopolymers zu führen, kann man heute als gesichert betrachten. Davon zeugen indirekt viele Arbeiten, die den Einfluß solcher lokaler Änderungen auf physikalische Eigenschaften (optische Rotationsdispersion, Viskosität, Löslichkeit, Sedimentationskonstanten, usw.) sowie auch die Stabilität gegenüber proteolytischen Enzymen und denaturierenden Agenzien untersuchen (s. z. B. [357, 358, 414]). In den letzten Jahren wurden direktere Belege für solche Effekte durch die breite Anwendung der Methoden der Fluoreszenz- und Spinmarker sowie der paramagnetischen Sonden erhalten. Es wurde u. a. sicher bestätigt, daß die Anlagerung des Substrats an das aktive Zentrum des Enzyms zu wesentlichen Änderungen der Umgebung eines an einem anderen Ort des Proteinglobulus gebundenen Markers führen kann (s. z. B. [374]).

In der Arbeit [515] wurden sehr interessante Ergebnisse über Konformationsänderungen, die durch die Bindung von Inhibitoren (Monomere, Dimere und Trimere des N-acetylglucosamin) an das Lysozym induziert werden, erhalten. Als Methode diente die hochauflösende ^{1}H-NMR bei einer Frequenz von 270 MHz. Bei dieser Frequenz gelang es, die Signale der aliphatischen und aromatischen Protonen der einzelnen Aminosäurereste aufzulösen und zu identifizieren. Die Analyse der Lage und Linienbreiten der ^{1}H-NMR-Signale ergab, daß die Kopplung des Inhibitors mit deutlichen Verschiebungen der Aminosäurereste verbunden ist, die in verschiedenen Bereichen der Polypeptidkette lokalisiert sind. Die Bindung des Inhibitors ändert nicht nur die Konformation des Lysozymmoleküls, sondern auch seine konformationelle Beweglichkeit: Die Frequenz der spontanen gesamten und lokalen Konformationsänderungen des Proteins verringert sich nach der Bindung des Inhibitors. Die Geschwindigkeit der monomolekularen Konformationsänderungen ist wesentlich geringer, als die der vorher ablaufenden bimolekularen Reaktion der Bindung des Inhibitors. Diese Änderungen dauern bis zu einigen zehn Millisekunden. Deshalb erfolgt in der Zeit einer Konformationsänderung des Makromoleküls eine Vielzahl elementarer Akte der Kopplung und Abspaltung des niedermolekularen Inhibitors. Wir kommen später noch einmal auf diese Besonderheit der Proteinreaktionen zurück.

Kürzlich erschienen einige bemerkenswerte Untersuchungen, in denen solche Strukturänderungen mit Hilfe der Röntgenstrukturanalyse direkt registriert wurden. Gemeint sind die Arbeiten von PERUTZ über die Strukturänderungen des Hämoglobins bei der Bindung von Sauerstoff an das Hämeisen und die Arbeiten von DICKERSON und anderen über die Strukturänderungen die bei der Oxydation und Reduktion des Hämeisens im Cytochrom-c auftreten.

Die Oxygenierung des Hämoglobins

Die Geometrieänderungen des Hämoglobinmoleküls und die Änderungen der Elektronenstruktur seines Eisenporphyrins im aktiven Zentrum (Häm), die mit der Bindung des molekularen Sauerstoffs an die Eisenatome der Häme (dieser Prozeß wird Oxygenierung genannt) verknüpft sind, erregte schon viele Jahrzehnte lang die Aufmerksamkeit der Wissenschaftler. Diese Änderungen stehen in direkter Beziehung zur Funktion des Hämoglobins, d. h. zu seiner Fähigkeit, große Mengen molekularen Sauerstoffs bei gegebener Differenz der O_2-Partialdrücke zwischen den Lungenbläschen und Zellkapillaren zu übertragen. In der Tat führen — wie wir später sehen werden — gerade die spezifischen Konformationsänderungen des Proteins bei der Oxygenierung zur kooperativen Sauerstoffbindung und zur spezifischen sigmoiden Form der Dissoziationskurve. Diese Form erlaubt dem Hämoglobin eine wesentlich größere Menge Sauerstoff zu transportieren, als das bei einer klassischen LANGMUIR-Dissoziationskurve möglich wäre (Abb. 5.5).

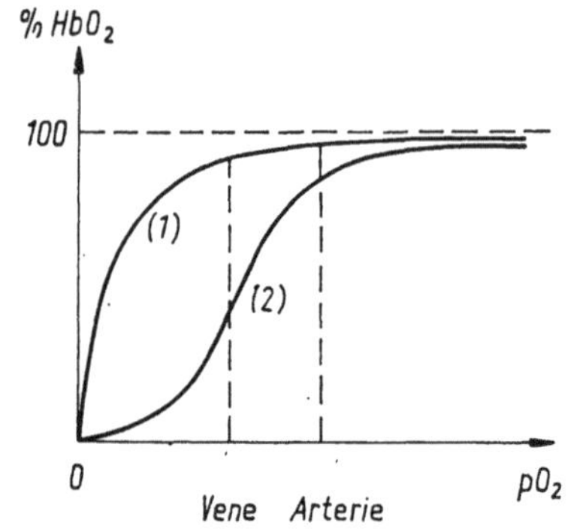

Abb. 5.5. Hyperbolische- (1) und sigmoide (2) Oxygenierungskurven des Hämoglobins

Deshalb ist die Untersuchung der Struktur und der dynamischen Eigenschaften des Hämoglobins verbunden mit der Lösung eines der wichtigsten wissenschaftlichen Probleme unserer Zeit, nämlich: *der Aufklärung des Mechanismus des zielgerichteten Verhaltens biologischer Systeme auf molekularem Niveau.* Übersichten zur Vorgeschichte dieser Fragestellung und zu verschiedenen theoretischen Aspekten und experimentellen Untersuchungen des Hämoglobins findet man in einer Reihe von Arbeiten und Monographien (s, z. B. [14, 43]). im Jahre 1970 erschienen zwei Arbeiten von PERUTZ, die basierend auf eigenen Röntgenstrukturarbeiten und einigen Literaturdaten die wichtigsten Etappen der Geometrieänderung des Hämoglobinmoleküls behandeln, die nach der Kopplung des Sauerstoffs an die vier Häme in den vier Untereinheiten dieses komplizierten Proteins erfolgen [427, 428].

Im folgenden werden die wichtigsten Schlußfolgerungen von PERUTZ erläutert.

Das Desoxyhämoglobinmolekül unterscheidet sich vom Oxyhämoglobinmolekül sowohl in der Tertiärstruktur aller vier Untereinheiten, als auch in der Quartärstruktur, d. h. in der Art und Weise der Verknüpfung der beiden α- bzw. β-Untereinheiten zu einem einheitlichen Globulus.

Die Oxygenierung beginnt mit der Kopplung eines O_2-Moleküls an das Eisen einer der α-Untereinheiten (die genaue Reihenfolge der Oxygenierung der einzelnen Hämeinheiten ist unbekannt und für das Verständnis des Kerns der Sache auch nicht wichtig).

Die Tasche zwischen den helicalen Bereichen, in denen sich der Hämring befindet, ist bei α-Untereinheiten genügend breit, so daß sich das Sauerstoffmolekül mit dem Hämeisen praktisch ohne Aktivierung verbinden kann. Im Ergebnis der Kopplung des Sauerstoffs mit dem Eisen geht letzteres aus dem high-spin-Zustand mit der Koordinationszahl 5 in den hexakoordinierten low-spin-Zustand über. Dabei verschiebt sich das Eisenatom, das sich in einem Abstand von 0,75 Å von der Ebene des Porphyrinrings befand, und liegt im Oxyhämoglobin schließlich in dieser Ebene. Gleichzeitig entsteht eine festere Bindung des Stickstoffatoms des benachbarten Histidinrestes, dessen Abstand von der Fläche des Porphyrinrings sich um 0,75—0,95 Å[1]) vermindert. Diese Verschiebung „löst" die weiteren von PERUTZ ausführlich betrachteten Konformationsänderungen der Tertiär- und Quartärstruktur des Moleküls „aus". Die erfolgten Konformationsänderungen führen dazu, daß sich einer der Helixbereiche der Peptidkette ins Zentrum des Globulus verlagert und den Tyrosinrest aus der Tasche verdrängt, wo dieser sich vorher befand. Dabei werden zwei Salzbrücken zwischen den α_1- und α_2-Untereinheiten zerstört. Die gleichen Prozesse erfolgen nach der Oxygenierung der α_2-Untereinheit, wobei noch zwei Salzbrücken aufbrechen. Der Bruch der Brücken ist von einer Protonendissoziation begleitet (BOHR-Effekt). Somit sind nach der Oxygenierung der zwei α-Untereinheiten vier der sechs Salzbrücken, die die Quartärstruktur des Desoxyhämoglobins bestimmten, zerstört, was das Aufbrechen der übrigen zwei Brücken ($\alpha_1\beta_2$ und $\alpha_2\beta_1$) erleichtert.

Das Tetramer nimmt die Oxykonfiguration an, wobei die Salzbrücken, die die β-Untereinheiten mit dem sich zwischen ihnen befindlichen Molekül 2,3-Diphosphoglycerinsäure verknüpfen, aufgebrochen werden und das Molekül freigeben. Somit besitzt das Makromolekül in diesem Zustand eine Mischform in der die Quartärstruktur bereits die Oxyform angenommen hat, die Tertiärstruktur der β-Untereinheiten noch unverändert blieb, sich aber schon im angeregten Zustand befindet. Dieser Umstand führt tatsächlich zur Erleichterung der Bindung der nachfolgenden Sauerstoffmoleküle, d. h. zur Kooperativität des Effektes und zum sigmoiden Charakter der Dissoziationskurve[2]).

Anschließend verbinden sich die Sauerstoffmoleküle mit den Eisenatomen der β-Untereinheiten. Hierbei laufen die gleichen Vorgänge ab, die die Veränderung der Tertiärstruktur des Eiweißglobulus hervorrufen (die Verschiebung der Eisenatome in die Fläche der Porphyrinringe, die Verminderung des Abstandes zwischen letzteren und den Histidinresten, die Verschiebung einiger Helices und die Freisetzung von Tyrosin-

---

[1]) Die Abstandsänderung zwischen dem Histidin und dem Porphyrinring bei der Oxygenierung des Hämoglobins wurde erstmals im Jahre 1952 auf der Grundlage indirekter Fakten und zur damaligen Zeit existierender Modelle vorausgesagt [13, 14]. Im Jahre 1966 sagte HOARD voraus, daß bei der Oxygenierung eine Verschiebung des Eisenatoms relativ zum Porphyrinring erfolgen muß [326].

[2]) Wenn wir mit der Oxygenierung der β-Untereinheiten beginnen würden, erhielten wir natürlich das gleiche Resultat.

resten aus den entsprechenden Spalten). Der einzige Unterschied besteht darin, daß die Hämtasche in den β-Untereinheiten nicht genügend breit für das unvorbereitete Eindringen des Sauerstoffs ist und daß zur Realisierung der ersten Etappe des Prozesses das Auftreten einer entsprechenden Wärmebewegung der Struktur notwendig ist. Folglich kann die erste Etappe nicht ohne Aktivierung erfolgen.
Es ist schwierig, die Bedeutung dieser Untersuchungen von PERUTZ einzuschätzen, die hier nur skizzenhaft dargelegt sind. Ich empfehle deshalb dem Leser, seine Originalarbeiten selbst zu lesen. Das Nachempfinden der unbestechlichen Logik des Autors und die Auswahl hervorragend zusammengestellter Strukturschemata bereiten einen echten ästhetischen Genuß (s. auch [320, 429, 430]).
Überaus interessant ist die Frage nach der Kinetik der oben beschriebenen Konformationsänderungen. Zur Lösung dieser Frage kann man den Umstand nutzen, daß bei der Bestrahlung von Oxy- bzw. Carboxyhämoglobin mit sichtbarem Licht eine Dissoziation der O_2- bzw. CO-Moleküle erfolgt. Die Anfangsphasen des Übergangs $HbO_2 \rightarrow Hb$ wurden in der Arbeit [197] verfolgt. Ein leistungsstarker Laserblitz führte praktisch zur augenblicklichen Dissoziation des gesamten Sauerstoffs (im Fall des Oxyhämoglobins) oder des gesamten Kohlenmonoxids (im Fall des Carboxyhämoglobins). Die wichtigsten Änderungen der optischen Dichte, die bei der Dissoziation auftreten, sind in weniger als 10^{-9} sec beendet (das ist die Zeitauflösung des Gerätes). Nach seinen spektralen Merkmalen unterscheidet sich das reduzierte Hämoglobin, das sich bei der Abspaltung von O_2 (oder CO) in einer Zeit von weniger als 10^{-9} sec bildet, deutlich von dem gewöhnlichen im Gleichgewicht befindlichen Hämoglobin. Die Änderungen der optischen Dichte sind ziemlich stark. Die Umwandlungen im wahren Hämoglobinspektrum erfordern eine Zeit von ungefähr 10^{-7} sec, danach ändert sich das Spektrum nicht mehr. Das heißt jedoch nicht, daß nach 10^{-7} sec alle durch die „augenblickliche" Abspaltung des Liganden (O_2 oder CO) hervorgerufenen Änderungen des Hämoglobins abgeschlossen sind. Bei der Durchführung von Versuchen mit photodissoziiertem Carboxyhämoglobin bei pH = 9,0 stellte GIBSON [301] fest, daß das $2 \cdot 10^{-5}$ sec nach dem Blitz gebildete Hämoglobin wesentlich schneller (um eine Größenordnung) Sauerstoff bindet, als gewöhnliches. Die Übergangskinetik des „schnellen" Hämoglobins in das „normale" genügt einer Gleichung erster Ordnung mit einer Geschwindigkeitskonstanten von ca. 200 sec^{-1}, d. h. der Übergang dauert einige Millisekunden. Dieser Übergang hat keine Spektraländerungen im sichtbaren Bereich zur Folge. Man kann annehmen, daß die schnellen Änderungen nach dem Blitz, die die Dissoziation des Liganden begünstigen, nur in der prostetischen Gruppe selbst und in ihrer unmittelbaren Umgebung erfolgen. Das Häm wird reduziert und die gesamte übrige Konformation des Makromoleküls bleibt „oxygeniert", weil der entsprechende Konformationsübergang wesentlich mehr Zeit erfordert, als die Änderung der Elektronenstruktur des Häms. Leider gelang es nicht, diese Resultate bei neutralen pH-Werten zu wiederholen.
Die Unterschiede der Gleichgewichtskonformationszustände von Makromolekülen, die verschiedenen Zuständen des aktiven Zentrums entsprechen, äußern sich nicht nur in struktureller Beziehung, sondern auch in der Änderung kinetischer Charakteristika dieser Zustände, darunter in ihrer Labilität, d. h. der Fähigkeit zu spontanen Strukturfluktuationen. Wie schon im Jahre 1966 [516, 517] nachgewiesen wurde, bestimmen in der Regel gerade solche „Konformationsschwingungen" (periodische reversible Strukturänderungen) die Geschwindigkeit des Isotopenaustauschs der Wasserstoffatome in Proteinen. ENGLÄNDER und ROLFE [518] zeigten vor kurzem, daß die Struktur des Hämoglobin bei der Oxygenierung merklich labiler wird und daß neue große

Segmente des Makromoleküls, die ca. 30 Wasserstoffatome enthalten, aktiv an den spontanen „Atmungsbewegungen" beteiligt sind.

Die oben angeführten Besonderheiten der Reaktionskinetik des Hämoglobins mit dem CO — gemeint sind gerade die relativ langsamen Strukturänderungen eines wesentlichen Teils des Proteinglobulus nach den durch die Bindung oder Abspaltung des Liganden hervorgerufenen schnellen Änderungen des aktiven Zentrums — sind offensichtlich gemeinsame Merkmale von Proteinreaktionen. Durch den ersten elementaren Akt entsteht ein Nichtgleichgewichtszustand, bei dem in der Nähe des reagierenden Zentrums bereits lokale Änderungen erfolgten, der Hauptteil des Makromoleküls aber noch seine vorherige Konformation behielt. Kürzlich wurden solche Nichtgleichgewichtszustände experimentell nachgewiesen und für einige Proteine identifiziert, unter anderem für die Reaktion der Reduktion des Ferrihämoglobin durch Elektronen [519, 520]. Die Reduktion wurde mit thermolysierten Elektronen durchgeführt, die bei der Bestrahlung eingefrorener Ferrihämoglobinlösungen im Wasser-Äthylenglycol-Gemisch bei 77 K mit γ-Strahlen entstehen. Unter diesen Bedingungen sind nur die Reduktion des Eisens und geringe lokale Strukturänderungen in der Nähe des aktiven Zentrums möglich. Die Ausgangskonformation des ganzen Proteinglobulus dagegen ist kinetisch stabilisiert („eingefroren"). Dadurch entsteht ein bei 77 K stabiler Nichtgleichgewichtszustand des Hämoglobins: Ein reduziertes aktives Zentrum und eine „oxydierte" Konformation. Das reduzierte Häm befindet sich dabei im low-spin-Zustand (in dem es sich niemals unter Gleichgewichtsbedingungen befindet) und wird durch cytochromähnliche Absorptionsspektren charakterisiert. Bei Temperaturerhöhung, d. h. beim Auftauen der Lösungsmittelmatrix relaxiert das Molekül und wandelt sich in gewöhnliches reduziertes Hämoglobin um. Diese Effekte sind nicht durch die Quartärstruktur bedingt, weil sie auch für das Ferrimyoglobin beobachtet werden. Fast die gleichen Nichtgleichgewichtszwischenzustände (selbstverständlich kinetisch instabile) konnten auch bei der Reduktion des Ferrihämoglobin bei Zimmertemperatur in wäßrigen Lösungen mit der Methode der Impulsradiolyse gefunden werden [521].

Diese und andere Befunde, die vom relativ langsamen Ablauf der Konformationsänderungen der Proteine und vom Entstehen registrierbarer Konzentrationen von im starken Nichtgleichgewicht befindlichen konformationellen Zwischenzuständen zeugen, fordern ein kritisches Herangehen an einige allgemein übliche Vorstellungen. Viele Jahre lang diente das Hämoglobin als Lieblingsmodell für allosterische Wechselwirkungen in Proteinen, die durch Konformationsänderungen des Makromoleküls realisiert werden. Die kinetischen Schemata, die diese Umwandlungen beschreiben, behandeln immer unbekannte konformationell im Gleichgewicht befindliche Proteinmoleküle (Konformere) und erklären alle Änderungen der Eigenschaften des Systems nur durch die Änderungen der relativen Konzentrationen solcher Konformere. Dieses Postulat liegt allen Modellen über die kooperativen Eigenschaften des Hämoglobins zugrunde, angefangen mit dem formalen kinetischen Schema von Eder [522] und bis zum Modell der „generalisierten konzentrierten Übergänge" von Ogata und McConnell [523]. Das letztgenannte Modell stimmt im Prinzip mit dem Modell von Monod, Wyman und Changeux [524] mit der Ausnahme überein, daß in ihm die Nichtäquivalenz der α- und β-Untereinheiten berücksichtigt ist. Wie allgemein bekannt ist, wird in der Arbeit [524] die Existenz zweier im Gleichgewicht befindlicher Konformeren-Typen postuliert (T und R), die durch eine niedrige bzw. hohe Sauerstoff- (oder CO-)Affinität charakterisiert werden. Die Bindung des Sauerstoffs induziert eine Verschiebung des Gleichgewichts $T \rightleftharpoons R$ nach rechts, was die kooperativen Eigenschaften des Hämoglobins bestimmt. Eine analoge

„Gleichgewichtsbetrachtung" liegt auch dem Modell der aufeinanderfolgenden Bindung zugrunde [525].
Experimente zur Untersuchung der CO-Bindung durch Hämoglobin mit hochauflösender NMR [526] ergaben, daß im Prozeß der Bindung des Liganden Zustände des Proteins auftreten, die durch ein Gleichgewicht zwischen Konformeren nicht beschrieben werden können. Zu analogen Schlußfolgerungen kamen die Autoren der Arbeiten [527, 528,

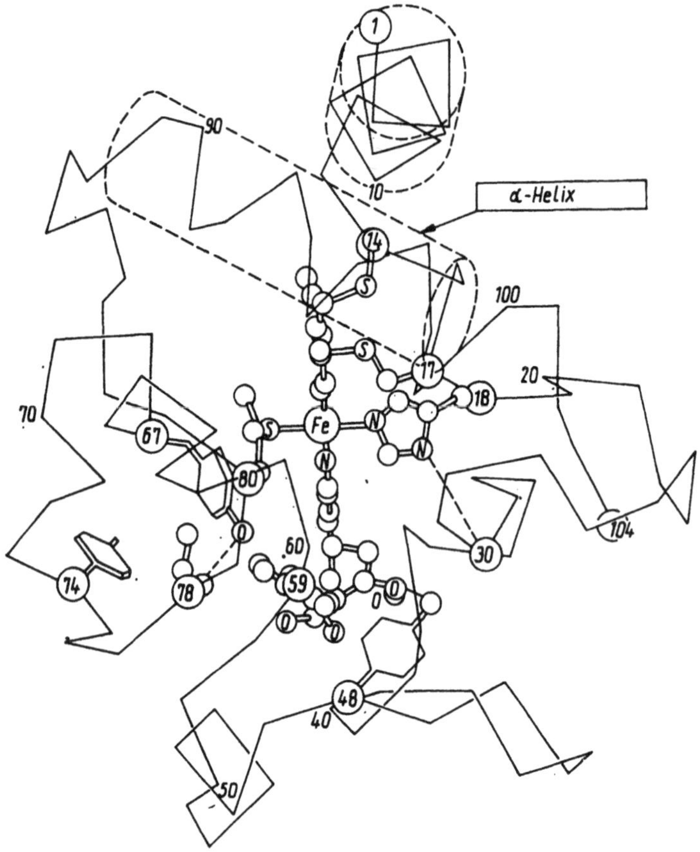

Abb. 5.6. Stereoprojektion vom Strukturmodell des Ferricytochrom c-Moleküls (nach [469]).

529, 530, 531], in denen die Kinetik der Übergänge zwischen Gleichgewichts- (im Dunkelstadium) und stationären Zuständen (Lichtstadium) des Systems Hämoglobin—CO in einem breiten Bereich des Sättigungsgrades der Hämoglobinkonzentration und der Lichtintensität untersucht wurde. Es wurde nachgewiesen, daß die erhaltenen Befunde im Rahmen beliebiger Schemata, die nur Gleichgewichtsformen der Proteinmoleküle und ihre unter Gleichgewichtsbedingungen gemessenen Merkmale der Reaktionen mit Liganden berücksichtigen, prinzipiell nicht erklärt werden können. Während der Übergangszeit zwischen den Gleichgewichtszuständen oder den stationären Zuständen entstehen konformationell im Nichtgleichgewicht befindliche (nicht ausrelaxierte) Proteinmoleküle mit unterschiedlichen kinetischen Merkmalen.

Oxidation und Reduktion von Cytochrom c [277, 469].

Keine geringere Bedeutung wie die soeben betrachteten Ergebnisse haben die kürzlich publizierten Resultate der Röntgenstrukturuntersuchung des Ferro- und Ferricytochrom c von Dickerson und Mitarbeitern bei einer Auflösung von 2,45 Å (Ferrocytochrom) und 2,8 Å (Ferricytochrom) [277, 469]. Diese Arbeiten sind einerseits wichtig, weil ihre Resultate die ersten unmittelbaren Beweise für Konformationsänderungen in einem Protein ohne Quartärstruktur liefern, die durch die Änderung der Elektronenladung eines Eisenatoms (um Eins) im aktiven Zentrum dieses Proteins bedingt sind. Die Resultate von Dickerson und Mitarbeiter können andererseits auch bei der Auswahl von möglichen Mechanismen der Prozesse des Elektronentransfer in so wichtigen subzellulären Strukturen, wie Mitochondrien und Chloroplasten, von Bedeutung sein. Dies wird jedoch später behandelt (s. Kap. 7.), zunächst betrachten wir kurz die von den Autoren erhaltenen Ergebnisse zu Konformationsänderungen des Proteinglobulus bei der Bindung eines Elektrons an das Eisenatom des Ferricytochrom c.

Cytochrom c erfüllt in den Membranen der Mitochondrien die Funktion des Elektronentransports vom Cytochromreduktase—Enzymkomplex (Komplex III nach Green) zum Cytochromoxydase—Enzymkomplex (Komplex IV). Dieses Protein mit einem Molekulargewicht von ca. 12300 ist eine Polypeptidkette aus 104 Aminosäureresten ohne Disulfidbrücken. Eine der Stereoprojektionen des Strukturmodells des Ferricytochroms c ist in Abbildung 5.6 dargestellt. Das Häm ist kovalent an das Protein gebunden, und zwar durch Thioesterbindungen mit den Cysteinresten 14 und 17 und durch das Eisenatom, dessen fünfte Koordinationsstelle durch das Stickstoffatom des Imidazols des Histidin 18 und dessen sechste durch das Schwefelatom des Methionin 80 besetzt sind. Der Imidazolring des Histidins 18 ist ferner durch ein Stickstoffatom fixiert, das eine Wasserstoffbrücke mit der COO-Gruppe des Prolin 30 ausbildet. Die Fixierung des Häms in seiner „Tasche" innerhalb des Globulus erfolgt durch zwei Carboxylgruppen der Propionsäurereste des Häm. Eine dieser Gruppen bildet mit ihren Sauerstoffatomen zwei Wasserstoffbrücken mit dem Tyrosin 48 und dem Tryptophan 59, die andere befindet sich an der Oberfläche im Kontakt mit dem polaren Medium. Wie aus dem Schema ersichtlich ist, besteht das Molekül aus zwei Hälften. Die Reste 1—47 liegen in Abb. 5.6 und 5.7 rechts der Hämtasche, die Reste 48—91 links davon und die Reste 92—104 bilden so etwas wie die „Schnalle" einer Aktentasche (von links oben nach rechts unten). Die zwei letzten Glieder der Polypeptidkette 103 und 104 sind wahrscheinlich nicht streng fixiert und besitzen Bewegungsfreiheit. Der einzige Abschnitt der Polypeptidkette, der eine genaue α-Helix bildet, ist der Abschnitt 91—101. Das allgemeine Strukturmodell des Ferricytochrom c lautet wie folgt: Die um das Häm gewundene Polypeptidkette orientiert ihre hydrophoben Proteingruppen in die Nähe des Häms während die polaren Gruppen zur Oberfläche zeigen. In der Struktur des Globulus gibt es zwei „Öffnungen", die die inneren Teile mit der Oberfläche verbinden. Das ist einmal der Kanal zum linken oberen Bereich der Hämtasche und zum anderen der rechte Kanal, dessen Boden durch eine aus den Resten 19—25 geformte Schlinge gebildet wird. Der rechte Kanal ist für Lösungsmittelmoleküle und kleine Gruppen vom Typ aromatischer Aminosäurereste zugänglich; vermutlich realisiert dieser eine Bindung mit der Cytochromoxydase.

Bei der Reduktion des Ferricytochrom c, d. h. bei der Übertragung eines Elektrons auf das Eisenatom erfährt der Globulus eine starke Konformationsänderung (Abb. 5.7). Die Änderungen erfassen nicht nur 21 von 104 Aminosäureresten, die das sogenannte

Molekülskelett bilden. Das Skelett wird durch die N-terminale Helix (Reste 1—11), durch den Bereich vom 12. bis 18. Rest und von einem kleinen Teil in der Nähe des C-terminalen Endes sowie vom Häm selbst gebildet.

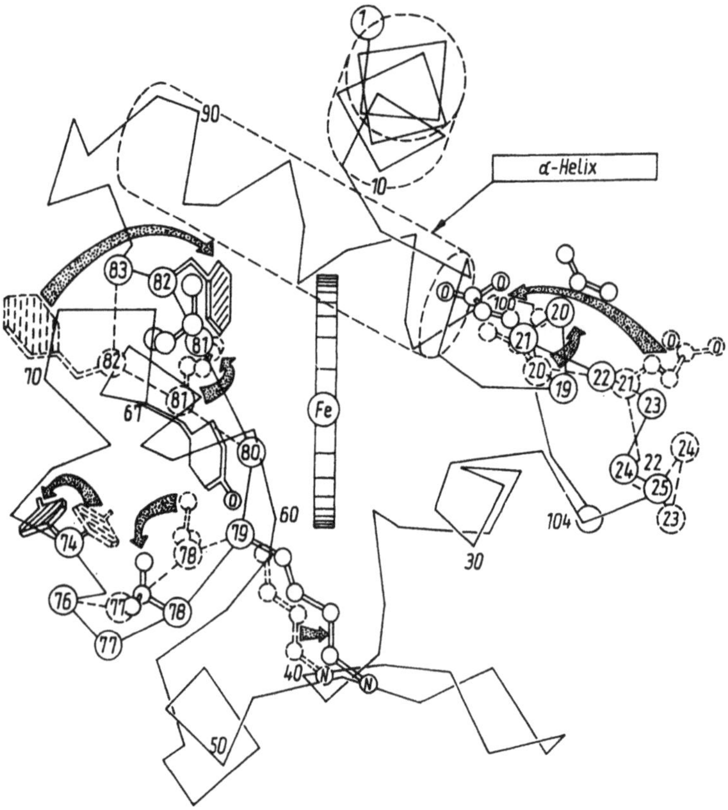

Abb. 5.7. Grundlegende Strukturänderungen bei der Reduktion des Ferricytochrom c (nach [469]).

Im folgenden sind die wesentlichsten Änderungen, die bei der Reduktion ablaufen, aufgezählt. Die Glieder der Polypeptidkette des 77. bis 83. Restes erfahren die stärkste Verschiebung. Das ist eine Art „aktives Zentrum" der Kette, das die evolutionsinvarianten Aminosäuren enthält. Im Molekül des Ferricytochroms ist das Phenylalanin 82 weit nach links zur Peripherie des Moleküls verschoben, wodurch eine Öffnung frei wird, die in den linken oberen Teil der Hämtasche führt. Im Ferrocytochrom ist das Phenylalanin zur Hämtasche hin verschoben und blockiert die Öffnung. Gleichzeitig dreht sich das benachbarte Isoleucin 81, dessen Seitengruppe sich im Ferricytochrom an der Oberfläche des Globulus befand und jetzt in das Lösungsmittel hineinragt. Dadurch ändert sich ebenfalls die Lage der Reste 77—79.

Im Ferricytochrom bilden die Kettenglieder 55—75 eine Schlinge, die den hydrophoben — dem Lösungsmittel nicht zugänglichen — Bereich (linker Kanal) umgibt. Dort befinden sich auch die parallel angeordneten aromatischen Ringe der Aminosäurereste Tyrosin 74, Tryptophan 59 und Tyrosin 67, die die mutmaßliche „Elektronenbahn" für die Elektronenübertragung von der Cytochromreduktase auf das

Schwefelatom des Methionins 80 und das Eisenatom des Häms bilden. Tyrosin 67 ist durch eine Wasserstoffbrücke mit Threonin 78 fixiert. Bei der Reduktion des Ferricytochroms wird diese Wasserstoffbrücke aufgebrochen, die Ebene des Tyrosinrings 74 dreht sich ungefähr um 60°, so daß dieser fast senkrecht zur Oberfläche des Globulus steht (in der Ferriform war der Ring praktisch parallel zur Oberfläche) und außerdem verschiebt sich die ganze nächstgelegene Polypeptidkette[1]).

Im rechten Kanal (Reste 19—25) erfolgt ebenfalls eine Verschiebung, die diesen Kanal schließt.

Somit ist die Konformation des Ferrocytochroms bedeutend dichter und „geschlossener" als die Konformation der Ferriform.

Dabei ist zu beachten, daß die beobachteten Änderungen auf Kristalle des Ferri- und Ferrocytochrom c, in den entsprechenden im Gleichgewicht befindlichen „ausrelaxierten" Konformationen zutreffen. Indirekte Ergebnisse über die Änderung der Eigenschaften des Ferricytochrom c bei seiner Reduktion in Lösung (s. z. B. die Übersichtsarbeit [391]) weisen darauf hin, daß die Strukturänderungen des Makromoleküls in Lösung den beschriebenen nahe kommen.

In der Arbeit [532] wurde die Abhängigkeit der Geschwindigkeit des Isotopenaustausches des Wasserstoffs im Cytochrom c -Molekül vom Oxidationszustand des Hämeisens untersucht. Es konnte nachgewiesen werden, daß die Zahl der Wasserstoffatome, die zum schnellen Austausch fähig sind, bei der Oxidation stark anwächst. In Übereinstimmung mit dem oben gesagten, weist das nicht nur darauf hin, daß die Struktur des Ferricytochroms mehr auffaltet, sondern auch auf die große Labilität des Ferricytochroms, d. h. auf die große Amplitude der Fluktuationsschwingungen des Proteinglobulus.

Eine Vorstellung von der Geschwindigkeit der Konformationsänderungen bei der Reduktion des Ferricytochrom c kann man auf der Grundlage der Ergebnisse der Arbeit [425] erhalten.

In dieser Arbeit wurde die Kinetik der Spektraländerung des Ferricytochrom c bei seiner Umwandlung in die Ferroform unter Einwirkung hydratisierter Elektronen, die bei der Impulsradiolyse entstehen, untersucht. Die Reduktion des Eisens ist in weniger als in 10^{-6} sec beendet, das Spektrum des Produkts unterscheidet sich jedoch vom Spektrum des gewöhnlichen reduzierten Cytochrom c. Die weiteren Änderungen des Spektrums bis zu seiner völligen Übereinstimmung mit dem gewöhnlichen erfolgen im Ergebnis eines langsamen monomolekularen Prozesses mit $K \approx 8{,}5\ \text{sec}^{-1}$, d. h. während einiger hundert Millisekunden. Die Frage darüber, ob diese Konformationsänderungen auch bei normaler Funktion des Cytochrom c ablaufen können, bleibt natürlich offen.

Noch langsamer verlaufen Konformationsänderungen bei der Hydratation des Cytochrom c [202].

Kürzlich wurden die konformationellen Nichtgleichgewichtszustände des Cytochrom c, die im Verlauf von Reaktionen mit dem Enzym auftreten in unserer Arbeitsgruppe ausführlich untersucht. Bei der Reduktion des Ferricytochrom c durch thermolysierte Elektronen bei niedrigen Temperaturen in eingefrorener Matrix konnten Zwischenzustände fixiert werden (aktives Zentrum reduziert, ein großer Teil des Globulus in oxydierter Konformation) [534]. Die Tatsache, daß die Reduktion des Cytochrom c in wäßrigem Milieu bei Zimmertemperatur mit gewöhnlichen chemischen Agenzien

---

[1]) Dabei wird die Elektronenbahn natürlich zerstört. Es ist jedoch möglich, daß die Bahn keine wesentliche Rolle beim Prozeß des Elektronentransfers, der durch einen Tunnelmechanismus realisiert wird, spielt (s. Kap. 7).

analoge konformationell im Nichtgleichgewicht befindliche Zustände durchläuft, wurde durch die Untersuchung der Komplexbildung zwischen Cytochrom c und CO bewiesen [535]. Das im Gleichgewicht befindliche Ferricytochrom c bindet kein CO, d. h. der Komplex kann nur mit dem reduzierten Häm gebildet werden. Das im Gleichgewicht befindliche Ferrocytochrom bindet praktisch auch kein CO. Das hängt offensichtlich damit zusammen, daß die „geschlossene" Proteinkonformation keine Möglichkeit zur Annäherung des CO-Moleküls an das Eisen zuläßt. Führt man die Reduktion jedoch in Anwesenheit von CO durch, wird der Komplex leicht gebildet. Das Cytochrom bindet das CO im Konformationszwischenzustand, wenn das Eisen schon reduziert, die Konformation des Globulus aber noch „unverändert" ist. Mit dieser Methode wurde gezeigt, daß unter den Bedingungen des dynamischen Redoxgleichgewichtes in Lösung Konformationsübergänge zwischen oxydierten und reduzierten Gleichgewichtsformen des Cytochrom c praktisch nicht auftreten (bzw. in der kurzen Zeit nicht ablaufen können). Konformationelle im Nichtgleichgewicht befindliche Zwischenzustände des Ferricytochrom c wurden auch ebenso nach der sprunghaften Änderung des pH-Wertes oder der Ionenstärke des Lösungsmittels gefunden [536, 537].

5.5. Der Kompensationseffekt

Im Verlauf vieler Jahre wird bei der Untersuchung der Thermodynamik und Kinetik von Prozessen in der kondensierten Phase (hauptsächlich in Lösungen) eine Erscheinung diskutiert, die die Bezeichnung *Kompensationseffekt* erhielt. Besonders deutlich ist dieser Effekt bei Prozessen zu beobachten, an denen Biomakromoleküle beteiligt sind (Denaturierung, Komplexbildung, Inaktivierung und Enzymkatalyse). Im vorliegenden Abschnitt werden die wichtigsten experimentellen Fakten zusammengefaßt, die mit dem Kompensationseffekt zusammenhängen. Im nächsten Abschnitt wird versucht, die durch thermodynamische und kinetische Untersuchungen solcher Prozesse bestimmten Parameter zu analysieren und ihren physikalischen Sinn zu ergründen, wobei nur Biopolymere behandelt werden. Ich bin jedoch der Meinung, daß alle Schlußfolgerungen die gemacht werden, auch dann gültig sind, wenn der Kompensationseffekt bei Reaktionen mit niedermolekularen Verbindungen beobachtet wird.
Der phänomenologische thermodynamische Kompensationseffekt besteht in der Existenz einer linearen Abhängigkeit zwischen den Enthalpieänderungen ΔH_i und den Entropieänderungen ΔS_i bei einer Reihe verwandter isotherm ablaufender Prozesse und kann durch die folgende Beziehung ausgedrückt werden

$$\Delta H_i = \alpha + T_c \Delta S_i \qquad (i = 1, 2, \ldots), \tag{5.36}$$

wobei i die entsprechende Umwandlung in einer Reihe bezeichnet und α und T_c Konstanten sind. Die Konstante α ist offensichtlich nichts anderes als die freie Energie eines beliebigen Prozesses der gegebenen Reihe bei der Temperatur $T = T_c$ und die Konstante T_c hat die Dimension einer Temperatur und wird gewöhnlich als *Kompensationstemperatur* bezeichnet. Somit werden in der gegebenen Umwandlungsreihe alle Prozesse durch gleiche Werte der Gleichgewichtskonstanten $K = \exp(-\alpha/RT_c)$ bei ein und derselben Temperatur $T = T_c$ charakterisiert. Die graphischen Darstellungen des Kompensationseffektes werden entweder in den Koordinaten ΔH_i und ΔS_i (Abb. 5.8a) oder in den Koordinaten $\Delta\Delta H_i$ und $\Delta\Delta S_i$ (Abb. 5.8b) dargestellt. Die Symbole $\Delta\Delta H_i$ und $\Delta\Delta S_i$ bezeichnen die Differenz zwischen ΔH_i und ΔS_i und den entsprechenden Größen für eines der Glieder der gegebenen Reihe von Umwandlungen, das als Standard ausgewählt wurde. Gewöhnlich nimmt man den Prozeß als Standard, der die geringsten ΔH_i- und ΔS_i-Werte hat. Die zweite Art der Darstellung genügt folgender Gleichung

$$\Delta\Delta H_i = T_c \cdot \Delta\Delta S_i. \tag{5.37}$$

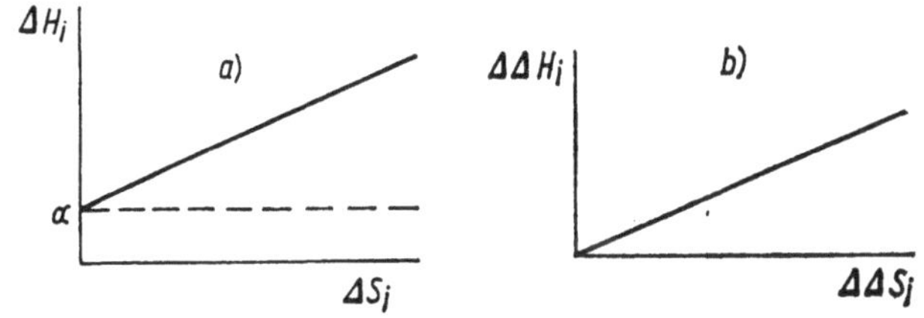

Abb. 5.8. Zwei Arten der Darstellung des Kompensationseffektes.

Ganz analog wird der kinetische Kompensationseffekt formuliert. In diesem Fall ersetzt man Enthalpie, Entropie und freie Energie durch die Aktivierungsenthalpie oder -energie ΔE_{ai} (s. (s. Abschnitt 5.3.), die Aktivierungsentropie ΔS_{ai} bzw. die freie Aktivierungsenergie ΔF_{ai}. Für den kinetischen Kompensationseffekt erhalten wir dann

$$\Delta E_{ai} = \alpha + T_c \Delta S_{ai} \qquad (i = 1, 2, \ldots). \tag{5.38}$$

An Stelle der Gleichgewichtskonstanten sprechen wir von der Geschwindigkeitskonstanten des Prozesses, der in der gegebenen Reihe bei $T = T_c$ konstant sein muß. Eine Auswahl der vorhandenen experimentellen Fakten über den thermodynamischen und kinetischen Kompensationseffekt, seine Analyse und eine Diskussion der unterschiedlichen Theorien dieser Effekte findet man zum Beispiel in den hervorragenden Übersichten [106, 381].

Es gibt mehrere Möglichkeiten eine Reihe aufzubauen, um einen Kompensationseffekt zu erhalten, d. h. Wertepaare ΔH_i, ΔS_i für die Konstruktion der Kompensationsgeraden (wie in Abb. 5.8a und b) auszuwählen. Das erste Verfahren besteht in der gesetzmäßigen Änderung des chemischen Baus einer der Reagenzien mit dem Ziel, eine homologe Reihe chemischer Prozesse gleichen Typs zu erhalten. Das zweite Verfahren besteht in der gesetzmäßigen Änderung des Milieus in dem die Reaktion erfolgt (pH-Änderung, Konzentration der Elektrolyten, Zugabe von Äthanol zum wäßrigen Milieu, usw.).

Alle in der Literarur beschriebenen Fälle des Kompensationseffektes kann man in zwei Typen einteilen. Zum ersten Typ gehören die Effekte, bei denen die Konstante T_c der Versuchstemperatur nahe kommt (der sogenannte *volle Kompensationseffekt*). Ein typisches Beispiel dieser Art illustrieren die von Lichtenstein und Sukhorukov ausgewählten Ergebnisse der Kinetik und Thermodynamik der Proteindenaturierung und der Kinetik von Enzymreaktionen [106, 110]. In diesen Fällen lagen die Konstanten T_c in der Nähe der Meßtemperaturen, die ihrerseits auf Grund der Spezifik der Objekte nur in engen Grenzen variiert werden können. Die Punkte liegen mit einer großen Streuung auf der Kompensationskurve, jedoch die real gemessenen Gleichgewichtskonstanten (ohne Berechnung mit den VAN'T HOFF- und ARRHENIUS-Gleichungen) oder Reaktionsgeschwindigkeiten unterscheiden sich nicht sehr voneinander. (Wenn sie sich stärker unterscheiden würden, könnte man sie mit der standardmäßigen Technik überhaupt nicht messen.) Der Kompensationseffekt muß unter diesen Bedingungen unbedingt existieren[1]). Hier geht es darum, daß eine Auswahl von der Größe her gleicher Werte vorhanden ist, z. B. die Gleichgewichtskonstanten K_i, die sich als Produkt zweier Faktoren darstellen lassen

$$K_i = \exp\left(\frac{\Delta S_i}{R}\right) \cdot \exp\left(-\frac{\Delta H_i}{RT}\right). \tag{5.39}$$

Es ist offensichtlich, daß unabhängig davon, wie wir die Unterteilung in Faktoren vornehmen, bei annähernd gleich großen Produkten und sich nicht sehr stark unterscheidenden Meßtemperaturen, die Beziehung (5.36) erfüllt sein muß.

In diesem Fall besteht das eigentliche Problem nicht in der Natur der Kompensation, sondern darin, warum ähnliche Prozesse mit fast gleichen Werten real gemessener Gleichgewichts- oder Geschwindigkeitskonstanten sich so stark in ihren anhand der Gleichungen von VAN'T HOFF und ARRHENIUS berechneten ΔH- und ΔS-Werten (oder ΔH_a und ΔS_a) unterscheiden. Die Unterschiede zwischen diesen Werten können sogar sehr groß sein (um einige Hundert Kilocalorien oder einige Hundert Clausius).

Beispiele des zweiten Typs verdeutlichen die sehr genauen Messungen, die Kompensationskurven mit geringer Streuung der Meßpunkte und einem T_c-Wert ergeben, der eindeutig nicht mit der Meßtemperatur übereinstimmt. Viele Beispiele dieses Typs sind in der bereits genannten Übersicht [381] dargestellt. Man kann z. B. auch auf die Arbeiten von BEETLESTONE und Mitarbeitern zur Thermodynamik der Bindung verschiedener Liganden mit Hämoglobin hinweisen, das aus dem Blut verschiedener Tiere gewonnen wurde [200, 201, 214—216].

Man muß sich vollkommen darüber im Klaren sein, daß der Forscher bei der Gewinnung der Werte für die Konstruktion der Kompensationskurven unbedingt Gleichungen vom VAN'T HOFF- oder ARRHENIUS-Typ verwendet, und daß er folglich von der Richtigkeit der diesen Gleichungen zugrunde liegenden Postulate ausgeht. Im Fall des kinetischen Kompensationseffektes hat der Forscher überhaupt keine anderen Möglichkeiten, um die Werte ΔS_{ai} und ΔE_{ai} zu bestimmen. Beim thermodynamischen Kompensationseffekt ist die Lage etwas anderes. In der letzten Zeit ergab sich die Möglichkeit der direkten kalorimetrischen Messung von ΔH_i. Jedoch um ΔS_i zu bestimmen, ist man trotzdem gezwungen, auf Berechnungen zurückzugreifen, die auf der Voraussetzung basieren, daß die VAN'T HOFFsche Gleichung richtig ist und folglich auch die Beziehung der Gleichgewichtsthermodynamik (5.3).

Es sollen hier keine wesentlichen theoretischen Vorstellungen über die Natur des Kompensationseffektes diskutiert werden. Der an diesen Fragen interessierte Leser kann auf die oben zitierten Übersichten zurückgreifen. Aus dem oben Dargelegten möchte ich die Meinung vertreten, daß der Kompensationseffekt als physikalische Erscheinung nicht existiert. Er taucht lediglich als Folge der falschen Anwendung einiger Gleichungen der Gleichgewichtsthermodynamik auf.

[1]) Diese Vorstellung wurde von I. W. BERESIN geäußert.

5.6. Über die Anwendbarkeit der van't Hoff- und Arrhenius-Gleichung und die Theorie des aktivierten Zustandes

Es ist zweckmäßig, thermodynamische und kinetische Parameter gesondert zu behandeln. Beginnen wir mit den thermodynamischen Parametern. Zunächst fassen wir die wichtigsten Schlußfolgerungen zusammen, die man anhand der im vorliegenden Kapitel durchgeführten Sichtung der experimentellen Ergebnisse ziehen kann.

1. Die Struktur gelöster globulärer Proteine ändert sich bei Temperaturänderungen im Temperaturbereich unterhalb der Temperatur der Denaturierungsübergänge (0—40 °C). Diese Änderungen können von einer Wärmeabsorption begleitet sein.
2. Die Bildung von Komplexen niedermolekularer Verbindungen mit Proteinen und andere lokale mikrochemische Störungen führen in der Regel zu wesentlichen makrostrukturellen Änderungen des Proteinglobulus.
3. Die kalorimetrisch gemessenen Wärmetönungen von Reaktionen, an denen Proteine beteiligt sind (Denaturierung, Komplexbildung), werden durch eine starke Temperaturabhängigkeit bis hin zur Änderung des Vorzeichens der Wärmetönung bei relativ geringen Temperaturänderungen charakterisiert.
4. Die auf der Grundlage von Gleichgewichtsmessungen (mit Hilfe der VAN'T HOFF-Gleichung) bestimmten Wärmetönungen von Reaktionen, die unter Beteiligung von Proteinen ablaufen, hängen in der Regel kaum von der Temperatur ab, wenn man von den manchmal zu beobachtenden sprunghaften Änderungen der errechneten ΔH-Werte bei einer bestimmten Temperatur absieht (Knicke in der Darstellung lg K gegen $1/T$). Die Gleichgewichtswerte für ΔH unterscheiden sich mitunter stark von den wahren kalorimetrisch gemessenen.
5. In dem Fall, wenn die Einwirkung, die die Umwandlung des Proteins hervorruft, eine Temperaturänderung ist (z. B. Hitzedenaturierung), ergeben die mit Hilfe der VAN'T HOFF-Gleichung errechneten Umwandlungsenthalpien Werte, die den wahren nahekommen.

Untersuchen wir nun die Frage der Temperaturabhängigkeit wahrer Wärmetönungen. Die in der Literatur gebräuchliche Erklärung dieser Abhängigkeit durch die Differenz der spezifischen Wärmen des Ausgangs- und Endzustandes hält einer Kritik nicht stand. Wenn man diese Erklärung zugrunde legt, kann man leicht errechnen, daß z. B. die eigentliche, nicht durch die Temperatur bedingte Wärmetönung der Bindungsreaktion von NAD mit 3-Phosphoglycerinaldehyd-Dehydrogenase 143 kcal/mol die des Inhibitors Hexitol-1,6-Diphosphat aber an die Aldolase, d. h. bei OK (s. Abschnitt 5.4.), ca. 330 kcal/mol beträgt. Bei der Säuredenaturierung des Ferrihämoglobins liegt dieser Wert bei etwa —2900 kcal/mol. Die Sinnlosigkeit der erhaltenen Werte ist offensichtlich. Die Zurückführung der beobachteten Temperaturabhängigkeit auf das KIRCHHOFFsche Gesetz bedeutet automatisch die Richtigkeit der thermodynamischen Beziehung (5.3). Wie bereits oben bewiesen wurde, muß das zur Übereinstimmung der kalorimetrisch gemessenen Werte mit den Gleichgewichtswerten der Umwandlungsenthalpie führen, was aber nicht der Fall ist. Somit ist wahrscheinlich die zweite Erklärung der Temperaturabhängigkeit der Enthalpie von Prozessen, an denen Proteine beteiligt sind, gültig (s. Abschnitt 5.2.).

Untersuchen wir jetzt, wie eine beliebige Reaktion mit Proteinen abläuft. Bei einer bestimmten festen Temperatur T_1 wird ein Agens zugegeben, das eine Reaktion induziert (z. B. eine niedermolekulare Verbindung, die einen Komplex mit dem Protein bildet, oder eine Säure, die das Protein denaturiert, usw.). Dann erfolgt eine Reaktion, die in der Regel mit wesentlichen Strukturänderungen des Proteins verbunden ist. Man kann annehmen, daß der Standpunkt von SHIAO und STURTEVANT für die Mehrzahl der Proteinreaktionen gültig ist. Danach spiegelt die kalorimetrisch gemessene Enthalpie der Bindung von Inhibitoren an das α-Chymotrypsin hauptsächlich Konformationsänderungen des Proteins wider. Führen wir jetzt die Umwandlung unter Einwirkung des gleichen Agens bei einer anderen Temperatur T_2 durch. Der Übergang zu einer anderen Temperatur führt zur Strukturänderung des Proteins[1]). Er führt nicht nur zur Änderung seiner stationären Struktur, d. h. chemisch ausgedrückt nicht nur zur Isomerisation des Proteins. Die Änderung der Ausgangsstruktur des Proteins kann bei Einwirkung des Agens, das die von uns untersuchte Reaktion hervorruft, zur Änderung der möglichen Umwandlungswege führen. Diesem Prozeß könnten wir das Verschwinden der einen und das Auftreten neuer, anderer mechanischer Freiheitsgrade verdanken. Teile der Proteinstruktur bewegen sich nach Einführung der Störung anders; sie relaxieren zu einem neuen Quasigleichgewichtszustand. Somit reagieren bei den Temperaturen T_1 und T_2 im Prinzip verschiedene Verbindungen und diese erfahren auch unterschiedliche Umwandlungen. Wie schon gesagt, genügt in diesem Fall die Temperaturabhängigkeit der Umwandlungsentropie und -enthalpie der Beziehung (5.3) nicht.

Was mißt der Forscher eigentlich mit Hilfe der Gleichgewichtsmethoden, wenn er die „Gleichgewichtskonstante"[2]) bei verschiedenen Temperaturen bestimmt?

Er bestimmt ebensowenig die Temperaturabhängigkeit der „Gleichgewichtskonstanten", wie die Temperaturabhängigkeit der Ausgangszustände und Reaktionswege. Die von ihm mit Hilfe der VAN'T HOFF-Gleichung gefundenen Werte ΔH und ΔS sind auf keinen Fall Entropien oder Enthalpien irgendwelcher Umwandlungen, weil sie unter Voraussetzung der Gültigkeit des Postulats (5.3) erhalten wurden. Dieses Postulat ist in Wirklichkeit nicht anwendbar und hat für die untersuchten Prozesse keinerlei klaren physikalischen Sinn. Genauer gesagt, diesen Sinn könnte man hineinlegen (für jeden entsprechenden konkreten Prozeß einen eigenen), wenn alle Konformations-, Konfigurations- und Enthalpieänderungen, die im Biopolymer durch die Temperaturänderung und durch das untersuchte Reagens hervorgerufen werden, bekannt wären. Jedoch wäre die Kenntnis der Gleichgewichtswerte ΔH und ΔS in einem solchen Fall für uns nicht mehr nötig.

Im Grunde genommen erlaubt die exponentielle Abhängigkeit der gemessenen Gleichgewichtskonstante von der Temperatur, d. h. die formelle Gültigkeit der VAN'T HOFF-Gleichung sogar bei konstanten ΔH- und ΔS-Werten keine Aussagen. Es gibt sehr wenige komplizierte Prozesse mit unbekanntem Mechanismus, dessen Verlauf sich in einem engen Werteintervall der Parameter nicht durch eine Exponentialfunktion beschreiben ließe.

Eine veränderte Situation entsteht in dem Fall, wenn die Einwirkungsart, die die

---

[1]) Im Prinzip braucht diese Änderung nicht zu erfolgen, aber das Experiment beweist, daß für die Mehrzahl der Fälle im Temperaturbereich von 5—50°C, in dem gewöhnlich alle biochemischen Untersuchungen durchgeführt werden, Strukturänderungen erfolgen.

[2]) Das Wort „Gleichgewichtskonstante" wurde nicht nur deshalb in Anführungszeichen gesetzt, weil es sich um Quasigleichgewichtssysteme im LIFSHIZ'schen Sinne (s. Kapitel 4) mit einem festen Gedächtnis handelt, sondern auch deshalb, weil dieses Gedächtnis, d. h. die Struktur des Systems, sich mit der Temperatur ändert.

Veränderung hervorruft, die Temperatur selbst ist (wie z. B. in den PRIVALOVschen Arbeiten über die Hitzedenaturierung [120]). Untersuchen wir diesen Vorgang etwas genauer. Die Umwandlungstemperatur bei der Hitzedenaturierung des gegebenen Proteins wird durch Ionenstärke und pH-Wert bestimmt. Die Messungen bei verschiedenen Temperaturen sind Messungen bei verschiedenen μ- und pH-Werten. Die kalorimetrisch gemessene Wärmetönung der Denaturierung ergibt sich aus der Enthalpiedifferenz des Systems bei Temperaturen unterhalb des Beginns und oberhalb des Endes des Übergangs.

Die Umwandlung erfolgt in einem relativ breiten Temperaturintervall von 5—10 °C; wenn der Übergang genügend symmetrisch ist, bezeichnet man deshalb die Mitte dieses Intervalls gewöhnlich als Übergangstemperatur. Ist der Übergang nicht hinreichend symmetrisch, so wird er „symmetrisiert“, indem man einen Teil auf die Veränderungen vor der Denaturierung bezieht oder die entsprechende Basislinie mit normalem Verlauf der spezifischen Wärmen ins Übergangsgebiet extrapoliert (s. Abb. 5.1).

Die Bestimmung der Gleichgewichtskonstanten wird in diesem Fall auf eine Abschätzung der Schärfe des Übergangs im Temperaturintervall zurückgeführt, wenn die einzige ablaufende Strukturänderung die Denaturierung ist. Wenn der Strukturübergang symmetrisch ist, so erfolgt er genau so, als ob die Umwandlung bei einer festen Temperatur realisiert würde bei der eine 50%ige Umwandlung erfolgt. Deshalb bedeutet — wie PRIVALOV richtig feststellt — die Übereinstimmung der Resultate der kalorimetrischen und Gleichgewichtsmessungen nur, daß bei einer Hitzedenaturierung eine Strukturänderung vom Typ eines Phasenübergangs abläuft (wir haben alles getan, um den Einfluß anderer Strukturänderungen auszuschalten!). Unter diesen Bedingungen kann man die Übergangsentropie an Hand der klassischen Formel berechnen:

$$\Delta S = \Delta H / T, \tag{5.40}$$

wobei T die Übergangstemperatur im oben erläuterten Sinne ist.

Der Forscher hat jedoch kaum einen Grund von der Temperaturabhängigkeit der Enthalpie oder Entropie des Prozesses zu sprechen, wenn er die Zusammensetzung des Lösungsmittels ändert (z. B. den pH-Wert) und dadurch die Übergangstemperatur ein wenig verschiebt. Im vorliegenden Fall führt die pH- oder μ-Änderung ebenso wie die Temperaturänderung in den vorangegangenen Beispielen zu Makrostrukturänderungen in den Ausgangszustand des Proteins.

Im Grunde genommen beziehen sich die bei verschiedenen Temperaturen T_1 und T_2 durchgeführten Messungen auf verschiedene Systeme und verschiedene Prozesse. Für jede Temperatur ist die Beziehung (5.40) erfüllt. Dagegen spiegelt die Änderung der Größen ΔH und ΔS beim Übergang von einer Übergangstemperatur zur anderen nicht die Temperaturabhängigkeit dieser Parameter wider, sondern gibt komplizierte Änderungen der Struktur des Systems und der Reaktionswege bei der Änderung der Anzahl gebundener Protonen und der Temperatur wieder. Wenn die Störungen klein sind und die registrierten Übergangstemperaturen sich wenig voneinander unterscheiden, d. h.:

$$|T_1 - T_2| \ll T_1, \tag{5.41}$$

dann führt die Anwendung der Gleichung (5.40) automatisch zur Beziehung[1]):

$$\Delta H_i \approx T \cdot \Delta \Delta S_i. \tag{5.42}$$

[1]) Mit einer Genauigkeit bis zum Glied der Größenordnung $\Delta H_1(T_2 - T_1)/T$.

Diese Beziehung ist formal der Gleichung (5.37) äquivalent, die den Kompensationseffekt mit einer Kompensationstemperatur T_c, die in der Nähe der Übergangstemperaturen T liegt, beschreibt.
Somit hat die bei Untersuchungen dieses Typs gelegentlich angeführte Korrelation zwischen den Größen $\Delta\Delta H_i$ und $\Delta\Delta S_i$ trivialen Charakter und steht in keiner Beziehung zum Kompensationseffekt, der im vorangegangenen Abschnitt behandelt wurde.
Wir betrachten jetzt die Frage der Anwendbarkeit der ARRHENIUS-Gleichung und der Theorie des aktivierten Zustandes. Wie schon früher bereits erwähnt, entspricht die Verwendung dieser Gleichungen der Annahme der Existenz eines thermodynamischen Gleichgewichts zwischen dem Zustand des aktivierten Komplexes in Höhe der Aktivierungsbarriere und dem Ausgangszustand. Das bedeutet aber auch die Gültigkeit der thermodynamischen Beziehung (5.3), die man für den Fall der kinetischen Aktivierungsbarrieren in folgender Form schreiben kann:

$$\frac{\partial \Delta E_a}{\partial T} = T\,\frac{\partial \Delta S_a}{\partial T}. \tag{5.43}$$

Es ist offensichtlich, daß man die gesamte Beweisführung, die die Ungültigkeit der Postulate bei der Untersuchung thermodynamischer Prozesse mit Proteinen und mit Gleichgewichtsmethoden nachweist, auch auf kinetische Untersuchungen übertragen kann.
Für den Fall thermodynamischer Parameter gibt es jedoch immer die Möglichkeit der direkten Messung der Reaktionswärme. Für den Fall der Aktivierungsparameter existiert diese Möglichkeit nicht. Deshalb muß man die errechneten Werte der Aktivierungsparameter mit größter Vorsicht behandeln.
Bei einer Temperaturänderung kann sich die Differenz der Wärmeinhalts des Systems in der Höhe der Aktivierungsbarriere und im Ausgangszustand nicht nur auf Kosten der Enddifferenz der spezifischen Wärmen des Systems in diesen beiden Zuständen ändern, sondern auch durch die Änderung der Barriere selbst, durch Änderung des Reaktionsweges.
Wie wir an einigen Beispielen in diesem Kapitel sahen (und wie wir im nächsten Kapitel bei der Betrachtung von Einzelheiten der Mechanismen enzymatischer Prozesse sehen werden), erinnert das Verhalten eines globulären Proteins im Reaktionsverlauf eher an die Arbeit einer mechanischen Maschine, als an den Ablauf einer homogenen chemischen Reaktion in der Gasphase. In diesem Fall können geringe Konstruktionsänderungen durch die Temperatur zur Änderung der Aktivierungsbarriere und des Reaktionsweges ohne die entsprechende Änderung der Aktivierungsentropie (nach Gleichung (5.43)) führen.
Wie verhält sich nun im Vergleich dazu die Aktivierungsbarriere eines Uhrwerkes mit verschiedenen Ausdehnungskoeffizienten seiner Einzelteile? Es ist einleuchtend, daß die Änderung durch den Ausdehnungskoeffizienten mit der Temperatur nicht thermodynamisch ist, sondern völlig durch den Bau des Uhrwerkes bestimmt wird. Bei niedriger Temperatur z. B. greifen die Zähne zweier Zahnräder schlecht ineinander und die Geschwindigkeit verringert sich. Bei einer Temperaturerhöhung greifen die Zähne besser ineinander und die Geschwindigkeit wächst. Erhöht man die Temperatur weiter, so verschwindet die gute Kopplung (die Zahnräder „klemmen") und die Geschwindigkeit verringert sich. Bei dem Versuch, den letzten Schritt durch eine Beziehung vom ARRHENIUS-Typ zu beschreiben, würden wir eine negative Aktivierungsenergie erhalten.

Untersuchen wir z. B. die Reaktion der Komplexbildung zwischen einem globulären Protein und einem niedermolekularen Liganden. Der Ligand verbindet sich mit zwei Gruppen, die im Protein zu zwei verschiedenen Aminosäureresten gehören, die sich durch die Faltung der Polypeptidkette zur Sekundär- und Tertiärstruktur einander genähert haben. Dies entspricht vollkommen der normalen Situation. Die Registrierung des Prozesses soll mit einer Methode erfolgen, die indifferent gegenüber einer (nach der Bindung erfolgenden) Relaxations-Konformationsänderung des Proteins ist. Sogar in diesem Fall erscheint es so, als ob die dem klassischen Verlauf des Prozesses entsprechende Bedingung einer echten Aktivierungsbarriere des Kopplungsprozesses (d. h. der ersten Umwandlungsetappe des Systems bei der Komplexbildung) stark temperaturabhängig wäre. Tatsächlich beeinflussen Temperaturänderungen (in den Grenzen, in denen die Temperatur bei biochemischen Untersuchungen variiert wird) praktisch nicht die Geometrie des niedermolekularen Liganden, sondern sie können die Konfiguration des globulären Proteins und die Abstände zwischen den Kopplungspunkten am Protein ändern. Infolge der außerordentlich starken Abhängigkeit der zwischenmolekularen Wechselwirkungsenergie vom Abstand ergibt sich somit eine merkliche Änderung der Aktivierungsbarriere sogar bei relativ geringer Änderung der Konfiguration, die praktisch keinen Einfluß auf die Entropie des Systems hat.

Eine analoge Situation kann natürlich auch bei der Bindung eines Liganden in nur einem Punkt entstehen, z. B. infolge sterischer Hinderung.

Untersuchen wir nun, zu welchen Schlußfolgerungen in diesem Fall die Verwendung der „klassischen" Gleichungen (5.22) und (5.23) bei der Auswertung experimenteller Fakten führen kann.

Wir gehen im weiteren davon aus, daß die wahre Aktivierungsbarriere ΔE_a sich leicht mit der Temperatur verändern kann, ohne daß eine entsprechende Änderung[1]) der echten Aktivierungsentropie ΔS_a nach Gleichung (5.43) erfolgt. Im Temperaturintervall, in dem gewöhnlich die kinetischen Messungen von Enzymreaktionen durchgeführt werden, kann man jede beliebige geringe Abhängigkeit linear approximieren durch:

$$\Delta E_a = \Delta E_a{}^0 + b \cdot T, \tag{5.44}$$

wobei $\Delta E_a{}^0$ und b Konstanten sind. Setzen wie (5.44) in (5.22) und (5.23) ein, so erhalten wir:

$$\varkappa = A \cdot \exp\left(-\frac{b}{R}\right) \cdot \exp\left(-\frac{\Delta E_a{}^0}{RT}\right) = \frac{kT}{h} \cdot \exp\left(\frac{\Delta S_a - b}{R}\right) \cdot \exp\left(-\frac{\Delta E_a{}^0}{RT}\right). \tag{5.45}$$

Somit wird die experimentelle Kurve in ARRHENIUS-Koordinaten linear, gemessen werden aber nicht die wahren Aktivierungsparameter ΔE_a und ΔS_a, sondern die effektiven Größen $\Delta E_a{}^0 = \Delta E_a - bT$ und $\Delta S_a{}^0 = \Delta S_a - b$, die sich von den wahren erheblich unterscheiden können. Aus Gleichung (5.44) ist ersichtlich, daß man die gemessene Größe $\Delta E_a{}^0$ erhält, wenn man den Bereich der geringen Temperaturabhängigkeit der wahren Aktivierungsenergie gegen 0 K extrapoliert (s. Abb. 5.9).

---

[1]) Schon im Jahre 1960 machten VOJEVODSKI und Mitarbeiter ähnliche Vorschläge zur Erklärung des Kompensationseffektes, der bei der Untersuchung der Rekombinationskinetik freier Radikale in der festen Phase beobachtet wurde [95].

Wenn z. B. die wahre Aktivierungsenergie sich bei einer Temperaturerhöhung von 20 °C auf 30 °C um 1 kcal/mol ändert, so wird sich die gemessene Größe von der wahren um rund 30 kcal/mol unterscheiden. Dieser Unterschied entspricht einer Änderung des Exponentialfaktors um 22 Größenordnungen.

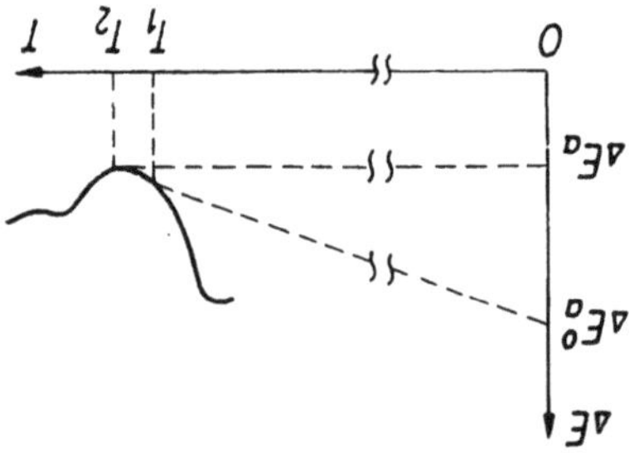

Abb. 5.9. Gemessene und wahre Aktivierungsenergie $\Delta E_a{}^0$ bzw. ΔE_a.

Bei Verwendung der ARRHENIUS-Gleichung, können wir in diesem Fall weder die wahre Aktivierungsenergie bestimmen, noch mit Gewißheit sagen, ob wir uns irren oder nicht.

Wir setzen in (5.44) für b die Differenz $\Delta S_a - \Delta S_a{}^0$ ein.

Nach der Umformung erhalten wir:

$$\Delta E_a{}^0 = \Delta E_a - T\,\Delta S_a + T\,\Delta S_a{}^0 = \Delta F_a + T\,\Delta S_a{}^0. \tag{5.46}$$

Wenn die wahren Aktivierungsparameter (die eindeutig die Reaktionsgeschwindigkeit bestimmen) sich bei der Änderung der Bedingungen geringfügig ändern und die Messungen bei nahe beieinanderliegenden Temperaturen durchgeführt werden, dann sind bei Verwendung der ARRHENIUS-Gleichung Aktivierungsenergie und -entropie durch die lineare Beziehung (5.38) verknüpft. Dabei entsprechen die Konstanten α bzw. T_c der freien Aktivierungsenergie des Prozesses bzw. der Meßtemperatur.

Derartige Erwägungen können die Entstehung des Kompensationseffektes bei $T_c \approx T$ wie auch den gewaltigen Wertebereich der gemessenen Parameter in den Kompensationsgrafiken erklären. Untersuchen wir jetzt, wie man die Entstehung des Kompensationseffektes zweiter Ordnung mit $T_c \neq T$ erklären kann, wenn man der Behauptung mit allgemeinem Charakter nicht genüge tut. Diese Behauptung sagt aus, daß die zur Konstruktion der Kompensationskurven verwendeten Werte durch die falsche Anwendung von Gleichungen, die auf nicht erfüllten Postulaten basieren, erhalten wurden.

Betrachten wir die Kinetik eines Prozesses, der unter Beteiligung von Biopolymeren abläuft. Bei bestimmten konstanten Bedingungen (pH, Zusammensetzung des Lösungsmittels, usw.) seien die *wahren (uns bekannten) Aktivierungsparameter* gleich ΔE_{a1} und ΔS_{a1}. Verändern wir diese Bedingungen ein wenig. Genau genommen erfolgen jetzt in den Situationen 2, 3, ..., i, ..., n, bereits Reaktionen anderer Verbindungen auf anderen Wegen. Wenn jedoch die Veränderungen der Bedingungen unwesentlich sind (so nämlich wählt man Kompensationsreihen aus), dann ändern sich die echten Parameter ΔE_{ai} und ΔS_{ai} auch nur geringfügig. In diesem Fall kann man immer genähert annehmen, daß die Änderungen der Parameter durch lineare Beziehungen gekoppelt sind:

$$\Delta\Delta E_{ai} = T_c \cdot \Delta\Delta S_{ai}, \tag{5.47}$$

wobei T_c eine Konstante ist, die die Dimension einer Temperatur hat. Ihr genauer Wert hängt im Prinzip von der Wahl des Systems und vom Typ der hineingetragenen Änderungen ab.

Bei gegebener Temperatur gilt:

$$\Delta E_{ai} = \Delta E_{a1} + \Delta\Delta E_{ai}, \qquad \Delta S_{ai} = \Delta S_{a1} + \Delta\Delta S_{ai}. \tag{5.48}$$

Die wahre freie Aktivierungsenergie ΔF_{ai} beträgt:

$$\Delta F_{ai} = \Delta E_{ai} - T\,\Delta S_{ai} = \Delta E_{a1} + \Delta\Delta E_{ai} - T\,\Delta S_{a1} - T\,\Delta\Delta S_{ai}. \tag{5.49}$$

Wenn $T = T_c$ ist, so erhalten wir unter Berücksichtigung von (5.47):

$$\Delta F_{ai} = \Delta E_{ai} - T_c\,\Delta S_{ai} = \Delta E_{a1} - T_c\,\Delta S_{a1} = \text{const.} \qquad (i = 1, 2, \ldots, n). \tag{5.50}$$

Wenn Gleichung (5.47) erfüllt ist, die genähert für kleine Änderungen der Bedingungen des Ablaufs der untersuchten Reaktion gilt, so muß eine Temperatur $T = T_c$ existieren, bei der alle Reaktionen die gleiche wahre freie Aktivierungsenergie haben, d. h. die gleiche Geschwindigkeit:

$$\varkappa = \frac{kT_c}{h} \cdot \exp\left(-\frac{\Delta F_{ai}}{RT_c}\right). \tag{5.51}$$

Alles oben Gesagte bezog sich auf uns bekannte wahre Aktivierungsparameter, die in der Reihe 1, 2, ... i, ... n äußerst geringe Änderungen erfahren.

Das Kompensationsparadoxon besteht jedoch nicht in der Existenz einer linearen Abhängigkeit zwischen kleinen Änderungen von ΔE_a und ΔS_a in einer Reihe homologer Umwandlungen, sondern in der Größe des Intervalls der „beobachtbaren“ Werte der Aktivierungsparameter in einer solchen Reihe. Dabei darf man nicht vergessen, daß bei der Untersuchung der Temperaturabhängigkeit der Geschwindigkeit jeder Reaktion und bei Verwendung der Gleichungen (5.22) und (5.23) wie für die Berechnungen nicht die wahren Parameter ΔE_{ai} und ΔS_{ai} erhalten werden, sondern die Größen ΔE^0_{ai} und ΔS^0_{ai}, die keinen klaren physikalischen Sinn haben. Wiederholen wir die oben getroffenen Feststellungen, so finden wir, daß für diese Größen die Kompensationsbeziehung gilt:

$$\Delta E^0_{ai} = \Delta F_a{}^0 + T_c\,\Delta S^0_{ai} \qquad (i = 1, 2, \ldots, n). \tag{5.52}$$

Hierbei ist $\Delta F_a{}^0$ die wahre freie Aktivierungsenergie einer beliebigen Reaktion bei der Kompensationstemperatur.

Man kann also den Kompensationseffekt in den Fällen registrieren, wenn die Störungen, die beim Übergang von einer Reaktion zur anderen hineingetragen werden, klein sind, wenn die Beziehung (5.43) nicht gilt und folglich die Anwendung der ARRHENIUS-Gleichung und der Theorie des aktivierten Zustandes ihren Sinn verlieren. Analoge Schlußfolgerungen kann man im Prinzip für den thermodynamischen Kompensationseffekt anführen.

Die getroffenen Feststellungen kann man natürlich nicht als Theorie des Kompen-

sationseffektes betrachten. Die angeführten Erklärungen machen deutlich, wie Beziehungen vom Typ (5.36) und (5.38) entstehen können, in denen Parameter verkoppelt sind, die nicht den physikalischen Sinn haben, der gewöhnlich hineingelegt wird. Wie schon gesagt, existiert der Kompensationseffekt im Rahmen der hier entwickelten Vorstellungen überhaupt nicht. Man kann sogar behaupten, daß sein Auftreten im Fall der Verwendung von VAN'T HOFF- oder ARRHENIUS-Gleichungen für die Bearbeitung der experimentellen Ergebnisse ein mehr oder weniger eindeutiger Hinweis dafür ist, daß man diese Gleichungen nicht anwenden darf und daß die erhaltenen Parameter keinen eindeutigen physikalischen Sinn haben. Mehr noch, die häufig in der „ARRHENIUS'schen" und „VAN'T HOFFschen"-Auftragung beobachteten scharfen Knicke können nicht als Beweis dafür angesehen werden, daß gerade bei dieser Temperatur eine Strukturänderung erfolgte.
Die Konfigurationsänderungen des Makromoleküls können schrittweise in einem beliebigen Temperaturintervall erfolgen. Bei der Temperatur des Knicks dagegen, kann sich die Größe b in Gleichung (5.44) sprunghaft ändern (z. B. durch Änderung des temperaturabhängigen Abstandes zwischen den Bindungszentren am Makromolekül, die dem Abstand der Bindungszentren am niedermolekularen Liganden entsprechen). Diesen Sprung kann man nur dann interpretieren, wenn Einzelheiten der Struktur des Systems und Temperaturänderungen im Verlauf des untersuchten Prozesses bekannt sind.
Ich bin der Ansicht, daß alle oben gemachten Ausführungen auch auf chemische Prozesse in der kondensierten Phase, die ohne Beteiligung von Biopolymeren ablaufen, übertragen werden können. Die Rolle der Makromoleküle können in diesen Fällen z. B. strukturierte Gebilde vom Typ einer Solvathülle spielen.

5.7. Spontane Konformationsschwingungen von Proteinen

Im vorangegangenen Kapitel wurde bereits erwähnt, daß bei der Einhaltung bestimmter Bedingungen in Proteinmakromolekülen spontane Übergänge zwischen benachbarten Konformationen oder Konfigurationen zu beobachten sind. In der letzten Zeit erschienen in der Literatur Mitteilungen über zwei Arten von Untersuchungen, in denen es möglicherweise gelang, solche Konformationsschwingungen zu beobachten. Vor allem sollte man an die schon seit 20 Jahren von SHNOLL und anderen durchgeführten hochinteressanten Arbeiten erinnern [129, 175, 176, 181—187]. In ihren Arbeiten sind Beweise dafür angeführt, daß für frisch zubereitete Proteinlösungen und -gele des Aktomyosinkomplexes, z. B. die Enzymaktivität, die Menge der einer Titrierung zugänglichen, an der Oberfläche liegenden SH-Gruppen und die Adsorptionseigenschaften gegenüber bestimmten Farbstoffen Schwingungen mit einer Frequenz ≤ 10 Hz ausführen. Analoge Resultate erhielt CHETVERIKOVA mit der Phosphokreatinkinase [129, 175, 176]. Die genannten Autoren sind der Meinung, daß ihre Ergebnisse von der Existenz spontaner Konformationsänderungen der untersuchten Proteine zeugen. Die ungewöhnlichste Besonderheit dieser Schwingungen ist ihre mehr oder weniger starke Synchronität im Makrovolumen (anderenfalls könnte man diese Schwingungen mit den angewandten Methoden gar nicht registrieren).
Bisher wurde noch kein mehr oder weniger begründeter Mechanismus für die Entstehung synchroner Schwingungen vorgeschlagen.

Es gibt Untersuchungen, wobei einige Besonderheiten der Protonenresonanzspektren einer Reihe von Proteinen und Polypeptidketten so interpretiert werden, daß sie den Beweis liefern, daß Konformationsschwingungen mit einer Frequenz von 10 Hz (Ribonuclease) bis zu einigen 10 kHz (bestimmte Polypeptide) [392, 396, 444] auftreten. Diese Interpretation beruht auf der effektiven Mittelung lokaler Magnetfelder an bestimmten Wasserstoffkernen bei Konformationsschwingungen. Man darf keineswegs die älteren Arbeiten von Linderström-Lang [375] übersehen, in denen gezeigt wurde, daß der schnelle H-D-Austausch der Protonen der Peptidbindungen der inneren Teile des Globulus für Konformationsschwingungen spricht (Fluktuationen) (s. auch 5.4.). Wir werden auf Arbeiten, die den Konfigurations- und Konformationsschwingungen des Proteinglobulus gewidmet sind, nicht näher eingehen. Es sei nur soviel gesagt, daß sie im Falle der Richtigkeit der entsprechenden Resultate und ihrer Interpretation eine neue, sehr wichtige Richtung in der Entwicklung der Biophysik eröffnen.

5.8. Schlußfolgerungen

Der Stoff dieses Kapitels gestattet, folgende Aufgaben zu formulieren, die im Zusammenhang mit der Untersuchung von Konformations- und Konfigurationsänderungen zu lösen sind:

a) Messungen von Wärmetönungen einer möglichst großen Zahl von Biopolymerreaktionen mit direkten kalorimetrischen Methoden. Aufklärung der Art der Änderung der effektiven spezifischen Wärmen der Proteine mit der Temperatur.

b) Direkte Registrierung der Strukturänderungen von Makromolekülen im Reaktionsverlauf.

c) Direkte Messung der temperaturbedingten Strukturänderungen von Makromolekülen.

d) Entwicklung einer Theorie, die dem Forscher Interpretationsmethoden experimenteller Fakten in die Hand gibt, die im gegebenen Fall die thermodynamischen und kinetischen Methoden, die für homogene Gasreaktionen erarbeitet wurden, ersetzen.

In der Tat ist das oben Aufgezählte wesentlich schwieriger zu erfüllen, als die Temperaturabhängigkeit der Gleichgewichtskonstanten und der Geschwindigkeitskonstanten zu messen, logarithmische Auftragungen zu konstruieren und ihre Resultate in den Begriffen der Ordnung oder Unordnung des Systems in Abhängigkeit vom Vorzeichen der berechneten Größe ΔS zu interpretieren.

6

Physik der Enzymkatalyse

6.1. Einleitung

Es ist kaum zu bezweifeln, daß die wichtigste Funktion der Proteine ihre katalytische, enzymatische Funktion ist. Es hat überhaupt keinen Sinn hier eine nur annähernd vollständige Übersicht der vorhandenen experimentellen Fakten, der gefundenen empirischen Gesetzmäßigkeiten und vorgeschlagenen Theorien, die sich auf die Enzymkatalyse beziehen, zu geben. In der Literatur existiert bereits eine große Anzahl von Monographien und Übersichten, die dieser Frage gewidmet sind. Einige von ihnen sind im Literaturverzeichnis aufgeführt [9, 32, 47, 64, 283].

Wie wir wissen, sind alle bekannten Enzyme Proteine und für die Funktion des Enzyms ist der ganze Proteinglobulus notwendig[1]). Das gestattet die Voraussetzung, daß alles im vorigen Kapitel über die Besonderheiten der Prozesse mit Biopolymeren gesagte volle Gültigkeit auch für die durch Enzyme katalysierten chemischen Reaktionen hat. Tatsächlich gingen die Vorstellungen von der wichtigen Rolle der konformationellen Beweglichkeit der Proteine, z. B. bei Regulationsmechanismen der Enzymkatalyse, in den letzten Jahren von der Meinung: „Das kann nicht sein" zu der: „Das ist trivial" über. Dabei verlief die experimentelle und theoretische Analyse dieser Prozesse zu schnell.

Im vorliegenden Kapitel wird versucht, Schlußfolgerungen aus der Anwendung der im vorigen Kapitel bei der Untersuchung der Thermodynamik und Kinetik der Konformations- und Konfigurationsänderungen von Proteinen erhaltenen Resultate auf enzymatische Prozesse anzuwenden. Zu Beginn dieses Kapitels werden allgemeine Prinzipien der bestehenden theoretischen Methoden zur Erklärung der hohen Effektivität der Biokatalysatoren und anderer Besonderheiten ihrer Wirkung aufgezeigt. Danach werden experimentelle Ergebnisse angeführt, die die Notwendigkeit der Anwendung der im vorangegangenen Kapitel erhaltenen Schlußfolgerungen auf Enzymreaktionen beweisen. Der mechanische Anteil, der „maschinenähnliche" Charakter der Arbeit von Enzymen wird an einigen mehr oder weniger gut untersuchten Beispielen enzymatischer Prozesse demonstriert. Am Schluß des Kapitels werden neue Vorstellungen über die Physik, die dem elementaren Akt des enzymatischen Prozesses zugrunde liegt, formuliert.

---

[1]) Die bekannten experimentellen Resultate, nach denen die Aktivität bestimmter Enzyme bei ihrer Fragmentierung erhalten bleibt [33, 137], erwiesen sich als falsch [297, 450].

6.2. Bestehende Erklärungen der Enzymaktivität

Zunächst einige Worte zu einem bei einigen Biochemikern weit verbreiteten Irrtum. Viele sind der Meinung, daß irgendwelche allgemeine Theorien der chemischen Katalyse existieren, ihre Anwendung aber auf Enzymreaktionen ist aufgrund der Kompliziertheit biochemischer Prozesse und biologischer Katalysatoren erschwert. Dieser fehlerhafte Standpunkt ist in der nichtberechtigten Ehrfurcht der Biochemiker vor der „Allmacht" der klassischen physikalischen Chemie begründet. Leider gibt es bisher keine folgerichtige allgemeine Theorie der Katalyse.

Es liegt eine Menge experimentellen Materials vor, das beweist, daß man bei enzymatischen Reaktionen häufig bekannte empirische oder halbempirische Gesetzmäßigkeiten, die bei der Untersuchung der homogenen Katalyse in Lösungen aufgestellt wurden, beobachten kann. Es handelt sich um die Säure-Basen-Katalyse, die Ionen- und Metallkomplexkatalyse, usw. (z. B. die Übersicht in [9]). Bei der homogenen Katalyse behandelt der Forscher vor allem das Problem der Reaktionskinetik in der flüssigen Phase. Der Katalysator ist dabei nur einer der Reaktionspartner, der ein Zwischenprodukt mit den Ausgangsprodukten bildet und damit für die Gesamtreaktion einen anderen Weg ermöglicht. Eine physikalische Theorie der Reaktionskinetik in flüssiger Phase wurde noch nicht geschaffen. Somit hat die gewöhnliche homogene chemische Katalyse keine Vorteile (im Sinne der theoretischen Grundlagen) gegenüber der Enzymkatalyse.

Was die heterogene Katalyse betrifft, so ist hier die Situation bei der Theorie wahrscheinlich noch ungünstiger, als bei der Enzymkatalyse. Das hängt vor allem damit zusammen, daß man im Fall der Enzymkatalyse viel leichter ein sauberes reproduzierbares Experiment durchführen kann. Wie kompliziert die Katalysatoren auch sein mögen, wie vorsichtig man auch bei ihrer präparativen Gewinnung sein muß, sie sind letzten Endes Makromoleküle, die in den Zellen anhand eines Matrixschemas vollkommen einheitlich synthetisiert wurden. Deshalb ist die Reproduzierbarkeit der Funktion isolierter Enzyme in der Regel wesentlich besser, als die Reproduzierbarkeit der Wirkung fester Katalysatoren nichtbiologischer Herkunft. Solche speziellen Einzelheiten in der Struktur fester Katalysatoren, die ihre Aktivität bestimmen (Oberflächendefekte, usw.), sind kaum zu wiederholen.

Bevor wir über die Vorstellungen zur Enzymkatalyse sprechen, muß man genauer formulieren, was man eigentlich erklären möchte, d. h. was man unter folgender Feststellung versteht: „Ein Enzym beschleunigt die chemische Reaktion". Es reicht nicht aus zu sagen, daß man die Geschwindigkeit der untersuchten Enzymreaktion mit der Geschwindigkeit der gleichen Reaktion in homogener Lösung ohne Enzym vergleichen muß. Diese Reaktion braucht ohne Enzym gar nicht zu erfolgen. Die Mehrzahl der enzymatischen Prozesse ist selbst eine Reihenfolge bestimmter Reaktionen mit einigen *stabilen* Zwischenprodukten. Es kann z. B. sein, daß die Modellierung eines solchen Weges der Gesamtreaktion ohne ein Enzym unmöglich ist. Zum Glück ist es wahrscheinlich nicht so. Kosover führte den sehr zweckmäßigen Begriff des *kongruenten Modellsystems* ein, d. h. eines Systems, in dem ohne Enzym die gleiche Gesamtreaktion mit den gleichen stabilen Zwischenprodukten der Wechselwirkung realisiert wird [90]. Das können Zwischenprodukte der Wechselwirkung der Substratmoleküle miteinander oder der Substrate mit Ionen (z. B. H^+), oder der Substrate mit katalytischen Gruppen sein.

Wenn weiterhin über den Aktivierungsgrad eines Enzyms bzw. über die Beschleunigung der Reaktion gesprochen wird, so ist immer gemeint, daß der Vergleich sich auf das kongruente Modellsystem bezieht.

Beim Enzymsystem und dem kongruenten Modellsystem stimmen die Reaktionswege, die durch stabile (im Prinzip isolierte) Zwischenprodukte festgelegt sind, überein. Die Reaktionswege im Verlauf der einzelnen Stadien aber sind in der Regel weder für die Enzymsysteme noch für die Modellsysteme bekannt. Diese Wege stimmen zweifellos nicht überein. Im entgegengesetzten Fall wäre der katalytische Effekt unmöglich.
Die große Anzahl der in der Literatur vorhandenen Gesichtspunkte zur Natur der extrem hohen katalytischen Aktivität der Enzyme kann man in vier Gruppen unterteilen. Die Grundlage dieser theoretischen Betrachtungsweise bilden die folgenden Behauptungen:

1. Die Komplexbildung mit dem Enzym bringt die reagierenden Moleküle einander näher, orientiert sie gegenseitig (Substrate, katalytische Gruppen) und vergrößert damit die Anzahl der effektiven Zusammenstöße.
   Das bedeutet eine Vergrößerung des Präexponentialfaktors in der ARRHENIUS-Gleichung, oder — was dasselbe ist — eine Vergrößerung der Aktivierungsentropie ΔS_a in den Gleichungen der Theorie des aktivierten Zustandes.
2. Die Bildung des Enzym-Substrat-Komplexes erniedrigt die Aktivierungsenergie ΔE_a der Reaktion. Das erfolgt auf Kosten der Änderung der Elektronendichteverteilung im Substratmolekül und diese wiederum auf Kosten der erzwungenen Deformation bei der Komplexbildung, usw.
3. Im Enzym-Substrat-Komplex sind starke Fluktuationen der Wärmeenergie an bestimmten Schwingungsfreiheitsgraden, d. h. an bestimmten Bindungen viel wahrscheinlicher. Das Enzym sammelt somit die Wärmeenergie irgendwie und richtet sie auf die Bindung, an der die chemische Umwandlung erfolgt.
4. Die Energie, die durch die Bindung des Substrats an das Enzym frei wird (bei Bildung des Enzym-Substrat-Komplexes), oder die beim Ablauf einer der komplizierten Stadien der Enzymreaktion, oder im Verlauf der Umwandlung bei einer einstufigen Enzymreaktion gewonnen wird, verteilt sich nicht in Form von Wärme, sondern wird wiedergewonnen und für die Überwindung der Aktivierungsbarriere der folgenden Stadien oder Elementarakte genutzt.

Untersuchen wir diese Erklärungsvarianten genauer. Die ersten zwei Varianten sind die natürlichsten, die klassischen. Wenn sich die Geschwindigkeitskonstanten der Reaktion tatsächlich als Produkte zweier Faktoren darstellen lassen (des Entropie- und des Energiefaktors) und das Produkt beim Übergang vom nichtkatalysierten zum enzymatischen Prozeß zunimmt, so muß sich hierbei unbedingt einer der zwei Faktoren vergrößern. Beginnen wir mit der Betrachtung des Entropiefaktors.

1. *Das Enzym erhöht die Aktivierungsentropie.* Diese Erklärungsvariante wird in einer Reihe von Arbeiten ausführlich diskutiert (s. z. B. [366]). Der Grundgedanke besteht in folgendem. Im kongruenten Modellsystem erfordert der Reaktionsverlauf die Annäherung der Substrate untereinander, der Substrate mit Ionen, der Substrate mit katalytischen Gruppen (wenn solche vorhanden sind), aber auch ebenso die entsprechende Orientierung der reagierenden Teile zueinander. In Übereinstimmung mit der Theorie des aktivierten Zustandes verläuft das Elementarstadium der Reaktion eindeutig entlang des Weges mit der geringsten Aktivierungsbarriere; das setzt eine vollständig festgelegte Struktur des Übergangszustandes voraus. Diese Effekte (Annäherung, Orientierung, usw.) bewirken deshalb einen bedeutenden negativen Beitrag zur Aktivierungsentropie des Modellsystems. Wenn die Komplexbildung mit dem

Enzym zur notwendigen Ausgangsorientierung der Substrate zueinander und relativ zu den katalytischen Gruppen des Enzyms führt, so wurde im Enzym-Substrat-Komplex die Entropie des Systems bereits gesenkt. Deshalb vergrößert sich die Aktivierungsentropie des Prozesses und die Reaktion wird beschleunigt. Die Zusammenführung der Reaktionspartner durch die Komplexbildung führt nicht immer zur Beschleunigung der Reaktion. Wenn einer der Reaktionspartner im Überschuß vorhanden ist (z. B. Wasser bei hydrolytischen Prozessen), so kommt es infolge der Lokalisierung der Reaktion in einer relativ geringen Zahl von Komplexen (die Konzentration des Enzyms ist immer klein) dazu, daß sich der Prozeß sogar verlangsamen kann. Orientierungseffekte müßten jedoch immer vorteilhaft sein. Die berechnete Größe der Beschleunigung der Reaktion auf Kosten solcher Entropieeffekte kann im Prinzip beliebig groß sein, weil sie durch den Bereich der Raumwinkel zwischen den wechselwirkenden Teilchen bestimmt wird, von denen der Forscher *annimmt,* daß sie für den optimalen Ablauf des Prozesses zulässig sind. Je geringer dieser Bereich ist, d. h. je genauer das Enzym die Reaktionspartner im Raum zueinander orientiert, um so größer ist die resultierende Beschleunigung des Prozesses. KOSHLAND kommt in seinen Überschlagsrechnungen [365, 366] zu der Schlußfolgerung, daß solche Entropieeffekte zu einer Vergrößerung der Reaktionsgeschwindigkeit um 18 Größenordnungen führen können und somit den größten Beitrag für die gesamte katalytische Wirkung des Enzyms liefern.

1)
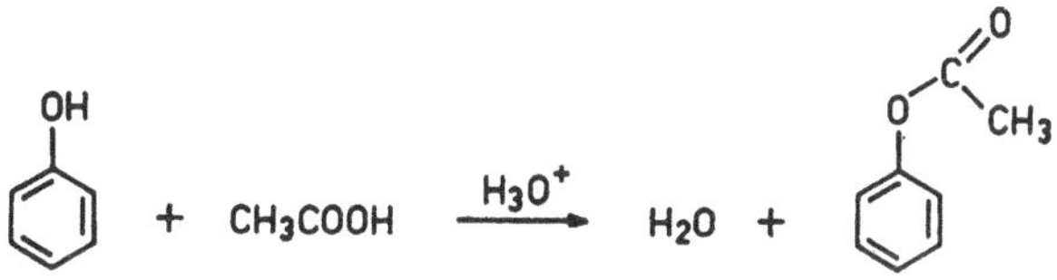

2)
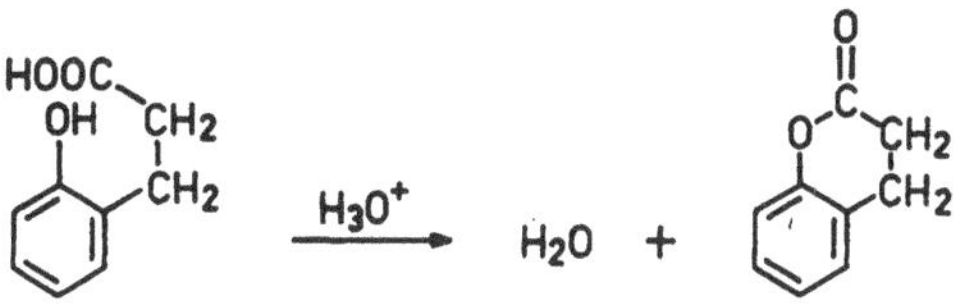

3)
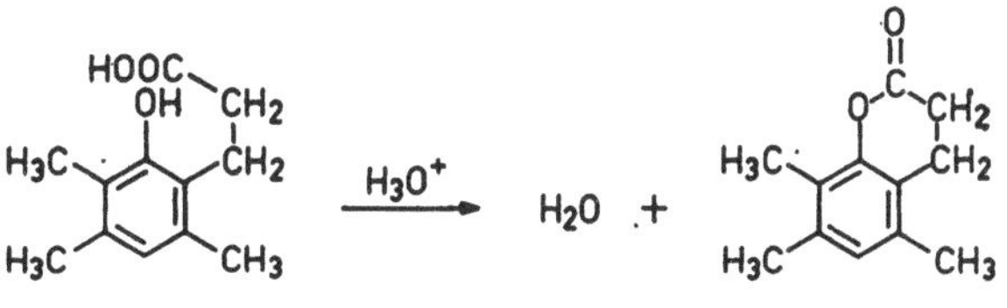

4)
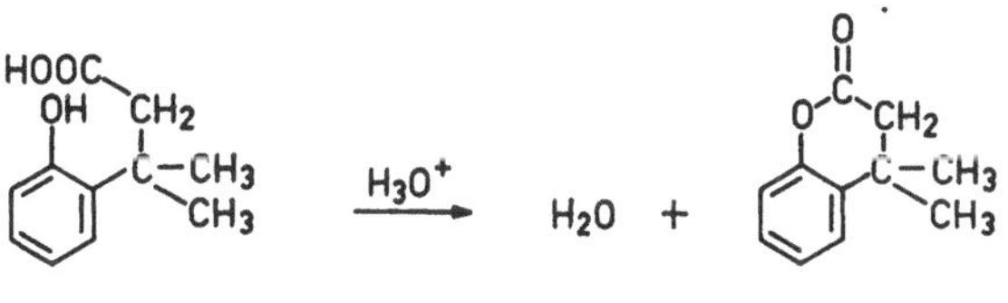

5)
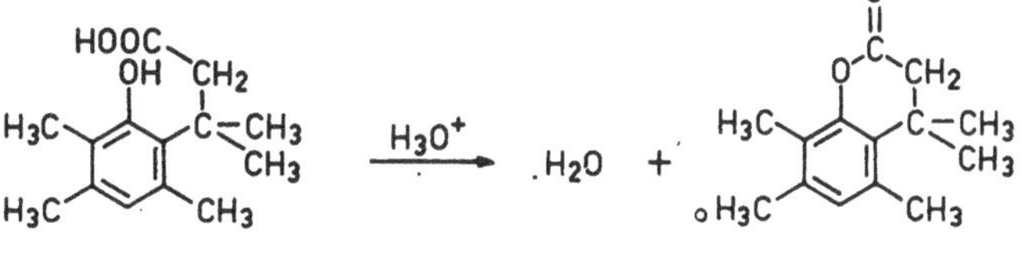

Kürzlich erschien eine äußerst interessante Arbeit von MILSTIEN und COHEN [402], deren Ziel darin bestand, in einer direkten experimentellen Überprüfung die Möglichkeit so großer Effekte durch die Fixierung der Orientierung der reagierenden Gruppen (d. h. die starke Begrenzung der Translations- und Rotationsfreiheitsgrade) sicherzustellen. In der Arbeit wurde die Kinetik einer säurekatalysierten Reaktion (Bildung eines inneren Esters) untersucht. Sie verglichen 5 Prozesse miteinander, deren Schemata oben angeführt sind.

In der Reihe 1—5 wird nach und nach die relative Lage und Orientierung der Hydroxyl- und Carboxylgruppe immer mehr festgelegt. Zwischen der Hydroxyl- und Carboxylgruppe entsteht durch die Reaktion eine Esterbindung. Die erste Reaktion ist bimolekular und die Ausgangsorientierungen sind praktisch durch nichts begrenzt. In den monomolekularen Reaktionen 2—5 werden die Bewegungsfreiheitsgrade der reagierenden Gruppen nacheinander durch die zunehmenden sterischen Hinderungen begrenzt. In Tab. 6.1 sind die Meßwerte der thermodynamischen und kinetischen Parameter der Reaktion angeführt: Die Gleichgewichtskonstanten K, die gewöhnliche freie Reaktionsenergie ΔF^0 und die effektive Geschwindigkeitskonstante bei der Säurekatalyse $k_{H_3O^+}$.

Tabelle 6.1

Reakt.-Nr.	K	ΔF^0 [kcal/mol]	$k_{H_3O^+}$
1	$3{,}8 \cdot 10^{-6}$	7390	$\approx 10^{-10}$ mol^{-1} · sec^{-1}
2	0,04	1980	$5{,}94 \cdot 10^{-6}$ sec^{-1}
3	0,62	290	$6{,}22 \cdot 10^{-6}$ sec^{-1}
4	25,67	-1950	$2{,}62 \cdot 10^{-2}$ sec^{-1}
5	> 99	< -2770	$5{,}9 \cdot 10^{5}$ sec^{-1}

Auf diese Weise führt der Übergang von der bimolekularen zur monomolekularen Reaktion und die weitere Begrenzung der Freiheitsgrade der reagierenden Gruppen schließlich zur Vergrößerung der Reaktionsgeschwindigkeit um mehr als 15 Größenordnungen (diese Behauptung ist richtig, wenn die Konzentrationen der Reaktionspartner in der bimolekularen Reaktion 1 mol/l nicht übersteigen).

Auf den ersten Blick könnte man annehmen, daß die angeführten Resultate wirklich die Möglichkeit der starken Beschleunigung der Enzymreaktion auf Kosten der Entropiefaktoren beweisen und als experimenteller Beweis für die Richtigkeit der ersten Variante der theoretischen Erklärung der Enzymkatalyse dienen können. Eine ganz einfache Überlegung zeigt jedoch, daß das nicht der Fall ist. Tatsächlich ist z. B. die Reaktion 5, mit der die Reaktion 1 verglichen wird, eine Reaktion einer neuen *bereits erhaltenen* Verbindung. Wenn wir vom enzymatischen katalytischen Prozeß sprechen, ist es unumgänglich alle seine Stadien zu betrachten, und zwar angefangen mit der Bildung des Enzym-Substrat-Komplexes mit vorgegebener, festgelegter, gegenseitiger Orientierung der Reaktionspartner bis zum Ausscheiden der Reaktionsprodukte in die homogene Phase, in die Lösung. Es ist leicht einzusehen, daß die Bildung des Enzym-Substrat-Komplexes in diesem Fall mit einer Entropiesenkung des Systems — wenigstens um die Größe, um die sich die Aktivierungsentropie der untersuchten Reaktion vergrößert — verknüpft sein muß. Um die von KOSHLAND geforderte Vergrößerung der Reaktionsgeschwindigkeit um 18 Größenordnungen bei der Bildung des Enzym-Substrat-Komplexes zu erhalten, muß sich die Entropie wenigstens um $18 \cdot 2 \cdot 2{,}3 = 83$ Cl verringern. Damit sich dieser Komplex bei Zimmertemperatur bilden kann, darf seine Bindungsenergie auf keinen Fall geringer sein, als $83 \cdot 300 \approx 24000$ cal/mol. Worin besteht nun der physikalische Sinn der Beschleunigung der Reaktion bei „richtiger" Ausgangsorientierung der reagierenden Moleküle? Offensichtlich darin, daß bei dieser Temperatur eine größere Zahl von Zusammenstößen wirksam wird. Eigentlich setzen alle Erklärungen zur ersten Variante die Gültigkeit der wichtigsten Postulate der klassischen chemischen Kinetik von Gasreaktionen voraus. Deshalb kann man annehmen, daß die aufeinanderzu gerichtete Bewegung der reagierenden Moleküle, d. h. die Bewegung entlang der Reaktionskoordinate eine Wärmebewegung ist. Das Vorhandensein der notwendigen (wie wir eben sahen) festen Bindung mit dem Enzym, die effektiv alle Translations- und Rotationsfreiheitsgrade einfriert, kann jedoch nicht die Aktivierungsenergie des Prozesses beeinflussen. Wenn wir weiter annehmen, daß im Enzym-Substrat-Komplex das Substrat eine chemische Umwandlung erfährt, so müßte bei der Bewegung entlang der Reaktionskoordinate die feste Bindung des Substrats mit dem Enzym stören. Ferner erfordert die Beendigung des katalytischen Prozesses den Bruch der Bindungen zwischen den Reaktionsprodukten und dem Enzym, das in den Ausgangszustand zurückkehren muß. Wenn sich die Enzym-Substrat-Bindung im Verlauf der chemischen Umwandlung nicht verändert, so muß man unbedingt die Möglichkeit berücksichtigen, daß die Etappe der Dissoziation des Enzym-Produkt-Komplexes sich als limitierendes Stadium des ganzen Prozesses erweist. Wenn sich die Bindungsenergie mit dem Enzym im Verlauf der Substrat-Produkt-Umwandlung verringert, dann ist folglich die chemische Umwandlung des Substrats mit einer Erhöhung der Energie des Systems verbunden, wofür teilweise die Energie verbraucht wird, die bei der Reaktion freigesetzt wird. Es erhebt sich die Frage nach dem Mechanismus einer solchen Energieumwandlung ohne ihre Umwandlung in Wärme. Diese Frage bezieht sich eigentlich schon auf die vierte Variante der Erklärungen. Verbleibt man im Rahmen der traditionellen chemischen Kinetik, dann kann man sich mit einer Erklärung der Enzymkatalyse zufrieden geben, wonach das „Enzym die Aktivierungsentropie der Reaktion erhöht", weil diese Erhöhung für sich gesehen, nicht unbedingt zur Vergrößerung der Geschwindigkeit des katalysierten Prozesses führt. Man muß darauf hinweisen, daß von LUMRY [380] analoge Vorstellungen erwähnt wurden. Folglich kann man insgesamt behaupten, daß die Spezifität der Bindung des Substrats durch das Enzym, die zur einzigartigen gegenseitigen Anordnung und Orientierung der reagierenden Gruppen führt, für den Ablauf des enzymatischen Prozesses notwendig ist, aber sie allein kann die Erhöhung der Geschwindigkeit der Enzymreaktion relativ zur Geschwindigkeit der gleichen Reaktion im kongruenten Modellsystem nicht erklären.

2. *Das Enzym senkt die Aktivierungsenergie.* Diese Erklärung ist wahrscheinlich am weitesten verbreitet. Der Grund für die Popularität besteht darin, daß — wie auch LUMRY in der eben zitierten Arbeit annimmt — die Messungen der Temperaturabhängigkeit der Geschwindigkeiten von Enzymreaktionen meist erniedrigte Werte der Aktivierungsenergie im Vergleich zu analogen nichtenzymatischen Prozessen ergeben. Wie jedoch aus dem vorangegangenen Kapitel folgt (und auch hier bestätigt wird), ergibt die Bestimmung der Aktivierungsenergie nach ARRHENIUS für Enzymreaktionen gewöhnlich sinnlose Werte.

Darum darf man im allgemeinen die vorhandenen experimentellen Fakten nicht für die Begründung der Richtigkeit dieser Erklärungsvariante heranziehen.
Zusammengenommen reduzieren sich alle vorgeschlagenen Mechanismen zur Senkung der Aktivierungsbarriere in der Enzymkatalyse auf zwei Effekte:

a) Die Umverteilung der Elektronendichte im Substratmolekül auf Kosten der Wechselwirkung mit verschiedenen Gruppen des Enzyms (Ion-Dipol- bzw. Dipol-Dipol-Wechselwirkungen, Wasserstoffbrückenbindungen, usw.) und
b) die „konzertante" Wirkung verschiedener katalytischer Gruppen des Enzyms, wodurch die Reaktion, die ohne Enzym einige zeitlich getrennte Stadien durchlaufen würde, mit dem Enzym nur einen Aktivierungszustand mit erniedrigter Energie durchläuft. Natürlich bleiben beide Erklärungen bloße Worte, solange keine konkreten Wechselwirkungen der Struktur des gegebenen Enzym-Substrat-Komplexes sowie relative Verschiebungen seiner Teile bei der Bewegung des Systems entlang der Reaktionskoordinate nachgewiesen wurden.

Natürlich erfolgt die Umverteilung der Elektronendichte im Substratmolekül bei der Wechselwirkung mit dem Enzym tatsächlich und verändert die Reaktionsfähigkeit des Substrates. In dieser Beziehung fügen die bestehenden Vorstellungen über die Mechanismen der Enzymkatalyse den Worten, die gewöhnlich in den Arbeiten stehen, die einer beliebigen Katalyse chemischer Reaktionen gewidmet sind, nichts Neues hinzu. Der Ablauf der konkreten Prozesse und die entsprechenden Diskussionen sind in den oben zitierten Übersichten zu finden.

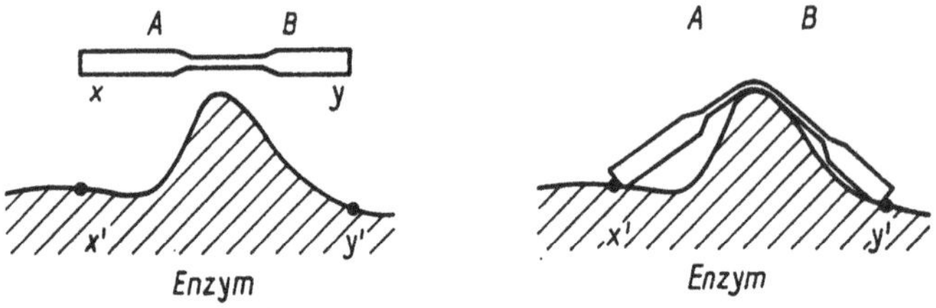

Abb. 6.1. Modell entsprechend der „Spannung eines Bogens".

In den letzten Jahren wird in der Literatur noch ein Mechanismus zur Senkung der Aktivierungsenergie bei der Enzymkatalyse breit diskutiert, und zwar der von EYRING, LUMRY und SPIKES schon im Jahre 1954 vorgeschlagene sogenannte Mechanismus der „Spannung eines Bogens" [292]. Das Wesen dieses Mechanismus wird aus Abbildung 6.1 deutlich. Die Bildung des Enzym-Substrat-Komplexes führt zur Deformierung des Substrates, zur Dehnung einer seiner Bindungen im Molekül und zur entsprechenden Senkung der Aktivierungsenergie bis zum Aufbrechen der Bindung.
Untersuchen wir diesen Mechanismus genauer. Die Senkung der Aktivierungsbarriere zum Aufbrechen der Bindung A—B, ist offensichtlich im gegebenen Fall bedingt durch die Erhöhung der Ausgangsenergie der Bindung A—B bei seiner Dehnung, die seinerseits durch die Kopplungsenergie des Substrats am Enzym kompensiert wird. Nach Abschluß der Reaktionen, d. h. nach dem Aufbrechen der Bindung A—B verschwinden die sterischen Hinderungen. Dadurch wird die Absorptionsenergie der Reaktionsprodukte größer als die Absorptionsenergie des Ausgangssubstrates. Da es sich um einen katalytischen Prozeß handelt, muß das Enzym wieder in den Ausgangszustand zurückkehren, d. h. die Reaktionsprodukte müssen abgestoßen werden. Berücksichtigt man die

oben erwähnte Vergrößerung der Bindungsenergie der Reaktionsprodukte mit dem Enzym, so ist zu befürchten, daß die Erhöhung der Aktivierungsenergie der Produktablösung (eine Vergrößerung um ungefähr die Größe, um die sich die Bindungsenergie der Bindung A—B verringert hat), das Ablösen zum limitierenden Schritt des ganzen Prozesses macht.

Deshalb kann ohne konkrete Untersuchung der Mechanismen aller Schritte des Prozesses der Mechanismus der „Verspannung“ im konkreten Fall nicht zur Aufklärung der Senkung der Aktivierungsenergie bei der Enzymkatalyse herangezogen werden.

Wie die Entropievarianten, so gehen auch die Energievarianten bei der Betrachtung der erhöhten Geschwindigkeit der Enzymreaktionen, von der bestehenden einzigartigen Strukturübereinstimmung zwischen Substrat und Enzym aus. Damit wird in der Literatur die ausnehmend hohe Spezifität bei der Enzymwirkung erklärt. Früher wurde angenommen, daß die Strukturübereinstimmung statistischer Natur sei (Hypothese: „Schlüssel und Schloß“). Im Jahre 1958 stellte KOSHLAND die Theorie der *induzierten Übereinstimmung* („induced fit“) auf [364, 365]. Nach dieser Theorie entsteht die Strukturübereinstimmung durch die vom Substrat induzierten Konformationsänderungen des Enzymmoleküls. KOSHLANDS Theorie stellte einen wichtigen Schritt bei der Entwicklung der theoretischen Vorstellungen in der Enzymologie dar, weil sie die Notwendigkeit von Konformationsänderungen des Enzyms bei der Wechselwirkung mit dem Substrat unterstreicht, die — wie wir im vorangegangenen Kapitel sahen und in diesem sehen werden — auch tatsächlich immer erfolgen. Die Theorie der induzierten Übereinstimmung ändert jedoch nicht den Tatbestand der oben betrachteten zwei Varianten von Erklärungen der Enzymaktivität. Die durch das Substrat induzierten Konformationsänderungen des Enzyms enden im Rahmen dieser Theorie mit der Bildung des strukturspezifischen Enzym-Substrat-Komplexes und haben keine direkten Beziehungen zum Elementarakt der chemischen Reaktion des Substratmoleküls selbst[1]).

3. *Das Enzym erhöht die Wahrscheinlichkeit der zielgerichteten Energiefluktuation.* Diese Variante wurde im Jahre 1950 von MOELWYN-HUGHES vorgeschlagen [405]. Sie basiert auf der bekannten Arbeit HINSHELWOODS über die Theorie monomolekularer Reaktionen in der Gasphase bei niedrigen Drücken [323, 349].

Wie allgemein bekannt ist, erfolgt bei hohen Gasdrücken der Elementarakt der chemischen Umwandlung (z. B. das Aufbrechen der i-ten Bindung in den Molekülen) dann, wenn die mittlere Energie ε_i des *gegebenen* Schwingungsfreiheitsgrades, der der Valenzschwingung der i-ten Bindung entspricht, größer oder gleich der Aktivierungsbarriere des Aufbrechens E_a ist, d. h. wenn

$$\varepsilon_i \geqq E_a \quad \text{ist.} \tag{6.1}$$

Wenn der Gasdruck gering ist, d. h. die Frequenz der Zusammenstöße ist klein, dann kann der Reaktionsakt auch bei der Erfüllung weniger strenger Bedingungen ablaufen:

$$\sum_i \varepsilon_i \geqq E_a, \tag{6.2}$$

d. h. an der Reaktion sind Moleküle beteiligt, deren Gesamt-Schwingungsenergie größer oder gleich der Aktivierungsbarriere ist. Eine solche Bedingung erweist sich

---

[1]) Über die Notwendigkeit von Konformationsänderungen des Enzyms bei substratinduzierten Änderungen der Elektronendichte siehe auch [48, 49].

als hinreichend, weil bei der geringen Stoßfrequenz im „angeregten" Molekül Fluktuationen der Schwingungsenergie auftreten können, wobei letztere sich an einem i-ten Freiheitsgrad sammeln können.
Es ist ganz natürlich, daß bei gegebener Temperatur die Anzahl der Moleküle, die der Bedingung (6.2) genügen, wesentlich größer ist als die Zahl der Moleküle, die der Bedingung (6.1) gehorchen. Im Grenzfall (bei ausreichend niedrigen Drücken) ist die Bedingung (6.2) gleichwertig mit der Senkung der effektiven, gemessenen Aktivierungsenergie der Reaktion E_a' im Vergleich mit der Energie der Aktivierungsbarriere E_a, d. h.

$$E_a' = E_a - (S - 1) RT, \qquad (6.3)$$

wobei $2S$ die Zahl der quadratischen Glieder (der kinetischen und potentiellen Energie) ist, die notwendig ist, um die Energie des Moleküls eindeutig zu bestimmen.
Die Theorie von HINSHELWOOD und KOSSEL wurde in allen Einzelheiten untersucht und kritisch analysiert [461], aber es wäre an dieser Stelle ohne großen Nutzen, auf die Kritik näher einzugehen. Wie aus dem Dargelegten ersichtlich ist, wird die Theorie durch die Voraussetzung gestützt, daß der Überschuß der Schwingungsenergie des Moleküls beim Zusammenstoß mit anderen Molekülen nicht gestreut wird, d. h. die Theorie „funktioniert" nur für Gasreaktionen bei niedrigen Drücken. Für den Fall enzymatischer Prozesse, die in kondensierten Lösungen ablaufen, sind die Voraussetzungen, die die Grundlage dieser Theorie bilden, eindeutig nicht erfüllt.

4. *Die Wiedergewinnung von Energie.* Offensichtlich hat BAUER in seinem bemerkenswerten Buch „Theoretische Biologie" als erster auf die Möglichkeit von Prozessen hingewiesen, die danach die Bezeichnung *Wiedergewinnung von Energie* erhielten [2].
BAUER nahm an, daß sich die Proteinmakromoleküle in der Zelle in einem besonderen deformierten Zustand befinden. Während der Zeit der Enzymreaktion gehen die Proteine in den Gleichgewichtszustand über und die dabei freiwerdende Energie wird zur Überwindung der Aktivierungsbarriere der katalysierten Reaktion benutzt. Die Energie, die bei der Reaktion selbst frei wird, wird nicht dissipiert, sondern wandelt das Proteinmolekül in den deformierten, angeregten Ausgangszustand um. Man muß erkennen, daß Kühnheit und Tiefe der Hypothese von BAUER beeindruckend sind (ich erinnere daran, daß sie im Jahre 1935 aufgestellt wurde, als noch nicht einmal die Rede von Konformationsänderungen der Proteine war). Die nachfolgenden Autoren fügten der Konzeption BAUERS nur wenig hinzu.
Den Begriff „Wiedergewinnung von Energie" führte KOBOSEV 1960 ein [84], als er vom möglichen physikalischen Sinn des von ihm vorgeschlagenen sogenannten *Aggravationseffekt*[1]) [83] sprach, d. h. vom nichtspezifischen Einfluß der großen Ausmaße des Katalysatormoleküls auf die Geschwindigkeit der katalysierten Reaktion. Nach KOBOSEV besteht die Rolle des Proteinmoleküls bei der Enzymkatalyse darin, daß mit seiner Hilfe die Energie, die im Verlauf der Reaktion frei wird, für die Aktivierung des katalytischen Zentrums ausgenutzt wird. Ein konkreter physikalischer Mechanismus zur Wiedergewinnung von Energie bei der Enzymkatalyse wurde in einer Arbeit von KHURGIN, CHERNAVSKI und SHNOLL vorgeschlagen [162]. In dieser Arbeit wird die Vorstellung geäußert, daß die Energie, die im Verlauf der katalysierten Reaktion frei wird, im Enzymmakromolekül in Form von elastischer Deformation gespeichert wird, und in dieser Form bis zum Beginn des nächsten katalytischen Aktes erhalten bleibt.

---

[1]) Aggravation: Erschwerung (lat.).

Sehr grobe Berechnungen der Autoren unter der Voraussetzung, daß das Proteinmolekül ein elastischer fester Körper ist, ergaben, daß es möglich ist, eine ausreichende Energiemenge (rund 10 kcal/mol) zu speichern, und daß das Gebiet der elastischen Deformation auf den ganzen Globulus ausgedehnt werden kann (z. B. über 50 Å). Natürlich beweisen und bestätigen Rechnungen dieser Art noch nichts.

Das wesentliche in dieser Arbeit war die Unterteilung der Freiheitsgrade des Makromoleküls in gewöhnliche und „konstruktive" (mechanische) und das Postulat von der langsamen Dissipation der Energie, die in diesen ausgewählten Freiheitsgraden enthalten ist.

Die gleichen Gedanken wurden im weiteren von Khurgin und Chernavski in ihren Vorträgen auf dem V. Internationalen Symposium über die Chemie von Naturstoffen im Juni 1970 in Riga entwickelt. Die Autoren kamen zu der Schlußfolgerung, daß für einstufige enzymatische Prozesse (besonders, wenn die Funktion des Enzyms in der Erniedrigung des Entropieanteils der Aktivierungsbarriere besteht). keine Notwendigkeit zur Wiedergewinnung der Energie besteht. Für vielstufige enzymatische Prozesse ist die Erhaltung und Wiedergewinnung der Energie für eine dem Stadium nachfolgende Änderung des Stoffes notwendig, d. h. zur Schaffung einer optimalen Struktur beim Übergang von einem Prozeßschritt zum anderen. Als Quelle der Energie, die vom Enzym gespeichert wird, können die Kopplung des Substrats an das Enzym und die exothermen Schritte des enzymatischen Prozesses selbst dienen.

Sehr konkret wurde der Mechanismus der Enzymkatalyse anhand der Vorstellungen über die Wiedergewinnung durch Shnoll beschrieben [183]. Er führt aus: „Die Konformation des freien Enzymmoleküls unterscheidet sich von der Proteinkonformation im Enzym-Substrat-Komplex. Das Proteinmolekül ist so *aufgebaut*, daß nachdem der erste Akt der Umwandlung des Substrats (nach einer zufälligen Wärmefluktuation) erfolgte, die freiwerdende Energie das Enzymmolekül in einen besonderen Nichtgleichgewichtszustand überführt, in einen Zustand nämlich, mit einer thermodynamisch ungünstigen Konformation, in dem sich das Makromolekül aus kinetischen Gründen (große Aktivierungsbarriere) genügend lange befinden kann (es ist überaus wahrscheinlich, daß eine solche Form des Bestehens eines Nichtgleichgewichts sehr langlebig sein kann). Das im Nichtgleichgewicht befindliche Makromolekül kann nur beim Kontakt mit dem Substrat, in einen neuen wahrscheinlichen Zustand übergehen. Es kommt zu einem witzigen, aber völlig realen Paradoxon: Das Substrat dient dem Enzym beim Übergang in den Gleichgewichtszustand als Katalysator. Danach erleidet das Substrat selbst die notwendigen Umwandlungen und die Aktivierungsbarriere der Umwandlungen senkt sich auf Kosten der *Konformations*energie des Enzymmakromoleküls".

Die Vorteile dieser Erklärungsvariante der Enzymaktivität sind offensichtlich. Es zeigt sich, daß Konformationsänderungen bei allen Stadien der katalysierten Umwandlungen notwendig sind. Die dargelegten theoretischen Vorstellungen besitzen jedoch zwei sehr wesentliche Unzulänglichkeiten.

Erstens bleibt der physikalische Mechanismus, nach dem der *lokale* mikrochemische Akt zielgerichtet die Umwandlung des ganzen *Proteinmakromoleküls* in den deformierten Zustand mit erhöhter Konformationsenergie induziert, völlig unklar. Außer der Behauptung „Das Proteinmolekül ist so aufgebaut, daß ..." gibt es noch keine Erklärung dafür.

Zweitens ist der Mechanismus der Energiegewinnung unverständlich. Die Energie wird als elastische Deformation des ganzen konformationell geänderten Makromoleküls gespeichert; bei der Betrachtung des Enzyms als Konstruktion, d. h. als Maschine mit ausgewählten Freiheitsgraden, stellen sich die Autoren nicht die Frage, welchen Sinn in diesem Fall der rein thermodynamische Begriff der Aktivierungsenergie hat, deren Größe die gespeicherte Energie senken soll (s. ebenso [63, 134]).

6.3. Konformationsänderungen — ein notwendiger Schritt des enzymatischen Prozesses

In Kapitel 5 wurden viele Ergebnisse angeführt, die beweisen, daß lokale chemische Änderungen in Proteinen, die z. B. durch eine Ladungsänderung der aktiven Gruppe (Redox-Prozesse), durch Bindung niedermolekularer Verbindungen, usw., bedingt sind, in der Regel Konformationsänderungen hervorrufen, die das ganze Makromolekül erfassen.

Da die Bildung des Enzym-Substrat-Komplexes die notwendige Etappe eines beliebigen enzymatischen Prozesses ist, kann man zu dem Schluß kommen, daß bei der Enzymkatalyse immer Konformationsänderungen des Enzymmakromoleküls auftreten. Heute kann man behaupten, daß dieser Umstand experimentell bewiesen ist. Wir untersuchen im folgenden einige Beispiele, die das Gesagte verdeutlichen.

Natürlich kann man die in 5.6. angeführten Resultate der Röntgenstrukturuntersuchungen, die wesentliche Konformationsänderungen der Proteine nachweisen, die bei der Funktion von Hämoglobin und Cytochrom c — die die Bezeichnung: „Enzyme ehrenhalber“ erhielten — ablaufen, ebenso als Beweis der oben formulierten These betrachten.

Kajne und Suelter haben ausführlich den Einfluß der Komplexbildung mit einem Substrat, die Bindung aktivierender Kationen und den Einfluß einer Temperaturerhöhung auf den Zustand des Proteinmakromoleküls eines der wichtigsten Enzyme, der Pyruvatkinase [341] untersucht. Die Effekte, die durch alle diese Einwirkungen hervorgerufen wurden, waren qualitativ gleich. Die Konformationsänderungen wurden mit Hilfe differentieller Absorptionsspektren im Bereich von 2800—3000 Å registriert. Die beobachteten Änderungen der Spektrenform zeugen von starken Änderungen in der Umgebung einiger aromatischer Chromophore, z. B. Tryptophan, speziell vom Übergang aus wäßriger zu hydrophober Umgebung. Es ist sehr wahrscheinlich, daß die Anlagerung von Substrat (Pyruvat), bzw. von aktivierenden Kationen und Temperaturänderungen zu gleichartigen wesentlichen Konformationsänderungen des Globulus der Pyruvatkinase führen.

Äußerst interessante Daten über die Konformationsänderungen des gleichen Enzyms unter Substrateinwirkung wurden von Reuben und Kayne [435] mit Hilfe der NMR am Kern des stabilen natürlichen Isotops Thallium Tl^{205} (Kernspin 1/2) erhalten. In der Arbeit wurde ein Komplex der Pyruvatkinase mit den Tl^{+}- und Mn^{2+}-Ionen (beide Ionen aktivieren das Enzym) untersucht. Die gewonnenen Parameter des registrierten Tl^{205}-NMR-Spektrums gestatten die Bestimmung des Abstandes zwischen dem Tl^{+}-Ion und dem paramagnetischen Mn^{2+}-Ion, die an verschiedene Proteingruppen gebunden sind. Für das betreffende Protein ergab dieser Abstand 8,2 Å. Die Bindung des Substrats (Phosphophenolpyruvat) vermindert ihren Abstand fast um die Hälfte (bis 4,9 Å). Das beweist eindeutig die bedeutenden Konformationsänderungen des Proteins, die mit der Bindung des Phosphophenolpyruvats verbunden sind.

Eine Reihe wichtiger Untersuchungen von Konformationsänderungen wurde von

HAMMES und Mitarbeitern am Enzym Aspartattranscarbamylase (ATCA) [314] durchgeführt. ATCA katalysiert die Bildung von Carbamyl-α-Aspartat und Carbamylphosphat in der ersten Stufe der Biosynthese der Pyrimidine. Das Enzym hat eine Quartärstruktur und besteht aus 6 katalytischen Untereinheiten (das Molekulargewicht jeder Untereinheit ist 33000) und 6 regulatorischen Untereinheiten (mit einem Molekulargewicht von 17000). Die Substratmoleküle treten nur mit den katalytischen Untereinheiten in Wechselwirkung. Die Moleküle des Aktivators (ATP) und des Inhibitors Cytidinphosphat (CTP) und Br-CTP verbinden sich nur mit den regulatorischen Untereinheiten, wodurch sich die Aktivität der katalytischen Untereinheiten des Enzyms ändert. Die Autoren [314] untersuchten die Kinetik unterschiedlicher Übergänge des nativen Enzyms und einzelner Untereinheiten aus einem Konformationszustand in den anderen unter Einwirkung von Substratmolekülen sowie verschiedener Aktivator- und Inhibitorkombinationen. Die Registrierung erfolgte mit Hilfe von Differenzabsorptionsspektren im ultravioletten Bereich. In der Arbeit wurden kinetische Relaxationsmethoden angewandt. Es wurden verschiedene Typen von Konformationsänderungen mit einer Dauer von hundert Mikrosekunden bis einige zehn Millisekunden festgestellt. Die schnellen Konformationsänderungen sind mit den katalytischen Prozessen, die langsamen dagegen mit den Regulationsprozessen verbunden.
Ebenso interessante Resultate wurden bei der Untersuchung eines der verbreitetsten Enzyme erhalten. Es handelt sich um die Phosphoglycerinaldehyd-Dehydrogenase (PGD), die den Prozeß der oxydativen Phosphorylierung des 3-Phosphoglycerinaldehyd bis zur 1,3-Diphosphoglycerat mit NAD^+ als Coenzym katalysiert. Das Enzymmolekül besteht aus vier Untereinheiten. Mit Hilfe der Spinmarkermethode zeigte BALTHASAR, daß die Komplexbildung mit dem Coenzym zu Konformationsänderungen des Proteins im Bereich des aktiven Zentrums führt [208] (s. auch [538]).
Genauer wurde der Prozeß der Komplexbildung zwischen dem Enzym PGD und dem Coenzym NAD^+ von KIRSCHER und Mitarbeitern untersucht [355, 356]. Die Autoren untersuchten die Differenzabsorptionsspektren (im Bereich 3000—5000 Å) von Enzymlösungen im Beisein von NAD^+ bei verschiedenen Temperaturen und die Änderungskinetik bei plötzlicher Änderung der Temperatur (Temperatursprung mit einer Totzeit von rund $2 \cdot 10^{-6}$ sec). Aufmerksamkeit erregte die starke Abhängigkeit des Spektrums von der Temperatur im Bereich zwischen 3 °C und 40 °C ohne isosbestische Punkte. Das kann ein Beweis der allmählichen Umgebungsänderung der Chromophoren bei der Temperaturerhöhung auf Kosten der Konformationsänderungen des Proteinglobulus sein. Tatsächlich wurde mit Hilfe des Temperatursprungs ein schneller monomolekularer Relaxationsprozeß ($\tau < 10^{-5}$ sec) beobachtet, der nicht mit der Verschiebung des Gleichgewichts zwischen Enzym und Coenzym bei der Temperaturänderung verbunden ist, sondern mit dem Umbau der chromophoren Gruppe des aktiven Zentrums. Die Relaxationsprozesse, die durch die Konformationsänderungen des Enzyms auf Kosten der Dissoziation oder Anlagerung des Coenzyms bei der augenblicklichen Temperaturänderung auftreten, sind langsamer (von 0,1 sec bis 3 sec in Abhängigkeit von der Konzentration des Coenzyms). Mit der „stopped-flow"-Methode konnte festgestellt werden, daß die Komplexbildung mit NAD^+ in zwei Stadien erfolgt: Nach dem schnellen bimolekularen Stadium ($\varkappa \sim 10^5$ mol$^{-1} \cdot$ sec^{-1}) folgt ein langsames monomolekulares Relaxationsstadium ($\varkappa \sim 0{,}3$ sec^{-1}).
Entscheidende Resultate wurden in den letzten Jahren mit der Methode der Spin- und Fluoreszenzmarker erreicht. Eine gute Übersicht über die Arbeiten findet man bei LICHTENSTEIN [107, 108, 374]. Das Prinzip der Spinmarkermethode und die Art der

Informationen, die man aus der Änderung der Parameter des ESR-Signals der Marker bei der Änderung des Zustandes der Umgebung findet, werden in speziellen Arbeiten diskutiert [40, 92, 143, 313, 386, 465, 510]. Interessante, konkrete Ergebnisse hierzu wurden in den Arbeiten [109, 111] erhalten. An der Glutamataspartransaminase konnten bei der Einwirkung spezifischer Substrate und Inhibitoren auf das aktive Zentrum Konformationsänderungen anhand des Spinmarker-ESR-Spektrums registriert werden. Der Marker war dabei 16—18 Å vom aktiven Zentrum entfernt lokalisiert. Besonders wichtig sind die mit der gleichen Methode erhaltenen Ergebnisse bei der Untersuchung der Wirkung spezifischer Inhibitoren auf das Lysozym, einem relativ einfachen Enzym ohne Quartärstruktur. Es wurden auch Konformationsänderungen des Myosins während der enzymatischen Hydrolyse des ATP untersucht [73, 228, 511, 512, 513, 514]. Mit Hilfe eines Spinmarkers, der an die S1-Thiol-Gruppe des Proteins, in einem Abstand von mehr als 6 Å vom aktiven Zentrum gekoppelt wurde, fand man, daß sich beim Prozeß der enzymatischen Hydrolyse die Konformation der Myosinmoleküle sowohl vom Ausgangs- (freies Myosin) als auch vom Endzustand (ein im Gleichgewicht befindlicher Komplex des Myosins mit den Reaktionsprodukten des ADP) unterscheidet.

6.4. Einfluß der Temperatur auf Enzyme und auf Aktivierungsparameter von Enzymreaktionen

Alle Ergebnisse des vorangegangenen Kapitels behalten ihre volle Gültigkeit auch bei Betrachtung von Enzymreaktionen. Dazu zählen: der Temperatureinfluß auf die Proteinkonformation, die Nichtanwendbarkeit der Arrhenius-Gleichung auf Prozesse an denen Proteine beteiligt sind, Ergebnisse die sich auf das Fehlen des physikalischen Inhalts der Aktivierungsparameter dieser Prozesse beziehen und schließlich der sogenannte Kompensationseffekt. Eine Reihe experimenteller Ergebnisse aus Kapitel 5. zur Temperaturabhängigkeit der Wärmetönung der Wechselwirkung von Proteinen mit niedermolekularen Stoffen, die von allmählichen Strukturänderungen des Proteins und von der Änderung des Reaktionsweges bei veränderter Temperatur zeugen, bezieht sich unmittelbar auf Wechselwirkungsprozesse von Enzymen (Chymotrypsin, Aldolase und andere) mit Inhibitoren. In diesem Abschnitt werden die Ergebnisse der Aktivierungsparameter von Enzymreaktionen und ihre Abhängigkeit von Temperatur, pH, Ionenstärke, usw. ausführlich betrachtet.

Allgemeine Gesetzmäßigkeiten der Aktivierungsparameter von Enzymreaktionen wurden ausführlich in der Arbeit [17] behandelt. Unwesentliche Änderungen des Enzyms, die z. B. durch die Änderung des Salzgehaltes der Lösung oder durch den Übergang von einem Isoenzym zum anderen hervorgerufen werden, können zu starken Verschiebungen der Werte ΔE_a und ΔS_a (die nach Arrhenius bestimmt wurden) führen, die jedoch nicht mit wesentlichen Änderungen der Reaktionsgeschwindigkeit einhergehen. So wird z. B. die Lactatdehydrogenase (LDH) aus dem Herzmuskel von Fröschen durch drei Isoenzyme dargestellt: AAAA, BBAA und BBBB (das Enzymmolekül mit Quartärstruktur besteht aus vier Untereinheiten zweier möglicher Typen A und B). Die LDH der Skelettmuskulatur des Frosches stellt dagegen ein reines Isoenzym AAAA dar. Die Geschwindigkeit der katalytischen Umwandlung ist für die LDH der Herz- und Skelettmuskulatur fast gleich; sie unterscheiden sich nur um den

Faktor von etwa 10 (die freien Aktivierungsenergien ΔF_a betragen 22,8 bzw. 24,1 kcal/mol). Die Aktivierungsenergie ΔE_a für diese Präparate beträgt dagegen 59,1 bzw. 29,5 kcal/mol, und für ΔS_a erhält man —109 bzw. 15,9 Cl. Beim Übergang von der LDH der Herzmuskulatur zur LDH der Skelettmuskulatur unter Beibehaltung des ARRHENIUSschen Ausdrucks für die Geschwindigkeitskonstante, wächst der Exponentialfaktor ca. um den Faktor 10^{21}, der Präexponentialfaktor vermindert sich dagegen um rund 10^{20}. Es ist schwer, sich physikalische Mechanismen vorzustellen, für die so große Änderungen der Aktivierungsparameter gleicher Prozesse (d.h. solcher, die sich anhand des einzigen unmittelbar gemessenen Merkmals, der Reaktionsgeschwindigkeit, fast nicht unterscheiden [305]) verantwortlich sind.
Wesentliche Änderungen der Aktivierungsparameter beobachtet man häufig beim Wechsel der Substrate, wobei die Geschwindigkeit des Prozesses für ein und dasselbe Enzym praktisch unverändert bleibt. So ist z. B. die bimolekulare Geschwindigkeitskonstante der Bildung des Enzym-Substrat-Komplexes für Chymotrypsin 6,6 $mol^{-1} \cdot sec^{-1}$ (bei pH 7,8; 25 °C mit Hydrozimtsäuremethylester als Substrat). Benutzen wir ein anderes Substrat, z. B. Methyl-d-β-phenyllactat, so erhält man unter den gleichen Bedingungen für diese Konstante 4,0 $mol^{-1} \cdot sec^{-1}$, d. h. die Reaktionsgeschwindigkeit verringert sich ca. um den Faktor 1,6. Im Zusammenhang damit verringert sich der nach ARRHENIUS bestimmte Präexponentialfaktor, der Faktor im Exponenten dagegen wächst um 5—6 Größenordnungen [367]. Man könnte eine Menge solcher Beispiele anführen.
Besonders große Aufmerksamkeit wurde in der Literatur der Temperaturabhängigkeit der Aktivierungsparameter geschenkt. Am häufigsten wird die Situation diskutiert, wenn die Aktivierungsparameter bei bestimmten Temperaturwerten sprunghafte Änderungen (Knicke) in der ARRHENIUS-Darstellung aufweisen. Das entsprechende Material ist in vielen Übersichten und Originalarbeiten zusammengestellt (s. z. B. [17, 89, 108, 381]). Im wesentlichen handelt es sich um die gleichen Effekte, die bereits oben angeführt wurden: Eine bestimmte Einwirkung beeinflußt die Reaktionsgeschwindigkeit verhältnismäßig wenig, die nach ARRHENIUS bestimmten Aktivierungsparameter aber stark. In der Literatur werden drei Typen von Erklärungen für diese Knicke angeführt. Die erste Erklärung besteht darin, daß die wahren Aktivierungsparameter in Wirklichkeit keine so starken Änderungen erfahren und daß enzymatische Prozesse der ARRHENIUS-Gleichung mit einer Aktivierungsenergie genügen (s. z. B. [367]. Es kann zu hinreichend gleichmäßigen Änderungen der effektiven Aktivierungsparameter kommen, die damit verbunden sind, daß der Experimentator nicht die wahre Geschwindigkeitskonstante des elementaren Stadiums mißt, sondern die Summe der Geschwindigkeiten des Prozesses, die durch verschiedene elementare Gleichgewichte und Geschwindigkeiten bestimmt werden, was zu den seltsamsten Temperaturabhängigkeiten der meßbaren Aktivierungsparameter führen kann. Diese Form der Erklärungen ist in der Literatur heute selten anzutreffen, weil eine große Anzahl von Untersuchungen, in denen die Temperaturabhängigkeit der Geschwindigkeiten einzelner Stadien enzymatischer Prozesse gemessen wurde und eindeutige Beweise für das Vorhandensein hinreichend starker Änderungen der Aktivierungsparameter (im Bereich von 2—3 °C) erhalten wurden, vorhanden ist. Als Beispiel kann man die Arbeit von TALSKY und MÜLLER [440] anführen. In dieser Arbeit wird die Temperaturabhängigkeit sowohl als Gesamthydrolysegeschwindigkeit des Cytidin-2′,3′-monophosphat durch die Ribonuclease, als auch die Komplexbildungskonstante für den Substrat-Enzym-Komplex sehr genau (in 0,5°-Schritten) bestimmt. Es wurde fest-

gestellt, daß die Knicke in der ARRHENIUS-Darstellung tatsächlich stetige Übergänge mit komplizierter Gestalt sind, die in einem Bereich von 1,5—3,0 °C liegen.
Eine Zeitlang war die Meinung weit verbreitet, daß die Knicke in der ARRHENIUS-Darstellung davon zeugen, daß die untersuchte Reaktion in zwei aufeinanderfolgenden Stufen abläuft, die unterschiedliche Aktivierungsenergien besitzen, wobei jede Stufe die gemessene Geschwindigkeit des Prozesses in seinem Temperaturbereich oberhalb oder unterhalb des Übergangspunktes begrenzt (s. z. B. [336], 2. Hypothese). Erinnern wir daran, daß ein genügend scharfer Übergang nur in dem Fall zu beobachten ist, wenn sich die Aktivierungsenergien der zwei Stufen um mehr als 16 kcal/mol unterscheiden, was aber in der Mehrzahl der Fälle zutrifft [219, 220]. Außerdem ist offensichtlich, daß bei einer solchen Erklärung die Stufe mit der größeren Aktivierungsenergie die Geschwindigkeit des Prozesses im Bereich der niedrigen Temperatur und die Stufe mit der geringeren Aktivierungsenergie den Bereich mit der höheren Temperatur begrenzt. Diese Situation kann man in der Tat häufig beobachten. So erhält man z. B. einen deutlich ausgebildeten Knick in der ARRHENIUS-Darstellung bei 23 °C für das Enzym Hypoxanthinphosphoribosyltransferase, das die Übertragung des Phosphoribosyl-Restes mit dem 5-Phosphoribosylpyrophosphat auf das Hypoxanthin katalysiert. Im Bereich niedriger Temperaturen beträgt $\Delta E_a = 51$ kcal/mol, bei höheren Temperaturen dagegen $\Delta E_a = 13{,}1$ kcal/mol; das entspricht einer sprunghaften Änderung des beim Ausdruck der Geschwindigkeitskonstanten im Exponenten stehenden Faktors (und eine Verminderung des Präexponentialfaktors), um rund 28 Größenordnungen (s. [409]). Unabhängig davon trifft man auf direkt entgegengesetzte Situationen. So erhält man für das sehr ähnliche Enzym Inosinmonophosphat-pyrophosphat-phosphoribosyltransferase aus Hefe einen Knick in der ARRHENIUS-Darstellung bei 19 °C. In diesem Fall ergibt sich jedoch für den Bereich niedriger Temperaturen $\Delta E_a = 5{,}7$ kcal/mol, aber bei Temperaturen oberhalb 19 °C erhöht sich ΔE_a auf 11,3 kcal/mol, das entspricht einer Senkung des im Exponenten stehenden und einer Vergrößerung des Präexponentialfaktors um mehr als 4 Größenordnungen.
Am verbreitetsten ist heute die dritte Hypothese. Sie geht davon aus, daß die Änderung der Aktivierungsparameter des Prozesses mit der Temperatur durch eine Konformationsänderung des Enzymmakromoleküls erfolgt, wobei dieses in zwei Formen existieren kann. Diese Formen besitzen unterschiedliche Eigenschaften, insbesondere unterschiedliche ΔE_a-Werte für die durch das Enzym katalysierten Reaktionen. So wurde z. B. in der Arbeit [393] gefunden, daß die ARRHENIUS-Darstellung für die Oxidase von d-Aminosäuren einen Knick bei 14 °C (im Fall der Oxydation des d-Alanins) aufweist, wobei bei höherer Temperatur $\Delta E_a = 10{,}3$ kcal/mol und bei der niedrigeren $\Delta E_a = 16{,}9$ kcal/mol ist. Im gleichen Temperaturbereich (zwischen 10 °C und 20 °C) beobachtet man auch eine Änderung der Sedimentationskonstanten, der optischen Dichte im ultravioletten Spektralbereich und der Intensität der Tryptophanfluoreszenz. Dabei ist zu beachten, daß die Änderungen der Absorptionsspektren im ultravioletten Bereich in diesem Fall stetig sind und ΔD eine lineare Funktion der Temperatur ohne einen Knick ist. Die Temperaturabhängigkeit der Tryptophanfluoreszenz kann man in der Tat als Übergang eines Moleküls von einer Konformation in eine andere bezeichnen. Die eine Konformation ist bei Temperaturen unterhalb 10 °C stabil, die andere dagegen bei Temperaturen oberhalb 20 °C. Die Autoren schätzten die Übergangsenthalpien ab und erhielten $\Delta H \approx 78$ kcal/mol. Wenn man die ARRHENIUS-Darstellung nicht für Alanin sondern für d-Methionin aufträgt, findet man die Änderung der Aktivierungsparameter nicht bei 14 °C sondern bei 24 °C. Die angeführten Ergebnisse lassen keinen

Zweifel darüber entstehen, daß im untersuchten Temperaturintervall wirklich bestimmte Strukturänderungen des Enzyms erfolgen. Es sind jedoch keine eindeutigen Beweise dafür vorhanden, daß der Übergang gerade an der Knickstelle der ARRHENIUS-Darstellung erfolgt. Es entsteht der Eindruck, als ob die Lage des Übergangs von der Registriermethode abhängt.
Ganz analog interpretierten LEHRER und PARKER [371] ihre Untersuchungsergebnisse zur Aufspaltungskinetik von Fruktosediphosphat durch Aldolase:

$$\text{Fructosediphosphat} \underset{\text{Aldolase}}{\rightleftharpoons} \text{Phosphodioxyaceton} + \text{3-Phosphoglycerinaldehyd.}$$

Sie bestimmten die Temperaturabhängigkeit thermodynamischer Parameter der gesamten Reaktion (anhand der Gleichgewichtskonstante der katalysierten Reaktion), die Bildung des Substrat-Enzym-Komplexes (an Hand der MICHAELIS-Konstante) und ebenso die Aktivierungsparameter (nach V_{max}). Die ARRHENIUS-Darstellung wird am besten durch zwei Geraden approximiert, die sich bei 25 °C schneiden. Diese Temperatur wurde als die Temperatur genommen, bei der der Übergang zwischen zwei „Konformeren" erfolgt. Wenn wir als Enthalpie dieser Konformationsänderung einen beliebigen Wert von 10—1000 kcal/mol annehmen, beschreibt die Darstellung die experimentellen Fakten praktisch gleich gut. In der Tabelle 6.2 sind die Meßergebnisse der freien Energie ΔF, der Enthalpie ΔH und der Entropie ΔS der untersuchten Prozesse bei Temperaturen unterhalb und oberhalb der Temperatur der Konformationsänderung angeführt.
Aus Tabelle 6.2 ist ersichtlich, daß bei Betrachtung der einzigen unmittelbar gemessenen Größen, nämlich der freien Umwandlungs- oder Aktivierungsenergien, praktisch kein Übergang zu beobachten ist. Unterschiede zwischen den Konformeren entstehen nur bei der Anwendung der VAN'T HOFF- oder ARRHENIUS-Gleichungen.

Tabelle 6.2

	Gesamtreaktion		Komplexbildung		Aktivierung	
	Temperaturen					
	unterhalb 21,2 °C	oberhalb 30 °C	unterhalb 20 °C	oberhalb 31,9 °C	unterhalb 20 °C	oberhalb 31,9 °C
ΔF (kcal/mol)	6,5	6,4	−7,2	−7,4	15,4	15,5
ΔH (kcal/mol)	14,30	10,6	11,5	−13,8	18,2	13,4
ΔS (Cl)	26,5	13,8	63,8	−20,9	9,2	−7,3

Manchmal reichen zwei Konformere nicht aus. So hat z. B. die ARRHENIUS-Darstellung für die Reaktion der Synthese von ATP und ADP, Glukose und Glukose-1-phosphat mit und ohne Aktivator (Pyruvat) ein sehr kompliziertes Aussehen [424]. Katalysiert wird diese Reaktion durch das aus *Rhodospirillum rumbrum* gewonnene Enzym Pyrophosphorylase. Ohne Pyruvat läßt sich die Kurve der Temperaturabhängigkeit in ARRHENIUS-Koordinaten für Temperaturen unter 26 °C linearisieren. Für diese Temperaturen beträgt die gemessene Aktivierungsenthalpie 14,2 kcal/mol. Bei Erhöhung der Temperatur hört die Darstellung auf, linear zu sein und die gemessene Aktivierungsenthalpie fällt stärker ab und wird bei 32 °C praktisch Null; über 38 °C dagegen wird sie negativ.

In Anwesenheit von Pyruvat bleibt die Aktivierungsenthalpie bis 32 °C konstant (11,2 kcal/mol) und wird erst bei 52 °C Null. Diese Ergebnisse lassen sich erklären, wenn man davon ausgeht, daß drei Konformere vorhanden sind, zwischen denen reversible Übergänge möglich sind: Zwei im Bereich „niedriger“ und einer bei „hohen“ Temperaturen.
In der Arbeit [513] wurde die Temperaturabhängigkeit der ESR-Spektren von spinmarkiertem Myosin und seiner ADP-Komplexe von —2 °C bis 37 °C untersucht. Gemessen wurde die Rotationskorrelationszeit (τ_{kor}) der Spinmarker, die kovalent mit den SH-Gruppen des Myosins verknüpft sind. Sabei wurde gefunden, daß die Proteinstruktur in der Umgebung der Spinmarker bei der ADP-Bindung aufgelockert wird. Außerdem läßt das Verhalten von τ_{kor} in Abhängigkeit von der Temperatur eine zweifache Deutung zu.

1. Bei der Temperaturänderung erfolgen mehr oder weniger stetige Strukturänderungen der Proteinmatrix und für jede Temperatur existiert im Mittel eine entsprechende Konformation des Myosinmoleküls.

2. In der Lösung existieren bei jeder Temperatur einige völlig definierte Proteinformen, deren Gleichgewicht sich mit der Änderung der Temperatur verschiebt. Um den Verlauf der Änderungen von τ_{kor} zwischen —2 °C und 37 °C für den 2. Fall zu beschreiben, müßte man voraussetzen, daß sich bei jeder Temperatur wenigstens fünf Strukturformen des Enzyms in der Lösung im Gleichgewicht befinden. Die Autoren der Arbeit [513] halten die erste Annahme für richtiger.

Aus dem gesamten Material, das in diesem und in den vorangegangenen Kapiteln dargestellt wurde, ist ersichtlich, daß die Temperaturanomalien von Enzymreaktionen durch die unerlaubte Anwendung der VAN'T HOFF- und ARRHENIUS-Gleichungen bei der Auswertung der experimentellen Fakten entstehen. In einem Temperaturbereich wesentlich geringerer Temperaturen als die, bei denen ein Strukturabbau — die Denaturierung des Proteinmakromoleküls — auftritt, erfolgt bei einer beliebigen Temperaturänderung eine mehr oder weniger große Änderung des Proteinglobulus. Wahrscheinlich betrifft eine solche Änderung gewöhnlich die Konfiguration und nicht die Konformation des Globulus (s. 4.4.). Bei Erhöhung der Temperatur „verhält“ sich der Globulus fast wie ein Drahtgerüst. Im Abschnitt 5.6. wurde ausführlich untersucht, zu welchen Folgerungen dieses Verhalten bei der Bearbeitung experimenteller Ergebnisse der Kinetik von Proteinreaktionen mit Methoden der gewöhnlichen Gaskinetik führen kann. Alles unter 5.6. Angeführte bezieht sich in vollem Maße auf enzymatische Prozesse.
Es kann sich folgende Frage erheben: Widerspricht nicht die Behauptung von den normalerweise gleichmäßigen, allmählichen temperaturbedingten Änderungen der Konfiguration des Globulus den zahlreichen experimentellen Ergebnissen, die von den häufig beobachteten plötzlichen temperaturbedingten Änderungen physikalischer Eigenschaften der untersuchten Systeme zeugen? Dazu gehört die Intensität der Fluoreszenz von Markern oder von „eigenen“ Aminosäuren, die Korrelationszeit von Spinmarkern, usw. Diese Widersprüche sind scheinbar. In allen Fällen ist das Auftreten solcher sprunghaften Änderungen mit der Änderung der Wechselwirkung eines niedermolekularen Indikators mit den ihn umgebenden Gruppen des Proteinglobulus verbunden. Mit der Temperaturänderung verändert sich allmählich die Verteilung der Proteingruppen (die Änderung ist in der Regel sehr gering), die Abmessungen des niedermolekularen Indikators dagegen bleiben praktisch konstant. Der Abstand zwischen

dem Indikator und den Proteingruppen ändert sich kontinuierlich mit der Temperatur, aber infolge des exponentiellen Charakters der zwischenmolekularen Kräfte mit kurzer Reichweite ändert sich beim Durchgang des Proteins durch eine bestimmte Konfiguration, die einer bestimmten Temperatur entspricht, die Wechselwirkung sehr stark. Somit zeugen die beobachteten Sprünge zweifellos davon, daß im untersuchten Temperaturbereich irgendwelche Konfigurationsänderungen des Proteinglobulus erfolgen (es können auch stetige sein), aber die genaue Lage dieser Sprünge wird eher durch die Registriermethode als durch das Protein selbst bestimmt.

6.5. Physik des Elementaraktes der Enzymkatalyse [18]

Wir wollen einiges zusammenfassen. Die Analyse der in den zwei letzten Kapiteln angeführten Ergebnisse läßt folgende Schlußfolgerungen zu: Beim Ablauf der Enzymreaktion erleidet das Enzymmakromolekül Konformationsänderungen, d. h. Änderungen seiner Struktur, die für die Erfüllung seiner Funktion notwendig sind. Wir überzeugten uns davon, daß die gemessenen — besser gesagt die mit Hilfe der ARRHENIUS-Gleichung und der Theorie des Aktivierungszustandes errechneten — Parameter der Enzymreaktion (sogar die, die sich auf einzelne chemische Stadien eines vielstufigen Prozesses beziehen), in der Regel nicht den Sinn haben wie bei klassischen Gasreaktionen. Es ist sogar möglich, daß sie überhaupt keinen physikalischen Sinn haben. Trotzdem gingen wir bei unserer Analyse direkt oder indirekt davon aus, daß irgendwelche *wahren* Aktivierungsparameter ΔE_a und ΔS_a von Enzymreaktionen vorhanden sind, wir sind nur nicht in der Lage, sie zu messen. Worauf gründet sich diese Hypothese von der Existenz wahrer Aktivierungsparameter? Wir sahen, daß die formelle Gültigkeit der Temperaturabhängigkeit der Reaktionsgeschwindigkeit nach der ARRHENIUS-Gleichung nicht als Grundlage für irgendeine Theorie dienen kann. Die Voraussetzung, daß wahre ΔE_a und ΔS_a existieren, hängt nur damit zusammen, daß gewöhnlich die Resultate kinetischer Messungen mit Hilfe von Gleichungen interpretiert werden, die vom ARRHENIUS-Typ sind. Wahrscheinlich gibt es keine andere Begründung für dieses Postulat.

Was bedeutet die Anerkennung eines solchen Postulats? Sie bedeutet, daß folgendes allgemeine Bild vom Ablauf der chemischen Umwandlung richtig ist. Bei gegebener Temperatur existiert ein bestimmter Reaktionsweg, der dem geringsten aller möglichen Werte der Aktivierungsbarriere ΔE_a entspricht. Die Reaktionsgeschwindigkeit wird durch die Zahl der Moleküle bestimmt, deren Energie für die Überwindung dieser Aktivierungsbarriere ausreicht. Die temperaturbedingte Änderung der Geschwindigkeit erfolgt aus zwei Gründen: 1. die Aktivierungsbarriere kann sich ändern[1]) und 2. mit steigender Temperatur wächst die Anzahl energiereicher Moleküle.

Diese zwei Gründe der Temperaturabhängigkeit beziehen sich tatsächlich auf *verschiedene Prozesse*. Die Änderung der Aktivierungsbarriere ist mit Konformations- oder Konfigurationsänderungen der Makromoleküle verbunden, das Anwachsen der Zahl der energiereichen Moleküle dagegen bezieht sich auf die Substratmoleküle, die eine chemische Umwandlung erfahren. Somit beruht das Postulat von der Existenz wahrer

---

[1]) Sogar nichtthermodynamisch, d. h. ohne die Bedingung (5.3) zu erfüllen.

Aktivierungsenergien und -entropien letzten Endes darauf, daß die chemische Reaktion des Substrats und die Konformationsänderung des makromolekularen Enzym-Substrat-Komplexes getrennt ablaufen. In Anbetracht des in diesem Kapitel angeführten Materials kann man eine solche Trennung kaum als gesetzmäßig bezeichnen. Die chemische Umwandlung des Substrats, die mit dem Aufbrechen oder der Bildung neuer Bindungen oder auch mit beiden Vorgängen einhergeht, erfolgt gleichzeitig mit der Konformationsänderung des gesamten makromolekularen Enzym-Substrat-Komplexes.

Wir formulieren jetzt eine neue Konzeption des Elementaraktes der Enzymkatalyse. Dieser Konzeption liegt folgendes Postulat zugrunde: *Die Konformationsänderung des Enzym-Substrat-Komplexes, die nach der Bindung des Substrats an das aktive Zentrum des Enzyms erfolgt, trägt Relaxationscharakter und schließt neben der Zerstörung alter und der Bildung neuer Sekundärbindungen im Proteinmakromolekül auch chemische Veränderungen des Substrats, d. h. Umwandlungen des Substratmoleküls in ein Produktmolekül oder in Produktmoleküle ein. Der elementare Akt der Enzymreaktion besteht in der Konformationsänderung eines Makromoleküls (des Enzym-Substrat-Komplexes) und die Geschwindigkeit der Umwandlung des Substrats in das Produkt wird durch die Geschwindigkeit dieser Konformationsänderung bestimmt.*

Bevor wir den gesamten Ablauf des enzymatischen Prozesses im Rahmen der vorgeschlagenen Konzeption betrachten, erörtern wir nun die Frage nach dem Sinn des *Relaxationscharakters* von Konformationsänderungen. Man könnte folgende Reihenfolge der Ereignisse, die nach einer lokalen augenblicklichen Änderung im aktiven Zentrum erfolgen, annehmen: Ladungsänderung, Bindung des Substratmoleküls oder Inhibitors, usw. Die stärksten Änderungen der Elektronenstruktur und der Geometrie des aktiven Zentrums sowie des Substrats laufen in Zeiten der Schwingungsrelaxation ($\tau \approx 10^{-12}-10^{-13}$ sec) ab. Wahrscheinlich wurden die in der Arbeit [197] beobachteten Änderungen der optischen Dichte bei der Photodissoziation des Oxy- oder Carboxyhämoglobins mit Hilfe von Laserblitzen (s. auch Abschnitt 5.4.) dadurch hervorgerufen. Die Verzögerung dieser Änderungen relativ zum Blitz konnte mit einer Zeitauflösung der Größenordnung 10^{-9} sec nicht registriert werden. Wie bereits erwähnt, erfassen solche praktisch augenblicklich ablaufenden Änderungen nur das Substratmolekül und die mit ihm im Enzym-Substrat-Komplex kontaktierenden Atomgruppen des aktiven Zentrums. Somit entsteht nach Beendigung der Relaxation der Schwingungsfreiheitsgrade des aktiven Zentrums folgende Situation: Das Substrat und seine nächste Umgebung befinden sich in einem neuen lokalen Gleichgewichtszustand; der übrige Teil des makromolekularen Komplexes dagegen bleibt unverändert. Die Relaxation des gesamten Makromoleküls in eine neue Gleichgewichtskonformation muß in zwei Etappen ablaufen. Zuerst müssen Umwandlungen erfolgen, die nicht die Modifizierung der Art der Verknüpfung von Sekundärbindungen im Makromolekül erfordern, d. h. Umwandlungen, die in Kapitel 4. als Konfigurationsänderungen bezeichnet wurden und die die Konfiguration des Makromoleküls in der Nähe des aktiven Zentrums — nicht aber seine gesamte Konformation — betreffen. Konformationsänderungen erfordern eine abgestimmte Bewegung einer Reihe von Atomgruppen und sind deshalb wesentlich langsamer, als die primären Änderungen im aktiven Zentrum. In der Regel rufen diese Änderungen der Bereiche des Makromoleküls, die in der Nähe des aktiven Zentrums liegen, eine Änderung seiner Elektronenverteilung hervor. Wahrscheinlich spiegeln die geringen zusätzlichen Änderungen der optischen Dichte im Hämspektrum, die in der oben zitierten Arbeit in $10^{-7}-10^{-8}$ sec nach der Photodissoziation beobachtet wurden, die sekundären Prozesse dieses Typs wider.

Die weiteren Änderungen des Makromoleküls sind mit der Relaxation in einen neuen Konformationszustand verbunden, der tatsächlich eintritt oder durch lokale mikrochemische Änderungen kinetisch erreichbar wird.
Im Verlauf einer solchen Relaxation des Enzym-Substrat-Komplexes mit einer Dauer von Millisekunden [301] und länger [425] erfolgt — entsprechend dem oben formulierten Postulat — die katalysierte chemische Umwandlung (s. 5.4.)[1]).
Untersuchen wir an Hand des von uns vorgeschlagenen Postulats das abstrakte Schema eines enzymatischen Prozesses. Die katalysierte Reaktion möge der Bruch einer der Bindungen des Moleküls AB, das aus zwei Atomgruppen A und B besteht, sein, die sich durch die Reaktion in zwei einzelne Moleküle umwandeln:

$$\mathrm{AB} \rightarrow \mathrm{A} + \mathrm{B}. \tag{6.4}$$

Die Umwandlung eines solchen Moleküls soll unter den gegebenen Bedingungen (Temperatur, Zusammensetzung des Milieus, usw.) mit der Senkung der Gesamtenergie des Systems um ΔU_0 verbunden sein.
Die Reaktion (6.4) muß nicht nur die Spaltung der Bindung AB beinhalten, sondern kann auch z. B. die Bindung eines Protons und Hydroxylions an die Gruppen A und B (wenn es sich um eine Hydrolysereaktion handelt) bedeuten. Diese Änderungen liefern ebenso wie die Änderungen der Solvatation einen Beitrag zu ΔU_0. Bei der Betrachtung der Energiebilanz der verschiedenen Stufen einer solchen schematischen Enzymreaktion werden wir im weiteren nur die Energieänderungen des Systems untersuchen, die mit der Umwandlung *eines* Moleküls (des makromolekularen Komplexes) verbunden sind. Deshalb wird durchweg von der Gesamtenergie des Systems — dagegen nicht von seiner freien Energie — gesprochen (ausführlich s. Kap. 8.).
Wir führen diesen Prozeß jetzt katalytisch unter Beteiligung eines spezifischen Enzyms E durch. Die Reaktion unterteilt sich dann in folgende Stufen (Abb. 6.2)

$$\mathrm{AB} + \mathrm{E} \xrightarrow{(a)} (\mathrm{AB})\mathrm{E} \xrightarrow{(b)} \mathrm{A\tilde{E}B} \xrightarrow{(c)} \tilde{\mathrm{E}} + \mathrm{A} + \mathrm{B} \xrightarrow{(d)} \mathrm{E} + \mathrm{A} + \mathrm{B}.$$

a) *Bildung eines spezifischen Enzym-Substrat-Komplexes.*

$$\mathrm{AB} + \mathrm{E} \rightarrow (\mathrm{AB})\mathrm{E}. \tag{a}$$

Diese schnelle Reaktion stellt einen gewöhnlichen chemischen Prozeß dar. Der Umstand, daß einer der Reaktionspartner E ein Makromolekül ist, hat keinen Einfluß auf den Ablauf der Reaktion. Es ist anzunehmen, daß das Quasigleichgewichtsstadium (a) sich bei unveränderter Konfiguration des größten Teiles des Proteinmoleküls einstellt. In diesem Sinn ist die vorliegende Stufe nichtadiabatisch[2]).
Die Konformation E wird dann instabil, wenn ein neuer kinetisch erreichbarer Konformationszustand des Enzym-Substrat-Komplexes mit einer niedrigeren Energie

---

[1]) Zur Größenordnung der Zeiten für den Umbau der Makromoleküle siehe auch [118].

[2]) Hier und künftig werden die Begriffe „nichtadiabatisch" und „adiabatisch" im Sinne der Mechanik verwendet.
Das untersuchte System möge so in zwei Untersysteme aufgeteilt werden, daß der im System ablaufende Gesamtprozeß auch in zwei Prozesse aufgeteilt werden kann, wobei Prozeß 1 die den Prozeß 2 induzierende Störung darstellt. Die charakteristischen Zeiten der Prozesse 1 und 2 mögen τ_1 bzw. τ_2 sein. Dann nennt man den Prozeß 1 nichtadiabatisch, wenn $\tau_1 < \tau_2$, bzw. adiabatisch, wenn $\tau_1 \geqq \tau_2$ ist.

entsteht. Somit befindet sich ein geringer Teil des Komplexes (AB)E in der Nähe des aktiven Zentrums, der infolge der Bindung des Substrats geringe Änderungen erfährt, mit der elektronischen und geometrischen Struktur im Quasigleichgewicht. Der Hauptanteil von (AB)E dagegen, dessen Konformationsrelaxation langsam erfolgt, befindet sich im Nichtgleichgewicht. Die Gesamtenergie des Systems soll sich durch die Reaktionsstufe (a) um ΔU_a senken. Diese Größe kann man formal in zwei Teile zerlegen:

$$\Delta U_a = \Delta U_a^{(1)} + \Delta U_a^{(2)}. \tag{6.5}$$

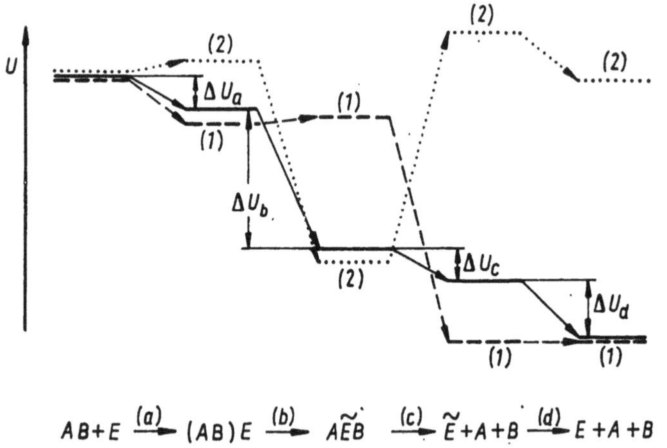

Abb. 6.2. Schema der Energieänderungen bei verschiedenen Etappen der Enzymkatalyse.

Durchgezogene Linien: Gesamtsystem (Substrat + Enzym); gestrichelt: Untersystem (1) (Substrat + aktives Zentrum); punktiert: Untersystem (2) (restliches Enzym). Die Energieskala ist für alle Systeme beliebig.

$\Delta U_a^{(1)}$ ist die Energieänderung der schnell relaxierenden und sich schnell ändernden Konfiguration des Komplexteiles in der Nähe des aktiven Zentrums; $\Delta U_a^{(2)}$ ist die Energieänderung des Hauptanteils des Moleküls, bei dem die Konformationsänderung noch nicht erfolgte. Offensichtlich ist $\Delta U_a^{(2)} > 0$, weil die unveränderte Konformation sich im Nichtgleichgewicht befindet. In den Bereichen, die an das bereits veränderte aktive Zentrum angrenzen, muß eine Spannung entstehen. Weil angenommen wurde, daß die Gesamtenergie durch die Stufe (a) um ($\Delta U_a < 0$) gesenkt wird, folgt daraus, daß $|\Delta U_a^{(1)}| > |\Delta U_a|$ und $|\Delta U_a^{(1)}| < 0$ ist.

b) *Langsame Relaxation des Enzym-Substrat-Komplexes in das neue Gleichgewicht und Umwandlung des Substrats in das Produkt.*

$$(\mathrm{AB})\mathrm{E} \rightarrow \mathrm{A\tilde{E}B}. \tag{b}$$

Ẽ ist der neue Konformationszustand des Enzyms. Die chemische Umwandlung des Substrats erfolgt als Teil der Konformationsänderung des makromolekularen Komplexes. Da die Stufe (b) Relaxationscharakter trägt, senkt sich die Energie des Systems ($\Delta U_b < 0$). Rein formal kann man ΔU_b wieder in zwei Teile unterteilen, und zwar in $\Delta U_b^{(1)}$, das sich auf das Substrat und die unmittelbar daran angrenzenden Gebiete des aktiven Zentrums, bzw. $\Delta U_b^{(2)}$, das sich auf den übrigen Teil des Makromoleküls bezieht.

Das Vorzeichen von $\Delta U_b^{(1)}$ hängt von der speziellen Art der chemischen Umwandlung des Substrats und der Struktur des aktiven Zentrums ab. Für die weiteren Überlegungen nehmen wir an, daß $\Delta U_b^{(1)} > 0$. Dann gilt:

$$\Delta U_b^{(2)} < 0 \qquad \text{und} \qquad |\Delta U_b^{(2)}| > |\Delta U_b|.$$

Da gerade in der Stufe (b) die chemische Umwandlung des Substrats erfolgt, stellt diese den elementaren Akt der Enzymkatalyse dar.

c) *Zerfall des Enzym-Produkt-Komplexes.*

$$\mathrm{A\tilde{E}B} \rightarrow \mathrm{\tilde{E}} + \mathrm{A} + \mathrm{B} \tag{c}$$

Ähnlich wie Stufe (a) stellt diese Stufe eine gewöhnliche chemische Umwandlung dar, die mit schnellen lokalen Änderungen im Bereich des aktiven Zentrums und mit Solvatationsänderungen der Reaktionsprodukte verbunden ist. Das Enzym verbleibt im Konformationszustand $\tilde{\mathrm{E}}$, d. h. im Nichtgleichgewicht und unter „Spannung“. Für $\Delta U_c < 0$ gilt:

$$\Delta U_c^{(1)} < 0, \qquad \Delta U_c^{(2)} > 0, \qquad |\Delta U_c^{(1)}| > |\Delta U_c^{(2)}|.$$

Da nach dem Durchlaufen der Stufen (a), (b) und (c) das Enzymmolekül wieder „freigesetzt“ wurde, sich aber konformationell im Nichtgleichgewicht befindet, ist offensichtlich, daß:

$$\Delta U_a^{(2)} + \Delta U_b^{(2)} + \Delta U_c^{(2)} > 0 \quad \text{ist.} \tag{6.6}$$

Dieser Sachverhalt ist in Abb. 6.2 wiedergegeben.

d) *Langsame Konformationsrelaxation des Enzyms in den ursprünglichen Gleichgewichtszustand des freien Makromoleküls.*

$$\mathrm{\tilde{E}} \rightarrow \mathrm{E}, \tag{d}$$

wobei $\Delta U_d = \Delta U_d^{(2)} < 0$, $\Delta U_d^{(1)} = 0$ gilt.
Offenbar gilt:

$$\Delta U_a + \Delta U_b + \Delta U_c + \Delta U_d = \Delta U_0. \tag{6.7}$$

Die schnellen chemischen Stufen (a) und (c), die relativ zu den langsamen Konformationsänderungen des Makromoleküls nichtadiabatisch ablaufen, können mit einer geringen Vergrößerung der Energie des Systems einhergehen. Bei der statistischen Betrachtung des katalytischen Prozesses im Makrovolumen beeinflußt das die Quasigleichgewichtskonzentration der Komplexe (AB)E und $\mathrm{A\tilde{E}B}$. Die Geschwindigkeit des Prozesses wird jedoch in der Mehrzahl der Fälle durch die langsamen Relaxationsstufen (b) und (d) bestimmt. Natürlich können in bestimmten Enzymsystemen auch schwierigere Fälle auftreten, wenn z. B. nach der ersten Relaxation, die nicht mit der chemischen Umwandlung des Substrats oder Cofaktors verbunden ist, durch das Enzym ein zweites Substrat- oder Cofaktormolekül gebunden wird, wonach wiederum eine Konformationsänderung erfolgt, die dann zur chemischen Umwandlung führt. Die entsprechende Modifizierung des Schemas ist nicht schwierig[1]).
Kommen wir nun zu den kinetischen Aspekten der behandelten Probleme. Nach den in

[1]) Über Elektronen-Konformations-Wechselwirkungen und ihre mögliche Rolle bei der Enzymkatalyse, siehe auch [48, 49].

diesem Buch entwickelten Vorstellungen stimmt die Geschwindigkeit der chemischen Umwandlung des Substrats mit der Geschwindigkeit der Konformationsrelaxation des Enzym-Substrat-Komplexes (Stufe b) überein, d. h. mit *der* Geschwindigkeit der Bewegung des Systems auf dem Weg, der durch ausgewählte mechanische Freiheitsgrade, entsprechend der Konstruktion des Makromoleküls bestimmt wird. Bei der Relaxation verringert sich die Gesamtenergie des Systems ununterbrochen. Man kann natürlich formal die Verschiebung der Atome, die unmittelbar für die Umwandlung der Konfiguration des Substratmoleküls verantwortlich sind, gesondert betrachten und behaupten, daß die gleichzeitig in anderen Bereichen des Makromoleküls stattfindenden Änderungen zur Senkung der effektiven Aktivierungsbarriere dieser Umwandlung führen. Gerade die Existenz ausgewählter mechanischer Freiheitsgrade gestattet uns, die Verschiebungen, die in weit voneinander entfernten Bereichen des Makromoleküls stattfinden, als *einen* Akt zu betrachten, wobei die Verwendung der Begriffe Aktivierungsenergie und -entropie aus der Theorie des aktivierten Zustandes keinen Sinn hat. Die Konformationsänderung, die die wichtigste Komponente des Elementaraktes der Enzymreaktion darstellt, erfolgt unter Bedingungen eines beträchtlichen konformationellen Nichtgleichgewichts. Deshalb ist die thermodynamische Bedingung (5.3), die der Theorie des aktivierten Zustandes zugrunde liegt, im gegebenen Fall nicht erfüllt. In den relativ schmalen Temperaturbereichen, in denen gewöhnlich kinetische Untersuchungen enzymatischer Prozesse durchgeführt werden, kann man die Abhängigkeit der Geschwindigkeit von der Temperatur ausreichend gut durch eine Exponentialfunktion beschreiben. Wir sahen jedoch schon weiter oben, zu welchen Fehlern die formale Anwendung der ARRHENIUS-Gleichung bei der Bestimmung der Aktivierungsparameter einer Enzymreaktion führen kann. Im üblichen chemischen Sinne des Begriffes gibt es in diesem Fall einfach keine Aktivierungsparameter. Im Idealfall erleiden *alle* Substratmoleküle, die einen *„richtigen“* Enzymkomplex bilden, der in den neuen Konformationszustand relaxiert, eine chemische Umwandlung. Bei einer Temperaturänderung ändert sich die Geschwindigkeit der Relaxationsstufe (b) nicht deshalb, weil sich die Zahl der Moleküle ändert, die eine für die Überwindung irgendeiner Aktivierungsbarriere ausreichende Energie haben, sondern weil sich die Ausgangskonformation des Makromoleküls ändert und folglich Weg und Geschwindigkeit seiner nachfolgenden Relaxation[1]). Außerdem kann die Änderung der Ausgangskonformation dazu führen, daß in der Stufe (a) nicht alle Substratmoleküle einen „richtigen“ Enzym-Substrat-Komplex bilden, d. h. jenen Komplex, dessen Konformationsrelaxation mit der chemischen Umwandlung des Substrats in das Produkt verbunden ist. Wahrscheinlich unterscheidet sich in der Mehrzahl der Fälle der kompetitive Inhibitor vom Substrat gerade dadurch, daß die durch ihn induzierte Konformationsänderung nicht die chemischen Bindungen des Inhibitors erfaßt. Unter diesem Aspekt kann man sagen, daß weit vom Temperaturoptimum entfernt sich einige Substratmoleküle wie Moleküle eines kompetitiven Inhibitors verhalten. In jedem Fall läßt sich die Temperaturabhängigkeit der Geschwindigkeit der Enzymreaktion zu beiden Seiten des Temperaturoptimums nur durch einen Grund erklären, nämlich durch eine temperaturbedingte *Konfigurationsänderung* des Proteinglobulus. Ohne Zweifel kann es möglich sein, daß nicht die Relaxationsstufen (b) und (d) die Geschwindigkeit des Gesamtprozesses begrenzen, sondern die chemischen Stufen (a) und (c). Diese Fälle bilden wahrscheinlich die Ausnahme, aber nicht die Regel.

---

[1]) Natürlich muß die Relaxationsgeschwindigkeit selbst von der Temperatur abhängen, aber wahrscheinlich ist diese Anhängigkeit niemals der begrenzende Faktor.

Diese Vorstellungen können experimentell überprüft werden. Man kann davon ausgehen, daß die Konformations- und Konfigurationsänderungen des Proteins unter dem Einfluß so unspezifischer Einwirkungen, wie Temperatur und pH noch langsamer ablaufen als spezifische Änderungen, die durch das Substrat induziert werden. In diesem Fall kann eine Situation entstehen, bei der die Geschwindigkeit des enzymatischen Prozesses bei der „neuen" Temperatur (bzw.pH) noch der „alten" Temperatur (bzw. pH) entspricht. Solche Erscheinungen wurden tatsächlich bei enzymatischen Reaktionen wie der ATP-Hydrolyse durch Myosin und der des Harnstoffs durch Urease beobachtet [113]. In dieser Arbeit konnte gezeigt werden, daß sich mit der Temperatur und dem pH-Wert nicht nur der Konformationszustand, sondern auch der Weg der Konformationsrelaxation des Enzyms während der Zeit des katalytischen Aktes ändert. Es wurde gefunden, daß für die untersuchten Prozesse die Temperaturabhängigkeit der Geschwindigkeit enzymatischer Reaktionen nicht durch die Änderung der Zahl der Moleküle, die die Aktivierungsbarriere überwinden können, bestimmt wird, sondern durch die Änderung des Ausgangszustandes und des Weges der Konformationsrelaxation des Enzym-Substrat-Komplexes.

Die Rolle der Relaxationsstufe ist außerdem auch aus einem anderen Grunde wichtig. Die Energie, die durch den Ablauf der schnellen chemischen Stufen frei wird, wandelt sich in der Regel in Wärme um. Nur die langsamen Relaxationsstufen können zur Durchführung einer nutzbaren Arbeit bei der Muskelkontraktion oder zur Unterhaltung endothermer Prozesse (ausführl. Kap. 8.) genutzt werden.

Die in diesem Kapitel betrachtete neue Relaxationskonzeption der Enzymkatalyse stellt im Prinzip eine der möglichen Varianten des allgemeinen Schemas Protein—Maschine dar. Dieses Schema läßt auch eine mehr traditionelle Betrachtungsweise zu [539]. Dementsprechend wird der kinetische Nichtgleichgewichtszustand des Systems nach der Bildung des Enzym-Substrat-Komplexes und der Lokalisierung der Energie auf ausgewählten Freiheitsgraden für die Senkung der Aktivierungsbarriere ausgenutzt.

Die Relaxationskonzeption und das traditionelle Herangehen haben eine gemeinsame Seite: Die Mechanismen der Hin- und Rückreaktionen müssen sich sehr wesentlich unterscheiden. Das bedeutet, daß beide Schemata nur weit entfernt vom Zustand des chemischen Gleichgewichts zwischen Substrat und Produkt gültig sind. Im entgegengesetzten Fall müßte die Anwesenheit des Enzyms das Gleichgewicht beeinflussen, was den Gesetzen der Gleichgewichtsthermodynamik widerspricht.

Gerade diese Vorstellungen bildeten die Grundlage der Kritik an der Relaxationskonzeption in der Arbeit [540]. Es ist offensichtlich, daß eine solche Kritik mit dem gleichen Recht auf jede beliebige Variante des Schemas Protein—Maschine ausgedehnt werden kann, unter anderem auch auf das Schema des „gespannten Bogens" [292].

In der Arbeit [541] wurden von CHERNAVSKI und mir ausführlich die Probleme diskutiert, die bei Betrachtung beider Varianten (Relaxationskonzeption und traditioneller Konzeption) des Schemas Enzym—Maschine unter Bedingungen nahe dem thermodynamischen Gleichgewicht, bzw. weit entfernt davon, entstehen.

Diese Diskussion führte zur folgenden plausiblen Schlußfolgerung. In allen Fällen, wenn das Enzym wie eine mechanische Konstruktion funktioniert, müssen sich die Reaktionsmechanismen in der Nähe des thermodynamischen Gleichgewichts, bzw. weit entfernt davon, voneinander unterscheiden.

Unter diesem Gesichtspunkt wollen wir die hier vorgeschlagene Relaxationskonzeption betrachten. Die Enzymkatalyse der chemischen Reaktion

$$\mathrm{S} \rightleftharpoons \mathrm{P}, \tag{6.8}$$

wobei S das Substrat und P das Produkt weit entfernt vom chemischen Gleichgewicht darstellt, erfolgt nach folgenden Schemata

$$\mathrm{S} + \mathrm{E} \underset{\varkappa_{-a}}{\overset{\varkappa_a}{\rightleftharpoons}} \mathrm{SE} \xrightarrow{\varkappa_b} \mathrm{P\tilde{E}} \underset{\varkappa_{-c}}{\overset{\varkappa_c}{\rightleftharpoons}} \mathrm{P} + \tilde{\mathrm{E}} \xrightarrow{\varkappa_d} \mathrm{P} + \mathrm{E} \tag{6.9}$$

$$\mathrm{P} + \mathrm{E} \underset{\varkappa'_{-a}}{\overset{\varkappa'_a}{\rightleftharpoons}} \mathrm{PE} \xrightarrow{\varkappa'_b} \mathrm{S\hat{E}} \underset{\varkappa'_{-c}}{\overset{\varkappa'_c}{\rightleftharpoons}} \mathrm{S} + \hat{\mathrm{E}} \xrightarrow{\varkappa'_d} \mathrm{S} + \mathrm{E} \tag{6.10}$$

Die Hinreaktion wird durch (6.9) und die Rückreaktion durch (6.10) beschrieben. Wie bereits vorher betont, erfolgen die Elementarakte der Stadien a, c, a′ und c′ schnell und die entsprechenden Gleichgewichte stellen sich bei unveränderter Proteinkonformation ein. Die Relaxationsstadien b, d, b′ und d′ kann man auf zwei Arten beschreiben. Der Übergang des Systems in einen neuen Konformationszustand nach der Bindung des Substrats (oder der Dissoziation des Produktes) am aktiven Zentrum kann man als mechanische Bewegung in Richtung eines ausgewählten Freiheitsgrades unter der Einwirkung der Kraft, die an der Grenze zwischen den ausrelaxierten und nichtausrelaxierten Bereichen des Enzym-Substrat-Komplexes entsteht, betrachten. Diese Bewegung beinhaltet die Umwandlung des Substrats in ein Produkt (oder des Produkts in ein Substrat bei der Rückreaktion). Die Geschwindigkeitskonstante einer solchen Reaktion, z. B. $\varkappa_b$ ist nicht die wahre Geschwindigkeitskonstante der gegebenen chemischen Reaktion. Ihr Wert hängt von der Substratkonzentration und vom Konzentrationsverhältnis zwischen Substrat und Produkt ab (d. h. vom Grad der Abweichung vom chemischen Gleichgewicht $\mathrm{S} \rightleftharpoons \mathrm{P}$).
Dank der relativ geringen Geschwindigkeit des Relaxationsstadiums „b“ können die Elementarakte des Stadiums „a“ auch während der Zeit der Relaxation, die somit nicht unter dem Einfluß einer konstanten Kraft, sondern unter dem Einfluß aufeinanderfolgender Stöße realisiert wird, erfolgen. Wenn die Substratkonzentration sehr gering ist, erfolgen die Stöße selten und das Enzym kann zwischen zwei Stößen in die Ausgangskonformation zurückkehren, dabei verringert sich die resultierende Geschwindigkeit der Relaxation. Analog wird auf das Stadium „b“ die Annäherung an das chemische Gleichgewicht auf Grund der Erhöhung der Produktkonzentration wirken. Somit ist die Irreversibilität des Stadiums „b“ (wie bei anderen Relaxationsstadien) nur durch den Fakt bedingt, daß das System: S—P weit entfernt vom thermodynamischen Gleichgewicht ist. Die zyklischen Konformationsänderungen des Enzyms ($\mathrm{E} \to \tilde{\mathrm{E}} \to \mathrm{E}$) werden durch die Umwandlungsenergie $\mathrm{S} \to \mathrm{P}$, die weit entfernt vom chemischen Gleichgewicht ist, realisiert.
Den Prozeß der Konformationsrelaxation kann man auch auf andere Art beschreiben und zwar als Aufeinanderfolge vieler Elementarakte (Rotation um Einfachbindungen, Änderung der Valenzwinkel, Zerstörung und Bildung von Wasserstoffbrücken, usw.). Jeder dieser Akte für sich ist reversibel, aber der Gesamtprozeß ist irreversibel, wenn sich das System S—P nicht im chemischen Gleichgewichtszustand befindet. Der Weg der Konformationsrelaxation wird völlig durch die Konstruktion des Systems bestimmt. Beide Darstellungsarten sind im Prinzip identisch und führen zu gleichen Schlußfolgerungen. Im Rahmen der zweiten Darstellungsart, kann man das Relaxations-

stadium „b“ in folgender Form schreiben:

$$\begin{array}{ccccccc} S + E & \underset{a}{\rightleftharpoons} & SE & \underset{b_1}{\rightleftharpoons} & SE^{(1)} \rightleftharpoons & SE^{(2)} \rightleftharpoons \ldots \rightleftharpoons & P\tilde{E} \\ & & & & \downarrow\uparrow & \downarrow\uparrow & \\ & & & & S + E^{(1)} & S + E^{(2)}. & \end{array} \tag{6.11}$$

Selbstverständlich ist die resultierende Konstante $\varkappa_b$ eine effektive Größe.
Wenn die Konzentration von P den Gleichgewichtswert übersteigt, verläuft der Prozeß in der entgegengesetzten Richtung über andere im Nichtgleichgewicht befindliche Konformationszustände (s. 6.10), aber alle bisher getroffenen Ausführungen behalten ihre Gültigkeit. Unter den Bedingungen des chemischen Gleichgewichts werden alle Stadien reversibel und die Schemata (6.9) und (6.10) fallen zusammen:

$$\begin{array}{ccccc} SE & \underset{\varkappa_{-b}}{\overset{\varkappa_b}{\rightleftharpoons}} & P\tilde{E} & \underset{\varkappa_{-c}}{\overset{\varkappa_c}{\rightleftharpoons}} & P + \tilde{\tilde{E}} \\ \varkappa_a \Big\Uparrow\Big\Downarrow \varkappa_{-a} & & & & \varkappa_{-d} \Big\Uparrow\Big\Downarrow \varkappa_d \\ S + E & & & & P + E \\ \varkappa'_d \Big\Uparrow\Big\Downarrow \varkappa'_{-d} & & & & \varkappa'_{-a} \Big\Uparrow\Big\Downarrow \varkappa'_a \\ S + \hat{E} & \underset{\varkappa'_c}{\overset{\varkappa'_{-c}}{\rightleftharpoons}} & S\hat{E} & \underset{\varkappa'_b}{\overset{\varkappa'_{-b}}{\rightleftharpoons}} & PE. \end{array} \tag{6.12}$$

Das Konzentrationsverhältnis von freiem Substrat und freiem Produkt ist im Gleichgewicht vom Vorhandensein eines Enzyms unabhängig. Gleichzeitig müssen sich die Geschwindigkeitskonstanten der „mechanischen“ Stadien, die die Konformationsänderungen beinhalten (d. h. $\varkappa_b, \varkappa_{-b}, \varkappa_d, \varkappa_{-d}, \varkappa_b', \varkappa'_{-b}, \varkappa_d', \varkappa'_{-d}$) in dem Maße verringern, wie sich das System dem chemischen Gleichgewicht nähert. Für echte mechanische Systeme bedeutet das Gleichgewicht Ruhe. Für Systeme wie Proteinmakromoleküle kann man eine wesentliche Verlangsamung der Relaxationsstadien erwarten. In der Arbeit [535] konnte nachgewiesen werden, daß unter den Bedingungen des dynamischen Redoxgleichgewichtes keine Konformationsänderungen zwischen den Gleichgewichtsformen von oxidiertem und reduziertem Cytochrom c registriert werden können. Man könnte zu der Annahme gelangen, daß für die Mehrzahl der enzymatischen Prozesse, bei der Annäherung des Systems an die Bedingungen des chemischen Gleichgewichts, die Relaxationskatalysemechanismen nicht mehr effektiv sind und durch gewöhnliche chemische Reaktionen des Substrats mit den katalytischen Gruppen des aktiven Zentrums ersetzt werden.
Diese gewöhnlichen chemischen Reaktionen erfordern keine Konformationsänderungen und nicht die Entstehung von aktivierten kinetischen Nichtgleichgewichtszuständen, die das System in Richtung der Reaktionskoordinate drängen. Es ist gut bekannt, daß die Mehrzahl der enzymatischen Prozesse in der Zelle unter Bedingungen realisiert wird, die vom chemischen Gleichgewicht weit entfernt sind (für eine gegebene Reaktion) und die Vorteile der „maschinenähnlichen“ Mechanismen können voll genutzt werden.

6.6. Dynamisches Funktionsmodell des Enzyms Aspartataminotransferase

In den letzten Jahren wurden viele Untersuchungen durchgeführt, die die Aufklärung spezieller Mechanismen einer Reihe enzymatischer Prozesse zum Inhalt hatten. Je mehr wir darüber erfahren, um so offensichtlicher wird der mechanische „maschinenhafte“ Charakter der Arbeitsweise enzymatischer Gebilde. Im vorliegenden Kapitel werden

Ergebnisse von Untersuchungen eines der am besten erforschten enzymatischen Prozesse — der bereits im Jahre 1937 durch BRAUNSTEIN und KRITSMANN entdeckten Transaminierung von d-Aminosäuren — behandelt [235].

$$R_1-\underset{\displaystyle NH_2}{\overset{\displaystyle H}{\overset{|}{\underset{|}{C}}}}-COOH + R_2-\underset{\displaystyle O}{\underset{\|}{C}}-COOH \rightleftharpoons R_1-\underset{\displaystyle O}{\underset{\|}{C}}-COOH + R_2-\underset{\displaystyle NH_2}{\overset{\displaystyle H}{\overset{|}{\underset{|}{C}}}}-COOH. \qquad (6.13)$$

Diese Reaktion katalysiert die Aminotransferase mit dem Pyridoxalphosphat (PLP) als Coenzym.

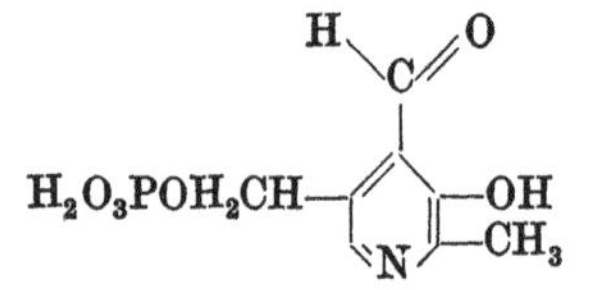

PLP

Wesentliche Ergebnisse zur Erklärung des Funktionsmechanismus eines dieser Pyridoxalenzyme, der Aspartataminotransferase (AAT) wurden in einigen führenden Laboratorien der Welt, wie z. B. von BRAUNSTEIN, SNELL, HAMMES und anderen erhalten. Die hier dargestellten Ausführungen fußen auf dem hervorragenden Übersichtsartikel von IVANOV und KARPEISKY, deren Arbeiten einen entscheidenden Anteil an der Schaffung eines Modells haben [328]. Selbst wenn einige Einzelheiten durch zukünftige Untersuchungen zu berichtigen sind, ist die Richtigkeit der allgemeinen Darstellung der Enzymwirkung nicht zu bezweifeln.
Im kongruenten Modellsystem der Reaktion übernimmt das PLP die Rolle des zeitweiligen Akzeptors der Aminogruppe, indem es sich in den ersten Reaktionsstadien über das Aldimin und Ketimin in das Pyridoxaminphosphat (PMP) umwandelt:

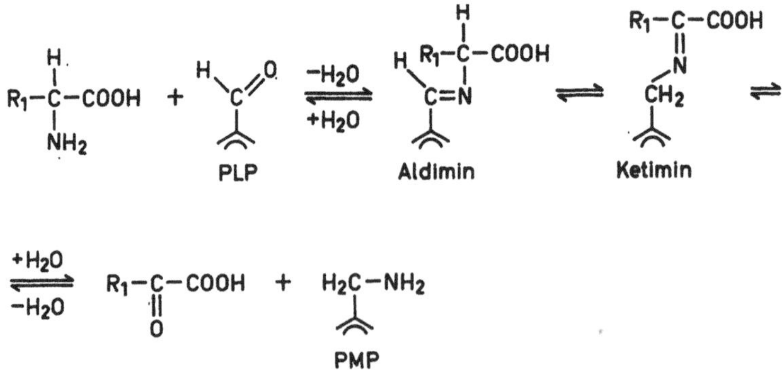

(6.14)

Danach tritt das PMP mit der entsprechenden Ketosäure $R_2-\underset{\displaystyle O}{\underset{\|}{C}}-COOH$ in Wechselwirkung, erleidet die gleichen Umwandlungen in umgekehrter Reihenfolge und bildet PLP und eine Aminosäure. AAT katalysiert die Reaktion (6.13) zwischen Asparaginsäure und d-Ketoglutarsäure. Das Protein besteht aus zwei gleichen Untereinheiten und hat ein Molekulargewicht von 45000. Im Ausgangszustand, wenn sich das Coenzym in der PLP-Form befindet, bildet es eine Aldimin-Doppelbindung mit der ε-NH_2-Gruppe eines der Lysinreste der AAT (Abb. 6.3).
An der Kopplung des Proteins mit dem PLP ist jedoch nicht nur die Carbonylgruppe

des Coenzyms beteiligt. Es wurde nachgewiesen, daß alle Substituenten des Pyridinrings mit den einen oder anderen Proteingruppen wechselwirken. Wahrscheinlich spielt die Phosphatgruppe bei der Bindung des Coenzyms eine wesentliche Rolle. Die Phosphatgruppe befindet sich in der Form eines einwertigen Anions und steht mit einer der Kationengruppen des Proteins in Wechselwirkung. Das Stickstoffatom des Pyridinrings der PLP nimmt ein Proton auf, das wahrscheinlich von der OH-Gruppe des Tyrosinrestes des Proteins stammt, und wird dabei positiv geladen (sp^2-Hybridisierung). Der auf diesem Wege gebildete Imin-Stickstoff tritt mit einem negativ geladenen Sauerstoff (Z) des Tyrosinrestes in Wechselwirkung (starke Wasserstoffbrücke).

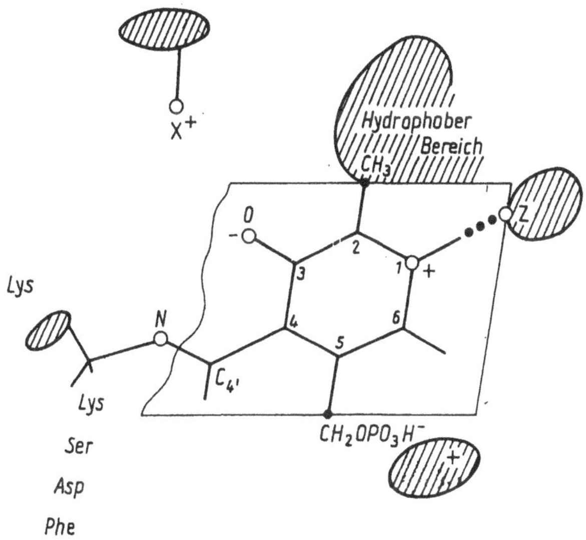

Abb. 6.3. Pyridoxalphosphat im aktiven Zentrum der Aspartataminotransferase (nach [328]). Die schraffierten Bereiche gehören zum Apoenzym.

Es gibt überzeugende Beweise für eine merkliche VAN-DER-WAALS-Wechselwirkung zwischen der Methylgruppe des PLP und einem hydrophoben Bereich des Apoenzyms. Auf Grund der starken Senkung des pK_S der Oxygruppe des PLP im Komplex mit der AAT im Vergleich mit dem pK_S der gleichen Gruppe beim freien PLP ($pK_S = 6{,}2$ anstatt 10,5), die man nicht nur durch die Protonierung der Atome des Stickstoffrings erklären kann, kommt man zu dem Schluß, daß sich in der Nähe der Oxygruppe eine positiv geladene Gruppe des Apoenzyms X^+ befinden muß. Es ist möglich, daß diese Gruppe ein Lysinrest ist (s. Abb. 6.3). Somit wird im stabilen, im Gleichgewicht befindlichen Komplex des Coenzyms PLP mit dem Enzym die Wechselwirkung unter Zuhilfenahme aller zur Bindung befähigten Gruppen der PLP erreicht („Mehrpunktbindung", die das PLP eindeutig am Protein fixiert). Wenn das freie PLP und das Apoenzym die Ausgangsprodukte darstellen, dann führt die Komplexbildung zu einer solchen Konformationsänderung des Proteins, die die Ausbildung aller oben aufgeführten Bindungen erlaubt und das Coenzym gleichzeitig chemisch modifiziert (Ausbildung der kovalenten Aldiminbindung und Protonentransport zum Stickstoffatom des Pyridinrings).
Wir verfolgen jetzt die einzelnen Stufen der Enzymreaktion (6.13), beginnend mit dem freien Enzym-Substrat-Komplex (1 in Abb. 6.4).
Das Substrat, die α-Aminosäure (l-Asparaginsäure) bildet einen Ionenkomplex (2 in Abb. 6.4) (die Aminogruppe der freien Aminogruppe ist protonisiert, die Carbonylgruppe

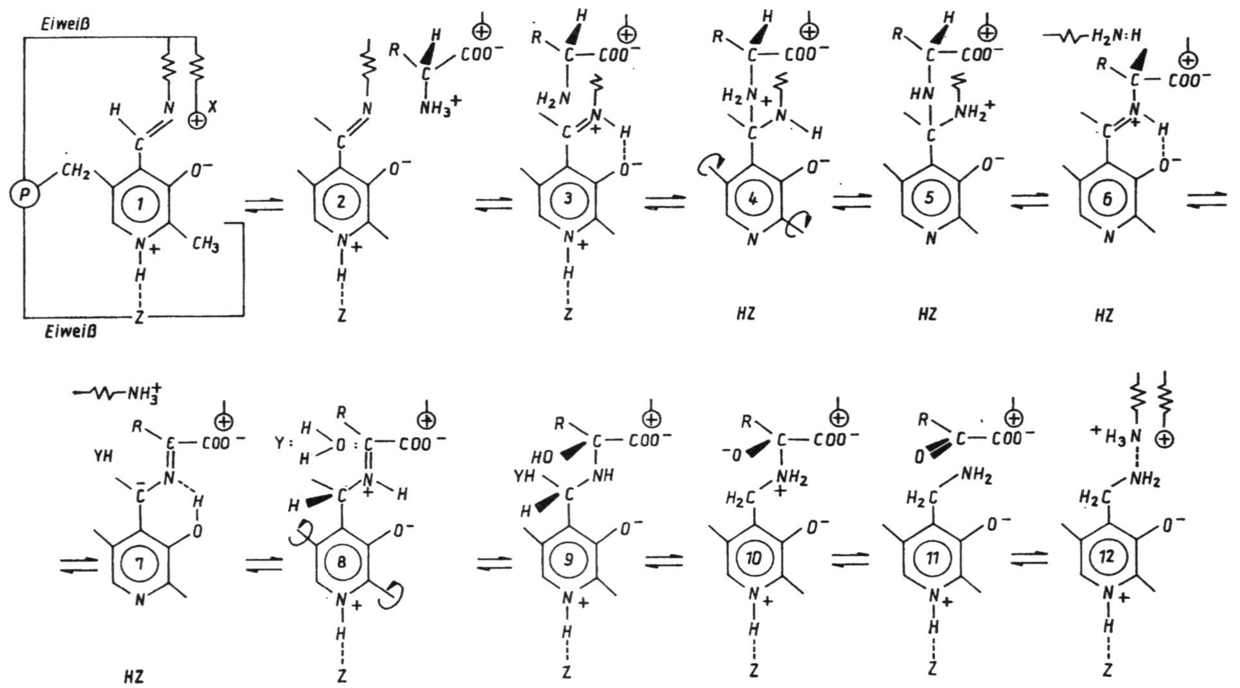

Abb. 6.4. Schema der chemischen Etappen der ersten Stufe der enzymatischen Transaminierung (nach [328]).

dagegen ist bei physiologischen pH-Werten ionisiert). Als Gegenion für die Aminogruppe des Substrats dient die negativ geladene Oxygruppe des PLP, für die Carbonylgruppe dagegen dient eines der Kationenzentren des Proteins als Gegenion. Die nachfolgende Etappe muß die nucleophile Bindung der Aminogruppe des Substrats an die innere Aldimindoppelbindung C = N sein, die die Carbonylgruppe des PLP mit dem Lysinrest des Apoenzyms verbindet. Zur Entstehung dieser Bindung müssen zwei Bedingungen erfüllt sein:

a) die Aminogruppe muß aus der geladenen Form ($-NH_3^+$) in die Form ($-NH_2$) übergehen und
b) der Abstand zwischen dem Stickstoffatom der Aminogruppe und dem Kohlenstoffatom der Aldiminbindung C = N muß sich von 3,5 Å (Summe der VAN-DER-WAALS-Radien von C und N) auf 1,5 Å verringern.

Bedingung a) wird durch die Änderung des pK der NH_3^+-Gruppe des Substrats und der Oxygruppe des PLP bei der Komplexbildung erfüllt. IVANOV und KARPEISKY zeigten, daß im Enzym-Substrat-Komplex ein Protonentransport von der $-NH_3^+$-Gruppe des

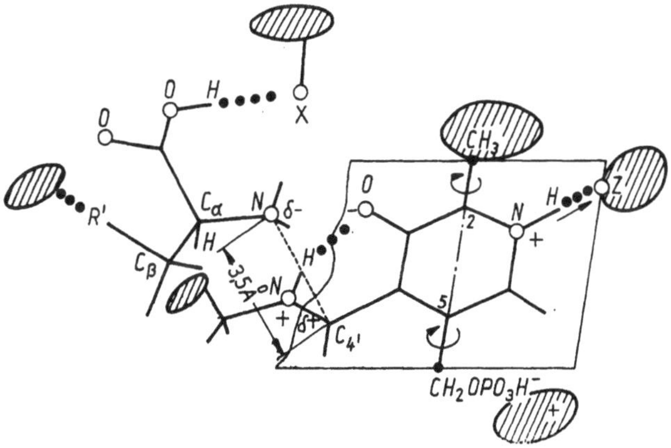

Abb. 6.5. Raumstruktur des Enzym-Substrat-Komplexes 3 (s. Abb. 6.4) (nach [328]). Die Pfeile zeigen die Richtung der Drehung und der Verschiebung beim Übergang zur Stufe 4. Die schraffierten Bereiche beziehen sich auf das Apoenzym.

Substrats zur $-O^-$-Gruppe des PLP (3 in Abb. 6.4) stattfinden muß. Untersuchungen unter Zuhilfenahme von Molekülmodellen zeigten, daß die Bedingung b) erfüllt ist, wenn man das Coenzym um jene Achse dreht, die durch die vom Apoenzym fixierte CH_3-Gruppe und Phosphatgruppe gebildet wird (Abb. 6.5). Für diese Drehung ist der Bruch der Bindung des PLP mit dem Protein über das Stickstoffatom des Pyridinrings und über die Oxygruppe notwendig. Die letztere Bindung ist schon durch die Protonisierung der $-O^-$-Gruppe aufgebrochen (s. Bedingung a). Die Protonisierung muß außerdem zur Senkung des Basencharakters des Stickstoffatoms des Rings und folglich zum Aufbruch seiner Wasserstoffbrücke führen. Die Bindung des PLP mit dem Lysin des Apoenzyms jedoch bleibt erhalten, indem sich die Bindung bei der nucleophilen Substitution aus der Doppelbindung in eine Einfachbindung umwandelt. Wahrscheinlich führt gerade die Relaxationskonformationsänderung, die durch die Bildung des Ausgangskomplexes mit dem Substrat hervorgerufen wird, zur entsprechenden Verschiebung des Lysinrestes und folglich zur Drehung der Ringebene des PLP um die

Achse: Methylgruppe—Phosphat[1]). Alle chemischen Umwandlungen, darunter die nucleophile Anlagerung des Substrats, erfolgen im Prozeß dieser Konformationsänderung (4 in Abb. 6.4).
Danach muß sich eine Aldimindoppelbindung zwischen dem Carbonylkohlenstofff des PLP und der Aminogruppe des Substrates unter gleichzeitigem Bruch der noch bestehenden Einfachbindung zwischen diesem Kohlenstoff und der Aminogruppe des Lysin (5 und 6 in Abb. 6.4) ausbilden. Es ist natürlich auch möglich, daß beim enzymatischen Prozeß die letzten beiden Stufen im Verlauf der Konformationsänderung des Proteins ohne Fixierung der Zustände 5 und 6 erfolgen.
Somit führt die Bildung des Aldimins zur Entstehung einer freien Aminogruppe des Lysinrestes des Apoenzyms in unmittelbarer Nähe der C_α—H-Bindung.
Das begünstigt die Umwandlung der Aldimingruppierung

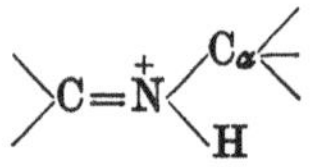 in die Ketimingruppierung 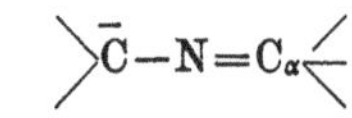

Das Proton wird an den Lysinrest unter Bildung eines Carbanions übergeben (7 in Abb. 6.4). Aller Wahrscheinlichkeit nach, führt gerade die Wechselwirkung mit dem Lysin zur Konformationsänderung, die ihrerseits die Zurückdrehung der Ringebene des Coenzyms um die Methyl-Phosphat-Achse hervorruft (das wird von Ivanov und Karpeisky ebenfalls nicht behandelt). Dadurch nähert sich das Carbanion der Protonendonator-Gruppierung YH des Apoenzyms (wahrscheinlich stellt YH das Imidazol eines Hystidinrestes dar), die das Proton an das C^- des Carbanions übergibt (8 und 9 in Abb. 6.4). Gleichzeitig wird die Bindung des Coenzyms an das Protein durch die übrigen Bindungen wiederhergestellt. Die restlichen Stufen (Zustände 10—12) führen letztendlich zur Abspaltung der Ketosäure und zur Bildung des PMP, was aus Abbildung 6.4 ersichtlich ist. Wahrscheinlich wird die Aminogruppe des PMP, durch die nahegelegenen starken Kationen-Gruppen des Apoenzyms, darunter die $—NH_3^+$-Gruppe und die Gruppe des Lysinrestes (12 in Abb. 6.4) in neutraler Form mit niedrigem pH-Wert gehalten (das ist notwendig für den Ablauf der zweiten Hälfte des Prozesses, die mit der Wechselwirkung des PMP mit dem zweiten Substrat, der α-Ketosäure, beginnt). Die Stufen der zweiten Hälfte des Prozesses wiederholen in umgekehrter Reihenfolge die der ersten.
In der Übersicht von Ivanov und Karpeisky, auf deren Grundlage der Mechanismus der enzymatischen Transaminierung betrachtet wurde, ist nicht nur eine ausführliche Beschreibung von Strukturänderungen, die mit jeder Stufe verbunden sind, zu finden, sondern auch experimentelle Fakten, die die angeführten Vorstellungen unterstreichen. Wir wollen hervorheben, daß die zwei wichtigsten Stufen des Prozesses, nämlich die nucleophile Bindung des Substrates unter Ausbildung einer kovalenten Bindung und die Aldimin-Ketoimin-Tautomerisierung, die über die Stufe des Carbanions verläuft[2]), durch ganz bestimmte Konformationsänderungen des Makromoleküls realisiert werden. Diese Konformationsänderungen gewährleisten die notwendigen Änderungen der Orientierung der einzelnen Gruppen und der Abstände zwischen ihnen mit einer außerordentlichen Genauigkeit. Gerade diese mechanischen Stufen machen es unmöglich, an die Beschreibung und Erklärung enzymatischer Prozesse von der Position der klassischen chemischen Gaskinetik aus heranzugehen.

---

[1]) Das wird in der Übersicht von Ivanov und Karpeisky nicht behandelt.
[2]) Gerade diese Stufe begrenzt die Geschwindigkeit des gesamten Prozesses der Transaminierung.

6.7. Schlußfolgerungen

In diesem Kapitel wurden neue Vorstellungen über die physikalischen Mechanismen des Elementaraktes in der Enzymkatalyse beschrieben. Aus dem Dargelegten wird deutlich, daß sich das Problem der Schaffung einer quantitativen physikalischen Theorie der Enzymkatalyse auf die Schaffung einer quantitativen Theorie und Kinetik der Relaxationskonformation der Proteinmoleküle und ihrer Komplexe reduziert. Die Arbeit in dieser Richtung hat praktisch noch nicht begonnen.

Man muß daran erinnern, daß eine quantitative physikalische Theorie (sogar, wenn sie einmal geschaffen wird) die zur jetzigen Zeit vorhandenen und weit verbreiteten (nach meiner Meinung unbegründeten) halbquantitativen empirischen Beschreibungen, die letzten Endes auf der ARRHENIUS-Gleichung und der Theorie des Aktivierungszustandes fußen, nicht ersetzen kann. Für die Experimentatoren sind einfache Beziehungen vom Typ der ARRHENIUS-Gleichung notwendig; außerdem muß man Parameter finden, die die Kinetik des Prozesses charakterisieren und einen klaren physikalischen Sinn haben. Noch wichtiger als die Schaffung einer quantitativen physikalischen Theorie der Konformationsrelaxation der Proteine ist deshalb die Formulierung neuer halbempirischer Beziehungen und die Auswahl neuer Parameter, die einerseits helfen, die experimentellen Untersuchungen zu klassifizieren und zu systematisieren und die kinetischen Experimente sinnvoller zu gestalten, als das bisher der Fall war, und andererseits wenigsten bis zu einem gewissen Grade die physikalische Natur der Prozesse der bei der Enzymkatalyse ablaufenden biochemischen Reaktionen richtig widerspiegeln.

Wahrscheinlich ist für die Schaffung solcher halbempirischer Beziehungen die experimentelle Untersuchung der Kinetik enzymatischer Prozesse notwendig. Zur Untersuchung müßten hauptsächlich Relaxationsmethoden genutzt werden, die es ermöglichen, das reagierende System in Nichtgleichgewichtskonformationen nach plötzlicher Änderung der Bedingungen (pH, Temperatur, usw.) zu charakterisieren.

Arbeiten mit ähnlichem Charakter werden jetzt an verschiedenen Enzymen durchgeführt.

7

Physik der Elektronenübertragung in biologischen Systemen

7.1. Einleitung

Zu den Problemen, deren Lösung einerseits eine genügend allgemeine Bedeutung für das Verständnis der Funktion biologischer Systeme und Mechanismen wichtiger biologischer Prozesse hat, und die andererseits der biologischen Physik schon heute zugänglich sind, gehört das Problem physikalischer Mechanismen des Elektronentransports in biologischen Strukturen und Prozessen. Dieses Problem hat weiterreichende Bedeutung. Damit ist ein allgemeineres Problem der Mechanismen der Energiespeicherung und -umwandlung in biologischen Systemen, das im nächsten Kapitel des Buches behandelt wird, eng verbunden.

Der Elektronentransport zwischen Redox-Überträgern, die in die innerzellulären Membranstrukturen eingebaut sind, wird schon lange in vielen Laboratorien der Welt untersucht. Hier werden die physikalischen Aspekte des Elektronentransports zwischen fixierten Zentren behandelt. Als Grundlage unserer Betrachtung werden die experimentellen Ergebnisse zur Struktur und Funktion der Elektronentransportketten in den Membranen der Mitochondrien, der Chloroplasten grüner Pflanzen und in den Chromatophoren photosynthetisch aktiver Bakterien dienen. Eben diese Ketten des Elektronentransports spielen die größte Rolle bei Prozessen wie Zellatmung und Photosynthese. Die Untersuchung hypothetischer physikalischer Mechanismen des Elektronentransports in den oben angeführten biologischen Systemen erfordert eine genaue Analyse der Möglichkeit des quantenmechanischen Tunneleffekts.

Die Akte der Elektronenübertragung erfolgen jedoch nicht nur in den Ketten des Elektronentransports. Schon die Arbeiten von Michaelis Ende der zwanziger Jahre unseres Jahrhunderts und besonders die Entwicklung und Vorbereitung der Methode der paramagnetischen Elektronenresonanz (ESR) in der Biologie zeigten mit aller Eindeutigkeit, daß die Elektronenübertragung, die mit der Bildung freier Radikale und Ionenradikale verbunden ist, eine notwendige Stufe vieler biochemischer Reaktionen darstellt. Deshalb wird der Frage der Entstehung und des Verschwindens radikalischer Zustände in biochemischen Prozessen und der Rolle dieser Zustände ein spezieller Abschnitt gewidmet. Besondere Aufmerksamkeit wird den spezifischen Problemen zuteil, die bei der Analyse radikalischer Prozesse, die bei den Anfangsetappen des Lichtstadiums der Photosynthese (Oxidation von Wasser und Abgabe von Sauerstoff) in den letzten Etappen der Zellatmung auftreten (Ausnutzung des molekularen Sauerstoffs und Wasserbildung). Die Mechanismen dieser entgegengesetzt gerichteten Prozesse, die die Anhäufung hochaktiver Zwischenprodukte in einigen aufeinanderfolgenden Akten des Elektronentransports erfordern, sind bis jetzt noch völlig unklar.

Hier lassen wir bewußt die Behandlung der großen Zahl von Arbeiten, die die Rolle radikalischer Zustände und Prozesse bei Strahlungsschäden und anderen pathologischen

Zuständen zum Inhalt haben, unbeachtet. Ich gehe davon aus, daß das vorhandene experimentelle Material noch zu ungeordnet ist, um Gegenstand biophysikalischer Analysen zu sein.

Dem Elektronentransport in der Photosynthese und möglicherweise auch der Zellatmung gehen Prozesse der Entstehung und Trennung von Ladungen voraus. Im Fall der Photosynthesesysteme handelt es sich um Prozesse des Zerfalls neutraler angeregter Elektronenzustände der Pigmentmoleküle in Elektronen und Löcher, die in den chemisch aktiven Zentren der Struktur lokalisiert sind. Seit einer Reihe von Jahren wird in der wissenschaftlichen Literatur eine Diskussion über die Rolle von Halbleiter- und „Photoleiter"-Mechanismen bei diesen Prozessen geführt. Diesem Problem und der Diskussion der allgemeineren Frage nach der Anwendbarkeit dieser aus der Festkörperphysik stammenden Konzeption zur Beschreibung biologischer Systeme und Prozesse wird ein spezieller Abschnitt gewidmet.

Die Diskussion beginnen wir am zweckmäßigsten mit den Fragen, die mit der Beteiligung freier Radikale und Ionenradikale an biochemischen Reaktionen verbunden sind.

7.2. Freie Radikale und Ionenradikale in biochemischen Reaktionen

Im Jahre 1929 fand Michaelis [398] bei der Untersuchung von Redoxreaktionen einiger metallorganischer Komplexe mit der Methode der potentiometrischen Titration, daß Oxidations- oder Reduktionsprozesse an denen zwei Elektronen beteiligt sind, in diesen Komplexen etappenweise in zwei Einelektronenstufen unter Ausbildung von halbreduzierten (halboxidierten) Zwischenprodukten ablaufen. Michaelis stellte die Behauptung auf, daß diese Zwischenprodukte, die von ihm als Semichinone [399, 400] bezeichnet wurden, den Charakter freier Radikale haben. Ähnliche Zwischenstufen wurden ebenso beim Ablauf von Redoxumwandlungen einer Reihe von Farbstoffen und chinoider Verbindungen beobachtet. Er nahm an, daß die Einelektronenstufen eine notwendige Etappe aller Redoxreaktionen — auch der biochemischen — darstellen. An Modellsystemen (Farbstoffe, Chinone) erhielt Michaelis mit Hilfe von Spektral- und Magnetomethoden zusätzliche Beweise für die Bildung von halbreduzierten oder halboxidierten Zwischenprodukten vom Typ freier Radikale.

Die erste experimentelle Arbeit, die wahrscheinlich die Bildung von Semichinonen bei einem biochemischen Prozeß beweist, wurde von Haas in Angriff genommen. Er beobachtete die Entstehung einer gefärbten Zwischenverbindung (nach der richtigen Hypothese des Autors ein radikalischer Enzym-Substrat-Komplex) bei der Reduktion des „alten gelben Ferments" [312]. Danach schufen Theorell, Chance und eine Reihe anderer Autoren viele wichtige Arbeiten zur Untersuchung schneller Einelektronenstufen bei enzymatischen Redoxprozessen (s. die hervorragende Übersicht von Chance im Sammelband „Freie Radikale in biologischen Systemen" [163]). Den größten Fortschritt hierbei stellt meiner Meinung nach die Pionierarbeit von Commoner, Townsend und Pake [267] dar. Diese Autoren registrierten erstmalig freie Radikale in metabolisierenden Geweben und Zellen tierischer und pflanzlicher Herkunft mit der ESR-Methode. Danach wurden diese Ergebnisse auch durch andere Autoren bestätigt [15, 26, 79].

Die Entstehung von Semichinonen bei der stufenweisen Oxidation oder Reduktion kann man am besten am Beispiel der reversiblen Umwandlung von p-Benzochinon in

Hydrochinon betrachten. Diese Prozesse kann man in folgender Weise beschreiben:

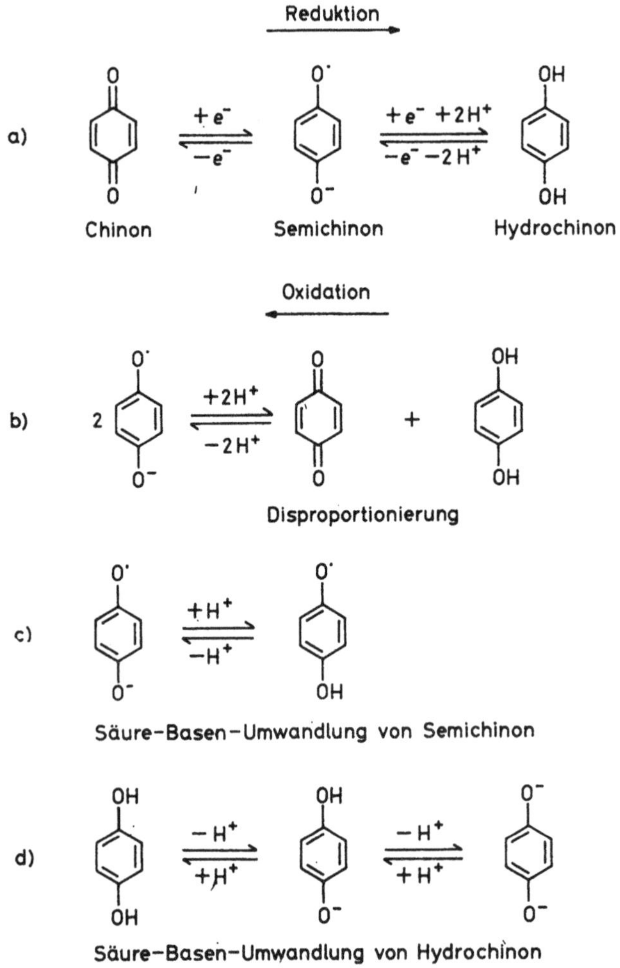

(7.1)

Der Prozeß (7.1a) stellt die stufenweise Reduktion des Chinons (von links nach rechts) und die stufenweise Oxidation (von rechts nach links) dar, die über das zeitweilig gebildete Semichinon-Ionenradikal ablaufen.
Für den Ablauf der Reduktion ist unbedingt ein Elektronendonator für die Oxidation dagegen ein Elektronenakzeptor erforderlich. Die Rolle des Elektronenakzeptors übernimmt gewöhnlich der molekulare Sauerstoff. Die Hin- und Rückreaktion der Disproportionierung (7.1b) muß ebenso im allgemeinen Schema der reversiblen Umwandlung des Chinons und Hydrochinons beachtet werden. Semichinon und Hydrochinon können sich in verschiedenen Ionisierungszuständen befinden, die vom pH-Wert der Lösung abhängen (s. Gleichgewicht (7.1c), (7.1d)). Das Semichinon ist als Ionenradikal am stabilsten, d. h. bei hohen pH-Werten des Lösungsmittels. Deshalb erhält man, wenn man die Prozesse (7.1a) im basischen pH-Bereich durchführt, in wäßrigen Systemen genügend große Konzentrationen von radikalischen Zwischenprodukten, die ausreichen, um intensive ESR-Signale zu registrieren. Die kinetischen Konstanten und Gleichgewichtskonstanten bei den Prozessen (7.1) sind in einer Reihe von Arbeiten

gemessen worden (s. z. B. [284]). Untersuchungen dieser Modellredoxsysteme mit Hilfe der ESR sind in vielen Monographien und Übersichten ausführlich beschrieben [24, 74, 131, 389].

Es ist naheliegend, daß in Geweben und Zellen tierischen oder pflanzlichen Ursprungs gefundene paramagnetische Zentren, die für organische freie Radikale oder Ionenradikale charakteristische ESR-Signale lieferten, vor allem mit Semichinonen in Zusammenhang gebracht wurden, die sich bei der stufenweisen Oxidation oder Reduktion vieler biochemischer Verbindungen bilden.

Tatsächlich sind im Zytoplasma und in subzellulären Strukturen eine Menge von biochemisch aktiven Stoffen enthalten (Vitamine, Coenzyme und Elektronenüberträger vom Typ der Naphthochinone, Flavine, Ubichinone und andere), deren Oxidation und Reduktion stufenweise unter Bildung von radikalischen Zwischenprodukten erfolgt. Diese Frage erwies sich jedoch als wesentlich komplizierter. Die Probleme der Entstehung, des Verschwindens und der Art und Rolle von paramagnetischen Teilchen, die ESR-Signale freier Radikale in Zellen liefern, sind noch längst nicht gelöst. In den letzten Jahren wurden in den meisten Laboratorien der Welt hauptsächlich ESR-Spektren innerzellulärer paramagnetischer Komplexe von Metallen, die eine wesentliche Rolle bei den Prozessen des Elektronentransports und der Energieumwandlung in den Membranstrukturen der Mitochondrien und anderer Organellen spielen, untersucht. Leider erscheinen wesentlich weniger Arbeiten, die den physikalischen und chemischen Mechanismen der Entstehung und Funktion radikalischer paramagnetischer Zentren der innerzellulären Dunkelreaktion gewidmet sind, obwohl diese Mechanismen eine prinzipielle biologische Bedeutung haben können. Untersuchen wir die wichtigsten Fakten, die damit zusammenhängen und formulieren die ungelösten Fragen.

In den Arbeiten Ende der fünfziger und Anfang der sechziger Jahre, wurden in der Regel lyophilisierte Gewebe und Zellsuspensionen untersucht, was durch die unzureichende Empfindlichkeit der vorhandenen Spektrometer bedingt war. Die Lyophilisierung biologischer Objekte führt man gewöhnlich wie folgt durch: Das Präparat wird schnell mit flüssigem Stickstoff oder Trockeneis eingefroren, und danach entfernt man das Wasser durch Sublimation des Eises im Vakuum. Es wurde angenommen, daß in dem auf diese Weise erhaltenen trockenen Pulver (Wassergehalt 1,5—2%) der Zustand erhalten bleibt (die Konzentration chemischer Verbindungen, die Strukturen der Makromoleküle, die submolekularen Gebilde, usw.), der im Moment des Einfrierens „erfaßt" wurde. In den lyophilisierten Präparaten beobachteten viele Autoren ESR-Signale von der Form eines leicht asymmetrischen Singlets mit einem g-Faktor nahe 2,00 und einem Abstand zwischen den Extrema der 1. Ableitung $\Delta H_{\max} \approx 8$ G und einer integralen Intensität, die einer Konzentration von etwa 10^{17} Spins/g entspricht. Entsprechend der Entwicklung der Technik der ESR-Spektroskopie erschienen Untersuchungen feuchter Gewebepräparate [37, 266, 390]. Es zeigte sich, daß in nativen nichtlyophilisierten Präparaten ebenso ESR-Signale freier Radikale registriert werden, deren integrale Intensität jedoch immer um rund eine Größenordnung (in analogen Objekten) geringer ist, die Breite aber ist zweimal größer ($\Delta H_{\max} \approx 14-16$ G).

Die Änderung der Konzentration der freien Radikale und der Form ihres ESR-Spektrums kann man nicht auf das Einfrieren zurückführen. Es ist bekannt, daß die Parameter der ESR-Signale eingefrorener Gewebe sich nicht von den entsprechenden Merkmalen der ESR-Signale der Zentren freier Radikale in nativen Präparaten unterscheiden [352]. Somit erfolgt die Änderung dieser Parameter wahrscheinlich durch die Lyophilisierung des Präparats. In unserem Laboratorium wurden seit einer Reihe von Jahren

Untersuchungen durchgeführt, die die Aufklärung der Natur der beobachteten Änderungen zum Ziel hatten. Ich werde diese Untersuchungen etwas ausführlicher darlegen; die Ergebnisse sind zwar an und für sich nicht besonders wichtig, haben aber eine gewisse Bedeutung in Verbindung mit den Fragen, die sich auf Grund der erhaltenen Resultate ergeben und auf die es bis jetzt noch keine Antwort gibt.
Die wichtigsten Ergebnisse, die sich auf den Prozeß der Lyophilisierung beziehen, sind in den Arbeiten [172, 227] aufgeführt. Vor allem zeigte sich, daß man in den lyophilisierten Präparaten die gleichen ESR-Signale der freien Radikale erhalten kann, die man auch in den nativen oder eingefrorenen Präparaten beobachtet. Um das zu erreichen muß man erstens genau die Regeln der Lyophilisierung, deren Methodik von TSCHETVERIKOV ausgearbeitet wurde, beachten [171]. Die wichtigste Forderung liegt

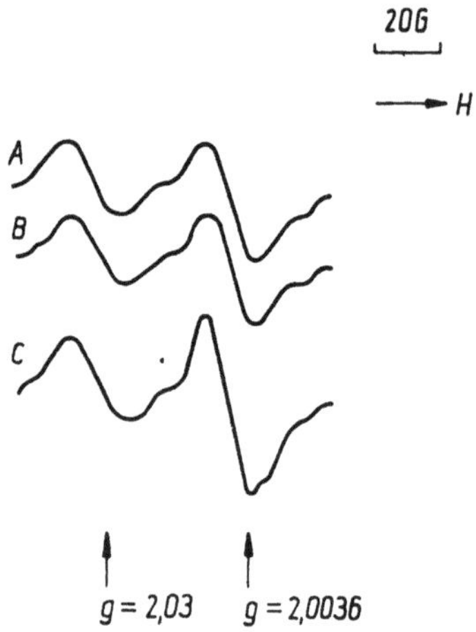

Abb. 7.1. ESR-Spektren eines Rattenleberpräparats (nach [227]).
A — Eingefrorenes Präparat; B — „richtig“ lyophilisiertes Präparat; C — Präparat B nach kurzzeitigem Kontakt mit feuchter Luft. Das Signal g = 2,03 gehört zu einem Nichthäm-Eisenkomplex in den Mitochondrien.

bei der Geschwindigkeit des Einfrierens und der Aufbewahrung des eingefrorenen Präparates bei tiefer Temperatur bis zu dem Zeitpunkt, da der Wassergehalt geringer als 4—5% wird. Zweitens darf man keinen (auch keinen kurzzeitigen) Kontakt des lyophilisierten Präparats mit der Luftfeuchtigkeit zulassen (wesentlich ist gerade der Schutz vor Wasserdampf und nicht vor Sauerstoff). Unter diesen Bedingungen liefern die lyophilisierten Präparate ein ESR-Signal (mit den Parametern: $g = 2{,}0049$, $\Delta H_{max} \approx 14{,}5$ G), das vom ESR-Signal nativer oder eingefrorener Gewebepräparate nicht zu unterscheiden ist (Abb. 7.1, Kurven A und B). Sogar der kurzzeitige Kontakt mit feuchter Luft führt neben dem „nativen“ Signal zur Entstehung eines anderen ESR-Signals ($g = 2{,}0057$, $\Delta H_{max} \approx 8$ G) in Form eines asymmetrischen Singlets (Abb. 7.1, Kurve C). Die Intensität des Signals mit $g = 2{,}0057$ wächst mit der Dauer des Kontaktes mit der Feuchtigkeit (Abb. 7.2) und danach verschwinden die paramagnetischen Zentren langsam und irreversibel. Diese Prozesse kann man beschleunigen, wenn man die Wasserdampfkonzentration und die Eindringgeschwindigkeit in das Präparat vergrößert. Somit entstehen die paramagnetischen Zentren freier Radikale, die in tierischen Geweben das schmale ESR-Signal mit $\Delta H_{max} \approx 8$ G und $g = 2{,}0057$ ergeben, durch den Kontakt des lyophilisierten Präparates mit der feuchten Luft. Die Lyophilisierung, genauer die vorausgegangene Senkung des Wassergehaltes in der Probe unter 10—20% ist die notwendige Bedingung für die Entstehung dieser Zentren. Das gleiche kann man an den Präparaten pflanzlicher Gewebe beobachten [174]. Somit führt der Wasserentzug durch die Lyophilisierung zu Änderungen der Zellstruktur. Infolgedessen erleidet eine wesentlich größere Menge chinoider Verbindungen eine stufenweise Oxidation und Reduktion unter Ausbildung radikalischer Zwischenformen als in den Zellen, die nicht durch die Lyophilisierung beschädigt sind. Wahrscheinlich entstehen die paramagnetischen Zentren, die für das „native" Signal mit $g = 2{,}0049$ verantwortlich sind, hauptsächlich in den Membranen innerzellulärer Organellen vom Typ der Mitochondrien [35]; die paramagnetischen Zentren, die das „falsche" schmale Signal der lyophilisierten Gewebe mit $g = 2{,}0057$ liefern, sind dagegen hauptsächlich im Zellplasma konzentriert [128].

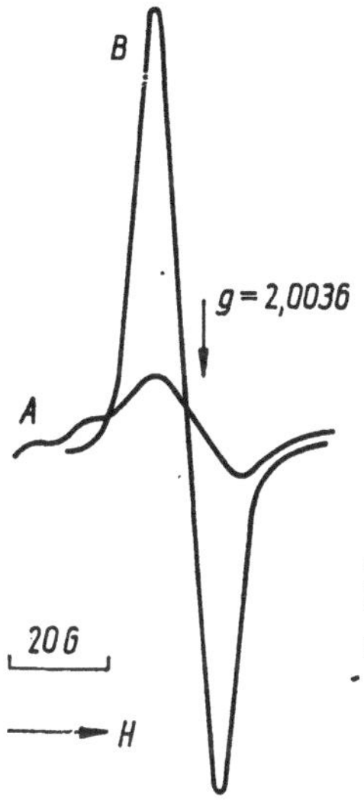

Abb. 7.2. ESR-Signal des „richtig" lyophilisierten Rattenleberpräparats vor (A) und nach (B) 24-stündigem Kontakt mit feuchter Luft (nach [227]).

Die Analyse der Ergebnisse, die sich auf die „Artefakt-Zentren" freier Radikale in lyophilisierten Präparaten beziehen, brachte unerwartete und prinzipielle biophysikalische Probleme, die bis heute nicht gelöst sind.

Bemerkenswert ist dabei, daß alle Merkmale der ESR-Signale lyophilisierter Gewebe am Modell vollständig reproduziert werden können, wenn man Radikale verschiedener Semichinone auf eine Proteinunterlage aufbringt [75, 160, 173, 190]. Die Proteine adsorbieren die Radikale der Semichinone spezifisch und verschieben das Reaktionsgleichgewicht in (7.1) zur Seite der Radikalbildung. Das ESR-Signal der adsorbierten Radikale ist jedoch nicht vom Artefakt-ESR-Signal lyophilisierter Gewebe zu unterscheiden. Wichtige Resultate wurden auch durch die sogenannte „Dampfstrahlmethode" [76] erhalten. Diese Methode erlaubt es, ein Präparat (Gewebe oder auf dem Protein adsorbierte Modellverbindungen) in vorgegebener Atmosphäre mit streng konstantem Wassergehalt im Präparat selbst und in seiner Umgebung aufzubewahren. Lange Zeit nahm man an, daß sowohl in Geweben, als auch in Modellsystemen Semichinone nur durch den Prozeß (7.1a) entstehen und zerfallen. Gemeint ist der Prozeß (7.1a) von rechts nach links, d. h. die stufenweise Oxidation der vollständig reduzierten Transportmoleküle vom Typ der Hydrochinone, wobei als Elektronenakzeptor (Oxidans) molekularer Sauerstoff infrage kommt. Eine Reihe von Fakten die aus der oben zitierten Literatur folgen [172, 227] stehen jedoch im Widerspruch zu dieser Aussage. Bei der Untersuchung lyophilisierter Gewebepräparate mit der Dampfstrahlmethode konnte folgendes festgestellt werden: Fügt man dem Trägergas (O_2) Dämpfe organischer

Lösungsmittel hinzu, die kein Wasser enthalten (das erfordert besondere Vorsichtsmaßnahmen), dann führt der Sauerstoff nicht zur Entstehung des Artefakt-ESR-Signals und zeigt überhaupt keinen Einfluß auf die untersuchten Eigenschaften des Präparats (Abb. 7.3). Leitet man Wasserdampf mit dem inerten Trägergas Argon über das Prä-

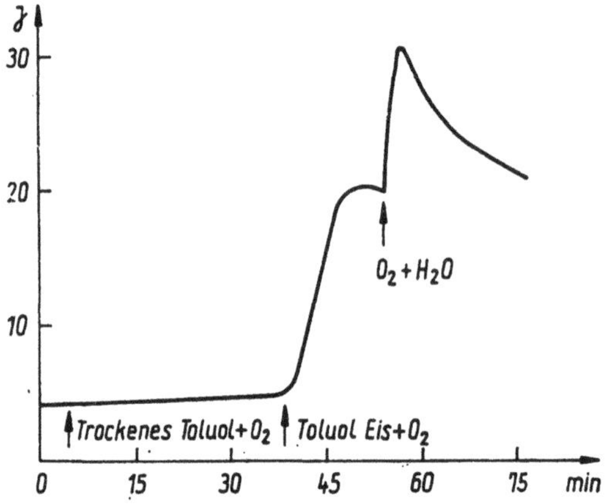

Abb. 7.3. Einfluß von Wasserbeimengungen in Toluol auf die Entstehungsgeschwindigkeit des „Artefakt"-ESR-Signals bei der Untersuchung des lyophilisierten Rattenleberpräparats mit der Dampfstrahlmethode (nach [172]).

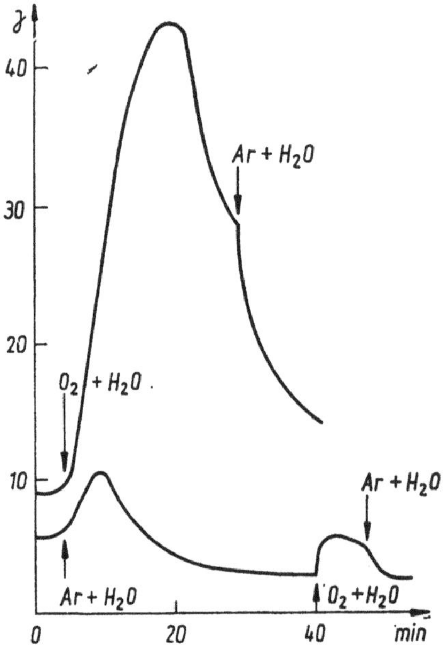

Abb. 7.4. Irreversibles Verschwinden von „Artefakt"-Radikalen im lyophilisierten Rattenleberpräparat bei der Durchleitung von Wasserdampf mit einem inerten Träger (nach [172]).

parat, so führt das zur Entstehung und dem nachfolgenden irreversiblen Verschwinden der Artefakt-ESR-Signale, wobei dieser Prozeß in der Argonatmosphäre wesentlich schneller abläuft als in der O_2-Atmosphäre. Zur Illustration sind in Abbildung 7.4 zwei experimentelle Kurven angeführt. Nach 40 min verschwanden in einer Argonatmosphäre mit Wasserdampf nicht nur alle Semichinonradikale, die ein schmales ESR-Signal (8 G) ergeben, sondern es wurden auch alle Verbindungen, die vorher diese Radikale bildeten,

zerstört. Der Anstieg der Kurve den man beobachtet, wenn man nach 40 min Ar durch O_2 ersetzt, erfolgt durch die Intensitätsänderung des nativen mitochondrialen Signals ($\Delta H_{max} \approx 14$ G). Alle Einzelheiten der Kinetik des Entstehens und irreversiblen Abklingens der paramagnetischen Artefakt-Zentren in lyophilisierten Geweben kann man an einem Modellsystem genau reproduzieren, das aus basischem Filterpapier mit darauf adsorbierten Parabenzochinon (vollkommen oxidierte Form) besteht.
Wie bei lyophilisierten Geweben verlangsamt O_2 das irreversible Verschwinden der Semichinone und ihrer Ausgangsstoffe; dadurch ist das Maximum der Intensität des ESR-Signals — wenn der Versuch in Argonatmosphäre durchgeführt wird — geringer als in der O_2-Atmosphäre. Weiterhin ergab sich, daß die Entstehung der paramagnetischen Artefakt-Zentren in lyophilisierten Gewebepräparaten und die irreversible Zerstörung aller Quellen dieser Zentren nur dann erfolgt, wenn der Wassergehalt des Präparats bei der Lyophilisierung bis unter 20% gesenkt wird, d. h. wenn die Wassermenge geringer oder gleich der Menge ist, die durch die Proteinstruktur der Zellen fest gebunden wird. Die Diskussion der vorliegenden experimentellen Ergebnisse läßt folgende Schlußfolgerungen zu (s. z. B. [543]):

1. Das Artefakt-Signal lyophilisierter Gewebe wird durch Semichinon-Ionenradikale hervorgerufen, die nicht nur durch die Einelektronenoxidation der vollständig reduzierten Elektronendonatoren, sondern auch durch die Einelektronenreduktion der vollständig oxidierten Form chinoider Verbindungen im Zellplasma entstehen.
2. Die Einelektronenreduktion ist in diesem Fall mit der graduellen irreversiblen Zerstörung der Ionenradikale und Ausgangsverbindungen verknüpft.
3. Die Prozesse der Entstehung der irreversiblen Zerstörung der Ionenradikale werden durch irgendwelche destruktiven Prozesse ermöglicht, die durch die Verringerung des Wassergehalts in den Zellen auf 12—15% hervorgerufen werden.
4. Eine der wichtigsten Quellen für Ionenradikale dieses Typs ist die Askorbinsäure [542].

Diese Schlußfolgerungen führen zu folgender Frage: Was dient als Reduktionsmittel, als Elektronendonator, der in der Lage ist, alle oxidierten Formen chinoider Verbindungen in der Zelle sogar nach dem Verbrauch der endogenen Oxidationssubstrate durch die lange Aufbewahrung des Präparats in der Atmosphäre eines inerten Gases zu reduzieren, zu „vernichten“? Auf diese Frage eine mehr oder weniger richtige Antwort zu erhalten, gelang erst nach einer Serie von Versuchen, die den Einelektronentransport zwischen Wasser und organischen Elektronenakzeptoren in Modellsystemen zum Inhalt hatten.
Die Bildung von Anionenradikalen bei der Wechselwirkung so nucleophiler Agenzien, wie Hydroxylionen, Alkoxyanionen u. a., mit organischen Elektronenakzeptoren (Chinone, Farbstoffe, Nitroverbindungen, Tetracyanoäthylen, Tetracyanochinodimethan u. a.) wurde schon früher beobachtet [51, 103, 150, 154, 177, 179, 180, 284, 369].
Mit den stärksten Elektronenakzeptoren (vom Typ des Tetracyanoäthylen) kann man die Bildung von Anionradikalen bei der Wechselwirkung der Akzeptoren A mit Wasser bei neutralen pH-Werten beobachten. Jedoch in der Mehrzahl der Fälle gelingt das nur im basischen Milieu. Die Reaktionsgeschwindigkeit und die erreichbaren Anionenradikalkonzentrationen A^- (die mit einer mehr oder weniger großen Geschwindigkeit durch die Sekundärprozesse verschwinden) wachsen mit der Zunahme der OH^--Konzentration. Diese Tatsache und der Umstand, daß die Reaktionsmerkmale bei den

verschiedensten Elektronenakzeptoren gleich sind, berechtigt zu der Behauptung, daß der erste Akt beim Prozeß des Einelektronentransports nach folgendem Schema abläuft [150]:

$$OH^- + A \rightarrow \dot{O}H + \dot{A}^-. \quad (7.2)$$

Kinetische Untersuchungen widersprechen diesem Schema nicht [147, 149, 154]. Man könnte jedoch immer die Existenz konkreter chemischer Reaktionen (speziell für jeden Typ von A) zulassen, bei denen die Anionenradikale durch Sekundärprozesse entstehen. Diese Sekundärprozesse folgen der primären nucleophilen Bindung von OH^- an A [52, 284]. Als Kriterium der Richtigkeit der Behauptung über den Primärakt des Einelektronentransports (7.2) dient die Beobachtung des OH-Radikals.

Bei schwachen Elektronenakzeptoren beobachtet man die Bildung von Anionenradikalen sogar bei sehr hohen pH-Werten nicht. Dieser Prozeß läuft jedoch sehr gut unter dem Einfluß langwelliger Strahlung, die sich im Spektralbereich der Absorption des Akzeptors befindet, ab. Spezielle Untersuchungen ergaben, daß dann die Moleküle A als Elektronenakzeptoren dienen, die sich im elektronisch angeregten Triplettzustand befinden [154]. Für solche Zustände wird der Elektronentransport vom Hydroxylion zum Molekül A thermodynamisch vorteilhaft, und wenn die Reaktionsstufe (7.2) wirklich abläuft, so muß das OH-Radikal als kinetisch unabhängiges Teilchen entstehen. Tatsächlich wurden in solchen Systemen OH-Radikale mit chemischen Methoden gefunden [188]. Ihre Bildungskinetik stimmte mit der Kinetik der Entstehung des Anionenradikals A überein und mit der angewendeten Methode gelang es, ca. 80% der theoretischen Ausbeute an OH-Radikalen nach Schema (7.2) zu erfassen. Somit erfolgt beim photoinduzierten Prozeß tatsächlich ein Einelektronentransport vom OH^--Ion auf das Molekül des organischen Elektronenakzeptors.

Ein so einfaches Schema ist jedoch in der Regel nicht auf den Dunkelprozeß auszudehnen. Der Transport des Elektrons vom OH^--Ion zum Akzeptor, erweist sich gewöhnlich als thermodynamisch ungünstig und der Prozeß müßte (sogar dann, wenn man die nachfolgenden günstigen Reaktionen des OH-Radikals berücksichtigt) so langsam ablaufen, daß man ihn nicht registrieren kann. Deshalb wurde folgendes experimentell bestätigte Schema vorgeschlagen: Nach diesem Schema besteht der erste Akt der Prozesse des Dunkelstadiums (wenn man die Fälle besonders starker Akzeptoren, wie z. B. Tetracyanochinodimethan unberücksichtigt läßt) aus den gleichzeitig ablaufenden Prozessen des Elektronentransports von OH^- nach A und der Bindung des entstehenden OH-Radikals durch eine dritte Komponente, die ein anderes Akzeptormolekül, ein Anionenradikal oder eine beliebige organische Verbindung sein kann [23, 152]. Die Bindung des OH-Radikals erfolgt entweder durch eine Doppelbindung, oder auf dem Wege der Dehydrierung des Moleküls. In allen Fällen bilden sich aktive freie Radikale, die weitere Umwandlungen erfahren. Diese Umwandlungen führen letzten Endes zum irreversiblen Verschwinden der Semichinone und ihrer Vorgänger. Wahrscheinlich bedingen derartige Mechanismen die Bildung von nucleophilen und elektrophilen Substitutionsprodukten und bilden die Grundlage vieler Reaktionen in der organischen Chemie. Breite Untersuchungen auf diesem Gebiet wurden und werden in verschiedenen Laboratorien durchgeführt [10, 148, 180, 225].

Die Behauptung, daß in lyophilisierten Geweben auch Wasser als Elektronendonator, das die Elektronen an Moleküle vom Typ der Chinone abgibt, dient (oder das OH^--Ion, was ein und dasselbe ist) erscheint auf den ersten Blick absurd. In Modellsystemen, in denen im Dunkelstadium der Einelektronentransport zwischen OH^- und A erfolgt, muß man tatsächlich bei pH-Werten oberhalb 9 arbeiten, um den Prozeß so zu beschleunigen, daß man ihn registrieren kann. Diese Bedingung ist immer erfüllt, wenn man als Modelle Benzo- und Naphtochinone, Flavine und andere Elektronenakzeptoren verwendet, die in der Zelle vorkommen. In lyophilisierten biologischen Präparaten jedoch erfolgt die intensive Bindung von Anionenradikalen unter dem Einfluß von Wasser bei physiologischen pH-Werten. Es wurde experimentell nachgewiesen, daß sich in Anwesenheit von Proteinen bei physiologischen pH-Werten in einer Chinonlösung Semichinonradikale bilden [153]. Die Bildung erfolgt nach dem Mechanismus des Einelektronentransports von den OH^--Ionen auf die Chinonmoleküle. Diese Tatsache kann folgende Ursachen haben: die lokale Erhöhung der effektiven pH-Werte an der Oberfläche des Proteinglobulus (faktisch die Konzentrierung der Hydroxylionen und Chinonmoleküle am Protein), die Stabilisierung der Radikale durch das Protein und die Gewährleistung des Elektronentransports zwischen voneinander entfernten Teilchen durch das vom Protein gebundene Kristallwasser nach dem GROTTHUSschen Mechanismus.

Die Zugabe von Chinonen zu lyophilisierten Gewebepräparaten führt unter Wassereinfluß zur Entstehung von Ionenradikalen dieser Chinone. Alle Gesetzmäßigkeiten dieses Prozesses bleiben die gleichen, wie für den Fall der Entstehung und des Verschwindens der eigenen Artefakt-Radikalzentren in lyophilisierten Präparaten.

Wie auch der wahre chemische Mechanismus der Bildung von Ionenradikalen aus organischen Elektronenakzeptoren vom Typ der Chinone, Flavine, usw., in lyophilisierten biologischen Objekten sein mag, aus dem oben Dargelegten wird deutlich, daß für die Entstehung und das nachfolgende irreversible Verschwinden der Ionenradikale der Kontakt mit dem Wasser in Anwesenheit von Proteinen ausreicht. Die nativen biologischen Systeme jedoch, die im Zellplasma und in den innerzellulären Organellen eine große Anzahl solcher Elektronenakzeptoren enthalten, können beliebig lange mit dem Wasser in Kontakt stehen und liefern trotzdem kein Artefakt-Semichinon-ESR-Signal. Für ihre Entstehung muß man unbedingt irgendwelche innerzellulären Strukturen zerstören, indem man ihren Wassergehalt unter 20% senkt. Das bedeutet, daß die organischen Elektronenakzeptoren in der Zelle (d. h. die vollständig oxidierten Formen biochemisch aktiver Verbindungen vom Typ der Chinone und Flavine) so lokalisiert sind, daß sie keinen Kontakt mit den Wassermolekülen oder den Proteinmolekülen haben. Wahrscheinlich kann man das Gleiche für die völlig reduzierten Formen (Versuche in Sauerstoffatmosphäre) behaupten. Entzieht man den Geweben Wasser bis zu einem bestimmten Grad, so wird die Isolierung zerstört und die potentiellen Elektronenakzeptoren (oder -donatoren) werden den Wassermolekülen zugänglich. Man kann annehmen, daß die Isolierung der aktiven Elektronendonatoren und -akzeptoren vom Wasser in der Zelle realisiert ist, weil sie sich innerhalb der hydrophoben Bereiche der Lipoproteinmembranen der Zelle befinden. Daraus folgt, daß diese aktiven niedermolekularen Verbindungen sich nicht einmal im Zellplasma im freien Zustand befinden, sondern Bestandteil subzellulärer Gebilde, der Lipoproteidkomplexe, sind. Man muß annehmen, daß die organischen Elektronendonatoren und -akzeptoren vom Typ der Flavine und Chinone in nativen Zellstrukturen an Prozessen des Einelektronentransports nur mit spezifischen Partnern teilnehmen können. Diese Partner sind mit ihnen in subzellulären Strukturen organisiert. In dem Moment, wo diese Strukturen zerstört sind (z. B. beim Wasserentzug), werden nicht kontrollierbare Prozesse des Elektronentransports möglich, die zur Entstehung aktiver freier Radikale (vom Typ OH) und zur nachfolgenden irreversiblen Änderung vieler wichtiger chemischer Komponenten der Zelle führen. Wahrscheinlich ist das ESR-Signal der nativen freien Radikale hauptsächlich durch die ionenradikalischen Zustände der Transportmoleküle vom Chinontyp, die zur Membranstruktur der Mitochondrien gehören, bedingt. Bei der Untersuchung des Elektronentransports mit derartigen Transportmolekülen muß man beachten, daß die vollständig oxidierten Formen (Chinone) hydrophob, die Ionenradikale der Semichinone dagegen hydrophil sind. Letztere befinden sich an der Grenze zwischen der hydrophoben und hydrophilen Phase des Systems.

Die oben untersuchten Ergebnisse über den Prozeß des Einelektronentransports zwischen Wasser (OH^--Ion) und organischen Elektronenakzeptoren, die in Modellsystemen und in „nicht richtig" lyophilisierten Gewebepräparaten zu beobachten sind, werfen die Frage auf, ob analoge Prozesse auch in nativen biologischen Strukturen existieren. Mit anderen Worten, könnte Wasser (OH^--Ionen) an biochemischen Redoxprozessen als unmittelbares Reagenz (Elektronendonator) beteiligt sein? (Es versteht sich von selbst, daß hier nicht von der Reaktion der Photooxidation des Wassers im Photosystem II höherer Pflanzen und Grünalgen die Rede ist.) Eine solche Behauptung wurde in der Arbeit [125] auf der Grundlage der Resultate, die bei der Untersuchung der Beziehungen zwischen dem ESR-Signal mitochondrialer freier Radikale und der oxidativen Phosphorylierung gefunden wurden, aufgestellt. Ausgehend von einigen experimentellen Daten, könnte man folgende völlig unbewiesene Hypothese aufstellen, daß in der Atmungskette der Mitochondrien die Hälfte der Elektronen, die durch das Cytochromsystem zum molekularen Sauerstoff gelangen, nicht vom oxidierten Substrat, sondern vom Wasser stammen. Nehmen wir vorübergehend an, daß diese Hypothese richtig ist; welches Schicksal würden dann die OH-Radikale erleiden, die dabei entstehen? Die einzige Möglichkeit, OH-Radikale ohne Schaden für die Zelle zu vernichten, besteht darin, daß man sie zwingt, Sauerstoff zu bilden. Das bedeutet, daß sie im äußersten Fall paarweise in einen „Käfig" gelangen, der sie von der organischen Zellstruktur isoliert. In diesem Käfig müssen sie unter Bildung von Wasserstoffperoxid rekombinieren oder es erfolgt eine weitere Oxidation bis zum molekularen Sauerstoff, wobei noch ein Elektron an die Kette abgegeben wird (und ein Proton ins Lösungsmittel). Im ersten Fall müßte das Wasserstoffperoxid katalytisch gespalten werden[1]). Jeder beliebige Transportmechanismus von vier Elektronen des Wassers führt zur Abgabe eines Sauerstoffmoleküls, d. h. es wird genau das überflüssige O_2 kompensiert, das beim Transport dieser Elektronen zur Cytochromoxydase absorbiert wird.

Somit kann man, wenn man die gesamte Absorption des Sauerstoffs betrachtet, diese wenig wahrscheinliche Hypothese weder beweisen noch widerlegen. Die einzige Möglichkeit, diese Hypothese zu prüfen, besteht wahrscheinlich darin, daß man Experimente der Zellatmung mit markiertem Sauerstoff des Wassers durchführt. Diese Kontrolle wäre in der Tat interessant.

In der belebten Natur gibt es jedoch Systeme, wo die Wassermoleküle ohne Zweifel die Rolle von Elektronendonatoren spielen. Es handelt sich um die Prozesse der Photooxidation des Wassers unter Abgabe von molekularem Sauerstoff in den Blättern grüner Pflanzen und in einzelligen Algen. Es ist allgemein bekannt (s. z. B. [229]), daß diese Reaktion im Photosystem II erfolgt, wobei als Elektronenakzeptor wahrscheinlich das Ionenradikal des Chlorophyll $Chla_2^+$ dient. Letzteres bildet sich durch die Photoionisierung des aktiven Zentrums des Photosystems II. Das Elektron des Wassers

---

[1]) Das würde erklären, daß überall in der Zelle die Katalase eine Rolle spielt.

gelangt nicht direkt ins aktive Zentrum, sondern über ein Transportsystem, zu dem wahrscheinlich auch Mn^{2+}-Ionen [262] und Cl^--Ionen [322] gehören. Die Photooxidation des Wassers bei der Photosynthese stellt kein Rätsel mehr dar. Praktisch führt in den beliebigen Modellsystemen mit Farbstoffen und anderen organischen Elektronenakzeptoren ihre Anregung mit Licht zur Photooxidation des Wassers. Die Elektronenaffinität des angeregten Akzeptormoleküls oder des durch die Photoionisation gebildeten Kationenradikals, ist fast immer groß genug, um die Übertragung des Elektrons vom Wasser (oder vom OH^--Ion) thermodynamisch günstig zu gestalten. In Modellsystemen jedoch ist die Photooxidation des Wassers gewöhnlich nicht mit der Freisetzung von Sauerstoff verbunden. Die durch den Transport des Elektrons vom Wasser gebildeten OH-Radikale (oder ihre ionischen Formen H_2O^+ oder O^-) sind chemisch so aktiv, daß sie sofort mit anderen chemischen Verbindungen (in erster Linie mit den organischen Elektronenakzeptoren selbst) reagieren, wobei sie verschiedenartige und nichtkontrollierbare chemische Umwandlungen hervorrufen. Somit ist nicht die Photooxidation des Wassers rätselhaft, sondern der Umwandlungsmechanismus der OH-Radikale in molekularen Sauerstoff. Diese Frage kann man wie folgt formulieren: Auf welche Weise wandeln sich OH-Radikale, die bei der Photooxidation des Wassers in einem System mit einer großen Menge unterschiedlichster organischer Verbindungen entstehen, praktisch 100%ig in O_2 um[1])? Wie schützt sich die pflanzliche Zelle vor den OH-Radikalen? Bei den von der Evolution her älteren photosynthetisierenden Organismen, den photosynthetisierenden Bakterien, existiert dieses Problem nicht. Ihre Primärelektronendonatoren liefern bei der Photooxidation wesentlich weniger reaktive freie Radikale (z. B. Schwefelradikale) die sich in Endprodukte (z. B. in freien Schwefel) umwandeln können, ohne die innerzellulären Verbindungen zu zerstören. Bei diesen Organismen ist nur *ein* Photosystem vorhanden, und für die Übertragung eines Elektrons vom Primärdonator zum Endakzeptor beim Lichtstadium der Photosynthese ist die Absorption nur eines Quants erforderlich. Als im Verlauf der biologischen Evolution die photosynthetisierenden Organismen von den „teuren“ besonderen Donatoren auf den „billigen“ weitverbreiteten Wasser-„Brennstoff“ übergingen, erfolgte ein wesentlicher Umbau des Photosyntheseapparates. Es entstand das Photosystem II, das speziell für die Photospaltung des Wassers bestimmt war. Die Übertragung eines Elektrons erforderte nun die Absorption von zwei Lichtquanten, was den Wirkungsgrad des Prozesses verringerte. Man kann annehmen, daß der Übergang zum Zwei-Quanten-Mechanismus durch die Entstehung des Photosystems II nicht dadurch hervorgerufen wurde, weil die Photooxidation des Wassers mehr Energie benötigt, als *ein* Quant liefern kann, der durch das aktive Zentrum des Photosystems I absorbiert wird, sondern hauptsächlich deshalb, weil es nötig war, die Orte der Photooxidation des Wassers und der Bildung von reaktiven OH-Radikalen räumlich von den angreifbaren chemischen Bestandteilen der Zelle zu trennen. Das Problem spitzt sich dahingehend zu, daß für die Bildung von

[1]) In einer Arbeit von VIERKE [480] werden Betrachtungen angeführt, wonach das OH-Radikal-Modell der Photooxidation des Wassers bei der Photosynthese mit einigen Fakten der O_2-Freisetzung bei Impulsbelichtung nicht übereinstimmt. Dazu ist zu sagen, daß der OH-Radikal-Mechanismus der O_2-Freisetzung nicht ein mögliches, sondern das einzige Modell ist. Wie auch die Photooxidation des Wassers erfolgen möge, das Abspalten eines Elektrons vom Wassermolekül oder OH^--Ion (das gleichzeitige Abspalten von zwei Elektronen dagegen ist absolut unmöglich) muß zur Entstehung von OH-Radikalen oder analogen Teilchen (H_2O^+, O^-) führen. Andererseits existiert dieses Radikal nicht als ein kinetisch unabhängiges Teilchen, sondern wird in der „Zelle“ oder in der Ligandensphäre eines Metallions stabilisiert.

O_2 wenigstens zwei OH-Radikale nötig sind, die in unmittelbarer Nähe entstehen müssen, aber nicht immer gleichzeitig entstehen können. (Ein Sauerstoffmolekül kann entweder aus vier Wassermolekülen gebildet werden, die an den Akzeptor je ein Elektron abgeben, oder aus zwei Wassermolekülen, die nacheinander je zwei Elektronen abgeben.) Aller Wahrscheinlichkeit nach enthält die Konstruktion, die die OH-Radikale im Photosystem II stabilisiert, auch Mn^{2+}-Ionen, deren Anwesenheit für die Freisetzung von O_2 notwendig ist.

„Die Erfindung" einer Möglichkeit der Stabilisierung von OH-Radikalen und die „Erarbeitung" der entsprechenden molekularen Konstruktionen, war eines der wichtigsten Ereignisse der biologischen Evolution auf unserem Planeten, und zwar deshalb, weil es zur Entstehung von molekularem Sauerstoff in der Atmosphäre führte. Diese „Entdeckung" ermöglichte die Entstehung von aeroben Organismen, die Systeme der Zellatmung verwenden. Alle Endstufen der Zellatmung, in denen die Reduktion des Sauerstoffs vom O_2 bis zum H_2O erfolgt — ein Prozeß, der der Oxidation des Wassers bei der Photosynthese entgegengesetzt ist —, verlaufen auch unbedingt über die Etappe der Bildung von OH-Radikalen in dieser oder jener Form. Die erste Etappe der Reduktion des O_2 ist die Bildung des Ionenradikals O_2^- (Anionenradikal von HO_2). Wahrscheinlich wird in den Fällen, wenn der molekulare Sauerstoff reduziert wird, aber keine universelle Konstruktion für die Stabilisierung der OH-Radikale und ihre Umwandlung in Wasser vorhanden ist, die Rolle dieser Konstruktion von speziellen Enzymen, den HO_2-Dismutasen, die bei fast allen anaeroben und aeroben Organismen verbreitet sind, übernommen [387, 388]. Interessant ist dabei, daß die aktiven Zentren dieser Enzyme Metallionen wie z. B. Mn^{2+} (E. Coli [350]) oder Cu^{2+} und Zn^{2+} (Säugergewebe [441]) enthalten.

Die Elektrolyse unter Verwendung einer nichtoxidierenden Anode wird kaum der einzige im Labor durchführbare Prozeß sein, bei dem die Oxidation des Wassers zur Freisetzung von stöchiometrischen Sauerstoffmengen führt. In diesem Fall „warten" die gebildeten OH-Radikale „aufeinander" und liefern letztendlich molekularen Sauerstoff. Die sich aufdrängende Analogie bildet die Grundlage der Vorstellungen über den Elektrolysemechanismus der Spaltung des Wassers bei der Photosynthese [85, 86, 397]. Es wurden Modelle einer Photobatterie aus chlorophyllanalogen Farbstoffen aufgebaut, die Potentialdifferenzen ergeben, die im Prinzip für die Elektrolyse des Wassers ausreichen [87]. Ich nehme jedoch an, daß diese in praktischer Hinsicht äußerst wichtigen Vorstellungen und Arbeiten nicht unmittelbar mit dem wahren Problem der photosynthetischen Freisetzung von Sauerstoff in Zusammenhang stehen. Natürlich kann man eine Photobatterie (aus organischen Systemen oder — was auf das Gleiche hinausläuft — mit Selenphotoelementen) schaffen und ihre Pole mit den Elektroden eines Elektrolysegerätes verbinden. Das Problem besteht nicht darin, wie die Energie, die für die Photolyse des Wassers benötigt wird, entsteht, sondern darin, wie das Gebilde aufgebaut ist, das die OH-Radikale stabilisiert und diese vom übrigen chemischen System, das mit aktiven Verbindungen angefüllt ist, isoliert. In der Zelle existieren keine makroskopischen räumlich getrennten Edelmetall-Elektroden. Man kann natürlich eine hypothetische Struktur aus einigen Metallionen, die OH-Radikale einfangen, als „Elektrode" bezeichnen, aber das ist keine Antwort auf die Frage.

Krasnovski und Brin [91] gelang die Beobachtung der Freisetzung von Sauerstoff bei Belichtung eines Elektronen-Akzeptors (Ferricyanid), der sich in einer wäßrigen Suspension an einer ZnO-Oberfläche befand. Die Experimente dieser Autoren wurden mit organischen Elektronenakzeptoren (vom Chinontyp) wiederholt und es konnte durch

die Verwendung von H_2O^{18} gezeigt werden, daß der Sauerstoff durch die Photolyse des Wassers freigesetzt wird [151]. Somit werden in diesem Modellsystem (das natürlich sehr weit von den photosynthetischen Strukturen entfernt ist) die gebildeten OH-Radikale stabilisiert und Sauerstoff wird in Anwesenheit von organischen Verbindungen, die eigentlich die Radikale einfangen müßten, freigesetzt. Es ist möglich, daß die Untersuchung ähnlicher Modelle hilft, die physikochemischen Rätsel bei der photosynthetischen Bildung des molekularen Sauerstoffs aus Wasser zu lösen.
Aus dem im vorliegenden Kapitel vorgestellten Material folgt vor allem, daß die Akte des Einelektronentransports als Zwischenstadium für viele biochemischen Reaktionen dienen, die gewöhnlich nicht zur Kategorie der freien Radikale gezählt werden. (Dabei muß man bedenken, daß die Augenblickskonzentration der radikalischen und ionenradikalischen Zustände dabei äußerst gering sein kann und daß sie deshalb nicht registriert werden können.) Vor ca. 14 Jahren wurde die Vermutung geäußert [29], daß beim Prozeß der oxidativen Phosphorylierung eine halbreduzierte ionenradikalische Zwischenform des Adeninrings entsteht, obwohl die Phosphorylierung des ADP zum Typ der Säure-Basen-Reaktionen gehört. In einer Serie äußerst interessanter Arbeiten wiesen Kajushin und Mitarbeiter [34, 36, 38] nach, daß im Verlauf der entgegengesetzten enzymatischen Reaktion — der Hydrolyse von ATP durch Myosin — radikalische Zwischenzustände entstehen, die wahrscheinlich durch Prozesse des Einelektronentransports bedingt sind.

7.3. Elektronentransportketten in Membranen von Mitochondrien und Chloroplasten

Viele Aspekte der Prozesse der Elektronenübertragung zwischen Redoxzentren, die an Membranen von Mitochondrien oder Chloroplasten gebunden sind, kann man nicht diskutieren, ohne Probleme der Energiespeicherung zu berühren. Es geht um die Energie, die bei einer solchen Übertragung frei wird, d. h. um das Problem der oxidativen Phosphorylierung und Photophosphorylierung. Diese Fragen werden im nächsten Kapitel im Detail behandelt. Im vorliegenden Kapitel werden solche Aspekte des Elektronentransfers behandelt, die man unabhängig von den Problemen der Energiespeicherung behandeln kann. Unabhängig davon (aber vielleicht auch infolgedessen) daß die Anzahl der Publikationen, die dem Elektronentransport in subzellulären Membranstrukturen gewidmet sind, mit jedem Jahr stark zunimmt, ist demgegenüber die Zahl der gesicherten Fakten und allgemein akzeptierten Hypothesen gering. Beginnen wir unsere Betrachtungen mit den Elektronentransportketten (ETK) in den Mitochondrien. Wahrscheinlich ist die ETK in ihren Grundeigenschaften in allen Zellen und Organismen gleich. Unter ETK werden wir die Aufeinanderfolge der Überträger und der Prozesse verstehen, die den Transport der Elektronen vom NAD-H oder Succinat zum molekularen Sauerstoff bewerkstelligen. Das Coenzym NAD (Nicotinsäureamidadenindinucleotid) ist ein beweglicher Überträger der von vielen Verbindungen des Krebs-Zyklus enzymatisch reduziert wird. Eine Ausnahme bildet die Bernsteinsäure (Succinat), die ohne NAD in der Lage ist, Elektronen an die Atmungskette abzugeben. Die gesamte Reduktionsreaktion kann man wie folgt schreiben:

$$NAD^+ + e^- + H \rightarrow NAD\text{-}H. \quad (7.3)$$

In speziellen Versuchen mit markiertem Wasserstoff konnte gezeigt werden, daß bei der äthanolischen Reduktion des NAD^+ in Anwesenheit des Enzyms Alkoholdehydrogenase das Wasserstoffatom unmittelbar vom Alkohol auf das NAD-Molekül übertragen wird. Wahrscheinlich liegt ein ähnlicher Sachverhalt bei der Wechselwirkung des NAD^+ mit anderen Substraten vor. Offensichtlich werden die Protonen bei den weiteren Akten des Elektronentransfer entlang der ETK nicht indirekt übertragen, und gelangen (in den Fällen, wenn die Notwendigkeit besteht) ins Wasser oder werden von dort übernommen.

Die Reaktion (7.3) durchläuft wahrscheinlich zwei Einelektronenstadien, aber die stationäre Konzentration der als Zwischenprodukt auftretenden freien Radikale $NAD^{\cdot}$ (oder $NAD\text{-}H^+$) ist so gering, das sie bisher nicht beobachtet werden konnten.

Elektronentransportketten in Mitochondrienmembranen

Bis heute kennen wir noch nicht die genaue Zusammensetzung der ETK der Mitochondrien. Verschiedene Schulen halten an verschiedenen Ansichten über die Beteiligung einiger Komponenten der inneren Membran der Mitochondrien an der ETK und an der Reihenfolge der Überträger einer Reihe von Bereichen der ETK fest. Wir wollen hier keine Betrachtungen über das riesige (hauptsächlich biochemische) Material anstellen, das diesen oder jenen Standpunkt beweist. Die Unterschiede zwischen ihnen sind für Fragestellungen allgemeineren Charakters, die von biophysikalischem Interesse sind, ohne Bedeutung. Deshalb nehmen wir das von CHANCE in einer seiner letzten Übersichten veröffentlichte Schema als Grundlage [242 (Abb. 7.5)].

$$
\begin{array}{c}
FP_{II} \\
\upharpoonleft\downharpoonright \\
FeS-II \\
\upharpoonleft\downharpoonright
\end{array}
$$

$$
NAD-H \rightleftharpoons FP\{FeS\text{-}I\} \rightleftharpoons UC \begin{Bmatrix} FeS\text{-}III \\ FP_{III} \end{Bmatrix} \rightleftharpoons Cyt\,b_k \rightleftharpoons Cyt\,b_r \rightleftharpoons \begin{Bmatrix} Cyt\,c_1 \\ FeS\text{-}IV \end{Bmatrix} \rightleftharpoons
$$

$$
\rightleftharpoons Cyt\,c \rightleftharpoons Cyt\,a\,\{Cu\} \rightleftharpoons Cyt\,a_3\,\{Cu\} \rightleftharpoons O_2
$$

Abb. 7.5. Schema einer Elektronentransportkette in Mitochondrien.

Im Prinzip können die Transportpartikel NAD-H, Flavoproteide (FP) und Ubichinone (UC) zwei Elektronen aufnehmen oder abgeben. Ihre vollständig oxidierten oder reduzierten Formen unterscheiden sich voneinander durch zwei Elektronenäquivalente. Die restlichen Komponenten der ETK sind im wesentlichen Einelektronenüberträger. Man könnte annehmen, daß die Transportpartikel des ersten Typs, insbesondere die Flavoproteide und das Ubichinon in der ETK ebenfalls als Einelektronenüberträger wirken, indem sie von der vollständig reduzierten zur vollständig oxidierten Form über ionenradikalische Zwischenzustände (Semichinonzustände) (s. 7.2) oder nur über Redoxreaktionen zwischen der Semichinonform und einer der Grenzformen übergehen. So arbeitet z. B. das Flavoproteid, das ein Elektron vom NADP-H zum Cytochrom c in der ETK des Mikrosoms unter Ausnutzung der Redoxübergänge zwischen Semichinonform und vollständig reduzierter Form seines aktiven Zentrums transportiert [394]. Untersuchen wir die Reihenfolge der Transportpartikel, die in Abbildung 7.5 dargestellt sind. Das aktive Zentrum des Flavoproteids bildet das FAD (Flavin-adenin-dinucleotid) — ein Abkömmling des Isoalloxazins. Im folgenden wird der Übergang des

FAD aus der Chinonform in die Hydrochinonform gezeigt:

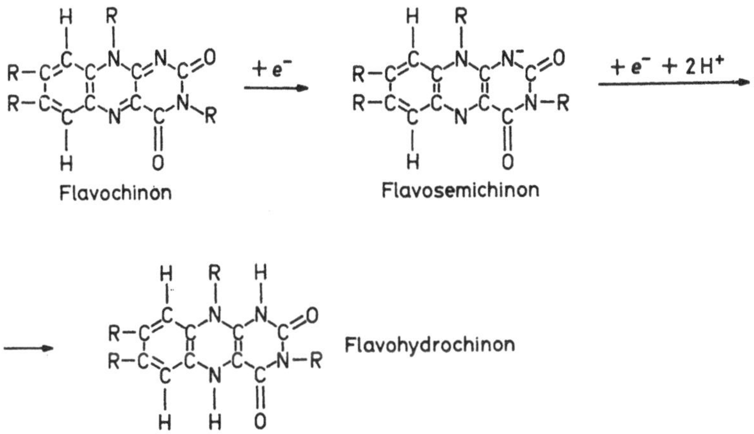

Flavochinon — Flavosemichinon — Flavohydrochinon

In Versuchen an Modellen und isolierten Flavoenzymen, die nicht zu den Bestandteilen der ETK gehören, konnte nachgewiesen werden, daß die Flavosemichinone, die durch die stufenweise Redoxumwandlung des Flavins entstehen, eine starke Wechselwirkung mit fest an Proteine gebundenen Metallen variabler Wertigkeit zeigen (z. B. [236, 362, 462]). Viele Flavinenzyme enthalten Metalle mit variabler Wertigkeit. Wahrscheinlich sind auch in der ETK der Mitochondrien die Flavoproteide mit Eisenproteinen verknüpft. Nicht zufällig enthalten Polyenzymkomplexe, die bei der Ultraschallfragmentierung von Mitochondrienmembranen gewonnen werden, dann, wenn sie Flavinenzyme enthalten, auch immer Eisenproteine (über diese sogenannten „GREENschen Komplexe“ s. unten). Die katalytischen Eigenschaften der gereinigten Flavoproteide unterscheiden sich etwas von den unbeschädigten in der ETK von Mitochondrien. Geringfügige Änderungen in der Extraktionsmethode (z. B. eine Erhöhung der Temperatur von 30 °C auf 37 °C) ändern die Wechselwirkungseigenschaften des Enzyms mit verschiedenen Akzeptoren. Bei der Gewinnung von Flavoproteiden aus der ETK verändert sich der Einfluß verschiedener Inhibitoren auf diese (s. z. B. [130]).
Proteinkomplexe mit Nichthäm-Eisen FeS (I, II, III, IV) sind unbedingt Komponenten der ETK. Über ihre Rolle beim Elektronentransfer ist sehr wenig bekannt, was sich durch technische Schwierigkeiten bei der Beobachtung der Veränderung ihres Redoxzustandes in unbeeinflußten Membranstrukturen erklären läßt. Wesentliche Fortschritte ergaben sich erst in den letzten Jahren im Zusammenhang mit der Entwicklung der ESR-Methode. Dadurch wurden einige Ergebnisse über die Struktur des aktiven Zentrums dieses Einelektronenüberträgers bekannt: Es ergab sich, daß die Eisenatome mit den SH-Gruppen spezifischer Proteine verbunden sind. Die Zahl der indirekten experimentellen Ergebnisse, die nachweisen, daß Proteinkomplexe mit Nichthäm-Eisen am Elektronentransfer entlang der ETK und an Prozessen der Energiespeicherung beteiligt sind, nimmt ebenfalls zu [195, 196, 304, 311, 417]. Wie wir weiter unten sehen werden, übernimmt tatsächlich ein analoges Protein in den Chloroplasten, das Ferredoxin, wichtige Funktionen in der ETK der Chloroplasten. In den Membranen der Mitochondrien sind Zentren mit Nichthäm-Eisen häufiger zu finden als bei aktiven Zentren von Cytochromen. Trotzdem wird in theoretischen und experimentellen Arbeiten bis heute den Cytochrom-Enzymen mehr Aufmerksamkeit geschenkt, als den Nichthäm-Eisenkomplexen. Den einzelnen konkreten Cytochromen schreibt man

auch in einer Reihe von Teiltheorien die Funktion der Energietransformation zu [242]. Ich nehme an, daß das aus dem Grunde geschieht, weil alle wissenschaftlichen Untersuchungen gewöhnlich nach dem Prinzip durchgeführt werden: „suche dort, wo es klarer und leichter ist“. Die eindeutigen Absorptionsspektren der Cytochrome im Bereich des sichtbaren Lichtes und nahen UV, die leicht registrierbare Änderungen bei Redoxumwandlungen der Pigmente erfahren, vereinfachen diese Untersuchungen stark. Bisher existieren keine Ergebnisse, die dafür sprechen, daß Proteinkomplexe mit nichthämgebundenem Eisen eine geringere Rolle beim Elektronentransfer spielen, als die Cytochrome. Obwohl alle bekannten Komponenten der ETK ohne Zweifel als Ein-Elektronen-Überträger arbeiten, ist es nicht ausgeschlossen, daß für die richtige Funktion ein Transport von zwei Elektronen auf parallelen Transportketten unterschiedlicher Zusammensetzung notwendig ist [459]. Man darf nicht vergessen (s. unten), daß möglicherweise für die Synthese eines ATP-Moleküls durch die Energieübertragung und -umwandlung zwei Elektronen die ETK durchlaufen müssen. Die Eisenproteine sind fest mit den verschiedenen Bereichen der ETK verbunden und können in einer Reihe von Punkten die Rolle solcher Elektronenüberträger in parallelen Transportketten spielen. Der eindeutige Beweis dafür, daß für die Arbeit der Energietransformation, die im Bereich der ETK zwischen dem NAD-H und UC abläuft, ein Eisen-Schwefel-Protein notwendig ist, wird in der Arbeit [298] erbracht.[1])

Das Flavoproteid FP_{II} (Succinatdehydrogenase) realisiert (wahrscheinlich mit dem Eisen-Schwefel-Protein FeS-II) die Bindung des Redoxpaares: Bernsteinsäure—Fumarsäure mit der Haupt-ETK. Alles zum FP_I Gesagte kann man auch auf dieses Flavoproteid beziehen (und natürlich auch auf das stark fluoreszierende Flavoproteid FP_{III}), das wahrscheinlich ein Redoxpaar mit dem Cytochrom b_k bildet, aber nicht zur ETK gehört.

UC (Ubichinon oder Coenzym Q) dient auf Grund einiger Voraussetzungen (s. z. B. [56]) als beweglicher Überträger, der in der Membranstruktur nicht fest gebunden ist. Diese Voraussetzungen sind dadurch begründet, weil man UC aus den Mitochondrien mit organischen Lösungsmitteln in der niedermolekularen Form frei von Proteinen oder Lipoproteiden extrahieren kann. Natürlich kann man letzteren Umstand nicht als unumstößlichen Beweis betrachten. Wir sahen schon im vorangegangenen Abschnitt, daß sich UC vom Wasser isoliert in den hydrophoben Bereichen der Membranen befinden muß. Es gibt keine Gründe für die Annahme, daß das Ubichinon in der Membran beweglicher ist, als andere Redoxzentren. Wie wir noch sehen werden, beweisen alle kinetischen Daten, daß das Cytochrom c eine genauso strukturell gebundene Komponente der ETK ist, wie alle anderen Cytochrome, obwohl es sich noch leichter als das UC extrahieren läßt. Nebenbei bemerkt gibt es keine volle Sicherheit für die funktionelle und strukturelle Homogenität des Ubichinons in den Mitochondrien. In „getrennten“ Mitochondrien bei maximaler Geschwindigkeit des Elektronentransfer oxidiert NAD-H etwas schneller als UC [360]. Es ist möglich, daß an der Elektronenübertragung durch die ETK nur ein Teil der UC beteiligt ist, dessen molarer Anteil in den Mitochondrien den Gehalt an anderen Elektronenüberträgern wesentlich übersteigt (s. [256]).

---

[1]) In den letzten Jahren wurden neue wichtige Resultate zur Struktur und Funktion von Eisenproteinen aus der Untersuchung der ESR-Spektren von Mitochondrien, Geweben und einzelnen Metallproteinen bei Heliumtemperaturen gewonnen. Es gelang, neue Proteine, die an Prozessen des Elektronentransports und der Energietransformation beteiligt sind, zu identifizieren [545, 546].

Viele Eigenschaften des UC in den Mitochondrien ändern sich beim Übergang von beeinflußten Organellen zu mehr oder weniger leicht zerstörten Produkten von submitochondrialen Partikeln verschiedenen Typs, die in den letzten Jahren Gegenstand zahlreicher Untersuchungen waren.

Die Cytochrome (b_K, b_T, c_1, c, a, a_3) sind Chromoproteide, deren prosthetisch aktive Gruppen durch Häme gebildet werden, d. h. Eisenporphyrine mit verschiedenen Substituenten am Porphyrinring. Die Cytochrome b_K und b_T enthalten chemisch gleiche Protohäme, d. h. Komplexe des Eisens mit dem Protoporphyrin IX. Die Teilung in b_K und b_T ist bedingt durch geringe Spektrenunterschiede, ferner durch Unterschiede in der Kinetik der Redoxübergänge und durch den Einfluß von Inhibitoren (Antimycin A, ATP und ADP + P_a) auf das Verhältnis zwischen den oxidierten und reduzierten Formen in den stationären Zuständen der Mitochondrien sowie auf die Kinetik der Redoxübergänge [242, 261, 459]. Sehr interessant sind in diesem Zusammenhang die von CHANCE angeführten Ergebnisse, die zeigen, daß Zustand und funktionelle Merkmale des Cytochrom b_T wesentlich vom Zustand des benachbarten Überträgers, des Cytochrom c_1 abhängen.

Cytochrom c_1 hat die gleiche prosthetische Gruppe (Häm c) wie das ausführlich in Abschnitt 5. beschriebene Cytochrom c. Das Molekulargewicht des Proteins jedoch, das auf eine prosthetische Gruppe kommt, beträgt 51000, d. h. wesentlich mehr als beim Cytochrom c. Es ist unbekannt aus wieviel solchen Einheiten das „Ensemble" des Cytochrom c_1 in den Mitochondrien besteht. Dieses Cytochrom wird als Polymer mit einem Molekulargewicht von rund 360000 extrahiert, d. h. ein Polymer, das aus rund sieben funktionellen Einheiten besteht. Da jedoch bei der Extraktion Detergenzien verwendet werden, ist der letzte Fakt nicht aussagekräftig.

Cytochrom c ist als individuelles Protein wesentlich besser untersucht als andere Elektronenüberträger (s. Kap. 5.). Die Leichtigkeit seiner Extraktion mit hypotonischen Salzlösungen kann nicht als Beweis dafür dienen, daß es sich um eine bewegliche Transportpartikel handelt, die nicht in der Membranstruktur gebunden ist (im Unterschied zu anderen Cytochromen der ETK).

Es ist schon lange bekannt, daß das Spektrum der nativen Form des Ferricytochroms c in Lösung eine charakteristische Absorptionsbande bei 6950 Å hat [475]. Diese Bande verschwindet nach thermischer Behandlung bei basischen pH-Werten und das Verschwinden der Bande ist mit dem Verlust der Fähigkeit des Cytochrom c verbunden, durch Ascorbinsäure, Hydrochinon und andere Reduktionsmittel reduziert zu werden [232, 308, 446].

Die Bande bei 6950 Å und die Fähigkeit zur Reduktion sind wahrscheinlich mit der Erhaltung der spezifischen nativen Konformation (oder Konfiguration) des Ferricytochroms verbunden [271, 490]. CHANCE und Mitarbeiter [252] zeigten, daß im Spektrum des mitochondrialen Cytochrom c auch eine Bande bei 6950 Å existiert, die nach einer thermischen Behandlung nicht verschwindet, während die gleiche Behandlung beim isolierten Cytochrom c in Lösung zum Verschwinden der Bande und zur Inaktivierung ausreicht. Dieses Ergebnis ist ein Beweis dafür, daß die Wechselwirkung mit der Umgebung des in die Membranstruktur der ETK eingeschlossenen Cytochrom c seinen nativen Konformationszustand stabilisiert und die Fähigkeit zu Konformationsänderungen beeinflußt. Später werden wir sehen, daß wir auf der Grundlage kinetischer Ergebnisse zur gleichen Schlußfolgerung kommen können.

Die Cytochrome a, a_3 sowie Kupferionen bilden den sogenannten Cytochromoxydase-Enzymkomplex (lange Zeit nahm man an, daß es sich um *ein* Protein handelt). Bei der

Gewinnung der Cytochromoxydase aus den Mitochondrien und ihrer vorsichtigen Reinigung erhält man enzymatisch aktive (d. h. zur Oxidation des Cytochrom c fähige) Pentamere. Dieses Pentamer besteht aus fünf monomeren Proteinuntereinheiten mit einem Molekulargewicht von je 72000. Eine solche Untereinheit enthält ein Häm a, ein Kupferatom und ein nichthämgebundenes Eisenatom [199, 268] und ist enzymatisch nicht aktiv. Die Cytochrome a und a_3 der isolierten Cytochromoxydase und der in der ETK integrierten unterscheiden sich kinetisch und spektroskopisch, was wahrscheinlich mit den Unterschieden ihrer strukturellen Befestigung und folglich der Konformation zusammenhängt. In der ETK ist das Verhältnis der molaren Konzentrationen der Cytochrome a und a_3 (auf Häme bezogen) gleich eins. Die isolierte Cytochromoxydase ist dem entsprechenden Abschnitt der ETK nicht völlig äquivalent, weil für ihn andere kinetische Verhältnisse zwischen den Cytochromen a und a_3 charakteristisch sind [247]. Die Kupferionen sind fest mit dem Protein der Hämoproteine verbunden und sind während der Arbeit der ETK an Redoxreaktionen beteiligt [217, 406].

Bevor wir zur Analyse der thermodynamischen und kinetischen Ergebnisse der Funktion der ETK übergehen, müssen wir unbedingt zwei allgemeine Fragen behandeln. Die erste Frage kann man wie folgt formulieren: Kann man aus der inneren Membran der Mitochondrien bestimmte ETK herauslösen? Mit anderen Worten, erfolgt der Elektronentransport in einer ETK zwischen eindeutig bestimmten Transportmolekülen oder kann sich die Transportkette in verschiedenen Bereichen verzweigen und man müßte eigentlich von einem Netz und nicht von einer Kette des Elektronentransfer sprechen? Würde es sich um ein Netz handeln, dürfte die stöchiometrische Zusammensetzung der ETK nur im Mittel festliegen. Wie auf jede extreme Fragestellung in der Wissenschaft ist auch hier keine eindeutige „entweder-oder"-Antwort möglich. Die Antwort hängt von der speziellen Forschungsaufgabe und von den charakteristischen Zeiten der untersuchten Prozesse ab. Dieses Problem wurde in einer speziellen hochinteressanten Diskussion auf einem Symposium über Oxidasen und verwandte Redoxsysteme behandelt [419]. Mit seinem Diskussionsbeitrag bewies Chance eindeutig, daß im Bereich Cytochrom c bis O_2 (einschließlich) der ETK eine Verzweigung der Kette erfolgt, aber mit Geschwindigkeiten, die 2—3 Größenordnungen geringer sind, als der Elektronentransport entlang der Kette. Es ist möglich, daß auf dem Niveau des UC eine Verzweigung der Kette mit größerer Geschwindigkeit erfolgt, es kann aber auch sein, daß in diesem Fall jede ETK ihr strukturell gebundenes Reservoir an UC hat, das die gegebene ETK viel effektiver als die anderen Ketten versorgt. Auf jeden Fall können wir, solange wir die Kinetik des Elektronentransports entlang der Kette der Cytochrome zum Sauerstoff betrachten (aber möglicherweise auch entlang der ganzen Kette vom NAD-H oder Succinat zum Sauerstoff) mit vollem Recht annehmen, daß der Transport zwischen bestimmten gebundenen Transportpartikeln erfolgt und die Verzweigung der Ketten vernachlässigen. In diesem Sinne kann man von der Existenz der ETK als funktionelle (aber möglicherweise auch morphologische) Untereinheit der Membran der Mitochondrien sprechen. Daraus folgt nicht, daß die ETK nicht miteinander wechselwirken, d. h., daß der Zustand in einer ETK nicht vom Zustand der anderen ETK in der Membran abhängt. Im nächsten Kapitel werden wir darüber hinaus sehen, daß die in der Membran enthaltenen ETK tatsächlich solche kooperativen Eigenschaften, die ihre Konformationsänderungen bedingen, besitzen.

Die zweite Frage ist in hohem Maße mit der ersten verbunden und bezieht sich auf die Realität der Existenz von *einzelnen* Protein-Lipoid-Polyenzymkomplexen, eine Art Untereinheiten von ETK in der ETK.

Oben wurde bereits erwähnt, daß es GREEN und Mitarbeitern gelang, Mitochondrienmembranen zu fragmentieren und vier Typen von Oligoenzymkomplexen zu erhalten: Komplex I enthält FP_I und FeS, Komplex II — FP_{II} und FeS, Komplex III — die Cytochrome b, c_1 und FeS und Komplex IV wird durch die Cytochromoxydase dargestellt [56]. Die kinetischen Merkmale der Elektronentransportpartikel in den Komplexen unterscheiden sich von den analogen Eigenschaften der entsprechenden Transportpartikel in den Mitochondrien. In einer Arbeit der gleichen Arbeitsgruppe [269] wurde nachgewiesen, daß für die normale Funktion verschiedener Transportpartikel die Anwesenheit eines besonderen sogenannten Strukturproteins notwendig ist. Außerdem muß man darauf hinweisen, daß selbst schwache Einwirkungen auf die Mitochondrien, die zur Bildung der sogenannten submitochondrialen Partikel (SMP) führen, die noch zum kontrollierten Elektronentransport und zur oxidativen Phosphorylierung fähig sind, Änderungen in den kinetischen Merkmalen der einzelnen Transportpartikel, dem Cytochrom c und dem Ubichinon hervorrufen [244]. Außerdem ist in den SMP nicht nur die Membranstruktur selbst geändert (sie ist mit der Innenseite in bezug auf die intakten Mitochondrien nach außen gekehrt), sondern auch die Strukturmerkmale der einzelnen Proteintransportpartikel, z. B. des fluoreszierenden Flavoproteids [241, 248, 293] sind anders.

Die Möglichkeit der Extration der GREENschen Komplexe spricht lediglich dafür, daß die Elektronentransportpartikel die ähnliche Gleichgewichtswerte der Redoxpotentiale besitzen und zu einem Komplex gehören, in der ETK tatsächlich benachbart sind, was auch schon früher anhand von kinetischen Messungen und Versuchen mit Inhibitoren vorausgesagt wurde. Man wird kaum von vorausbestimmten morphologisch ausgewählten Gebilden, die diesen Komplexen in der ETK entsprechen, sprechen können. Wahrscheinlich muß man sich mit der Meinung von SKULACHEV einverstanden erklären, daß „man die ganze Atmungskette im bekannten Sinn als *ein* Enzym definieren kann, als NAD-H-Oxidase, die einzelnen Transportpartikel dagegen als verschiedengradig aggregierte Untereinheiten, die ein Enzym mit einer sehr komplizierten Quartärstruktur bilden“ [136].

Thermodynamische Aspekte der Elektronentransportketten

In der vorliegenden wissenschaftlichen Literatur bilden die Werte der normalen Redox-Potentiale E_m^0 (mid-point potentials) der Transportpartikel, die zu den Bestandteilen der ETK gehören, die einzige Grundlage für eine thermodynamische Betrachtung. Der physikalische Inhalt dieser Potentiale ist jedoch nicht völlig klar. Der Gleichgewichtswert E_m^0 der äußeren Komponenten der ETK, d. h. $NAD^+/NAD\text{-}H$ und $^1/_2O_2/H_2O$ beträgt -290 bzw. $+800$ mV. Die gemessenen Potentialwerte der dazwischen liegenden Transportpartikel befinden sich tatsächlich in dem oben genannten Intervall. Vergleicht man jedoch die Werte E_m^0 für isolierte Transportpartikel mit ihren Werten in intakten Mitochondrien oder submitochondrialen Partikeln, die am Verhältnis der Konzentrationen der oxidierten und reduzierten Formen gemessen wurden, so stellt man Unterschiede fest. Somit ändert selbst das Eindringen in die ETK die Redoxcharakteristika der Transportpartikel. Für eine Reihe von Transportpartikeln hängen darüber hinaus diese Charakteristika vom Zustand der ETK, von anwesenden Inhibitoren, von der ATP- und ADP-Konzentration und von Entkopplern ab [242, 247, 261, 436, 459, 488]. Unter dem Einfluß von ATP oder Entkopplern ändern sich die gemessenen Größen E_m^0 solcher Transportpartikel wie

Cytochrom a_3 und b_T um 100—300 mV. Die Autoren der oben zitierten Arbeiten sind der Meinung, daß ähnliche Änderungen von E_m^0 davon zeugen, daß die gegebenene Transportpartikel gleichzeitig als Energietransformator beim Prozeß der oxidativen Phosphorylierung dient (eine ausführliche Diskussion s. unten). Man kann jedoch kaum die Größen E_m^0 der einzelnen Transportpartikel, die relativ zu den Konzentrationen ihrer oxidierten und reduzierten Formen in einer unter verschiedenen Bedingungen arbeitenden ETK gemessen wurden, den Sinn zuschreiben, den ihnen die klassische physikalische Chemie gibt. Das liegt nicht nur daran, daß sich der stationäre Zustand der ETK und die stationären Werte des Verhältnisses der Konzentrationen der oxidierten und reduzierten Formen der einzelnen Transportpartikel wesentlich vom Gleichgewichtszustand und den entsprechenden Gleichgewichtsmerkmalen unterscheiden können (die funktionsfähige ETK ist ein offenes System). Wesentlich ist, daß der Grad des *kinetischen* Nichtgleichgewichts der Komponenten der ETK vom Weg, auf dem das System zum gegebenen quasistationären Zustand gelangt ist, abhängen kann. Deshalb muß es sich bei den gemessenen Redox-Potentialen der einzelnen Transportpartikel nicht einmal um thermodynamische Größen handeln. Das Konzentrationsverhältnis der oxidierten und reduzierten Formen der Transportpartikel im gegebenen quasistationären Zustand muß nicht mit dem Verhältnis der effektiven Geschwindigkeitskonstanten der Oxidations- und Reduktionsreaktion der gleichen Partikel übereinstimmen, weil sie notwendigerweise an einem gestörten System gemessen wurden.

Kinetische Aspekte der Elektronentransportketten

Untersuchen wir die Ergebnisse zu den Geschwindigkeiten des Elektronentransports zwischen den Komponenten der ETK der Mitochondrien. Dabei muß man darauf hinweisen, daß die Ergebnisse große Unterschiede aufweisen, unabhängig davon, ob sie von verschiedenen Autoren oder von gleichen Autoren in verschiedenen Publi-

$$O_2 \xleftarrow{0{,}40} a_3 \xleftarrow{0{,}51} a \xleftarrow{2.5} c \xleftarrow{5{,}0} c_1 \xleftarrow{80} b \xleftarrow{300} FP_{III} \xleftarrow{500} FP_I \xleftarrow{750} NAD\text{-}H$$

Abb. 7.6. Kinetisches Oxidationsschema der Transportpartikel der ETK in Mitochondrien (nach [246]).
Die Zahl an den Pfeilen bedeutet die Halbwertszeit der Oxidation (in msec) nach Zugabe von Sauerstoff.

kationen erhalten wurden. Das ist an sich völlig normal, weil die kinetischen Charakteristika ungewöhnlich empfindlich vom Zustand der Mitochondrien abhängen, so daß es praktisch unmöglich ist, immer völlig gleiche Bedingungen zu erreichen. Unabhängig davon kann man auf der Grundlage der vorhandenen Ergebnisse zu einigen wesentlichen Schlußfolgerungen kommen. Wir führen einige kinetische Schemata, die aus den Arbeiten der Arbeitsgruppe von Chance stammen, an. Im Übersichtsvortrag [246] wurde ein kinetisches Schema des Elektronentransports in der ETK der Mitochondrien vorgestellt (Abb. 7.6). In diesem Schema sind auch die Oxidationsgeschwindigkeiten der völlig reduzierten Transportpartikel in anaeroben Mitochondrien nach Zugabe von Sauerstoff mit der Impulsmethode oder der „stopped-flow"-Methode angegeben.
Eine Vorstellung über die Streuung der kinetischen Parameter erhält man anhand der Abbildung 7.7, in der neuere Ergebnisse der Arbeitsgruppe von Chance dargestellt sind. Hier sind die Cytochrome b_T und b_K schon differenziert betrachtet und die einzelnen

Ergebnisse angeführt, die für die entkoppelte ETK (freie Oxidation) und die phosphorylierende ETK (gekoppelte Oxidation) gefunden wurden. Im vorliegenden Fall bedeutet die Zahl in Abbildung 7.7 die Halbwertzeit des Elektronentransports zwischen benachbarten Transportpartikeln in Millisekunden, die in „anaeroben Mitochondrien" durch die impulsförmige Zugabe von Sauerstoff ausgelöst wird. (Gemeint ist hier nicht die Halbwertzeit der Umwandlung in die oxidierte Form, die — wie in der vorherigen Abbildung 7.6 — vom Moment der Sauerstoffzugabe aus berechnet wird.)

$$c \xleftarrow{5} c_1 \xleftarrow{1500} b_T \xleftarrow{100} b_K \xleftarrow{1200} FP_{III} \quad (a)$$

$$c \xleftarrow{5} c_1 \xleftarrow{100} b_T \xleftarrow{100} b_K \xleftarrow{300} FP_{III} \quad (b)$$

Abb. 7.7. Kinetisches Oxidationsschema der Überträger ETK in gekoppelten (a) und entkoppelten (b) Mitochondrien (nach [253]).

Einige Bemerkungen zu den vorgestellten Ergebnissen. Die schnellste Reaktion, die unter Beteiligung von Cytochrom a_3 abläuft, ist ein bimolekularer Prozeß, der von der Konzentration des hinzugegebenen Sauerstoffs abhängt. Nach den Ergebnissen der Autoren von [247] erhält man in den Mitochondrien des Tauben-Herzmuskels bei einer in den Grenzen von 4—48 μMol variierten O_2-Konzentration den Wert der Geschwindigkeitskonstanten einer Reaktion zweiter Ordnung für die Reaktion O_2 + Cyt. a_3 zu $3 \cdot 10^7\ mol^{-1} \cdot sec^{-1}$ (die Halbwertzeit bei einer O_2-Konzentration von 25 μMol und 21°C beträgt ca. $5 \cdot 10^{-4}$ sec). Die Geschwindigkeit dieser Reaktion ändert sich (verlangsamt sich), wenn man von „entkoppelten Mitochondrien" zu „gekoppelten" übergeht. Die Geschwindigkeitskonstanten für die restlichen Reaktionen des Elektronentransports in der ETK anzuführen wäre sinnlos. Formal genügt unter konkreten experimentellen Bedingungen, z. B. bei der Auslösung eines Prozesses in anaeroben Mitochondrien durch impulsmäßige Zugabe von Sauerstoff (oder die Photodissoziation des Komplexes Cytochrom a_3 mit CO in einer Sauerstoffatmosphäre), die Oxidation der einzelnen Transportpartikel in guter Näherung der Kinetik einer Reaktion erster Ordnung. In diesem Fall berechnen die Autoren häufig die Geschwindigkeitskonstanten ersten Grades, indem man einfach ln 2 durch die Halbwertszeit teilt, wie man das bei der Kinetik von Gasreaktionen und Lösungen macht. Dabei darf man jedoch nicht vergessen, daß für die Reaktionen, die nicht in einer statistischen Gesamtheit von Reagenzien ablaufen, sondern zwischen gebundenen Zentren, die unbedingt einer ETK angehören, die Geschwindigkeit des Prozesses nicht nur von der Gesamtmenge der Zentren des gegebenen Typs, sondern auch vom Zustand der benachbarten Zentren insbesondere in ETK, die die gegebenen reaktionsfähigen Zentren enthalten, bestimmt wird. Die Geschwindigkeit hängt nun ihrerseits nicht nur vom Zustand der ETK, sondern auch vom Weg *in den* gegebenen Zustand, d. h. von der Geschichte des Systems ab. Um den Geschwindigkeitskonstanten den physikalischen Sinn zu geben, den sie in der gewöhnlichen Kinetik haben, ist deshalb eine fast unübersehbare Menge von Bedingungen notwendig. Zur Charakterisierung des Prozesses benutzt man am besten die unmittelbar gemessenen Größen vom Typ der Halbwertszeit ohne einen theoretischen Sinn hineinzuinterpretieren.

Der Transport des Elektrons vom Cytochrom a zum Cytochrom a_3 ist um eine Größenordnung langsamer als der umgekehrte Weg (das gilt für unbeschädigte Mitochondrien; in isolierter Cytochromoxidase unterscheiden sich die Geschwindigkeiten dieser Prozesse nicht mehr als um das Zweifache).

Aufmerksamkeit erregt die starke Abhängigkeit der Transportgeschwindigkeit in einigen Bereichen der ETK vom gekoppelten Elektronentransport zur oxidativen Phosphorylierung. (Im übrigen läßt der Vergleich von Abbildung 7.7 und Abbildung 7.6 die Schlußfolgerung zu, daß in Abbildung 7.6 Ergebnisse für entkoppelte Mitochondrien angeführt sind). Die aufmerksame Untersuchung der Oxidationskinetik des Cytochroms b_T ergab, daß die Kinetik in Wirklichkeit sehr kompliziert ist. Bei bestimmten Oxidationsbedingungen des Cytochroms b_T in anaeroben Mitochondrien kann nach der Zugabe von O_2 der Oxidation eine kurzzeitige zusätzliche Reduktion vorausgehen [242].

Die Gegenüberstellung der in Abbildung 7.6 und 7.7 gezeigten Ergebnisse mit anderen Tatsachen in bezug auf die Funktion der ETK und einzelner Transportpartikel führt zu einer Reihe von Widersprüchen, deren Lösungsweg noch nicht klar ist. Es ist leicht zu erkennen, daß beim Transport der Elektronen vom NAD-H oder (Succinat) zum Sauerstoff der Transportprozeß nach der Cytochrom c-Stufe sehr stark beschleunigt wird (besonders stark bei gekoppelten Mitochondrien). Das bedeutet, daß im stationären Zustand der Mitochondrien — wenn ausreichend Sauerstoff vorhanden ist und dieser nicht die Geschwindigkeit des gesamten Prozesses begrenzt — die Oxidation der Cytochrome schneller abläuft, als ihre Reduktion (ungefähr um zwei Größenordnungen) und daß sie sich deshalb praktisch im völlig oxidierten Zustand befinden sollten. Zur gleichen Schlußfolgerung kommt CHANCE, der die große Oxidationsgeschwindigkeit des Cytochroms c im stationären Zustand mit seiner geringen Zahl von Kreisläufen der Atmungsregulation (s. Kap. 8.) phosphorylierender Mitochondrien vergleicht [257]. Die Zahl der Kreisläufe beträgt nur 5 sec^{-1}, obwohl im stationären Zustand der Atmungsregulation der Mitochondrien ein wesentlicher Teil des Cytochrom c (ca. 15%) im reduzierten Zustand vorliegt. Das könnte bedeuten, daß sich die Geschwindigkeiten des Elektronentransports zwischen den Komponenten des Cytochromsystems im stationären Zustand der ETK von den Geschwindigkeiten unterscheiden, die unter Bedingungen der in Abbildung 7.6 und 7.7 dargestellten Resultate erhalten wurden, d. h. bei Wechselwirkung von Sauerstoff mit anaeroben Mitochondrien.

Bei der Betrachtung vom Cytochrom c muß man erwähnen, daß beim Vergleich der Ergebnisse von Abbildung 7.6 und 7.7 ein Widerspruch zum heutigen Wissen über die Redoxumwandlungen des isolierten Cytochrom c auftritt. In Kapitel 5. und 6. sahen wir, daß die Oxidation und Reduktion des Cytochrom c mit wesentlichen Konformationsänderungen des Makromoleküls verknüpft ist. Versuche von PECHT und FARAGGI [425] zeigen, daß die Dauer von Konformationsänderungen bei einer Reduktion von Cytochrom c in Lösung, die zur Erreichung des *Gleichgewichtszustandes* notwendig ist, einige hundert Millisekunden beträgt.

Aus diesem Ergebnis und den Ergebnissen des vorliegenden Kapitels folgt, daß Cytochrom c bei der Wechselwirkung der ETK anaerober Mitochondrien mit Sauerstoff zunächst oxidiert (Übertragung Cyt. c $\rightarrow$ Cyt. a) und danach reduziert (Übertragung Cyt. $c_1 \rightarrow$ Cyt. c) wird. Der genannte Prozeß dauert einige Millisekunden. Diesen Widerspruch könnte man mit einer der zwei folgenden Annahmen beheben. Erstens wäre es möglich, daß die Relaxations-Konformationsänderungen des Cytochrom c-Moleküls in der Membranstruktur der Mitochondrien wesentlich schneller erfolgen als in Lösung. Diese Annahme erscheint mir wenig wahrscheinlich. Richtiger erscheint mir die zweite Annahme, wonach bei der Elektronenübertragung über das Cytochrom c zum Sauerstoff in den anfänglich anaeroben Mitochondrien die Zeit so kurz ist, daß in den ersten Augenblicken die Konformationsänderungen im Makromolekül nicht folgen können. Tatsächlich befindet sich das Ferrocytochrom c in anaeroben Mitochondrien in einer „reduzierten“ Gleichgewichtskonformation. Nach der plötzlichen Zugabe von Sauerstoff, gibt das aktive Zentrum des Cytochroms c ein Elektron ab und wird in einigen Millisekunden oxidiert, obwohl die Konformation des Proteinanteils in der reduzierten Form verbleibt. Die Übertragung eines Elektrons vom nächsten Transportpartikel (dem Cytochrom c_1) erfolgt ebenfalls in einigen Millisekunden, so daß die Verweilzeit des aktiven Zentrums des Cytochrom c_1 im oxidierten Zustand bei den nachfolgenden Akten der Elektronenübertragung für die Realisierung einer Konformationsänderung zu gering ist. Dieser Prozeß setzt sich so lange fort, wie der Vorrat an schnellen Elektronenüberträgern ausreicht, die sich auf der „reduzierten“ Seite — vom Cytochrom c aus gesehen — befinden (in Abb. 7.6 und 7.7 vom Cytochrom c_1). Danach werden die Reduktionen des aktiven Zentrums bei allen Molekülen so selten sein, daß die Moleküle in der Lage sind, in den dazwischenliegenden Zeiträumen bis zur oxidierten Gleichgewichtskonformation auszurelaxieren. Aus Versuchen in Lösung wissen wir, daß jede Relaxation mit gewissen spektralen Veränderungen verbunden ist und somit könnte man die oben gemachte Annahme im Prinzip überprüfen. Wenn sie richtig wäre, würde das bedeuten, daß das Cytochrom c für die Aufnahme des Elektrons von benachbarten Überträgern der ETK nicht unbedingt in der oxidierten Gleichgewichtskonformation vorliegen muß. Leider ist eine solche Behauptung mit der Aufgabe einer sehr schönen Idee verbunden, nämlich vom speziellen Weg des Elektrons im oxidierten Cytochrom c von der Oberfläche des Proteinglobulus über parallel gelegene aromatische Ringe von Tyrosinen und Tryptophan bis hin zum Eisen (s. Kap. 5. sowie die Arbeiten von Dickerson [277, 469]). Ehrlich gesagt, diese Idee wäre zu schön, um wahr zu sein. Die Frage, wann man wesentliche Konformationsänderungen einzelner Überträger der ETK erwarten kann (bzw. nicht erwarten kann) wird im nächsten Kapitel ausführlicher behandelt.[1])

Damit beenden wir vorerst die Untersuchung der Prozesse der Elektronenübertragung in der ETK der Mitochondrien und kommen zur Analyse des photoinduzierten Elektronentransports in Chloroplasten und Chromatophoren photosynthetisierender Organismen. Die Frage zum Mechanismus des Primäraktes der photoinduzierten Ladungstrennung werden wir an dieser Stelle noch nicht behandeln.

Elektronentransportketten in Chloroplasten und Chromatophoren

Die Elektronenübertragung zwischen den Komponenten der ETK von Chloroplasten und Chromatophoren, ist ein ebenso „dunkler“ Prozeß, wie die Elektronenübertragung in den Mitochondrien. Die Lichtabsorption gewährleistet lediglich die Entstehung der Komponenten der ETK, nämlich der Elektronendonatoren und -akzeptoren mit entsprechend angeordneten Elektronenniveaus.

Ungeachtet der großen und wachsenden Anzahl von Arbeiten, die sich mit Prozessen der Elektronenübertragung in photosynthetischen Systemen befassen, sind die genaue Zusammensetzung der ETK, die Reihenfolge der Transportpartikel und die Einzel-

---

[1]) Man muß daran erinnern, daß Konformationsänderungen des Cytochrom c in der Membran wesentlich langsamer ablaufen können als in Lösung. Dieser Befund wurde bei der Untersuchung kinetischer Merkmale des Cytochrom c, das an verschiedenen Oberflächen immobilisiert war, erhalten [544].

heiten ihrer kinetischen Merkmale bis jetzt unklar und sind Gegenstand von Diskussionen einer Vielzahl von Schulen. Die Mehrzahl dieser Fragen werden wir nicht ausführlich behandeln können. Für die Aufgabenstellung, die im vorliegenden Buch diskutiert wird, ist z. B. nicht so wichtig, ob das kupferhaltige Protein Plastocyanin vielleicht vor, nach oder parallel zum Cytochrom f in der Kette der Elektronentransportpartikel liegt, die vom aktiven Zentrum des Photosystems II zum aktiven Zentrum des Photo-

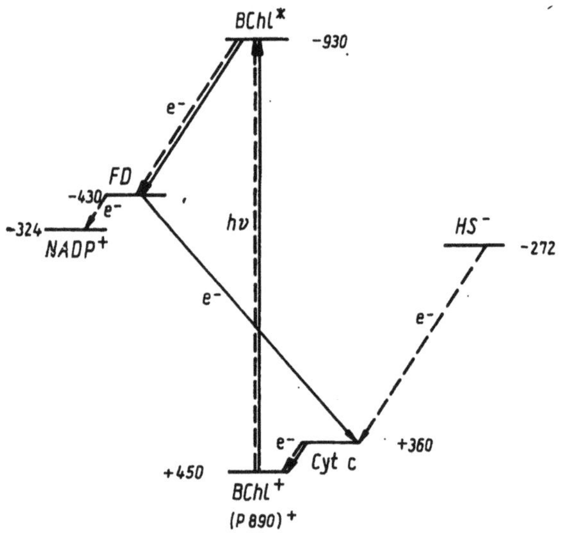

Abb. 7.8. Schema der Elektronentransportkette in den Chromatophoren von Schwefelbakterien.
Die Zahlen an den Niveaus bezeichnen die Gleichgewichtswerte der Redoxpotentiale der entsprechenden Zentren in mV. Mit den durchgezogenen Pfeilen ist der Weg der zyklischen Elektronenübertragung gekennzeichnet.

systems I in den Chloroplasten der Blätter grüner Pflanzen verläuft. Einige Besonderheiten photosynthetischer Systeme, die mit der prinzipiellen Möglichkeit des Starts von Prozessen der Elektronenübertragung durch kurzzeitige Lichtblitze zusammenhängen, führten zu neuen wichtigen experimentellen Ergebnissen, die an den ETK der Mitochondrien bisher nicht wiederholt werden konnten. Wir behandeln hier hauptsächlich diese neuen Resultate und beschreiben zunächst den Aufbau der ETK der Chromatophoren von photosynthetisierenden Bakterien und Chloroplasten von Grünalgen und höheren Pflanzen äußerst schematisch. In den Abbildungen 7.8 und 7.9 sind deshalb nur die Komponenten der ETK dargestellt, die für das Verständnis der später diskutierten Ergebnisse notwendig sind.
In Abbildung 7.8 ist ein Schema der ETK von Schwefelbakterien-Chromatophoren dargestellt, in denen (bei nichtzyklischem Elektronentransport) die Übertragung eines Elektrons vom Donator (HS^-) zum Akzeptor ($NADP^+$) erfolgt. Besondere Aufmerksamkeit verdient das Molekül des Bakterienchlorophylls P 890, das sich im photochemisch aktiven Zentrum der ETK befindet. Im angeregten elektronischen Singulett-Zustand ist dieses Molekül ein guter Elektronendonator (sein theoretisches Redoxpotential beträgt ca. —930 mV). Darum erfolgt bei der Absorption eines Lichtquants mit einer Wellenlänge, die kleiner als 9000 Å ist, eine Ladungstrennung und das Elektron wird auf den Primärakzeptor, dessen Natur bis jetzt noch unbekannt ist, übertragen. An-

hand einiger Ergebnisse könnte das Plastochinon als ein solcher Akzeptor dienen (s. z. B. [479]), oder nach anderen Ergebnissen ein Eisen-Schwefel-Protein vom Typ des in Abbildung 7.8 gezeigten Ferredoxin (FD) (s. [372]).
Die Frage nach dem ersten Elektronenakzeptor wird später noch einmal behandelt. Beim Ferredoxin handelt es sich zweifellos um eine Elektronentransportpartikel, die sich in der ETK zwischen dem P 890 und dem letzten Akzeptor $NADP^+$ befindet. Das

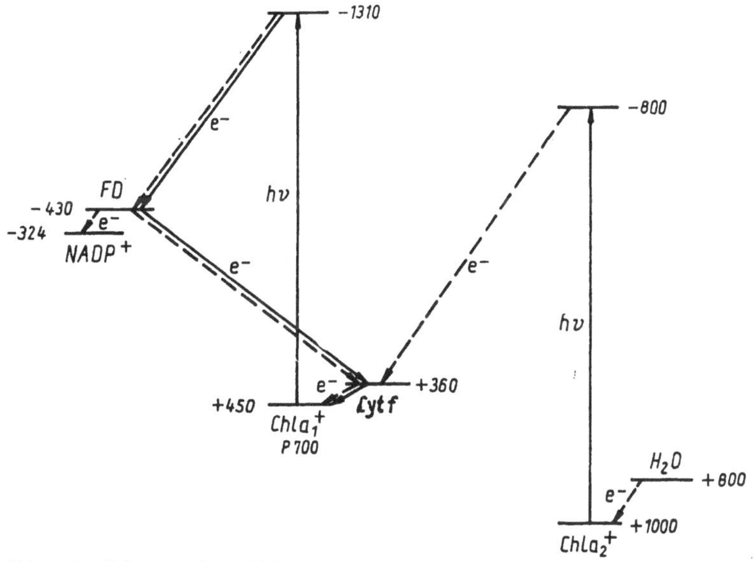

Abb. 7.9. Schema der Elektronentransportkette in den Chloroplasten höherer Pflanzen.
Die Zahl an den Niveaus bezeichnet wiederum die Gleichgewichtswerte der Redoxpotentiale der entsprechenden Zentren in mV. Mit durchgezogenen Linien ist der Weg des zyklischen Transports gekennzeichnet.

durch die Ladungstrennung gebildete positiv geladene Zentrum $(P\ 890)^+$ stellt einen guten Elektronenakzeptor dar (sein Redoxpotential beträgt ca. 450 mV). Gemeinsam mit dem Primärdonator, dem Cytochrom c-Molekül (das wahrscheinlich einen gemeinsamen Proteinkomplex mit dem P 890 bildet), übernimmt dieses positiv geladene Zentrum das Elektron vom oxidierten Substrat (Schwefelverbindungen). Somit transportiert ein Lichtquant mit einer Energie von ca. 1,38 eV bei *nichtzyklischer Elektronenübertragung* ein Elektron vom Substrat auf den Endakzeptor, wobei für diesen Prozeß ca. 0,05 eV verbraucht werden. Die restliche Energie des Lichtquants wird für die ATP-Synthese verbraucht (über die Phosphorylierung s. unten) und in Form von Wärme gestreut. Unter bestimmten Bedingungen (Überschuß an NADP-H, Unterschuß an ATP) kann der Elektronenstrom vom Ferredoxin über ein spezielles System von Transportpartikeln zum Primärdonator, dem Cytochrom c und wieder zum $(P\ 890)^+$ zurückgeleitet werden (*zyklische Elektronenübertragung*). Im zuletzt geschilderten Fall bewegen sich die Elektronen in einem geschlossenen Zyklus. Die Energie jedoch, die in den Stufen frei wird, wo eine Erhöhung des Redoxpotentials stattfindet, wird nur für die Bildung von ATP verbraucht und in Form von Wärme gestreut.
Die ETK der Chloroplasten höherer Pflanzen und Grünalgen (s. Abb. 7.9) schließt zwei Photosysteme ein (s. [229, 351]). Das Photosystem I, wiederholt im Prinzip die

ETK der Chromatophoren von Bakterien mit dem Unterschied, daß sich im photochemisch aktiven Zentrum an Stelle des Bakterienchlorophylls das Chlorophyll a_1 befindet. Dieses Chlorophyll hat ein langwelliges Maximum im Absorptionsspektrum bei 7000 Å (P 700)[1]. Als Primärdonator tritt dagegen das Cytochrom f auf, das im übrigen auch zur Klasse der Cytochrome c gehört. Bei einer nichtzyklischen Elektronenübertragung jedoch erhält das oxidierte Cytochrom f das Elektron nicht vom Substrat (Wasser), sondern über die Kette der Transportpartikel (diese sind im Schema nicht dargestellt) vom Primärakzeptor des Photosystems II. Das oxidierte aktive Zentrum des Photosystems II (das Chlorophyll a_2^+) erhält sein Elektron über ein System von Transportpartikeln vom Wassermolekül. Somit werden bei der nichtzyklischen Elektronenübertragung für den Transport des Elektrons vom Substrat H_2O zum Endakzeptor ($NADP^+$) zwei Lichtquellen mit einer Gesamtenergie von ca. 3,65 eV verbraucht. Unmittelbar zur Übertragung werden von dieser Energie nur ca. 1,12 eV genutzt, die restliche wird bei der ATP-Synthese verbraucht und in Form von Wärme gestreut[2].

Die ETK der Chloroplasten und Chromatophoren sind wahrscheinlich keine statistischen, sondern (auf jeden Fall funktionell, wenn nicht sogar morphologisch) isolierte Gebilde. Die Elektronenübertragung zwischen den einzelnen ETK, die aus fixierten Transportpartikelmolekülen bestehen, ist wahrscheinlich nur durch einen Vorrat an Plastochinon realisiert, dessen molare Konzentration die Konzentrationen der anderen Transportpartikel um ca. eine Größenordnung übersteigt [454].

Kürzlich konnte bei der Untersuchung der Kinetik der Elektronenübertragung, die durch weiße Lichtblitze im Bereich von Mikrosekunden in den ETK der Chloroplasten ausgelöst wurde, die Existenz eines „Zweielektronen-Verschlusses" in der Überträgerkette zwischen den zwei Photosystemen nachgewiesen werden [547, 548, 549]. Dieser Verschluß läßt die Elektronen nur paarweise passieren. Wahrscheinlich spielen die Plastochinonmoleküle die Rolle eines solchen Verschlusses. Die Plastochinonmoleküle müssen die Elektronen durch die hydrophobe Schicht der Thylakoidmembran transportieren. Der Funktion des Verschlusses liegt die unterschiedliche Löslichkeit des Plastochinons bei verschiedenen Redoxzuständen (Chinon, Semichinon, Hydrochinon) im hydrophoben und hydrophilen Milieu zugrunde. Diese Experimente sprechen ebenso dafür, daß die Wechselwirkung der Plastochinonmoleküle, die verschiedenen ETK angehören, wesentlich langsamer erfolgt, als für die Moleküle ein und derselben ETK.

Wie bereits erwähnt, ist die Auslösung von Transportreaktionen durch Licht für kinetische Untersuchungen äußerst günstig. Die interessantesten Resultate wurden bei der Untersuchung der Transportkinetik einzelner Bereiche der ETK in einem großen Temperaturbereich erhalten. Schon im Jahre 1960 wurde in der Arbeitsgruppe von Chance [254] nachgewiesen, daß bei den photosynthetisierenden Schwefelbakterien die

---

[1]) Obwohl alle Wellenlängen in Å angegeben sind, sind hier die in der Literatur üblichen Bezeichnungen P 700, P 890 usw. verwendet worden.

[2]) Kürzlich schlugen Arnon und Mitarbeiter ein neues Schema der ETK von Chloroplasten vor [361]. Der grundlegende Unterschied zum gewöhnlichen Schema besteht in der Behauptung, daß die Ferredoxine, die sich auf dem Weg des zyklischen und nichtzyklischen Transports befinden, verschiedene Moleküle sind. Die zyklische Elektronenübertragung wird durch einzelne Photosysteme gewährleistet, die ihren eigenen Vorrat an Transportpartikeln haben. Diese Transportpartikel stimmen nicht mit dem Vorrat derer überein, die die zwei Lichtreaktionen — nämlich den nichtzyklischen Transport — realisieren. Unabhängig von der Richtigkeit dieses Standpunktes, stellt dieser nichts prinzipiell Neues dar, das sich in den physikalischen Aspekten des Problems widerspiegeln würde.

Oxidation der Cytochrome vom c-Typ durch Lichtabsorption selbst bei Temperaturen des flüssigen Stickstoffs erfolgt. Die Ergebnisse der ersten temperaturabhängigen Untersuchungen der Photooxidation des Cytochrom f durch lichtinduzierte Oxidation des Zentrums P 700 von grünen Pflanzen wurden 1961 publiziert [491]. 1963 wurden kinetische Daten gefunden [243], die beweisen, daß die Elektronenübertragung vom Cytochrom f zum Zentrum (P 700)$^+$ in den ETK grüner Blätter bei 77 K wenigstens ebenso effektiv ablaufen, wie bei Zimmertemperatur. Ausführlich wurden die Chromatophoren von Schwefelbakterien untersucht [53, 54, 55, 246, 274, 275, 280, 482].
Für einen der Schwefelbakterienstämme wurden folgende kinetischen Werte über die Elektronenübertragung vom Cytochrom c zum BChl$^+$ durch Photooxidation des letzteren mit Hilfe eines Laserblitzes erhalten [275]. Bei Zimmertemperatur beträgt die Halbwertszeit der Umwandlung $\tau_{1/2} = 2 \cdot 10^{-6}$ sec. Bei Temperaturabnahme wächst $\tau_{1/2}$ und erfüllt formal die ARRHENIUS-Gleichung mit einer Energie $E_a \approx 0{,}14$ eV. So wurde bei 130 K für $\tau_{1/2} \approx 2 \cdot 10^{-3}$ sec und bei 100 K: $\tau_{1/2} \approx 2{,}3 \cdot 10^{-3}$ sec gefunden; von dieser Temperatur an bleibt die Umwandlungshalbwertszeit bis 4 K praktisch konstant ($E_a < 2 \cdot 10^{-4}$ eV). Somit teilt sich das gesamte Temperaturintervall von Helium- bis Zimmertemperatur in zwei Teile: Bei Temperaturen über etwa 100 K hängt die Geschwindigkeit der Elektronenübertragung von der Temperatur ab, bei niedrigeren dagegen nicht. Analoge Ergebnisse wurden von GRIGOROV [53] für einen anderen Schwefelbakterienstamm erhalten. Die Umwandlungshalbwertszeit bei Zimmertemperatur betrug in diesem Fall $1{,}5 \cdot 10^{-6}$ sec. Die Übertragungsgeschwindigkeit fiel bis zu einer Temperatur von rund 200 K ($E_a \approx 0{,}13$ eV) und blieb danach bis zu Temperaturen des flüssigen Stickstoffs praktisch konstant. Interessant sind auch die Ergebnisse der Temperaturabhängigkeit der Dunkelreduktion des photooxidierten Cytochroms c vom gleichen Schwefelbakterienstamm [54]. Die Reduktion erfolgt in zwei Stufen, wobei die erste Stufe, die schnelle, wahrscheinlich mit der Elektronenübertragung von photoreduzierten Transportpartikeln der ETK auf das Cytochrom c verbunden ist. Die Geschwindigkeit des schnellen Stadiums hängt auf komplizierte Art und Weise von der Temperatur ab. Bei Abnahme der Temperatur von Zimmertemperatur bis auf ca. 230 K verlangsamt sich dieses Stadium um rund zwei Größenordnungen, danach nimmt die Geschwindigkeit wieder zu und im Temperaturintervall von 170 K bis 77 K bleibt sie praktisch konstant. Die relativ langsame Dunkelphotoreduktion des photooxidierten Cytochrom c, die im Temperaturintervall von 295 K bis 77 K nur gering von der Temperatur abhängt, wurde auch bei der Untersuchung eines anderen Schwefelbakterienstamms gefunden [280].
Kürzlich wurde beobachtet, daß einige Reaktionen der Elektronenübertragung (die Oxidation eines der Cytochrome b und die Reduktion des neuen Zentrums, nämlich des Pigments P 546) im Photosystem II von Chloroplasten und grünen Blättern ebenfalls bei Temperaturen des flüssigen Stickstoffs stattfinden können [221].
Bei der Analyse der Ergebnisse von Untersuchungen der bei Heliumtemperaturen photoinduzierten ESR-Signaländerungen des Ferredoxin, das im Photosystem I der Chloroplasten enthalten ist, kamen JANG und BLUMBERG [334] zu der Schlußfolgerung, daß diese Sekundärreaktionen der Elektronenübertragung unter Beteiligung des Ferredoxin bis zu Temperaturen von 1,5 K stattfinden.
Somit zeugen die Ergebnisse über die Reaktionen der Elektronenübertragung in den ETK der Mitochondrien, Chloroplasten und Chromatophoren davon, daß der Transport zwischen auf spezifische Art und Weise in die Membranstruktur fest eingebauten Zentren erfolgt. Die Transportbedingungen hängen in starkem Maße vom Zustand der

Membran ab. In einer Reihe von Fällen (hauptsächlich für Prozesse, die in unmittelbarer Nähe der aktiven Zentren von Photosynthesesystemen ablaufen) ist es gelungen, Reaktionen von Elektronenübertragungen zu registrieren, deren Geschwindigkeit praktisch von der Temperatur unabhängig ist. Diese Ergebnisse muß man bei der Diskussion der möglichen physikalischen Mechanismen der Elektronenübertragung in Membranstrukturen berücksichtigen.

7.4. Reaktionen der Elektronenübertragung und „Halbleiter"-Vorstellungen in der Biophysik

Immer dann, wenn sich ein neues Gebiet der Physik entwickelt oder wenn ein schon vorhandenes Gebiet an Popularität gewinnt, erscheinen Arbeiten, die der entscheidenden Wichtigkeit der gegebenen physikalischen Richtung für die Biologie gewidmet sind. Diese Tendenz ist sehr positiv, weil sie im Endeffekt zur aufmerksamen Analyse neuer physikalischer Aspekte der Strukturen und Prozesse in biologischen Systemen führt. Leider gehören zu den Anhängern, die sich einer jeden solchen Tendenz anschließen, in der Regel viele Physiker, die mit dem biologischen Material nicht vertraut sind und ebenso Biologen, die die Physik nur auf dem Niveau populärwissenschaftlicher Arbeiten kennen. Deshalb rufen ihre Arbeiten häufig Zweifel und Mißbehagen sowohl bei den Biologen als auch bei den Physikern hervor. Um herauszufinden, ob es in dieser „serienmäßigen" Begeisterung einen vernünftigen Kern gibt, muß man diese Zweifel unbedingt beseitigen.
Äußerst populär waren seiner Zeit Vorstellungen über die außerordentlich große Bedeutung der Halbleiterprozesse in der Biologie. Im Jahre 1938 vertrat der bekannte Physiker JORDAN [338] die Idee, daß es möglich sein müßte, viele biologische Erscheinungen zu erklären, wenn man annimmt, daß sehr große Biopolymermoleküle die Eigenschaften von Festkörpern besitzen, d. h., daß sich in ihnen infolge der Wechselwirkung regelmäßig verteilter molekularer Gruppen Energiebänder ausbilden und somit die Energiemigration über große Abstände möglich wird. Als Beispiel im Rahmen einer solchen Vorstellung wurde das Wirkungsspektrum der Photoaktivierung des Enzyms Urease betrachtet. Davon ausgehend wurden dann einige Vorstellungen über einen Mutationsmechanismus und die Wechselwirkung der Gene geäußert.
Im Jahre 1941 wurde diese Idee von dem Biologen SZENT-GYÖRGYI [466, 467] aufgegriffen, der als erster annahm, daß Proteinstrukturen ebenfalls Halbleitereigenschaften besitzen können, d. h., daß sie Leitfähigkeitsbänder haben, in denen Elektronen oder Löcher migrieren können.
Was die Energiemigration elektronischer Anregungen in Proteinmolekülen und ihren Komplexen betrifft, lassen die zahlreichen experimentellen Ergebnisse, die in den verschiedensten Laboratorien in langjähriger Arbeit erhalten wurden, keinen Zweifel an ihrer Existenz aufkommen [43, 44, 45, 485]. Den Mechanismus dieser Migration in Proteinsystemen kann man wahrscheinlich als aufgeklärt bezeichnen: Die Energieübertragung der elektronischen Anregung in Proteinmakromolekülen zwischen aromatischen Aminosäureresten oder unter Beteiligung nicht zu den Proteinen gehöriger chromophorer Gruppen (adsorbierte Farbstoffe, prosthetische Gruppen kompliziert gebauter Proteine, usw.) erfolgt nach dem Mechanismus der strahlungslosen Resonanzübergänge nach VAVILOV und FÖRSTER [41, 295]. Wie allgemein bekannt ist, unterscheidet sich ein solcher Mechanismus vom Mechanismus eines strahlenden Übergangs

der Anregungsenergie dadurch, daß im letzten Fall der Übergang durch eine Komponente des elektrischen Feldes des Systems bestimmt wird, die in den Energiefluß, der vom molekularen Oszillator ausgestrahlt wird, mit einfließt, während der Resonanzübergang ohne Beteiligung abgegebener und absorbierter Quanten erfolgt. Wahrscheinlich wird die Migration der Anregungsenergie in den Pigmentsystemen photosynthetisierender Organismen auf etwas andere Weise realisiert, aber davon später.

Untersuchen wir jetzt die Möglichkeit des Halbleitermechanismus der Ladungsmigration in Proteinstrukturen. Die Idee von SZENT-GYÖRGYI über die möglicherweise wichtige Rolle dieses Mechanismus bei den wichtigsten biologischen Prozessen wurde in einer Reihe von Arbeiten kritisiert [140, 141]. Der wichtigste Widerspruch bestand darin, daß für den Übergang des Elektrons in das Leitungsband solcher gesättigter Systeme wie Proteinmoleküle, eine Energie von rund 3 eV erforderlich ist und deshalb müßte das Leitungsband bei normalen Temperaturen leer sein.

Später stützten sich die Kritiker von SZENT-GYÖRGYI bei ihrem Hauptargument auf die Berechnungen von EVANS und GERGELY [291]. Diese Autoren errechneten die Lagen der Elektronenniveaus des Gesamtmoleküls mit der einfachen Molekülorbitalmethode (MO). Die Elektronenniveaus entstehen durch Wechselwirkung von π-Elektronen verschiedener Peptidgruppen über Wasserstoffbrücken,

$$\rangle N-H\cdots O=C\langle$$

die quer zur Polypeptidkette verlaufen. Im Rahmen einer groben Näherungsrechnung wiesen die Autoren nach, daß bei Berücksichtigung der π-Konjugation ohne δ-Bindungen über die Wasserstoffbrücken an Stelle diskreter Niveaus der Molekülorbitale isolierter Peptidgruppen sehr schmale Energiebänder ($\delta E < 0{,}2$ eV) vorhanden sind. Die Bandlücke zwischen der Leitungsbandkante und Valenzbandkante vermindert sich auf Grund der Wasserstoffbrückenwechselwirkung von 4,46 eV für eine isolierte Peptidgruppe bis auf 3,05 eV für eine unendlich lange Polypeptidkette. Die Autoren kommen zu der Schlußfolgerung, daß in den Proteinmakromolekülen schmale Leitungsbänder existieren. Diese Bänder liegen ziemlich hoch, so daß die Proteine im Grundzustand keine Halbleitereigenschaften besitzen, aber sie können eine Photoleitfähigkeit von Proteinstrukturen realisieren, wobei die Autoren die geringe Breite der Leitfähigkeitsbänder als funktionsspezifische Eigenschaft der Proteine auslegen.

Heute kann man kaum verstehen, daß diese zu einem gewissen Grade primitiven und trivialen Berechnungen seinerzeit als Beweis für das Vorhandensein oder Fehlen von Halbleitereigenschaften der Proteine herangezogen wurden. Im Prinzip wurde mit der MO-Methode eine Berechnung von *neutralen* angeregten Zuständen eines eindimensionalen Molekülkristalls, der aus Peptidgruppen mit postulierter schwacher gegenseitiger Wechselwirkung besteht, durchgeführt. Um zu den gleichen qualitativen Schlußfolgerungen zu kommen wie die oben genannten Autoren, brauchte man keinerlei Berechnungen durchzuführen. Das Fehlen niedrig liegender Niveaus elektronisch angeregter neutraler Peptidbindungen ist aus den Spektren einfacher Peptide gut bekannt. Die Postulierung *schwacher* Wechselwirkungen von Peptidgruppen muß automatisch zur Entstehung schmaler Bänder und zur geringfügigen Senkung ihrer Energie führen. Zu dieser Schlußfolgerung kann man gelangen, wenn man die optischen Merkmale von Dipeptiden und Proteinen vergleicht.

Bei der einfachen MO-Methode nach HÜCKEL, die nicht die direkte Wechselwirkung zwischen den Elektronen berücksichtigt und nichtantisymmetrisierte Wellenfunktionen benutzt, ist gänzlich unbekannt, ob man den elektronischen Singulett- oder Triplettanregungszustand berechnet. Auf Grund bestimmter Überlegungen [12], lassen sich die erhaltenen Zahlenwerte am besten mit der Lage der angeregten Triplettniveaus in Übereinstimmung bringen. Auf jeden Fall handelt es sich hier um Berechnungen ladungsfreier neutraler Anregungszustände des Systems, während die Lage der Leitfähigkeitsbänder von Molekülkristallen nicht durch die neutrale, sondern die polare Anregung bestimmt wird [5, 6, 20, 22, 383, 60]. Wenn man unabhängig davon sogar zuläßt, daß die Niveaus der neutralen und polaren Anregung (neutrale Exzitonen und Übertragungsexzitonen) übereinstimmen, so beziehen sich die Ergebnisse der Rechnung doch nur auf die Eigenhalbleitung, die realen Proteinstrukturen enthalten aber eine große Anzahl von Verunreinigungen (prosthetische Gruppen, Metallionen, ionisierte Seitengruppen und aromatische Aminosäurereste). Somit zeugen die Berechnungen von Evans und Gergely sogar unter der Voraussetzung, daß wirklich die Lage der Leitfähigkeitsbänder berechnet wurde, bestenfalls vom Fehlen der Eigenhalbleitung der Proteinstrukturen, aber nicht vom Fehlen der Dunkelhalbleitung. Auf der Grundlage ähnlicher Überlegungen und einiger experimenteller Ergebnisse aus ESR-Spektren biologischer Objekte (s. unten) kam ich 1957 zu dem Schluß, daß eine Dunkel-Störstellenhalbleitung der Proteinmakromoleküle existiert. Weiterhin war ich der Meinung, daß diese Eigenschaften eine wichtige Rolle beim Ablauf von Redoxprozessen spielen [15]. Heute bin ich der Auffassung, daß diese Vorstellungen falsch waren. In solchen Systemen, wie realen Proteinstrukturen, mit einer großen Anzahl von Elektronen und Löchern, die in der (räumlichen) Nähe des Leitfähigkeitsbandes liegen, ist die Bewegung von Stromträgern auf beliebig große Entfernungen nach dem gewöhnlichen Bändermodell nicht möglich.

Außerdem ergab die aufmerksame Untersuchung biologischer Strukturen (Membranen von Mitochondrien und Chloroplasten), in denen der Dunkeltransport von Elektronen und Defektelektronen bei ihrem Funktionsprozeß über große Abstände erfolgt, daß für die Verwendung von Halbleitervorstellungen einfach keine Notwendigkeit vorliegt. Die Ladungen wandern in solchen Systemen von einem lokalisierten Zentrum (Falle) zum anderen, wobei sie sich bei einigen dieser Zentren solange aufhalten, wie es für den Ablauf komplizierter chemischer Umwandlungen in der näheren Umgebung der Falle notwendig ist. Der Abstand zwischen den Zentren in diesen ETK liegt wahrscheinlich in den Grenzen von einem bis zu einigen zehn Ångström, was die Verwendung einer Halbleitervorstellung vollkommen sinnlos macht. Die Frage nach den möglichen Mechanismen einer solchen Übertragung ist von großem Interesse und wird im nächsten Abschnitt behandelt.

Unabhängig von dem oben Gesagten, wurden und werden Halbleitereigenschaften von Proteinen und komplizierten biologischen Strukturen experimentell untersucht. Sehr häufig wird die elektrische Leitfähigkeit von unterschiedlich getrockneten Proteinfilmen und -pulvern (Tabletten), Proteinkomplexen und sogar so komplizierten Systemen wie Chloroplasten untersucht. Bis vor Kurzem wurden diese Untersuchungen mit Gleichstrom oder bei relativ niedrigen Frequenzen durchgeführt [239, 285, 353, 408, 413]. Diese Ergebnisse werden kaum von irgendeinem biophysikalischen Wert sein. Der Umstand, daß für alle untersuchten Objekte eine exponentielle Temperaturabhängigkeit der Leitfähigkeit gefunden wurde, beweist gar nichts. Eine solche Abhängigkeit ist praktisch für alle organischen Materialien charakteristisch, sogar für typische Dielektrika. Die Leitfähigkeit ähnlicher Objekte und die gemessenen Aktivierungsenergien der Leitfähigkeit können durch die verschiedensten Mechanismen bestimmt sein: Durch Prozesse an den Elektroden, durch Ionenmigration, durch Ladungsübertragung zwischen geordneten Bereichen mit guter Leitfähigkeit, usw. Diese Mechanismen sind in speziellen Monographien ausführlich behandelt [30, 60, 66, 119].

In den letzten Jahren wurden Untersuchungen dielektrischer Eigenschaften biologischer Objekte bei Frequenzen von rund 10^{10} Hz begonnen [27, 145, 146, 286, 287]. Tatsächlich wird der Realteil (ε') und der Imaginärteil (ε'') der Dielektrizitätskonstante gemessen. Die Idee, die diesen Experimenten zugrunde liegt, besteht darin, daß die zwischenmolekularen Barrieren bei so hohen Frequenzen keine wesentliche Rolle mehr spielen und somit die Polarisierbarkeit unmittelbar gemessen wird, die durch die freien Elektronen und Defektelektronen bestimmt wird. Leider ist bis heute für die beobachteten Effekte und sogar für den einfachsten Fall, der Änderung der dielektrischen Eigenschaften unter Lichteinwirkung („Höchstfrequenz-Photoleitfähigkeit“) keine strenge physikalische Theorie geschaffen worden. Wahrscheinlich kann man mit einer gewissen Berechtigung behaupten, daß die Orientierungspolarisierung keinen wesentlichen Beitrag zu den beobachteten Signalen beisteuert [102]. Die Effekte, die man in komplexen biologischen Strukturen erhält, sind wahrscheinlich hauptsächlich durch sekundäre Dunkelprozesse bedingt (Polarisation der Makrostruktur, Ionenverschiebungen, usw.) [19].

Im Jahre 1957 wurde von mir die Behauptung aufgestellt, daß das in Zellen und Geweben beobachtete schmale Singlett-ESR-Signal als Beweis für vorhandene delokalisierte freie Elektronen (oder Löcher) angesehen werden kann und daß es somit den Halbleitercharakter dieser Objekte beweist [15]. Analog wurden die Ergebnisse der ESR-Spektren von γ-bestrahlten nativen und denaturierten Proteinen behandelt [26].

Heute ist die Fehlerhaftigkeit dieser Vorstellungen offensichtlich (s. 7.2 und die Arbeiten [81, 122, 123, 138]).

In komplizierten innerzellulären Biopolymerstrukturen existiert natürlich eine Menge von Zentren, die Donator- und Akzeptoreigenschaften haben und an Prozessen beteiligt sind, die mit der Elektronenübertragung im Zusammenhang stehen, und im Prinzip in der Lage sind, die Rolle von Störstellen zu spielen. Die Realisierung von Halbleitermechanismen ist in den biologischen Grundprozessen jedoch praktisch unmöglich.

Wahrscheinlich bildet das primäre Lichtstadium in Photosynthesesystemen die einzige Ausnahme. Wie allgemein bekannt ist, erfüllt die Hauptmasse des Chlorophylls in den Pigmentsystemen der Chloroplasten höherer Pflanzen und der Chromatophoren von Bakterien eine lichtsammelnde Funktion. Die Erregung wandert durch das Ensemble fixierter Farbstoffmoleküle, der photochemische Akt dagegen — die Bildung der oxidierten Form des aktiven Zentrums und der reduzierten Form des Primärdonators — erfolgt in den aktiven Zentren, deren Konzentration im Vergleich zur Pigmentkonzentration gering ist (s. Abschnitt 7.3.).

Die experimentellen Ergebnisse der letzten Jahre sprechen dafür, daß das lichtsammelnde Pigmentsystem aus einem Ensemble geordnet verteilter Chlorophyllmoleküle besteht [300, 410]. Die Migration der Anregungsenergie erfolgt in diesem Ensemble wahrscheinlich nicht nach einem Resonanzmechanismus, sondern nach einem Exzitonmechanismus, wofür die relativ starke Wechselwirkung der Moleküle spricht [31]. Bei einer solchen Situation sind im Prinzip zwei verschiedene physikalische Mechanismen der Prozesse, die der ersten photochemischen Reaktion vorausgehen, möglich. 1. Die Ladungstrennung erfolgt nur im aktiven Zentrum. Das Primäroxidationsmittel (z. B. (P 700)$^+$) und das Primärreduktionsmittel, z. B. reduziertes Ferredoxin, bilden sich in diesem Akt. Durch die Moleküle des Pigmentsystems wandert dann nur die neutrale Anregung. 2. Der Halbleitermechanismus ist gültig. Die Ladungstrennung mit der

Bildung freier Ladungsträger oder Transportexzitonen [20, 383] erfolgt nicht im aktiven Zentrum, sondern an einem Strukturdefekt. Am photochemisch aktiven Zentrum (P 700) wird entweder ein Loch eingefangen (das bis dahin durch das Pigmentsystem migriert ist), oder es zerfällt ein Transportexziton mit gleichzeitigem Einfang des Lochs durch das P 700 und der Migration des Elektrons durch das Pigmentsystem zum Primärreduktionsmittel. In den Rahmen des Halbleitermechanismus paßt ebenfalls die Variante mit dem Zerfall eines neutralen Exzitons im aktiven Zentrum (P 700), dem Locheinfang und der Migration des Elektrons zu dem von P 700 abgetrennten Primärakzeptor. Die Grundlage der Halbleiterkonzeption bildet eigentlich die Voraussetzung für die Entstehung photoinduzierter Ladungsträger im Pigmentsystem. Das physikalische Problem besteht im Beweis oder in der Widerlegung dieser Voraussetzung.

Einer der wesentlichsten Einwände gegen die Hypothese der Halbleitermechanismen der Primärstadien der Photosynthese war seiner Zeit die beobachtete sehr geringe Quantenausbeute des Photoeffektes in den Chlorophyllschichten [142, 263]. Jedoch die kürzlich durchgeführten Messungen der Photoleitfähigkeit der Chlorophyllschichten a und b bei konstanter und gepulster Beleuchtung [114, 115] zeigten, daß die früheren Resultate fehlerhaft waren. Es ergab sich, daß im Maximum der Photoempfindlichkeit bei 7050 Å die untere Grenze der Quantenausbeute des Photoeffektes nicht geringer als 15—20% ist und daß die freien Ladungsträger bereits 10^{-8} sec nach dem Beginn der Beleuchtung entstehen. Diese Ergebnisse bedeuten, daß die Bildung von Ladungsträgern einer der wichtigsten Wege zur Umwandlung der vom Chlorophyll absorbierten Lichtenergie ist, und daß die Triplettanregung wahrscheinlich nicht die Rolle von Zwischenzuständen spielen kann.

Natürlich können diese Ergebnisse nur *einen* Widerspruch beseitigen und nicht als Beweis dafür dienen, daß im Pigmentsystem photosynthetisierender Organismen die Bildung von freien Ladungsträgern mit großer Ausbeute möglich ist. Der Zerfall eines neutralen Exzitons im aktiven Zentrum mit gleichzeitigem Einfang eines Elektrons und eines Lochs könnte den Halbleitermechanismus vollkommen widerlegen. Wenn man sich jedoch damit einverstanden erklärt, daß die Ladungstrennung in der Pigmentmatrix selbst erfolgen kann und folglich die Chlorophyllmoleküle selbst als Primärakzeptor dienen, dann erhebt sich die folgende Frage: Warum beobachtet man in den ESR-Spektren nur positiv geladene paramagnetische Zentren $(P\ 700)^+$, warum ist das Signal von Anionenradikalen nicht sichtbar? Zu den verschiedenen Typen von photoinduzierten ESR-Signalen in Photosynthesesystemen ist Näheres in [483, 484] zu finden.

Ähnliche Probleme tauchten damals bei der Untersuchung von ESR-Spektren organischer Halbleiter mit geringer Leitfähigkeit auf (Polymere mit konjugierten Doppelbindungen, Farbstoffe, charge-transfer-Komplexe). Es wurde gezeigt, daß die in solchen Systemen beobachteten ESR-Signale durch ionenradikalische Zustände, die durch die Ladungstrennung und den Einfang von Elektronen und Löchern durch Strukturdefekte, die die Rolle von Störzentren spielen [22], bedingt sind. Man beobachtete jedoch immer nur ESR-Signale eines Typs. Die Suche des zweiten Zentrums, die an einem der typischen organischen Halbleiterpolymere, dem Polyphenylacetylen [7] durchgeführt wurde, führte zu folgendem Ergebnis: Bei Messungen mit sehr niedrigen Mikrowellenleistungen ($< 10^{-5}\ W$) beobachtet man neben dem gewöhnlichen ESR-Signal mit $\Delta H_{1/2} \approx 10\ G$ (Signal A) ein zweites Signal mit $\Delta H_{1/2} \approx 16\ G$ (Signal B), dessen relative integrale Intensität mit abnehmender Mikrowellenleistung wächst und bei ca. $5 \cdot 10^{-8}\ W$ praktisch der integralen Intensität des Signals A gleicht. Das Signal B wird durch ein sehr leicht zu sättigendes paramagnetisches Zentrum hervorgerufen [die Werte ($T_1 \cdot T_2$) der Zentren A und B betragen $6 \cdot 10^{-11}$ bzw. $3 \cdot 10^{-9}$ sec[1])]. Speziell durchgeführte Experimente mit zusätzlichen Elektronenakzeptoren und -donatoren ergaben, daß das gewöhnlich beobachtete Signal A von den Kationradikalen und das sehr leicht zu sättigende Signal B von den Anionradikalen von paramagnetischen Zentren herrührt. Später wurden analoge Ergebnisse auch an anderen organischen Halbleitern, darunter auch an verschiedenen Farbstoffen erhalten [164].

An photosynthetischen Systemen wurden derartige Untersuchungen noch nicht durchgeführt; sie könnten sich aber als sehr erfolgreich für die Lösung der Probleme des Mechanismus der primären Ladungstrennung und der Natur des primären Elektronenakzeptors bei der Photosynthese erweisen.

Es ist natürlich nicht ausgeschlossen, daß die Pigmentmatrix in photosynthetisierenden Systemen in ihren Eigenschaften nicht mit den untersuchten organischen Halbleitern übereinstimmt und daß die entstehenden Kationen- und Anionenradikalzentren sich an den Merkmalen ihrer ESR-Signale nicht voneinander unterscheiden (darunter auch im Sättigungsparameter). In diesem Fall besteht das Signal I (das photoinduzierte ESR-Signal des Photosystems I der Chloroplasten) nicht nur aus Signalen vom Zentrum (P 700)$^+$, sondern auch aus Signalen der Anionenradikalzustände des Primärakzeptors (wenn man zuläßt, daß einzelne Chlorophyllmoleküle oder ihr Ensemble als solche Akzeptoren dienen). Im Zusammenhang damit erhebt sich eine weitere Frage, die bis heute noch nicht gelöst ist: Wieviel Typen von paramagnetischen Zentren tragen zum gewöhnlich beobachteten Signal I bei?

Beinert und Kok [218] stellten schon im Jahre 1963 die Anzahl der P 700-Zentren photosynthetisierender Systeme, die mit der ESR-Methode bestimmt wurden, den mit spektralen Methoden gefundenen gegenüber. Sie stellten dabei fest, daß die Zahl der paramagnetischen Zentren, die einen Beitrag zum ESR-Signal I liefern, in allen Fällen 2—5mal größer ist, als die Zahl der P 700-Zentren in denen die Photooxidation erfolgt[2]). Das führt zu der Voraussetzung, daß neben den mit spektralen Methoden zu identifizierenden Zentren (P 700)$^+$ für das ESR-Signal I auch noch paramagnetische Zentren eines anderen Typs verantwortlich sind (z. B. Anionenradikale von Semiplastochinonen), obwohl der g-Faktor des ESR-Signals der Semichinone im Vergleich zu den beobachteten Werten ein wenig verschoben sein sollte (wie z. B. der g-Faktor des Signals III in Arbeit [484]).

Es existieren genügend indirekte Ergebnisse, die von der Kompliziertheit des photoinduzierten ESR-Signals I zeugen. So versuchten im Jahre 1969 z. B. Kafalijeva u. a. [78] die photoinduzierten paramagnetischen Zentren, die das Signal I in Chloroplasten von *Vicia faba* verursachen, anhand ihrer Relaxationscharakteristika zu trennen. Es wurde das Dispersionssignal unter der Bedingung des schnellen Durchgangs bei verschiedenen Modulationsamplituden (H_m) registriert. Mit Vergrößerung von H_m durchläuft die Amplitude des glockenförmigen Dispersionssignals ein Maximum dessen Lage von T_1 und T_2 des paramagnetischen Zentrums abhängt. Bei noch größeren H_m-Werten spaltet das Dispersionssignal auf, wobei diese Aufspaltungen ebenfalls von T_1 und T_2 abhängen. Die Untersuchung des Signals I bei 77 K mit einer Gesamtntensität von ca. $5 \cdot 10^{16}$ Spins/cm^3 ergab, daß dieses Signal wenigstens aus vier Typen

---

1) Das Produkt aus Spin-Gitter-(T_1) und Spin-Spin-(T_2) Relaxationszeit der paramagnetischen Zentren bestimmt ihre Sättigung durch die Leistung des Mikrowellenfeldes.

2) Kürzlich erschien eine neue Arbeit, deren Autoren übereinstimmende Ergebnisse der spektralen und hochfrequenzspektroskopischen Messungen erhielten [325].

paramagnetischer Zentren besteht, die sich anhand ihrer Relaxationscharakteristika unterscheiden. Wenn man voraussetzt, daß ihre Unterschiede nur durch T_2 bedingt sind, T_1 dagegen für alle Zentrentypen gleich ist, kann man die lokale Konzentration der paramagnetischen Zentren bestimmen. Die Abschätzungen ergeben Werte, die zwischen $2{,}9 \cdot 10^{18}$ bis $1{,}5 \cdot 10^{20}$ Spins/cm³ variieren. Somit können die erhaltenen Resultate als Beweis dafür dienen, daß die strukturell gleichen paramagnetischen Zentren in der Probe sehr inhomogen verteilt sind. Dabei bilden sie Gruppen mit verschiedenen diskreten Werten der lokalen Spinkonzentration. Nebenbei bemerkt variiert der mittlere Abstand zwischen den benachbarten paramagnetischen Zentren in diesen Gruppen zwischen 19 Å und 70 Å, während bei gleichmäßiger Spinverteilung in der Probe dieser Abstand rund 270 Å betragen würde. Es ist möglich, daß eine solche lokale Anhäufung photoinduzierter paramagnetischer Zentren bedingt ist durch die Vergrößerung der Zerfallswahrscheinlichkeit der elektronischen Anregung mit der Ladungsverteilung in der Nähe der schon vorhandenen paramagnetischen Zentren.
Somit ist die Frage nach der Herkunft aller photoinduzierten paramagnetischen Zentren, die für das ESR-Signal I in photosynthetisierenden Systemen verantwortlich sind, noch längst nicht gelöst. Es sind weitere quantitative Untersuchungen besonders auf kinetischem Gebiet erforderlich.
Aus den Ausführungen wird ebenso deutlich, daß die Frage zur möglichen Rolle von Halbleitermechanismen bei den Primärstadien photoinduzierter Ladungstrennungen in photosynthetisierenden Systemen (wahrscheinlich ist das die einzige wichtige biologische Entwicklung, bei der man von einem Halbleitermechanismus sprechen kann) ebenfalls offen bleibt. An dieser Stelle möchte ich noch an eine Reihe von Arbeiten auf dem Gebiet der Thermolumineszenz von photosynthetisierenden Materialien erinnern. Die Ergebnisse dieser Arbeiten sprechen für einen Halbleitermechanismus, können aber wiederum nicht als eindeutiger Beweis gewertet werden [82, 93].

7.5. Tunnelmechanismen der Elektronenübertragung zwischen den Komponenten der Elektronentransportketten (ETK)

Im Abschnitt 7.3. wurden experimentelle Ergebnisse diskutiert, die darauf hinweisen, daß der im Dunkelstadium auftretende Elektronentransport zwischen einigen benachbarten Komponenten der ETK von Chloroplasten und Chromatophoren sogar bei 4 K mit bemerkenswerter Geschwindigkeit erfolgt, wobei diese Geschwindigkeit in einem hinreichend breiten Intervall der niedrigen Temperaturen temperaturunabhängig ist. Diese Ergebnisse führen natürlich zur Idee eines quantenmechanischen Tunnelmechanismus zwischen benachbarten Transportpartikeln in der ETK. Erstmalig wurde diese Meinung offenbar von DE VAULT und CHANCE [274] geäußert, die die Unabhängigkeit der Geschwindigkeit der Elektronenübertragung vom Cytochrom auf das Bakterienchlorophyll im Temperaturintervall von 130 K bis 30 K (nachfolgend bis 4 K) analysiert haben. Oberhalb 130 K hängt jedoch die Reaktionsgeschwindigkeit von der Temperatur ab.
Aus der Annahme heraus, daß bei unveränderten Eigenschaften der Barriere der beobachtete Effekt einen Tunnelmechanismus oberhalb 130 K ausschließt, machten die Autoren den Versuch, den beobachteten Effekt der Temperaturabhängigkeit durch eine thermische Verbreiterung der Potentialbarriere zu erklären. Dieser Versuch

schlug fehl, weil die eigenen Abschätzungen die Autoren [274] zwangen, völlig unreale Werte für die Höhe der Barriere anzunehmen (4 keV). Deshalb betrachten DE VAULT und CHANCE die in der oben zitierten Arbeit erhaltenen experimentellen Temperaturkurven als Ergebnis der Überlagerung zweier Prozesse: Eines Wärmetransports (über die Barriere) und eines Tunneltransports, der nicht von der Temperatur abhängt und die Kinetik bei niedrigen Temperaturen bestimmt. Diese Erklärung erscheint ebenso unwahrscheinlich (s. [53]). Bei einer solchen Behandlung müßte die Höhe der Barriere im Bereich hoher Temperaturen gleich der Aktivierungsenergie der Elektronenübertragung sein, d. h. alles in allem nur 0,14 eV. Um die Meßergebnisse im Bereich niedriger und hoher Temperaturen in Übereinstimmung zu bringen, muß man für die Breite der Barriere ca. 75 Å annehmen. Der Durchmesser des Cytochrommoleküls ist nicht größer als 36 Å, was die Existenz einer so niedrigen und breiten Barriere zumindest zweifelhaft erscheinen läßt.

1967 schlugen CHANCE und Mitarbeiter eine neue Erklärung der gleichen experimentellen Ergebnisse vor [275]. Die Grundlage der neuen Erklärung wird durch die Voraussetzung geschaffen, daß im gesamten untersuchten Temperaturbereich (von 300 K bis 4,5 K) der Prozeß der Oxidation des Cytochrom mit der Elektronenübertragung auf das photooxidierte aktive Zentrum (das Kation des Bakterienchlorophylls) nach einem Tunnelmechanismus erfolgt, aber von unterschiedlichen Niveaus aus, die sich im thermischen Gleichgewicht befinden (sie postulierten z. B. die Existenz eines angeregten Tunnelniveaus, das um 0,14 eV über dem Grundniveau liegt).

1968 wies GUTMAN [310] nach, daß bei einer vernünftigen Höhe der Barriere von 1 eV und einer Breite von 21 Å—28 Å das Tunneln eine größere Geschwindigkeit der Elektronenübertragung garantiert als das Überspringen der Barriere bei Temperaturen, die sogar über der Zimmertemperatur liegen können. Eine ausführliche theoretische Untersuchung der Möglichkeiten des Tunneltransports von Elektronen zwischen den Komponenten der ETK stellen die Arbeiten von GRIGOROV und CHERNAVSKI dar [53, 55]. Die weiteren Ausführungen entsprechen diesen Arbeiten und tragen qualitativen Charakter (s. [226]). Strengere quantitative Abschätzungen und Schlußfolgerungen kann man in den oben zitierten Arbeiten finden.

Man muß hier daran erinnern, daß die Konzeption der Tunnelübertragung des Elektrons nur in der quasiklassischen Näherung anwendbar ist, d. h. in den Fällen, wenn die Barriere ausreichend hoch ist und folglich die Eigenschaften der Barriere geringfügig davon abhängen, ob ein zu übertragendes Elektron anwesend oder abwesend ist. Die letztgenannten Zusammenhänge wurden auch in dem kritischen Diskussionsbeitrag von OSTERHOFF und KUPPERMANN zum Vortrag von CHANCE betont [418]. Für die Elektronenübertragung in den ETK sind diese Bedingungen jedoch erfüllt. Die Zentren, zwischen denen das Elektron übertragen wird, stellen ausreichend tiefe Elektronenfallen (deren Tiefe nicht geringer als 1 eV ist) dar, die voneinander durch viele Atome und Atomgruppen getrennt sind. Diese Gruppen wiederum sind miteinander durch kovalente und VAN-DER-WAALS-Bindungen verknüpft und enthalten eine Menge Elektronen, die alle zugänglichen lokalen Energieniveaus besetzen. Somit beeinflußt die Anwesenheit oder Abwesenheit des zu übertragenden Elektrons die Parameter der Barrieren und Fallen praktisch nicht. Die gegenseitige Beeinflussung der Fallen (von aktiven Zentren der Transportpartikel) kann man ebenso vernachlässigen, weil die Experimente ergaben, daß die Elektronenabsorptionsspektren der Transportpartikel nicht direkt vom Elektronenzustand der Nachbarn abhängen. Deshalb kann man in nullter Näherung annehmen, daß sich das übertragene Elektron in einer Falle in einem „self-consistent-field" der Kerne und anderen Elektronen bewegt, daß man dieses Feld (wenn man die Schwingungen der atomaren Gruppen und Konformationsänderungen nicht berücksichtigt) als stabilen Potentialtopf approximieren kann und die Niveaus nur *eines* zusätzlichen Elektrons (das hinzukommt oder verschwindet) zu berücksichtigen hat. Man braucht sich darüberhinaus nur auf die Betrachtung des elektronischen Grund-

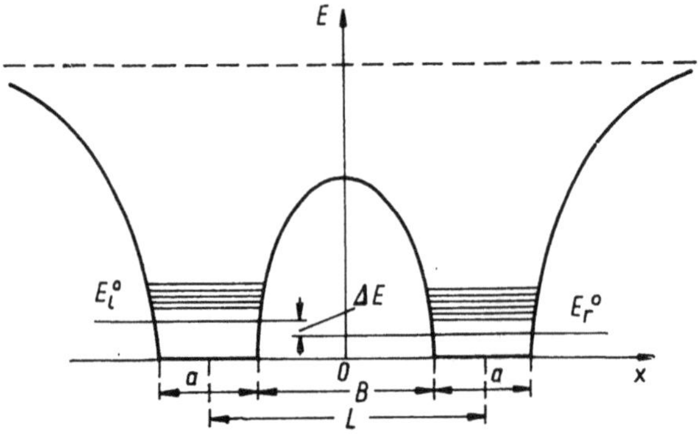

Abb. 7.10. Angenäherte Darstellung zweier benachbarter Transportpartikel der ETK durch Potentialmulden mit diskreten Spektren. Die Niveauschar oberhalb E_l^0 und E_r^0 sind Schwingungsunterniveaus des elektronischen Grundzustandes (nach [53]).

zustandes der Mulde beschränken, weil alle angeregten Elektronenniveaus der aktiven Zentren der Transportpartikel gewöhnlich wesentlich höher als im Grundzustand liegen. Deshalb ist es völlig berechtigt von einer Lokalisierung des Elektrons zu sprechen, d. h. anzunehmen, daß der Zustand des in einer der Potentialmulden lokalisierten Elektrons stationär und die Anwesenheit der benachbarten Mulde als schwache Störung anzusehen ist. Man kann dann solche Begriffe benutzen, wie Durchlässigkeit der Barriere, Stoßfrequenz des Elektrons mit der Wand der Barriere, usw.

Betrachten wir nun die Aufgabe der Elektronenübertragung zwischen zwei benachbarten Komponenten der ETK, die die oben formulierten Merkmale besitzen, d. h. die Aufgabe des Elektronentransports zwischen Elektronen-Grundzuständen zweier Potentialmulden, der linken (l) und der rechten (r).

Im konkreten Fall nehmen wir an[1]), daß $E_l^0 > E_r^0$ ist und der Transport von links nach rechts erfolgt (zu Beginn ist das Elektron in der linken Mulde lokalisiert, d. h. die linke Transportpartikel ist reduziert; die rechte Mulde dagegen ist leer, d. h. die rechte Transportpartikel ist oxidiert). Für die Frequenz eines Tunnelübergangs (für eine Rechteckbarriere) gilt:

$$\omega = \omega_0 \cdot \exp\left[-\frac{2L}{\hbar}\sqrt{2m(u - E^0)}\right]. \tag{7.4}$$

Dabei bedeuten: ω_0 — die Stoßfrequenz des Elektrons mit der Barrierenwand, L — die Barrierenbreite, u — die Höhe der Barriere vom Boden der Potentialmulde aus gerechnet, E^0 — das Energieniveau des Elektrons und m — die Masse des Elektrons. Die Formel (7.4) ist jedoch im gegebenen Fall nicht anwendbar; sie ist nur richtig für Systeme mit einem stetigen Spektrum, wie bei der rechten (leeren) Grube. GRIGOROV [53] betrachtete den allgemeinen Fall der Tunnelübertragung eines Elektrons zwischen Potentialmulden mit diskreten Spektren (s. Abb. 7.10).

[1]) Der obere Index Null bezeichnet den reinen Elektronenzustand.

Für den Fall diskreter Spektren erhebt sich bei der Untersuchung der Tunnelübertragung die Frage nach dem Energiegleichgewicht, wenn $E_l^0 \neq E_r^0$. Oben sprachen wir davon, daß die linke und rechte Potentialmulde praktisch nicht in Wechselwirkung stehen. Das Wort „praktisch" bedeutet, daß die Verschiebung der Niveaus E_l^0 und E_r^0 auf Grund der Wechselwirkung wesentlich geringer ist, als die Tiefe der Mulde. Die Verschiebung erreicht ihr Maximum genau bei Resonanz, wenn $E_l^0 = E_r^0$ ist. In diesem Fall kann man eigentlich nicht von einer Verschiebung, sondern muß von einer Resonanzaufspaltung ΔE_{res} sprechen, für die

$$\Delta E_{\text{res}} = E^0 \cdot \exp\left[-\frac{L}{\hbar}\sqrt{2m(u - E^0)}\right] \tag{7.5}$$

gilt.

Wenn die Differenz zwischen den Niveaus der linken und rechten Mulde $\Delta E = E_l - E_r$ kleiner oder gleich ΔE_{res} ist, gibt es kein Problem der Energiebalance mehr. Dann entstehen im System quantenmechanische Tunnelschwingungen. Das Elektron, das sich zu Beginn in der linken Mulde befand wechselt in die Zeit $\tau_{\text{res}} = \frac{\hbar}{\Delta E_{\text{res}}}$ in die rechte Mulde und kehrt anschließend nach der gleichen Zeit in die linke Mulde zurück, usw. [25]. Im Zeitmittel ist die Elektronendichte gleichmäßig zwischen den beiden Mulden verteilt.

Setzen wir in Gleichung (7.5) vernünftige Parameterwerte der Komponenten der ETK ein, so kann man sich leicht davon überzeugen, daß $\Delta E_{\text{res}} \approx 10^{-6}$ bis 10^{-4} eV beträgt. Es ist jedoch schwer vorstellbar, daß die Elektronenniveaus der unterschiedlichen Transportpartikel mit einer solchen Genauigkeit zusammenfallen (man muß daran erinnern, daß für das Energiegleichgewicht $\Delta E = E_l^0 - E_r^0 \leqq \Delta E_{\text{res}}$ erforderlich war. Wenn aber $\Delta E > \Delta E_{\text{res}}$ und die Resonanzbedingung nicht erfüllt ist, kann die Tunnelübertragung nur dann erfolgen, wenn gleichzeitig ein Prozeß realisiert wird, der das Energieungleichgewicht kompensiert.

Der Tunnelprozeß kann im Prinzip von induzierten Molekülschwingungen und anderen Prozessen begleitet sein, die in der Lage sind, den Energieüberschuß unmittelbar „abzupumpen".

Auf den ersten Blick scheint es so, daß bei Berücksichtigung aller möglichen Molekülschwingungen ein fast kontinuierliches Energiespektrum entstehen müßte. Tatsächlich beträgt für ein relativ einfaches Molekül wie Benzol die Dichte der Schwingungsniveaus rund 10^4 eV^{-1} [238], für kompliziertere Moleküle dagegen ist sie noch höher. Die große Mehrzahl dieser Niveaus sind jedoch Kombinationen. Fast jeden resultierenden Schwingungszustand kann man als Überlagerung vieler Normalschwingungen darstellen. Die Elektronenübertragung ist nicht in der Lage, beliebige Schwingungsfreiheitsgrade anzuregen, sondern nur die, die mit einer Ladungsverschiebung „stark gekoppelt" sind. Die Übertragung von Elektronen von der linken in die rechte Mulde führt zu einer Änderung der Gleichgewichtslage benachbarter geladener Gruppen und folglich zur Änderung der entsprechenden Schwingungsfrequenzen. Der Grad der Kopplung des Schwingungsfreiheitsgrades mit der Elektronenübertragung ist in erster Näherung der relativen Verschiebung der Gleichgewichtslage der geladenen Gruppen proportional. Deshalb wird der Spektrentyp (seine Stetigkeit oder Diskretheit) völlig durch die Art der unmittelbar an den Elektronendonator oder -akzeptor (letztere bilden faktisch die linke und rechte Mulde) angrenzenden Gruppen bestimmt.

Weil — wie wir oben sahen — in den uns interessierenden Systemen ΔE_{res} sehr klein ist, kann man annehmen, daß stets $\Delta E \gg \Delta E_{res}$ gilt. Im Prinzip gibt es drei Typen physikalischer Prozesse, die in diesem Fall eine Tunnelübertragung des Elektrons ermöglichen: 1. die Entstehung von Phononen; 2. die Energieabgabe an Schwingungsfreiheitsgrade, wenn eine große Anzahl von Normalschwingungen stark mit der Elektronenübertragung gekoppelt ist; 3. die Energieabgabe an Schwingungsfreiheitsgrade, wenn nur wenige spezifische Freiheitsgrade mit der Elektronenübertragung stark gekoppelt sind.

Die Lösung der Aufgabe für Tunnelübergänge, die mit der Entstehung und dem Verschwinden von Phononen verknüpft sind, wurde von GRIGOROV mit üblichen Methoden der Quantentheorie der Strahlung gefunden [53]. Er erhielt folgendes eindeutige Ergebnis: Dieser Mechanismus kann nur dann eine wesentliche Rolle spielen, wenn die Wellenlänge des Phonons die Größenordnung der Abmessungen der Potentialmulde hat, was für das untersuchte System einer Größe von $\Delta E \lesseqq 10^{-3}$ eV entspricht, d. h. dieser Fall entspricht der schon diskutierten zufälligen Resonanz der Niveaus.

Die Anregung von Normalschwingungen beim Prozeß des 2. Typs ist dann möglich, wenn die Umgebung der Mulde eine große Anzahl geladener oder polarer Gruppen enthält, was z. B. bei der Elektronenübertragung zwischen Ionen veränderlicher Valenz in Elektrolytlösungen auftritt (s. z. B. [65, 96, 97]). Im Prinzip läuft der Prozeß vom 2. Typ auf die Polarisierung der Umgebung hinaus und erinnert an die Bildung eines Polarons. Die Situation ist dem Fall des kontinuierlichen Spektrums analog und das Tunneln kann bei einer beliebigen Differenz zwischen E_l und E_r erfolgen. Der Energieüberschuß ΔE wird in diesem Fall wie auch beim Prozeß des 1. Typs dissipiert.

Die Elektronenfallen der Komponenten der ETK sind in die Protein-Lipid-Membranen eingebaut und stehen nicht direkt mit dem wäßrigen Elektrolyten der Zelle in Kontakt. Deshalb spielen die Prozesse des 2. Typs beim biologischen Elektronentransport wohl kaum eine große Rolle. Die entscheidende Bedeutung besitzen wahrscheinlich die Prozesse des 3. Typs, wenn die Potentialmulden vom Ionenmilieu durch eine „nichtpolare Wolke“ getrennt sind und wenn sich in der Nähe des Lokalisationsortes des zu übertragenden Elektrons nur eine geringe Anzahl geladener Gruppen befindet. In diesem Fall können nur einige Normalschwingungen mit der Elektronenübertragung gekoppelt sein und das Schwingungsspektrum muß als diskret bezeichnet werden.

Es gibt in diesem Fall zwei verschiedene Möglichkeiten zur Übertragung der beim Elektronentransfer frei werdenden Energie an die Schwingungsfreiheitsgrade: 1. Die Anregung eines Schwingungsquants in der rechten Mulde erfolgt durch Elektronenübertragung; und 2. die thermische Anregung der Änderung der Schwingungsfrequenz erfolgt vor der Elektronenübertragung.

Die Wahrscheinlichkeit des ersten Prozesses hängt nicht von der Temperatur ab. Die Wahrscheinlichkeit des zweiten Prozesses ist der Wahrscheinlichkeit der thermischen Anregung des gegebenen Schwingungsquants vor der Elektronenübertragung proportional und muß deshalb exponentiell von der Temperatur abhängen. Es ist einleuchtend, daß der erste Prozeß bei niedrigen, der zweite dagegen bei hohen Temperaturen vorherrscht.

Die Energiegleichgewichtsbedingung für den ersten Prozeß lautet wie folgt

$$\Delta E = \hbar\omega_k = E_k, \tag{7.6}$$

für den zweiten gilt

$$\Delta E = \Delta E_k = \hbar\, \Delta\omega_k. \tag{7.7}$$

Hier bedeuten: ω_k — die Frequenz des angeregten Schwingungsquants und $\Delta\omega_k = \omega_k - \omega_k'$ — die Differenz zwischen den „neuen“ (ω_k) und den „alten“ (ω_k') Schwingungsfrequenzen. Die spektroskopischen Ergebnisse zeigen, daß für Moleküle, die den aktiven Zentren der Transportpartikel der ETK analog sind,

$$E_k \approx \Delta E_k \approx 0{,}1\ \text{eV} \tag{7.8}$$

gilt.

Die Lebensdauer der angeregten Schwingungszustände der Moleküle beträgt 10^{-12} bis 10^{-13} sec. In dieser Zeit erlischt die Schwingungsanregung unter Energieabgabe an die Phononen. Für die Unschärfe des Schwingungsquants gilt deshalb $G \approx 10^{-2}$—10^{-3} eV und für die Einhaltung des Energiegleichgewichts ist die genaue Erfüllung der Bedingungen (7.6) und (7.7) darum nicht mehr erforderlich. Wenn für die Übertragung die strenge Erfüllung der Bedingungen notwendig wäre, so wäre die Übergangswahrscheinlichkeit der Größe $\delta(\Delta E, E_k)$ oder $\delta(\Delta E, \Delta E_k)$ proportional. Jetzt erscheinen an Stelle der δ-Funktionen folgende Faktoren

$$\frac{G}{(\Delta E - E_k)^2 + G^2} \quad \text{oder} \quad \frac{G}{(\Delta E - \Delta E_k)^2 + G^2} \tag{7.9}$$

(s. [53]). Diese Faktoren erreichen ihr Maximum bei Resonanz, d. h., wenn (7.6) und (7.7) erfüllt sind.

Somit kann man erwarten, daß die Tunnelelektronenübertragung zwischen den benachbarten Komponenten der ETK in den Fällen effektiv wird, wenn die Energiedifferenz ihrer elektronischen Grundzustände ca. $0{,}1 \pm 0{,}1$ eV beträgt. In den Arbeiten [53, 55] wurde gezeigt, daß die Theorie, die auf der Grundlage der dargestellten Vorstellungen entwickelt wurde, in der Lage ist, alle bekannten experimentellen Ergebnisse zur Kinetik der Elektronenübertragung zwischen benachbarten Zentren der ETK bei hohen und niedrigen Temperaturen völlig zufriedenstellend zu beschreiben. Bei der Wahl vernünftiger Merkmale der Komponenten der ETK ermöglicht der Tunnelmechanismus der Elektronenübertragung eine unvergleichlich größere Übertragungsgeschwindigkeit, als das Überspringen der Barriere, was deshalb vernachlässigt werden kann.

Die Anerkennung des Tunnelmechanismus der Elektronenübertragung als Grundlage für die Untersuchung der Funktion der ETK der Membranstrukturen von Mitochondrien und Chloroplasten schließt die Möglichkeit der Diffusionsannäherung einer Reihe von Transportpartikeln bis zu Abständen, bei denen der Tunnelprozeß real wird, nicht aus.

Die Differenz der Elektronenniveaus benachbarter Transportpartikel müßte im Prinzip der Differenz ihrer Redoxpotentiale nahekommen. Für viele Bereiche der ETK sind die Forderungen (7.6), (7.7) und (7.8) erfüllt. Mitunter übersteigt diese Differenz jedoch den Wert von 0,1 eV wesentlich. So muß z. B. in den Bereichen der ETK, in denen die oxidative Phosphorylierung mit dem Elektronentransport gekoppelt auftritt (s. unten Kap. 8), ΔE größer als 0,5 eV sein. Bei dieser Größe von ΔE wird der Tunnelprozeß (wie auch das Überspringen der Barriere) unwahrscheinlich und kann die beobachteten Geschwindigkeiten des Elektronentransports nicht ermöglichen. An dieser Stelle muß man sich jedoch daran erinnern, daß die Werte der Redoxpotentiale der Transportmoleküle sich auf die Energiewerte des Systems im Gleichgewichtszustand beziehen. Wie wir aber im Kapitel 5 sahen, können sich die Gleichgewichtskonformationen der Transportpartikel in Anwesenheit (das aktive Zentrum ist reduziert) und in Abwesenheit des Elektrons (das aktive Zentrum ist oxidiert) stark voneinander unterscheiden und der Übergang zwischen den zwei Konformationen erfolgt relativ langsam. Somit befindet sich nach der Elektronenübertragung ein großer Teil des Akzeptormoleküls in einer Nichtgleichgewichtskonformation, die langsam zur Gleichgewichtskonformation relaxiert. In diesem Fall bedeutet die Bedingung für den Tunnelübergang nicht die Übereinstimmung (mit einer Genauigkeit von 0,1 eV) der Elektronenniveaus des reduzierten Donators und reduzierten Akzeptors in ihren Gleichgewichtskonformationen, sondern das Vorhandensein des entsprechend gelegenen Elektronenniveaus des Akzeptors in oxidierter Konformation. Die Energie, die beim Tunneln frei wird, wird immer dissipiert, die Energie dagegen, die beim Relaxationsübergang in den neuen Konformationszustand *langsam* frei wird, kann ausgenutzt werden (ausführlicher s. unten Kap. 8).

Man darf aber daraus nicht entnehmen, daß alle Probleme, die bei der Betrachtung physikalischer Mechanismen der Elektronenübertragung in biologischen Strukturen entstehen, im Prinzip schon gelöst sind. Mehr oder weniger genaue kinetische Ergebnisse in einem breiteren Temperaturintervall wurden nur für einige konkrete Transportprozesse in photosynthetisierenden Objekten erhalten (hauptsächlich bei Bakterien). Die Theorie ist noch weit von der Vollendung entfernt; sie trägt qualitativen Charakter und die Ungenauigkeit der quantitativen Abschätzungen legt eine gewisse Vorsicht nahe.

Von der Widersprüchlichkeit vieler experimenteller kinetischer und thermodynamischer Ergebnisse bei der Untersuchung der ETK von Mitochondrien war schon die Rede (s. 7.3). Kurz gesagt, dieses Gebiet der Biophysik stellt ein dankbares Tätigkeitsfeld für die Wissenschaftler verschiedenster Fachrichtungen — angefangen von der theoretischen Physik bis zur Biochemie — dar.

8

Physik der Energieumwandlung und -speicherung in der Zelle

8.1. Einleitung

Das Problem der Energietransformation und -akkumulation in der Zelle ist eines der zentralen Probleme der Biophysik und hat eine Vielzahl von Aspekten. Als erste Energiequelle aller auf der Erde existierenden belebten Organismen diente entweder das Sonnenlicht (für Pflanzen und photosynthetisierende Bakterien), oder die aus Nahrungsmitteln bei chemischen Umwandlungen freiwerdende Energie (hauptsächlich bei der Oxidation). Diese Energie wird transformiert, akkumuliert und danach für die Sicherstellung zahlreicher Prozesse, die mit der Lebenstätigkeit verbunden sind, genutzt. Dazu gehören: Die Synthese neuer nieder- und hochmolekularer Verbindungen, die Schaffung von Nichtgleichgewichtsverteilungen von Ionen und anderen niedermolekularen Partikeln in heterogenen Geweben und innerzellulären Strukturen, die mechanische Bewegung, Lichtausstrahlung, usw. Seit der Pionierarbeit von LIPMANN [376] begann sich die Vorstellung nach und nach zur fast überall anerkannten Auffassung durchzusetzen, daß als universelles „Energiereservoir", als universelles energetisches „Wechselgeld" in biologischen Systemen, das Molekül der Adenosintriphosphorsäure (ATP) dient. Die hydrolytische Abspaltung der endständigen Phosphorgruppe vom ATP unter Bildung von Adenosindiphosphat (ADP) und anorganischem Orthophosphat ist dabei in wäßrigem Milieu mit einer wesentlichen Energiesenkung des Systems verbunden. Wenn die genannte Auffassung tatsächlich richtig ist, dann wird die Frage nach dem Mechanismus der ATP-Synthese aus ADP und anorganischem Phosphat (P_a) auf Kosten der oben genannten primären Energiequellen zum Kernproblem der Energietransformation und -akkumulation in der Biologie. In den letzten Jahren flammte jedoch die Diskussion darüber, ob man ATP als Energiespeicher bezeichnen kann, in einer Reihe von Zeitschriften wieder auf. Die Diskussion trägt häufig einen terminologischen und etwas naiven Charakter, trotzdem (aber vielleicht gerade deshalb) kann ihre Analyse sich als sehr nützlich beim Aufspüren einiger prinzipieller Fragen erweisen. Im Abschnitt 8.2. werden wir bei der Behandlung des Begriffes energiereiche Bindung, aber auch beim physikalischen Sinn der Behauptungen: „Die Energie wird in Form energiereicher Esterbindungen mit erhöhtem Wert der freien Hydrolyseenergie gespeichert"; oder „die nutzbringende Arbeit erfolgt auf Kosten der Energie, die bei der ATP-Hydrolyse frei wird" auf dieses Material zurückgreifen.

Beim Lesen der vielen Monographien und Übersichten, die dem Mechanismus der ATP-Bildung gewidmet sind, kann folgender Eindruck entstehen: Die Prozesse der Substratphosphorylierung, d. h. der ATP-Synthese im Verlauf einzelner enzymatischer Reaktionen bei der Glykolyse sind im Prinzip verstanden worden (obwohl es manchmal an einigen konkreten chemischen Einzelheiten fehlt). Der Mechanismus der ATP-Bildung in den Membranstrukturen, d. h. die Prozesse der oxidativen und photosynthetischen

Phosphorylierung bleiben rätselhaft. Eine der vorhandenen Konzeptionen zur Phosphorylierung in Membranen — die chemische Konzeption — behauptet, daß die Lösung des Problems im Auffinden spezieller phosphorylierter Zwischenprodukte in speziellen Kopplungspunkten besteht, d. h. in der Überführung der Aufgabe der Membranphosphorylierung in die „schon gelöste und völlig verstandene Aufgabe" des Mechanismus der Substratphosphorylierung. Die genaue Untersuchung zeigt jedoch, daß die physikalischen Prinzipien der Kopplung von Energiedonator- und Energieakzeptorreaktionen bei der Substratphosphorylierung nicht mehr und nicht weniger bekannt sind, als die entsprechenden Prinzipien für die Phosphorylierung in Membranen.
Deshalb werden im Abschnitt 8.3. experimentelle Ergebnisse, die das Problem der Substratphosphorylierung behandeln, vorgestellt und mögliche physikalische Mechanismen dieser Prozesse diskutiert. Im Abschnitt 8.4. werden die wichtigsten Ergebnisse zur ATP-Synthese in Membranstrukturen von Mitochondrien und Chloroplasten vorgestellt und im Abschnitt 8.5. werden die wichtigsten theoretischen Vorstellungen über den Mechanismus dieses Prozesses behandelt. Schließlich wird im Abschnitt 8.6. ein mögliches neues Herangehen an das Problem der Energietransformation und -akkumulation in der Zelle formuliert, das sich auf die in den vorangegangenen Kapiteln entwickelten Ideen stützt.

8.2. Probleme zum ATP

In allen Lehrbüchern der Biochemie und zahlreichen Monographien und Übersichten wird die Rolle des ATP bei chemischen Stoffumwandlungen bioenergetischer Prozesse in der Zelle ausführlich behandelt. Wenn man versucht, das zu diesem Thema Gesagte zusammenzufassen, so kommt man zu folgenden praktisch allgemein anerkannten Behauptungen:

1. Innerzelluläre chemische Prozesse, die mit einer Energiesenkung ablaufen (gewöhnlich spricht man von einer Senkung der freien Energie), gewährleisten die ATP-Synthese aus ADP und Orthophosphorsäure:

$$\mathrm{ADP} + \mathrm{H_3PO_4} \rightarrow \mathrm{ATP} + \mathrm{H_2O}. \tag{8.1}$$

2. Prozesse, die mit einem Anwachsen der Energie verbunden sind, laufen auf Kosten der ATP-Hydrolyse ab[1]):

$$\mathrm{ATP} + \mathrm{H_2O} \rightarrow \mathrm{ADP} + \mathrm{H_3PO_4}. \tag{8.2}$$

Es hat keinen Sinn, an dieser Stelle konkrete Beweise anzuführen, die diese Behauptungen beweisen. Diese Beweise kann man in einer Reihe ausführlicher Monographien (s. z. B. [130, 136]) und in der hervorragenden Sammlung von Originalarbeiten, die von Kalckar herausgegeben wurde, finden [345].

---

[1]) Im allgemeinen wird in einer Reihe von Prozessen nicht nur die endständige energiereiche Bindung des ATP hydrolysiert, sondern auch die energiereiche Bindung, deren Hydrolyse zur Bildung des Adenosinmonophosphat (AMP) und zur Pyrophosphorsäure führt:
$\mathrm{ATP} + \mathrm{H_2O} \rightarrow \mathrm{AMP} + \mathrm{H_4P_2O_7}$. Die Existenz von zwei Hydrolysewegen des ATP spielt wahrscheinlich eine wichtige biochemische Rolle [464], führt aber zu keinen Änderungen bei der nachfolgenden Betrachtung. Darum werden wir diese Frage im weiteren nicht mehr behandeln.

Zu den Reaktionen (8.1) und (8.2) muß man noch einige Bemerkungen machen. Es ist offensichtlich, daß die Reaktion der ATP-Synthese (8.1) die Umkehrung der ATP-Hydrolysereaktion (8.2) darstellt. Trotzdem wurden sie einzeln aufgeschrieben und nicht in der Form einer reversiblen Reaktion:

$$ADP + H_3PO_4 \rightleftharpoons ATP + H_2O. \tag{8.3}$$

Das ist nicht deshalb geschehen, weil die Reaktionen (8.1) und (8.2) im Prinzip nicht reversibel sind. In jedem konkreten Fall beschleunigt das Enzym (oder die Enzyme), das die Reaktion (8.1) beschleunigt, in gleichem Maße auch die Reaktion (8.2). Die Reaktionen der Kondensation (8.1) und der Hydrolyse (8.2) jedoch finden in der Regel an verschiedenen Orten statt und werden in der Zelle durch verschiedene Enzyme bei verschiedenen lokalen Ionenkonzentrationen, die die Reaktionsgeschwindigkeit wesentlich beeinflussen, katalysiert. Deshalb gibt es in der intakten Zelle viele verschiedene Reaktionen (8.1) und viele verschiedene Reaktionen (8.2), wobei man für jede von ihnen eine Reaktion (8.3) schreiben könnte. Die Pfeile in (8.1) und (8.2) bedeuten nicht, daß diese Reaktionen nicht reversibel sind, sondern daß sie unter Bedingungen realisiert werden, bei denen in jedem speziellen Fall der lokale Ausgangszustand des Systems (ATP, ADP, H_3PO_4 und H_2O) in (8.1) bzw. (8.2) links steht.
Noch eine zweite Bemerkung, die sich auf die formale Schreibweise der Gleichungen (8.1) bis (8.3) bezieht, ist angebracht. Jede der Komponenten, die an diesen Reaktionen beteiligt sind, kann sich in einem anderen Ionisierungszustand befinden. Wir bleiben vorerst bei den thermodynamischen Aspekten des Problems; mit anderen Worten, wir wollen die Existenz verschiedener konkreter Mechanismen, die mit verschiedenen Enzymen, für die Prozesse (8.1) und (8.2) verbunden sind sowie die lokalen Reaktionsbedingungen vorübergehend vergessen. Wir werden aber ein konkretes Gleichgewicht (8.3) behandeln, dessen Lage vom Vorhandensein eines Enzyms unabhängig ist[1]). Wenn man das oben Gesagte berücksichtigt, kann man die Schreibweise (8.3) doppeldeutig verstehen.
Im ersten Fall bedeuten ADP, ATP und H_3PO_4 die entsprechenden neutralen Moleküle, d. h.

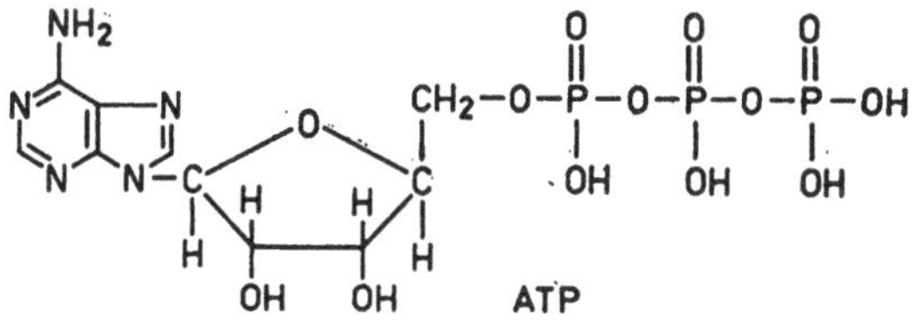

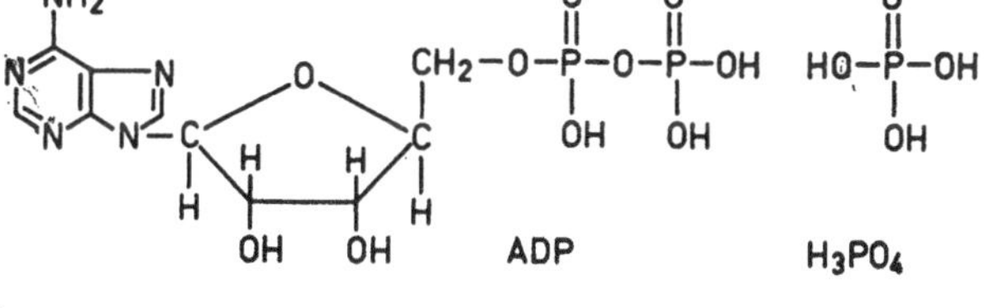

[1]) Natürlich unter der Bedingung, daß die Begriffe der Gleichgewichtsthermodynamik anwendbar sind. Die Frage der Anwendbarkeit auf den gegebenen Fall wird weiter unten betrachtet.

In diesem Fall gehört (8.3) zu einem der chemischen Teilgleichgewichte, die sich im System ATP, ADP, P_a in wäßrigem Milieu einstellen, und die entsprechend gemessene Gleichgewichtskonstante der Hydrolysereaktion

$$K = \frac{a_{\mathrm{ADP}} \cdot a_{\mathrm{H_3PO_4}}}{a_{\mathrm{ATP}}} \tag{8.4}$$

stellt die wahre Gleichgewichtskonstante der gegebenen Teilreaktionen dar. In (8.4) ist mit dem Symbol a_i die Aktivität der i-ten Verbindung in wäßriger Phase im Gleichgewicht bezeichnet. Die Konstante K bezieht sich natürlich auf den Prozeß (8.3), wobei Ausgangs- und Endprodukte in ein und demselben wäßrigen Milieu gelöst sind (mit gleicher Ionenzusammensetzung) und nicht vom Reaktionsweg abhängen. Wie gewöhnlich gibt es einen eindeutigen Zusammenhang zwischen K und der standardmäßigen freien Energie des Prozesses

$$\Delta F^0 = -RT \ln K, \tag{8.5}$$

die eine Funktion der Temperatur und der Ionenstärke ist.

Im zweiten Fall bedeuten die Symbole ADP, ATP und H_3PO_4 alle Ionisierungszustände der entsprechenden Moleküle (mitunter auch ihrer Salze mit den Ionen Mg^{2+}, Ca^{2+} usw.). Dann ist die Größe

$$K_{\mathrm{beob}} = \frac{a_{\mathrm{ADP}} \cdot a_{\mathrm{H_3PO_4}}}{a_{\mathrm{ATP}}} \tag{8.6}$$

nicht die wahre Gleichgewichtskonstante irgendeiner Teilreaktion, sondern sie setzt sich auf komplizierte Weise aus den verschiedenen wahren Konstanten der Teilreaktionen zusammen. Aus dem gleichen Grunde hat die Größe

$$\Delta F^0_{\mathrm{beob}} = -RT \ln K_{\mathrm{beob}} \tag{8.7}$$

die Bedeutung einer Änderung der freien Energie des Systems bei einzelnen Gesamtaktivitäten aller Formen des ATP, ADP und anorganischen Phosphats im Milieu, wobei diese Änderung auf 1 Mol hydrolysiertes ATP in allen vorhandenen Zuständen berechnet ist. Die Größe (8.7) hängt von der Temperatur, der Ionenstärke, dem pH-Wert und der Ionenzusammensetzung des Milieus ab.

In diesem Abschnitt (wenn nicht speziell das Gegenteil vereinbart wird) werden wir die Gleichgewichtskonstante des Prozesses (8.3) und ebenso die standardmäßige freie Energie der ATP-Hydrolyse im Sinne des zweiten Falles betrachten, d. h. wir werden mit den effektiv beobachteten Größen arbeiten. In welchem Maße die letztgenannten Größen der Energetik der realen Prozesse in der Zelle entsprechen, wird im weiteren deutlich. Wenn aber irgendwelche thermodynamischen Gleichgewichtsmerkmale der Reaktionen (8.1) und (8.2) eine unmittelbare, direkte Beziehung zur Bioenergetik besitzen, so handelt es sich nur um effektive Größen.

Die direkte Messung der Werte (8.6) und (8.7) ist äußerst schwierig, weil das Gleichgewicht im Prozeß (8.3) praktisch völlig nach links verschoben ist und K_{beob} größer als 10^5 ist. Infolgedessen stellt sich bei beliebigen vernünftigen ADP- und Orthophosphatkonzentrationen das Gleichgewicht bei verschwindend kleinen ATP-Mengen ein. Deshalb bestimmt man die Größen (8.6) und (8.7). auf indirektem Wege. Man mißt die Gleichgewichtskonstanten einiger Prozesse, deren algebraische Summe den Prozeß (8.3) ergibt. Bei diesen Berechnungen setzt man voraus, daß man den wahren Gleichgewichtszustand und nicht den stationären Zustand mißt. Daraus ergeben sich aber Einschränkungen für die charakteristischen Zeiten der Prozesse (s. Abschnitt 3.1.). Außerdem läßt man die Anwendbarkeit des Massenwirkungsgesetzes auf alle betrachteten Reaktionen zu, was in Übereinstimmung mit Kapitel 5. das Fehlen von Proteinen in den Ausgangsstoffen und Endprodukten erfordert.

Die umfangreichsten Resultate sind in den zwei jüngsten Arbeiten dargestellt [437, 453]. In beiden Arbeiten wurden die Resultate zum Gleichgewicht der enzymatischen Synthese von Glutamin aus Glutamat und Ammoniak unter Beteiligung von ATP und der enzymatischen Hydrolyse des Glutamins herangezogen:

$$\text{Glutamat} + NH_3 + \text{ATP} \rightleftharpoons \text{Glutamin} + \text{ADP} + P_a \qquad (8.8a)$$

$$\text{Glutamin} + H_2O \rightleftharpoons \text{Glutamat} + NH_3 . \qquad (8.8b)$$

Für die uns interessierende Größe erhalten wir

$$K_{\text{beob}} = K_a \cdot K_b ,$$

wobei K_a und K_b die Gleichgewichtskonstante der Reaktion (8.8a) bzw. (8.8b) sind. Alberty [193, 194] benutzte die in der Arbeit [223] gefundenen Resultate und konstruierte für die ATP-Hydrolyse räumliche Flächendiagramme für ΔF^0_{beob} als Funktion von pH und pMg. In der schon zitierten Arbeit dehnte Shikama die Berechnungen auf Systeme mit verschiedenen Ca^{2+}-Ionenkonzentrationen aus [453].

Kürzlich publizierten Rosing und Slater [437] eine detaillierte Untersuchung früher erhaltener Resultate. Durch direkte sorgfältig durchgeführte Messungen konnten sie zeigen, daß der in früheren Berechnungen verwendete Wert K_a ca. 5mal zu groß war. Sie berichteten ebenso die Größe der Stabilitätskonstanten des Komplexes der Mg^{2+}-Ionen mit Glutamat, die in die Berechnungen eingeht. Weiterhin berücksichtigten sie die Bindung von K^+-Ionen, ATP, ADP und P_a und führten Berichtigungen um die Aktivitätskoeffizienten der Reaktionspartner ein. Wahrscheinlich sind die von ihnen erhaltenen Zahlenwerte die zuverlässigsten aller heute bekannten thermodynamischen Parameter der reversiblen ATP-Hydrolyse.

In der Tabelle 8.1 sind die von ihnen gefundenen Werte ΔF^0_{beob} für die Temperaturen 25 °C und 37 °C bei verschiedenen Werten von Ionenstärke μ, pH und Mg^{2+}-Ionenkonzentrationen dargestellt. Diese Werte sind um ca. 2 kcal/mol geringer, als die früher erhaltenen.

Bei physiologischen Bedingungen kann man die ATP- und ADP-Konzentrationen als ungefähr gleich bezeichnen. Die P_a-Konzentration dagegen beträgt ca. 10^{-2} bis 10^{-3} mol. Deshalb müssen die realen absoluten ΔF-Werte der Hydrolyse (oder Synthese) eines Mols ATP in der Zelle größer als die Standardwerte ΔF^0 sein.

In der Regel sind die absoluten Werte der freien Hydrolyseenergie der Ester der Orthophosphorsäure geringer als die Werte, die in Tabelle 8.1 für die Reaktion (8.3) angeführt wurden. So beträgt ΔF^0 für die Hydrolyse von Glucose-6-phosphat insgesamt 3 kcal/mol. Es existieren jedoch auch dazwischen liegende Fälle (s. z. B. [211]), so daß eine Einteilung der organischen Phosphorsäureester in energiereiche und energiearme Ver-

bindungen in gewissem Maße gerechtfertigt ist. Trotzdem hat die Tatsache, daß ATP und ADP zur Klasse der Phosphorsäureester mit einem (im Vergleich zur Mehrzahl) erhöhten absoluten Wert der freien Hydrolyseenergie gehören, eine direkte Beziehung zur Funktion dieser Verbindungen. Deshalb bin ich der Meinung, daß die Begriffe „energiereiche Verbindung“ und „energiereiche Bindung“ völlig berechtigt sind. Die in der obigen Diskussion erwähnte Konzeption der energiereichen Bindung (oder Verbindung), aber ebenso die Vorstellung darüber, daß das ATP den Energiespeicher in der Zelle darstellt, wurde hauptsächlich von Banks und Vernon einer scharfen Kritik unterworfen [209, 210, 211, 302, 438]. Alle kritischen Bemerkungen dieser Autoren wurden in folgenden Arbeiten ausführlich diskutiert [327, 385, 486]. Bei dieser Diskussion wurden einige Fragen der Bioenergetik berührt und es ist deshalb günstig bei der Behandlung der Bioenergetik auf diese Diskussion zurückzukommen.
Zunächst noch einmal zu dem Begriff *energiereiche Bindung.* Wir werden in der Diskus-

Tabelle 8.1
ΔF^0_{beob}-Werte (in kcal/mol) der Hydrolysereaktion von ATP bei verschiedenen μ, pH und $[Mg^{2+}]$ bei 25 °C und 37 °C (Werte in Klammern) (nach [437])

pH	μ	ΔF^0_{beob} bei Mg^{2+}-Konzentrationen (millimolar)				
		0	1,0	10,0	25,0	50,0
6,00	0,00	7,59 (7,69)	—	—	—	—
6,00	0,10	7,25 (7,25)	6,58 (6,48)	6,17 (6,14)	6,18 (6,21)	—
6,00	0,15	7,30 (7,27)	6,64 (6,48)	6,23 (6,14)	6,23 (6,21)	6,30 (6,34)
6,00	0,20	7,37 (7,32)	6,69 (6,48)	6,29 (6,19)	6,30 (6,27)	6,38 (6,42)
6,50	0,00	7,71 (7,81)	—	—	—	—
6,50	0,10	7,82 (7,48)	6,51 (6,46)	6,31 (6,36)	6,42 (6,56)	—
6,50	0,15	7,49 (7,51)	6,57 (6,47)	6,36 (6,37)	6,46 (6,55)	6,62 (6,78)
6,50	0,20	7,56 (7,57)	6,62 (6,50)	6,43 (6,44)	6,54 (6,64)	6,71 (6,89)
7,00	0,00	8,01 (8,13)	—	—	—	—
7,00	0,10	7,82 (7,92)	6,69 (6,71)	6,66 (6,81)	6,87 (7,10)	—
7,00	0,15	7,87 (7,95)	6,75 (6,74)	6,71 (6,82)	6,90 (7,09)	7,13 (7,37)
7,00	0,20	7,93 (8,03)	6,80 (6,79)	6,79 (6,92)	6,99 (7,20)	7,23 (7,50)
7,50	0,00	8,55 (8,70)	—	—	—	—
7,50	0,10	8,38 (8,53)	7,12 (7,21)	7,20 (7,42)	7,46 (7,75)	—
7,50	0,15	8,42 (8,57)	7,18 (7,26)	7,24 (7,43)	7,48 (7,73)	7,74 (8,04)
7,50	0,20	8,48 (8,65)	7,23 (7,32)	7,32 (7,53)	7,58 (7,86)	7,85 (8,18)
8,00	0,00	9,24 (9,44)	—	—	—	—
8,00	0,10	9,02 (9,22)	7,71 (7,84)	7,83 (8,09)	8,11 (8,43)	—
8,00	0,15	9,06 (9,25)	7,77 (7,89)	7,86 (8,10)	8,12 (8,42)	8,40 (8,74)
8,00	0,20	9,12 (9,33)	7,82 (7,96)	7,95 (8,21)	8,22 (8,55)	8,51 (8,88)
8,50	0,00	9,96 (10,20)	—	—	—	—
8,50	0,10	9,69 (9,92)	8,35 (8,53)	8,49 (8,79)	8,78 (9,18)	—
8,50	0,15	9,73 (9,95)	8,42 (8,58)	8,53 (8,79)	8,80 (9,14)	9,09 (9,46)
8,50	0,20	9,79 (10,03)	8,47 (8,65)	8,61 (8,91)	8,90 (9,27)	9,19 (9,60)
9,00	0,00	10,66 (10,93)	—	—	—	—
9,00	0,10	10,37 (10,63)	9,03 (9,23)	9,17 (9,49)	9,46 (9,85)	—
9,00	0,15	10,41 (10,66)	9,09 (9,28)	9,20 (9,50)	9,47 (9,83)	9,76 (10,17)
9,00	0,20	10,47 (10,74)	9,14 (9,35)	9,29 (9,62)	9,58 (9,96)	9,87 (10,31)

sion die gewöhnliche thermodynamische Bezeichnungsweise mit den Begriffen freie Energie und Entropie verwenden. Die Frage nach der Rechtmäßigkeit eines solchen Herangehens in den speziellen Fällen wird später behandelt. In einer kritischen Arbeit behaupteten GILLESPIE, MAW und VERNON [302], daß der Begriff „energiereiche Bindung" ohne Sinn ist, weil es sich erstens nicht um stärkere, sondern um schwächere Bindungen handelt (die Hydrolysereaktion ist mit einer Senkung und keiner Erhöhung der freien Energie verbunden) und zweitens bezieht sich ΔF^0 — die standardmäßige Änderung der freien Energie — nicht auf die Bindung, sondern auf den Prozeß. Diskussionen dieser Art sind in der Literatur weit verbreitet (s. z. B. [124, 321]). Ich habe den Eindruck, daß sie falsch sind. Der physikalische Sinn des Begriffes „energiereiche Verbindung" besteht in folgendem: Für ein gegebenes System im gegebenen Zustand (z. B. ATP in wäßrigem Milieu) existiert im Prinzip der kinetisch erreichbare Zustand (ADP + P_a in wäßrigem Milieu), der durch ein niedrigeres Niveau der freien Energie charakterisiert ist. Die Energieänderung beim Übergang vom ersten Zustand in den zweiten ist größer als die mittlere Energieänderung einer Reihe bekannter analoger Prozesse. Angefangen bei LIPMANN hat niemand einen anderen Sinn in den Begriff „energiereich" hineininterpretiert. Die Behauptung von der Energiespeicherung im ATP unterscheidet sich durch nichts von der Behauptung, daß in einem angehobenen Gewicht Energie gespeichert ist und daß diese beim Übergang des Gewichts auf eine niedrigere kinetisch erreichbare Höhe genutzt werden kann. Betrachten wir noch ein anderes Beispiel: Die in dem Gemisch $2H_2 + O_2$ gespeicherte Energie kann genutzt werden, wenn man Bedingungen schafft, die für den Übergang des Gemisches, in den im Prinzip kinetisch erreichbaren neuen Zustand ($2H_2O$) mit einem niedrigeren Niveau der freien Energie, notwendig sind (z. B. wenn man eine Kettenreaktion der Wasserstoffverbrennung durch Temperaturerhöhung auslöst). Die kinetische Stabilität des ATP (beim Fehlen der entsprechenden Enzyme), bzw. des Gewichtes (solange es auf einer festen Stütze liegt) bzw. des Wasserstoff-Sauerstoff-Gemisches (solange die Temperatur bei gegebenem Druck nicht die Entzündungsgrenze erreicht hat) hat keinerlei Beziehung zum Kern der Sache. Natürlich ist das Übertragen von Energie des Systems auf eine Bindung (energiereiche Bindung) formal und hat nur den Sinn, daß beim Übertragungsprozeß aus dem Zustand mit erhöhter freier Energie in den Zustand mit erhöhter freier Energie gerade diese Bindung hydrolysiert wird. Kein ernsthafter Wissenschaftler hat irgendwann dieser übertragenen Bedeutung einen anderen Sinn gegeben. Der Begriff „Bindungsenergie" in chemischen Verbindungen ist immer mehr oder weniger formal. So bezeichnet man z. B. die Energieänderung bei der Bildungsreaktion des Methylradikals aus Methan

$$CH_4 \rightarrow \dot{C}H_3 + H^{\cdot}$$

häufig als Energie der C—H-Bindung, obwohl im Verlauf dieses Prozesses nicht nur das Elektronenpaar der C—H-Bindung aufbricht, sondern auch ein Umbau des gesamten Restmoleküls erfolgt, der mit einer Änderung der Elektronendichteverteilung, der Valenzwinkel und Kernabstände zueinander verbunden ist.

Im Prinzip könnte man eine andere Definition der Energie der C—H-Bindung im Methan aufstellen. Man könnte annehmen, daß sie ein Viertel der Energie darstellt, die bei der Synthese des CH_4-Moleküls in der Gasphase[1]) durch den Ablauf der hypotheti-

[1]) Die Energie dieses Prozesses kann man z. B. auch thermochemisch bestimmen, indem man den entsprechenden HESS-Zyklus auswählt.

schen Reaktion zwischen den Atomen C und H frei wird:

$$C + 4H \rightarrow CH_4.$$

Es ist einleuchtend, daß sich die Energie der C—H-Bindung in diesem Fall von der nach der ersten Methode gemessenen unterscheidet.

Somit ist der die Bezeichnungsweise betreffende Teil der Kritik an den Vorstellungen der modernen Bioenergetik, die in den oben zitierten Arbeiten von Banks, Vernon u. a. enthalten ist, nicht ernsthafter Natur. Jede beliebige Behauptung und jeder beliebige Begriff kann zu Mißverständnissen führen, wenn man ihn falsch versteht. Die Physiker verwenden hervorragend den Begriff „Stromstärke"[1]) ohne sich Sorgen darüber zu machen, daß diese Kraft in keinerlei Beziehung zur Kraft im Newtonschen Sinne steht.

Bei der Untersuchung des Begriffes energiereiche Phosphorsäureesterbindung kann man sich die Frage nach den Gründen dieses Energiereichtums stellen, d. h. nach den Gründen, daß die absolute Größe der freien Hydrolyseenergie dieser Bindungen größer ist als der mittlere Wert für strukturverwandte Verbindungen. Der Antwort auf diese Frage sind viele Arbeiten gewidmet (s. [124, 198, 344]).

Das Problem und seine Lösung sind keineswegs prinzipieller Natur. Einerseits unterscheidet sich das Problem durch nichts von der riesigen Menge analoger Aufgaben der Strukturchemie, aber andererseits kann man den Unterschied von einigen kcal/mol in den Umwandlungsenergien so komplizierter Moleküle im Rahmen der vorhandenen quantenmechanischen Näherungsmethoden der Berechnung von Vielelektronen- und Vielzentrensystemen nicht zuverlässig abschätzen. Deshalb ist die Lösung des Problems des Energiereichtums uninteressant und überdies bis jetzt unmöglich.

Bei der Kritik der Grundvorstellungen der Bioenergetik die in den Arbeiten [209, 211, 302] zu finden ist, wurde folgendem Problem viel Aufmerksamkeit geschenkt: Die Reaktionen (8.2) und (8.1) finden in der Zelle „in Wirklichkeit" nicht statt und deshalb kann man nicht davon sprechen, daß die Energie, die im Verlaufe irgendeines anderen Prozesses frei wird, durch den Ablauf der Reaktion (8.1) gespeichert wird und daß die Energie die im Verlauf der Reaktion (8.2) frei wird, den Ablauf eines *endergonischen*[2]) Prozesses (z. B. die Muskelkontraktion) ermöglicht. Der Sinn der Kritik besteht darin, daß der wahre Mechanismus des Prozesses in der Regel unbekannt und das Herausgreifen der Stadien (8.1) und (8.2) formal ist. Das ist zwar völlig richtig, hat aber keine Beziehung zur Sache. Untersuchen wir folgendes Beispiel: In einer bestimmten Gesamtheit von Zellen in wäßrigem Milieu soll 1 Mol Glukose oxidiert werden:

$$C_6H_{12}O_6 + 6O_2 \rightarrow 6CO_2 + 6H_2O. \quad (8.9)$$

Diese Gleichung beschreibt nicht irgendeine elementare chemische Reaktion, die tatsächlich in der Zelle abläuft. Sie stellt eine formale Schreibweise dar, die folgendes bedeutet: Den komplizierten Gesamtprozeß der Glukoseoxidation in der Zelle, der über eine Menge von Stadien unter Beteiligung der verschiedensten nieder- und hochmolekularen Verbindungen verläuft, kann man so durchführen, daß in der Endabrechnung einem verbrauchten Glukosemolekül 6 verbrauchte Sauerstoffmoleküle und die Bildung von sechs Kohlendioxidmolekülen sowie sechs Wassermolekülen ent-

[1]) Im Russischen: „zila toka" = „Kraft" des Stromes

[2]) Energieumwandlung in nutzbare Arbeit

sprechen. Bis zum Beginn des Prozesses befand sich in wäßriger Phase das System: $C_6H_{12}O_6 + 6O_2$, nach seinem Abschluß das System: $6CO_2 + 6H_2O$. Wenn sich die Zellen in der stationären Entwicklungsphase befinden, so bleiben sie nach Abschluß des Prozesses unverändert. Mit hinreichend großer Genauigkeit kann man annehmen, daß es sich um einen isothermen und isochoren Prozeß handelt. Deshalb muß das Maximum nutzbarer Arbeit, die das System im Prinzip durch die Umwandlung (8.9) leisten kann, gleich der Differenz der freien HELMHOLTZschen Energien des ersten und zweiten Systems im wäßrigen Milieu sein[1]), d. h.

$$\Delta F = F_1 - F_2.$$

Wie allgemein bekannt ist, gilt in wäßrigem Milieu unter Standardbedingungen $\Delta F^0 \approx 680$ kcal/mol.

Im Zusammenhang damit kann man die Oxidation eines Mols Glukose in der Zelle unter solchen Bedingungen durchführen, daß der einzige chemische Gesamtprozeß [außer (8.9)] in der Bildung von 36 Molen ATP aus ADP und P_a nach dem Schema (8.1) besteht. Dieser Prozeß ist mit der Erhöhung der freien Energie um 324 kcal/mol verknüpft; wobei wir davon ausgehen, daß ΔF der Hydrolyse eines Mols ATP in der Zelle ca. 9 kcal/mol beträgt.

Im vorliegenden Fall beträgt der Wirkungsgrad des Prozesses ca. 48%. Man kann sagen, daß die Energie, die früher im System $C_6H_{12}O_6 + 6O_2$ aufbewahrt wurde, jetzt teilweise in das System ATP + H_2O übergegangen ist, wobei nur dieser nichtdissipierte Teil der Energie im Prinzip für die Durchführung nutzbarer Arbeit verwendet werden kann.

In der Arbeit [209] behauptet BANKS, daß es in der Mehrzahl der Fälle keinen Sinn hat, von der Realisierung bestimmter endergonischer Prozesse auf Kosten der Hydrolyseenergie des ATP zu sprechen. Unter anderem wird folgender Syntheseprozeß betrachtet:

$$\mathrm{XOH + YOH + ATP \rightleftharpoons XOY + ADP + H_3PO_4}. \tag{8.10}$$

Gewöhnlich stellt man diesen Prozeß als Summe der folgenden Reaktionen dar

$$\mathrm{XOH + YOH \rightleftharpoons XOY + H_2O}, \tag{8.11}$$

$$\mathrm{ATP + H_2O \rightleftharpoons ADP + H_3PO_4} \tag{8.12}$$

und spricht davon, daß die endergonische Reaktion (8.11) auf Kosten der exergonischen Reaktion (8.12) erfolgt. BANKS jedoch unterstreicht, daß die ATP-Hydrolyse im System „in Wirklichkeit“ nicht erfolgt, sondern daß das ATP nur die Rolle des phosphorliefernden Agens spielt, d. h.

$$\mathrm{XOH + ATP \rightleftharpoons XOP + ADP}. \tag{8.13}$$

Das Endprodukt bildet sich wahrscheinlich durch folgende Reaktion

$$\mathrm{XOP + YOH \rightleftharpoons XOY + H_3PO_4}. \tag{8.14}$$

---

1) Die Frage nach der Rechtmäßigkeit der Anwendung der Begriffe der Gleichgewichtsthermodynamik auf diesen Fall wird später untersucht.

Somit kann man den Prozeß (8.10) mit größerer Berechtigung als Summe der Reaktionen (8.13) und (8.14) darstellen, als in Form der Summe von (8.11) und (8.12). Es ist Banks unverständlich, warum man zur Erklärung der Energetik des Prozesses die Reaktion (8.12) verwenden soll, die bei richtiger Funktion des ATP nicht abläuft.

So logisch diese Behauptungen auf den ersten Blick auch erscheinen, sie sind nicht richtig. Zuerst muß man betonen, daß die Reaktionen (8.13) und (8.14) ebenso wenig die Wirklichkeit widerspiegeln, wie die Reaktionen (8.11) und (8.12). Die Einzelheiten des Mechanismus des Gesamtprozesses (8.10) sind unbekannt, aber der Prozeß verläuft auf jeden Fall über eine Vielzahl von Zwischenstadien, an denen Enzymmoleküle beteiligt sind, die dabei chemische Umwandlungen und Konformationsänderungen erfahren. Solange die Näherung der Gleichgewichtsthermodynamik Gültigkeit hat, d. h. solange die freie Energie eine Zustandsfunktion ist und ihre Änderung nicht vom Weg des Prozesses abhängt, hängt auch die Energetik der Gesamtreaktion nicht von ihrem Mechanismus ab. Das bedeutet, daß man den Prozeß (8.10) mit *gleichem Recht* in beliebig viele Stufen unterteilen kann, nur mit der Einschränkung, daß die algebraische Summe der Stufen wieder Gleichung (8.10) ergibt. Das Herausgreifen der Stufe (8.11) erscheint völlig selbstverständlich: Im Ergebnis des Gesamtprozesses (8.10) erfolgt die Kondensation der Reste X und Y unter Bildung von XOY, diese Kondensation erfordert einen Energieverbrauch. Wir sehen jedoch, daß der Gesamtprozeß (8.10) energetisch vorteilhaft ist, weil bei einer solchen Auswahl des ersten Stadiums zusätzlich das Stadium (8.12) unbedingt notwendig wird. In diesem zweiten Stadium erfolgt eine wesentliche Senkung der freien Energie. Wenn man sich somit fragt, warum im Ergebnis des Gesamtprozesses (8.10) die energetisch ungünstige Kondensation X und Y unter Bildung von XOY realisiert werden kann, so ist die einzig richtige Antwort (im Rahmen der Gleichgewichtsthermodynamik): Weil die zum Gesamtprozeß „zusätzliche" Stufe in diesem Fall in der energetisch günstigen ATP-Hydrolyse besteht. Die Auswahl der reversiblen ATP-Hydrolyse (d. h. Reaktion (8.12)) als unbedingt notwendiges Stadium bei der thermodynamischen Untersuchung biochemischer Prozesse ist dadurch berechtigt, weil diese Reaktion bei der Analyse der verschiedensten Prozesse — angefangen von der Kondensation des Typs (8.10) bis zur Muskelkontraktion und dem aktiven Transport — universell und leicht zugänglich ist. In dieser Auswahl bestand auch die Bedeutung der ersten Lipmannschen Arbeit [376], in der er die Grundlage für die Klassifizierung und einheitliche Betrachtung einer großen Anzahl innerzellulärer Prozesse schuf. Damit wandelte er das unüberschaubare Chaos der einzelnen Fakten in ein konstruktives Gebilde der modernen Biochemie um. Eine objektive Voraussetzung für den Erfolg der getroffenen Auswahl war natürlich der Umstand, daß ATP an einer Menge verschiedener biochemischer Reaktionen beteiligt ist (d. h., daß es zu den Ausgangsstoffen oder Endprodukten gehört).

Natürlich werden die Vorzüge der thermodynamischen Betrachtung, die Allgemeinheit und die Universalität auch gleichzeitig zum Grund ihrer Begrenztheit. Die Thermodynamik kann irgendeinen Gesamtprozeß entweder zulassen oder verbieten, aber sie kann nicht die kinetische Möglichkeit seiner Realisierung voraussagen. Die thermodynamische Betrachtungsweise kann keine Einzelheiten der Mechanismen des einen oder anderen Prozesses liefern. Das ist deshalb so, weil diese Betrachtungsweise auf der Existenz von Potentialen aufbaut, die vom Weg unabhängig sind.

Es ist völlig hinreichend, daß das thermodynamische Herangehen die Formulierung von Ideen gestattete, die die Grundlage der modernen Klassifizierung biochemischer Reaktionen bilden und außerdem Schlußfolgerungen über die prinzipielle Möglichkeit oder

Unmöglichkeit dieser oder jener innerzellulären Prozesse möglich macht. Sich von der Wahl der ATP-Hydrolyse (s. (8.12)) als bioenergetischen „Standard" loszusagen, wäre nicht nur deshalb unvernünftig, weil jeder beliebige andere Standard genausoweit von der Realität entfernt wäre (oder er würde der Realität genauso nahe kommen), sondern auch deshalb, weil das ATP an fast allen chemischen innerzellulären Reaktionen beteiligt ist.

Untersuchen wir jetzt die Anwendbarkeit der Gesetze der Gleichgewichtsthermodynamik auf Systeme, die weit vom wahren thermodynamischen Gleichgewicht entfernt sind. Diese Probleme werden von den Autoren der Arbeiten [209, 211, 302] wie folgt diskutiert. In der Zelle sind nie Gleichgewichte für Prozesse des Typs (8.9) und (8.12) realisiert, die formell großen Zahlenwerten der Änderung der standardmäßigen freien Energie entsprechen. So erhalten wir z. B. für die „Gleichgewichtskonstante" der Oxidationsreaktion von Glucose ($\Delta F^0 \approx 680$ kcal/mol)

$$K = \frac{a^6_{CO_2}}{a^6_{O_2} \cdot a_{C_6H_{12}O_6}} \approx 10^{495}\ \text{mol}^{-1},$$

wobei a_i — die Aktivität der i-ten Reaktionskomponente ist. Selbst bei beliebigen Bedingungen kann sich das Gleichgewicht nur nach der Oxidation praktisch der gesamten Glucosemenge einstellen. Deshalb erfolgt die Glucoseoxidation in der Zelle unter Bedingungen, die nicht nur weit vom Gleichgewicht entfernt sind, sondern auch von den Bedingungen, bei denen die ONSAGERschen Beziehungen erfüllt sind. Somit verlieren die Begriffe der Gleichgewichtsthermodynamik, darunter auch der Begriff der freien Energie als einer Funktion, die die maximale nutzbare Arbeit bestimmt, die das System ausführen kann, ihren Inhalt.

Diese Interpretation ist falsch. Wenn sie richtig wäre, könnte man die Gesetze der Gleichgewichtsthermodynamik z. B. auch nicht bei der Betrachtung elektrochemischer Prozesse anwenden, unter anderem auch nicht für die Herleitung der NERNSTschen Formel für die EMK eines galvanischen Elementes. Im DANIELL-Element wird z. B. folgender chemischer Gesamtprozeß realisiert

$$Zn + Cu^{2+} \rightleftharpoons Cu + Zn^{2+}.$$

Dabei erhalten wir für $\Delta F^0 \approx 25$ kcal/mol, was einem Wert der Gleichgewichtskonstanten von $K \approx 2 \cdot 10^{18}$ entspricht.

Das bedeutet, daß das wahre thermodynamische Gleichgewicht sich dann einstellt, wenn die Konzentration der Zn^{2+}-Ionen die Konzentration der Cu^{2+}-Ionen um den Faktor 10^{18} übertrifft, d. h. dann wenn sich praktisch die ganze metallische Zinkelektrode aufgelöst und das Kupfer sich als Metall an der Kupferelektrode abgeschieden hat. Trotzdem verwendet man — wie allgemein bekannt ist — bei der Untersuchung der Thermodynamik elektrochemischer Prozesse die Formeln der Gleichgewichtsthermodynamik mit Erfolg. Das liegt daran, daß es sich im vorliegenden Fall um ein kinetisches Nichtgleichgewicht handelt. Die Konzentrationen der Cu^{2+}- und Zn^{2+}-Ionen im System ändern sich sehr langsam im Vergleich zu der Zeit in der sich die Gleichgewichtsverteilung aller anderen Freiheitsgrade einstellt[1]). Deshalb kann man davon ausgehen, daß alle Prozesse im System bei festen Werten der Zn^{2+}- und Cu^{2+}-Konzentrationen, die

---

[1]) Zum kinetischen Aspekt der Anwendbarkeit der Gleichungen und Begriffe der Gleichgewichtsthermodynamik s. auch Kap. 3.

die Rolle von Parametern spielen, reversibel ablaufen. Vollkommen analog kann man bei den innerzellulären Prozessen des Typs (8.9) und (8.12) argumentieren. Die Existenz langsam zum Gleichgewicht relaxierender Freiheitsgrade ist darüber hinaus eine notwendige Bedingung, um die Bewegung des Systems unter Beteiligung dieser Freiheitsgrade zur Durchführung nutzbarer Arbeit verwenden zu können. Betrachten wir ein einfaches Beispiel. In Abbildung 8.1 ist eine Konstruktion abgebildet, mit der man die isotherme Ausdehnung eines idealen Gases im Vakuum durchführen kann. Im Wärmereservoir befindet sich ein Zylinder, der mit einer hermetischen Dichtung versehen ist, die den Zylinder in zwei Teile mit den Volumina V_1 und V_2 teilt. Die hermetische Trenn-

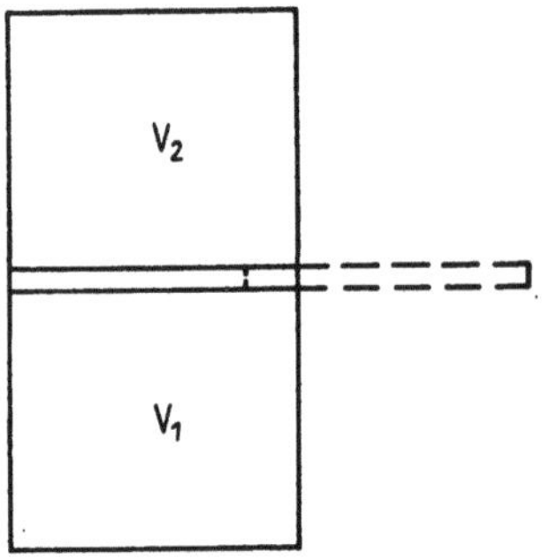

Abb. 8.1. Gedankenexperiment zur Ausdehnung eines idealen Gases ins Vakuum.

wand kann man herausziehen, die Reibung vernachlässigen wir und das Material der Wände nehmen wir als inkompressibel an. Bis zum Beginn des Experiments befindet sich das Gas im Volumen V_1 unter dem Druck p_1 und genügt der Bedingung des Wärmegleichgewichts ($p_1 \cdot V_1 = n \cdot R \cdot T$, wobei n die Zahl der Mole des Gases darstellt). Im Volumen V_2 herrscht Vakuum. Wir ziehen die Trennwand heraus und geben dem Gas die Möglichkeit, sein Volumen auf $(V_1 + V_2)$ zu vergrößern. Weil es sich um ein ideales Gas handelt, das sich ins Vakuum ausdehnt, ist der Prozeß isotherm; im vorliegenden Fall erfolgt kein Wärmeaustausch mit dem Reservoir. Im neuen Zustand beträgt das Volumen des Gases $(V_1 + V_2)$ und der Druck $p_2 = \dfrac{p_1 \cdot V_1}{(V_1 + V_2)}$. Die innere Energie des Systems blieb unverändert, weil es sich um ein ideales Gas handelt, die Temperatur blieb die gleiche und die Trennwand wurde horizontal verschoben. Die Entropie des Systems vergrößerte sich um $n \cdot R \cdot T \ln \dfrac{V_1 + V_2}{V_1}$. Obwohl die freie Energie des Systems um $n \cdot R \cdot T \ln \dfrac{V_1 + V_2}{V_1}$ (die gebundene Energie) gesenkt wurde, wurde keine nutzbare Arbeit geleistet.

Führen wir jetzt den gleichen Prozeß der isothermen Ausdehnung auf eine andere Weise durch, indem wir die Konstruktion des Gebildes ändern (Abb. 8.2). An die Stelle der Trennwand setzen wir einen Kolben, der der Einfachheit halber gewichtslos sein soll und seine Reibung mit den Wänden vernachlässigen wir. Auf dem Kolben befindet sich ein Gewicht der Masse M_1, für die gilt

$$\frac{g \cdot M_1}{A} = p_1 = \frac{n \cdot R \cdot T}{V_1},$$

wobei g die Erdbeschleunigung und A die Kolbenfläche ist. Wir tauschen (augenblicklich) das Gewicht M_1 gegen ein geringeres M_2 aus,

für das $\frac{gM_2}{A} = p_2 = \frac{n \cdot R \cdot T}{V_1 + V_2}$ gilt.

Das System kommt aus dem Gleichgewicht, das Gas dehnt sich isotherm (jetzt durch den Wärmeaustausch mit dem Reservoir) aus und der Kolben nimmt letzten Endes eine neue Gleichgewichtslage ein. Wie beim ersten Experiment hat das Gas im neuen Zustand die Temperatur T, das Volumen $(V_1 + V_2)$ und den Druck p_2. Die innere Energie des Systems jedoch hat sich um $\Delta U = M_2 \cdot g \cdot h$ erhöht, weil durch den Prozeß das in das

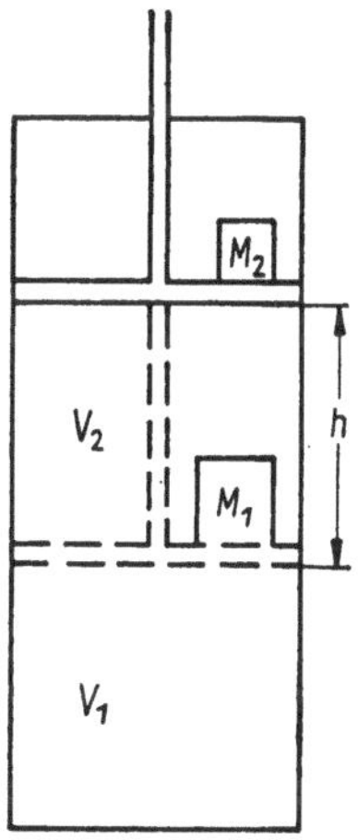

Abb. 8.2. Gedankenexperiment zur Ausdehnung eines idealen Gases und zur Verrichtung von nutzbarer Arbeit.

System eingeführte Gewicht M_2 auf die Höhe h gehoben wurde. Wenn man das Gewicht M_2 nicht in das System einbezieht, kann man davon sprechen, daß das System die nutzbare Arbeit $M_2 \cdot g \cdot h$ verrichtet hat. Die vom Reservoir erhaltene Wärmemenge $Q = M_2 \cdot g \cdot h$ wurde für die Durchführung nutzbarer Arbeit verwandt. Wir haben den Prozeß nicht optimal gestaltet, weil wir das Gewicht schnell verringert haben, indem wir M_1 durch M_2 ersetzten. Wenn wir das Gewicht langsam verringern, indem wir jedesmal die Einstellung des Gleichgewichts abwarten, kann das System eine größere Wärmemenge vom Reservoir aufnehmen und in nutzbare Arbeit umwandeln. Im Grenzfall bei genügend langsamer Verringerung des Gewichts vom M_1 auf M_2 beträgt die Wärmemenge $n \cdot R \cdot T \cdot \ln \left(\frac{M_1}{M_2}\right) \equiv n \cdot R \cdot T \ln \left[\frac{V_1 + V_2}{V_1}\right]$.

Wodurch unterscheidet sich im Prinzip der zweite Prozeßablauf vom ersten? Wenn man das angehobene Gewicht nicht in das System einbezieht, sind Ausgangs- und Endzustand in beiden Fällen identisch. Im ersten Fall jedoch wurde die Senkung der freien Energie nicht genutzt. Im zweiten Fall wurde die erhaltene Wärme zur Verrichtung nutzbarer Arbeit (Anheben des Gewichts) verwendet. Das geschah dank der Änderung der Konstruktion des Systems. Es entstand die Möglichkeit einen Freiheitsgrad anzuregen, der seine Energie mit den anderen Freiheitsgraden des Systems sehr langsam austauscht. Außerdem erfolgt die Bewegung, an der dieser Freiheitsgrad beteiligt ist, so langsam, daß es im System möglich ist, zu jedem Zeitpunkt eine Gleichgewichtsverteilung der Energie über alle anderen Freiheitsgrade zu erreichen.

In unserem Fall entspricht die mechanische Bewegung des Kolbens mit dem Gewicht entlang der Zylinderachse so einem ausgewählten Freiheitsgrad. Dieser mechanische Freiheitsgrad hat praktisch keine Wechselwirkung mit anderen Freiheitsgraden des Systems und die Energie (die potentielle Energie des angehobenen Gewichts) kann im System beliebig lange gespeichert werden (solange Gewicht oder Kolben nicht zerfallen). Der Mechanismus der Anregung ausgewählter Freiheitsgrade ist somit völlig klar. Die Anregungsmöglichkeit wird durch die Konstruktion des Gerätes und dadurch bestimmt, daß Kolben und Gewicht Festkörper mit festen Bindungen zwischen ihren Atomen darstellen.

In den Fällen, wenn die Energie in einer Form gespeichert ist, die in nutzbare Arbeit umgewandelt werden kann, spricht man immer von der Anregung langsam relaxierender Freiheitsgrade des Systems. In diesem Sinne unterscheiden sich die „molekularen Maschinen“ in nichts von den gewöhnlichen[1]). Die Speicherung von Energie, die bei der Glucoseoxidation in Form der ATP frei wird, bedeutet die Anregung langsam relaxierender Freiheitsgrade, die der chemischen Umwandlung (8.3) entsprechen (das ATP-Molekül ist stabil, das System ATP + H_2O ist vom System ADP + H_3PO_4 durch eine hohe kinetische Barriere getrennt). Das wahre Problem besteht in dem speziellen Anregungsmechanismus langsam relaxierender Freiheitsgrade. Solche Mechanismen, die die Prozesse der innerzellulären Energietransformation bestimmen, werden im folgenden behandelt.

Einige Worte noch zur Verwendung der Begriffe „freie Energie“ und „Gesamtenergie“ bei der Analyse bioenergetischer Umwandlungen. Fast alle chemischen Prozesse in der belebten Zelle finden im heterogenen Milieu statt. Die der chemischen Umwandlung unterworfenen niedermolekularen Verbindungen oder aktiven Biopolymergruppen sind in hohem Maße ihrer Bewegungsfreiheit beraubt, weil sie durch Makromoleküle oder Membranstrukturen mehr oder weniger fest fixiert sind. Darum muß man bei der Untersuchung von Einzelheiten spezieller Mechanismen und ihrer Energetik einzelne Makromoleküle oder die makromolekularen Komplexe als statistische Systeme annehmen, die verschiedenen Konformationen und Konfigurationen dagegen als Zustände bezeichnen (wie auch in Kapitel 4. bei der Behandlung der statistischen Thermodynamik von Biopolymeren). Da in der Regel die Energieumwandlung in einzelnen elementaren innerzellulären Prozessen durch die Bewegung des Systems unter Beteiligung langsam relaxierender mechanischer Freiheitsgrade erfolgt, muß man in diesen Fällen den Begriff der Gesamtenergie des Systems benutzen, wobei man in diese Energie die als Parameter gegebenen Wechselwirkungsenergien mit dem Milieu einschließt.

Bei der Behandlung der gesamten chemischen Umwandlung folgt unter der Annahme, daß die Ausgangsstoffe und Endprodukte der Reaktion (oder Reaktionsgruppen) sich unter gleichen Bedingungen befinden, daß man die Begriffe und Formeln der Gleichgewichtsthermodynamik verwenden kann.

---

[1]) Diese Fragen wurden ausführlich in den Arbeiten von McClare [384, 385] behandelt. Er betont den Unterschied der „gespeicherten“ (stored) Energie gegenüber der, die als Wärme dissipiert wird. McClare stellt jedoch umsonst eine besondere Klasse „molekularer Maschinen“ heraus, in denen als Energiespeicher und Energieüberträger einzelne Moleküle dienen. Wir können leicht feststellen, daß zwischen molekularen und gewöhnlichen Maschinen keine prinzipiellen Unterschiede vorhanden sind.

8.3. Substratphosphorylierung

ATP kann man als den wichtigsten Energieakkumulator in der Zelle bezeichnen. Damit lassen sich die physikalischen Probleme der Bioenergetik gewissermaßen auf das Problem des Synthesemechanismus von ATP aus ADP und Phosphat zurückführen. Praktisch kann man alle Prozesse, durch die in der Zelle ATP gebildet wird, wie folgt schematisch darstellen

$$A_{ox} + B_{red} + ADP + P_a \rightarrow A_{red} + B_{ox} + ATP + H_2O. \qquad (8.15)$$

Es muß noch einmal unterstrichen werden, daß diese Schreibweise nur ein Schema eines „Brutto-Prozesses" darstellt und keine Gleichung der tatsächlich ablaufenden elementaren chemischen Reaktionen ist. Es ist gebräuchlich, (8.15) in Form zweier gekoppelter Reaktionen darzustellen [136]:

$$\begin{array}{lcl} A_{ox} + B_{red} & \searrow\!\nearrow & ATP + H_2O \\ A_{red} + B_{ox} & \swarrow\!\nwarrow & ADP + P_a \end{array} . \qquad (8.16)$$

Der Sinn dieser Schreibweise besteht darin, daß der Prozeß (8.15) in zwei Prozesse unterteilt wird, der eine ist ein Redoxprozeß und mit einer Senkung der Energie verbunden, der zweite dagegen ist ein Kondensationsprozeß, der mit einer Erhöhung der Energie des Systems verbunden ist. Eine solche Unterteilung in zwei Stadien setzt voraus, daß die Redoxreaktion mit einer Säure-Basen-Reaktion gekoppelt ist und letztere thermodynamisch möglich macht. Das Schema (8.16) stellt nicht nur eine spezielle Schreibweise dar. Der Sachverhalt besteht darin, daß die zwei Prozesse, aus denen (8.16) besteht, gehemmt werden können, d. h. man kann den Redoxprozeß durchführen, ohne daß ATP gebildet wird. In diesem Fall wird die im Verlauf der Redoxreaktion freiwerdende Energie in Form von Wärme dissipiert. Gewöhnlich geht man davon aus, daß zwischen dem Redoxstadium und der Synthese ein zusätzlicher Prozeß die Bildung einer „primären energiereichen Verbindung" erfolgt [136]. Letzterer soll auch die Kopplung der zwei Stadien in (8.16) ermöglichen; die Reaktion schreibt man deshalb in folgender Form:

$$\begin{array}{lclcl} A_{ox} + B_{red} & \searrow\!\nearrow & X\!\sim & \searrow\!\nearrow & ATP + H_2O \\ A_{red} + B_{ox} & \swarrow\!\nwarrow & X & \swarrow\!\nwarrow & ADP + P_a \end{array} . \qquad (8.17)$$

Das Symbol X kann hier eine chemische Verbindung darstellen, die sich in eine Form mit erhöhter freier Energie umwandeln kann ($X \rightarrow X\sim$), z. B. durch Umgruppierung oder Bildung neuer chemischer Bindungen. Dieses Symbol kann aber auch eine Membran darstellen, die in einen neuen Spannungszustand übergeht (z. B. durch einen Konformationsübergang oder durch die Ausbildung einer Differenz der Wasserstoffionenkonzentrationen auf beiden Seiten der Membran).

Wie in (8.1) bereits erwähnt, gibt es zwei grundlegende Typen von Prozessen, bei denen ATP synthetisiert wird: Die Membranphosphorylierung und die Substratphosphorylierung. Der zweite Prozeß wird durch isolierte hauptsächlich glykolytische Enzyme gesteuert, die Membranphosphorylierung dagegen erfolgt in organisierten polyenzymatischen Membranstrukturen (ETK) von Mitochondrien (oxidative Phosphorylierung) und Chloroplasten (photosynthetische Phosphorylierung). Im vorliegenden Abschnitt wird die Substratphosphorylierung behandelt.

Als Beispiel behandeln wir die Oxidationsreaktion des 3-Phosphoglycerinaldehydmit NAD^+ als Coenzym. die durch das Enzym Phosphoglycerinaldehyd-Dehydrogenase katalysiert wird (im weiteren werden wir der Kürze halber dieses Enzym nur noch mit E_1 bezeichnen). In Anwesenheit eines anderen Enzyms, der Phosphoglycerat-Kinase (E_2), erfolgt im Zusammenhang mit diesem Prozeß die ATP-Synthese. Ausgehend vom Schema (8.16) kann man den Gesamtprozeß wie folgt darstellen:

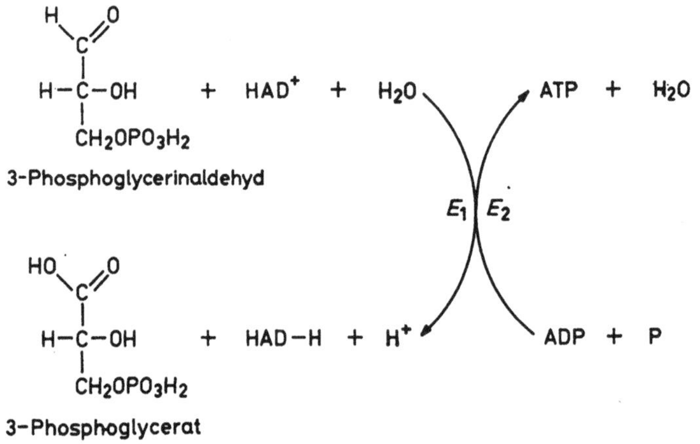

(8.18)

Dieser komplizierte Gesamtprozeß durchläuft eine Reihe von Stufen. Um seinen physikalischen Sinn zu verstehen, muß man die einzelnen Stufen untersuchen. Eine ausführliche Beschreibung des experimentellen Materials mit Literaturhinweisen auf die entsprechenden Originalarbeiten findet man in der hervorragenden Monographie von Racker [130].

Das Coenzym NAD^+ bildet einen festen Komplex mit dem Enzym E_1 (wahrscheinlich über das Schwefelatom einer essentiellen SH-Gruppe des Proteins):

$$E_1SH + NAD^+ \rightarrow E_1{-}S{-}NAD + H^+ \qquad (8.19)$$

Das Substrat (3-Phosphoglycerinaldehyd) tritt mit dem Komplex in Wechselwirkung, reduziert NAD^+ und substituiert NAD-H, wobei sich eine chemische Verbindung mit dem Enzym bildet (Acylenzym)

$$H{-}\underset{\displaystyle CH_2OPO_3H_2}{\overset{\displaystyle HC{=}O}{C}}{-}OH + E_1{-}S{-}NAD \rightarrow E_1{-}S \sim \overset{\displaystyle O}{\overset{\|}{C}}{-}\underset{\displaystyle OH}{\overset{\displaystyle H}{C}}{-}CH_2OPO_3H_2 + NAD{-}H. \qquad (8.20)$$

Im Acylenzym ist das Substrat bereits oxidiert. Im wäßrigen Milieu wird das Acylenzym langsam hydrolysiert, wobei sich eines der Endprodukte der Reaktion (8.18), das 3-Phosphoglycerat bildet. Das Enzym dagegen regeneriert sich:

$$\begin{aligned} &E_1{-}S \sim \overset{\displaystyle O}{\overset{\|}{C}} - \underset{\displaystyle OH}{\overset{\displaystyle H}{C}} - CH_2OPO_3H_2 + H_2O \\ &\rightarrow E_1{-}S{-}H + HO{-}\overset{\displaystyle O}{\overset{\|}{C}}{-}\underset{\displaystyle OH}{\overset{\displaystyle H}{C}}{-}CH_2OPO_3H_2. \end{aligned} \qquad (8.21)$$

In diesem Fall wird die Energie dissipiert, die im Ergebnis der Oxidation des Substrats durch das Coenzym in Form von Wärme frei wird. Die Hydrolyse des Acylenzyms geht jedoch unwahrscheinlich langsam vor sich und deshalb findet die Oxidation des 3-Phosphoglycerinaldehyd bei katalytischen Enzymmengen praktisch nicht statt. Um unter solchen künstlichen Bedingungen die Reaktion (8.20) mit großer Ausbeute durchzuführen, benötigt man hohe Konzentrationen des Enzyms E_1, das dann nicht die Rolle eines Katalysators, sondern die eines Reaktionspartners spielt. In Anwesenheit von anorganischem Phosphat vergrößert sich die Wechselzahl des Enzyms um mehr als den Faktor 150000. Die Reaktion (8.20) läuft dann auf folgende Weise ab:

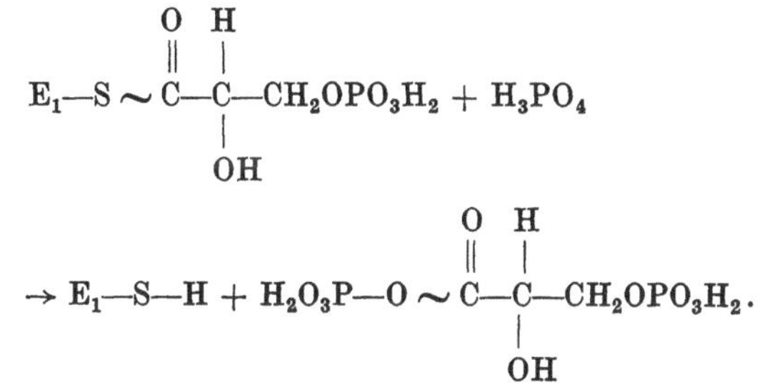

(8.22)

Dabei wird das Enzym regeneriert und es bildet sich das 1,3-Diphosphoglycerat mit einer energiereichen Phosphorsäureesterbindung (eine energiereiche Verbindung vom Typ eines gemischten Säureanhydrids) in der Position 1. Somit ist die bei der Substratoxidation freigewordene Energie im 1,3-Diphosphoglycerat lokalisiert. Das nächste Stadium, das den Prozeß beendet, ist die Übertragung der energiereichen Bindung auf das ADP unter Bildung von 3-Diphosphoglycerat. Dieser Prozeß wird durch das Enzym Phosphoglyceratkinase katalysiert:

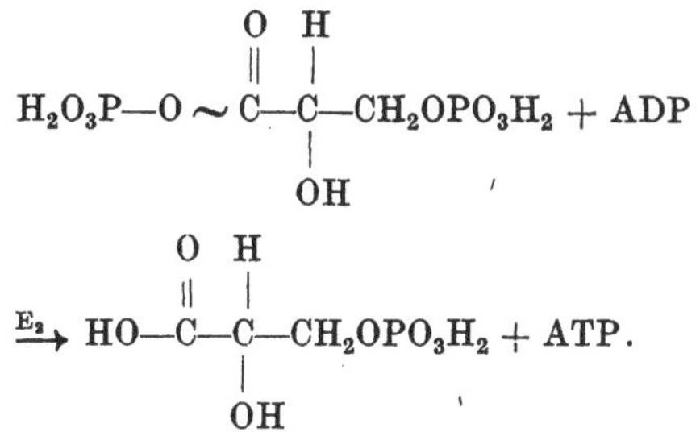

(8.23)

Natürlich entspricht die algebraische Summe der Reaktionen (8.19), (8.20), (8.22) und (8.23) dem Prozeß (8.18).

So gesehen entstand die energiereiche Phosphorsäureester-Bindung (bei Abwesenheit von E_2) schon mit der Bildung des kinetisch stabilen 1,3-Diphosphoglycerat. Die letzte Stufe des Prozesses der Reaktion (8.23), ist die Übertragung dieser Bindung auf das ADP. Wir beschränken uns deshalb auf die Untersuchung des Prozesses bis einschließlich der Stufe (8.22)[1]).

Oben wurde bereits erwähnt, daß sich das Enzym E_1 bei Abwesenheit von organischem Phosphat wie ein Reagens und nicht wie ein Katalysator verhält. Der Komplex von E_1

---

[1]) Das bedeutet nicht, daß der physikalische Austauschmechanismus einer energiereichen Bindung gegen eine andere in (8.23) völlig geklärt ist. Bei seiner Untersuchung entstehen einfach keine neuen Probleme, die man bei der Diskussion der vorangegangenen Stadien nicht analysieren könnte.

mit NAD tritt mit dem Substrat in Wechselwirkung und bildet dabei das Acylenzym und NAD-H (Reaktion (8.20)). Bei der langsam ablaufenden Hydrolyse des Acylenzyms handelt es sich faktisch um die Reaktion, die die Prozesse der Oxidation und Phosphorylierung des 3-Phosphoglycerinaldehyd entkoppelt. Aus dem Gesagten wird deutlich, daß es sich bei dem Acylenzym im Prinzip um eine energiereiche Verbindung handelt. Die Acylierung des Enzyms E_1 in wäßrigem Milieu ist thermodynamisch ungünstig, die Hydrolyse des Acylenzyms dagegen führt zur Senkung der freien Energie des Systems, wobei der Überschuß in Form von Wärme dissipiert wird. Das bedeutet, daß die Bildung der $S\sim\overset{\overset{\displaystyle O}{|}}{C}$-Bindung im Verlauf der Reaktion (8.20) (wenn kein Phosphat vorhanden ist) energetisch ungünstig ist und nur deshalb erfolgt, weil *gleichzeitig* ein anderer energetisch günstiger Prozeß — die Oxidation des NAD — realisiert wird. Das Wort „gleichzeitig" ist nicht zufällig hervorgehoben. Weiter unten versuchen wir zu konkretisieren, welchen Sinn man in diesem Fall in den Begriff der Gleichzeitigkeit hineininterpretiert.

Der konkrete Mechanismus der Substratphosphorylierung bei der Wechselwirkung des Acylenzyms mit anorganischem Phosphat (Reaktion (8.22)) ist nicht völlig geklärt. Es ist bekannt (s. [130]), daß das Phosphat mit dem Enzym E_1 ebenfalls einen Komplex bildet. Letzterer stellt ein „zweiköpfiges" Enzym mit zwei aktiven Zentren dar; eines der Zentren ist verantwortlich für die Phosphatübertragung, das andere dagegen für die Acylierung. Es ist sehr wahrscheinlich, daß die Wechselwirkung des Substrats mit dem Enzym und dem Phosphat in einem Akt erfolgt, und daß das Acylenzym in Anwesenheit von Phosphat bei normaler Funktion nicht als kinetisch unabhängige Einheit existiert. Wie auch der konkrete Mechanismus aussehen mag, es ist völlig klar, daß die Bildung der Phosphorsäureesterbindung in der Position 1 (s. (8.22)) in wäßrigem Milieu energetisch ungünstig ist. Sie erfolgt entweder auf Kosten der *gleichzeitig* ablaufenden thermodynamisch günstigen Reduktion des NAD oder durch die Phosphorylierung der schon gebildeten kinetisch stabilisierten energiereichen Verbindung (des Acylenzyms). In allen Fällen muß es sich bei einer Stufe des Prozesses um einen elementaren Akt handeln, bei dem *gleichzeitig* ein thermodynamisch günstiger (hier die Reduktion des NAD) und ein thermodynamisch ungünstiger Prozeß (hier die Acylierung von E_1 oder die Phosphorylierung von 3-Phosphoglycerinaldehyd) erfolgt. Im gegebenen Fall bedeutet „gleichzeitig", daß die Zeitdifferenz zwischen den beiden elementaren Prozessen so gering ist, daß die Energie, die im Verlauf des exergonischen Prozesses frei wird, nicht in Form von Wärme dissipiert werden kann. Dann kann man behaupten, daß beide Prozesse im Prinzip einen elementaren Akt darstellen (oder daß — im Rahmen der Theorie der absoluten Reaktionsgeschwindigkeiten — ein aktivierter Komplex vorhanden ist). Im Fall der gewöhnlichen Reaktionen niedermolekularer Verbindungen handelt es sich um Zeiten der Schwingungs- und Rotationsrelaxation, d. h. um Zeiten der Größenordnung 10^{-11}—10^{-13} sec. Wenn diese Zeitkriterien richtig gewählt wurden, besteht eine sehr geringe Wahrscheinlichkeit, daß ein so komplizierter Prozeß, an dem drei niedermolekulare Verbindungen und wenigstens zwei verschiedene Gruppen in zwei aktiven Zentren des Proteinmakromoleküls beteiligt sind, wirklich in einem Akt ablaufen kann.

Das Problem des physikalischen Mechanismus der energetischen Kopplung chemischer Reaktionen, ist eines der zentralen Probleme der Bioenergetik. Wir werden einen der möglichen Lösungswege behandeln.[1])

[1]) Ausführliche Diskussionen zu diesem Problem s. [550].

In Kapitel 6. wurde bei der Behandlung der Physik der Enzymkatalyse eine neue Konzeption des Elementaraktes bei enzymatisch-katalytischen Reaktionen vorgestellt. Entsprechend dieser Konzeption führt die Bindung des Substrats an das aktive Zentrum des Enzyms zur Entstehung eines neuen kinetisch erreichbaren Konformationszustandes des Makromoleküls.

Die Ausgangskonformation wird angeregt und relaxiert langsam in den neuen Zustand. Im Verlauf der Relaxation wird die katalysierte chemische Umwandlung realisiert. Diese langsame Konformationsänderung ist im Prinzip eine mechanische Bewegung. Wenn die chemische Umwandlung des Substrats mit einer bedeutenden Energiesenkung verbunden ist (wie z. B. beim Prozeß der Oxidation des 3-Phosphoglycerinaldehyd und der Reduktion des NAD), kann man davon ausgehen, daß die Energiefreisetzung hauptsächlich im Verlauf dieser langsamen Konformationsrelaxation erfolgt. Nach der Bindung des Substrats an das Enzym wird die unveränderliche mechanisch angeregte Ausgangskonformation des makromolekularen Komplexes zur primären energiereichen Verbindung. Die Zeit, in der diese Energie für die Durchführung eines endergonischen Prozesses genutzt werden kann, d. h. die Dauer des Elementaraktes ist mit der Relaxationszeit der mechanischen Freiheitsgrade vergleichbar, die durch die Kopplung des Substrats angeregt werden (10^{-5} — 10^{-1} sec).

Wenn im Verlauf der Konformationsänderung, die den ganzen makromolekularen Komplex erfaßt, eine Änderung der Elektronendichteverteilung im aktiven Zentrum erfolgt, die zu einem endergonischen Prozeß führt, wobei diese Änderung die Realisierung einer endergonischen Reaktion erleichtert, erfolgen beide Prozesse — der endergonische und der exotherme — in einem Akt, obwohl sie voneinander zeitlich um einige zehn bis hundert Millisekunden getrennt sein können. Die Energieübertragung von einem Prozeß zum anderen erfolgt durch die Anregung der langsam relaxierenden mechanischen Freiheitsgrade des Makromolekülkomplexes. Im Abschnitt 8.6. werden die Einzelheiten des möglichen Mechanismus dieses Prozesses am Beispiel der Membranphosphorylierung untersucht.

8.4. Membranphosphorylierung: Thermodynamische Aspekte

Das wichtigste Beispiel der Membranphosphorylierung ist die oxidative Phosphorylierung, die in den inneren Membranen der Mitochondrien stattfindet und die photosynthetische Phosphorylierung (die Photophosphorylierung), die in den Membranen von Chloroplasten höherer Pflanzen und Algen und in den Chromatophoren photosynthetisierender Bakterien realisiert wird. Wir beginnen mit der Behandlung der wichtigsten experimentellen Fakten zur oxidativen Phosphorylierung in Mitochondrien. Wie bisher üblich beschränken wir uns auf die Darstellung der Fakten, die im weiteren für das Verständnis des Wesens der diskutierten physikalischen Probleme notwendig sind. Eine ausführliche Beschreibung der Struktur von Mitochondrien kann man in vielen Monographien und Übersichtsartikeln finden (s. z. B. [98, 130, 136]).

Die Entdeckung der oxidativen Phosphorylierung geht wahrscheinlich auf das Jahr 1930 zurück, als Engelhardt [288, 289] eine Verbindung zwischen Atmung und Phosphorstoffwechsel in Erythrozyten fand. Kalckar [342, 343] erhielt analoge Ergebnisse an zellfreien Präparaten. Belitser und Zybakov [3] entdeckten erstmalig stöchiometrische Beziehungen zwischen Atmung und Phosphorylierung. Diese wichtigen Untersuchungen wurden von Ochoa [411, 412] an zellfreien Präparaten weitergeführt. Das wichtigste Ergebnis der durchgeführten Arbeiten ist die Feststellung, daß die Oxidation eines Substratmoleküls (d. h. die Bildung eines Wassermoleküls durch die Reaktion $2\,H + {}^1/_2O_2 \rightarrow H_2O$) mit der Bildung von mehr als *einem* ATP-Molekül verbunden ist. Wir wissen jetzt, daß, wenn NAD-H als Substrat der ETK dient (s. Kap. 7) auf jedes absorbierte Sauerstoffatom in unbeschädigten „gekoppelten" Mitochondrien (d. h. auf jedes Elektronenpaar, das die ETK durchläuft) die Bildung von drei ATP-Molekülen kommt (mit anderen Worten, es gilt $P/O = 3$). Wenn Succinat als Substrat dient, gilt $P/O = 2$ und für den Fall der Substratphosphorylierung ist das entsprechende Verhältnis gleich Eins. Das bedeutet, daß die Elektronenübertragung entlang der ETK mit der Phosphorylierung des ADP an einigen Stellen der ETK (in sogenannten Kopplungspunkten) verknüpft ist.

Die Enzyme der ETK die für die Elektronenübertragung verantwortlich sind und die phosphorylierenden Enzyme, die für die Synthese der ATP aus ADP und Phosphat notwendig sind, sind in den Membranen der Mitochondrien vereint; sie gehören zur komplizierten Lipoproteinstruktur und lassen sich nur mit großer Schwierigkeit trennen.

Den Gesamtprozeß, der in gekoppelten ETK bei der Oxidation von NAD-H stattfindet, kann man in folgender Form schreiben

$$\text{NAD-H} + 3P_a + 3\text{ADP} + {}^1/_2O_2 + H^+ \rightarrow \text{NAD}^+ + 3\text{ATP} + H_2O. \quad (8.24)$$

Mit einem hinreichend großen Grad an Gewißheit kann man voraussetzen, daß die Phosphorylierung des ADP durch ein besonderes Enzym — die ATPase — realisiert wird. Dieses Enzym gehört nicht unmittelbar zur ETK, es ist aber in der Membran in unmittelbarer Nähe des Polyenzymsystems der ETK lokalisiert. Die mitochondriale ATP und die Proteinkomponenten, die für ihre Bindung mit den Komponenten der ETK notwendig sind (die sogenannten Kopplungsfaktoren) werden in vielen Arbeiten untersucht. Die Mehrzahl der chemischen Probleme jedoch, die sich auf die mitochondriale ATPase beziehen, sind bis heute ungelöst. Es gibt sogar verschiedene Standpunkte, ob es sich um verschiedene ATPasen handelt (für jeden Kopplungspunkt eine spezifische), oder ob ein und dasselbe Enzym alle Kopplungspunkte bedient. Wahrscheinlich kommt der letztere Standpunkt der Wirklichkeit am nächsten (s. [130]).

Man kann fünf Zustände der ETK von Mitochondrien unterscheiden [251, 258, 259, 260]. Im Zustand 1, der dann eintritt, wenn keine von außen zugeführten Substrate der Atmung und Phosphorylierung vorhanden sind, liegen die Transportpartikel der ETK teilweise reduziert vor. Die Zugabe von ADP (ein Substrat der Phosphorylierung) überführt die Mitochondrien in den Zustand 2, in dem alle Transportpartikel oxidiert und die Atmungsgeschwindigkeit nur durch die Menge des Oxidationssubstrats begrenzt wird. Wenn man jetzt ein Oxidationssubstrat hinzufügt, gehen die Mitochondrien in den aktiven Zustand 3 über, in dem die Transportpartikel wieder teilweise reduziert sind. Die Geschwindigkeit der Elektronenübertragung aber wird durch die Geschwindigkeit der durch die äußere Membran der Mitochondrien eindringenden Substrate und durch die Aktivität der phosphorylierenden Enzyme bestimmt. Wenn ein wesentlicher Teil des hinzugegebenen ADP verbraucht ist (d. h. im ATP umgewandelt), oder wenn speziell ein Überschuß von ATP hinzugegeben wurde, entsteht ein Zustand der Atmungskontrolle (oder Zustand 4), bei dem sich die Atmung wieder verlangsamt und ihre Geschwindigkeit durch das Verhältnis [ADP]/[ATP] bestimmt wird.

Durch Änderung dieses Zustands (z. B. durch Zugabe von ADP) kann man die Mitochondrien wieder aus dem Zustand 4 in den aktiven Zustand 3 überführen. Bei fehlendem O_2 befinden sich die Mitochondrien im Zustand 5, d. h. im anaeroben Zustand, bei dem alle Transportpartikel der ETK reduziert sind.
Diese von Chance vorgeschlagene Klassifizierung erwies sich als äußerst nützlich. Unter Verwendung der Befunde vom Übergang des Zustandes 4 in den Zustand 3 auf den Grad der Oxidation der einzelnen Transportpartikel an Hand der Einwirkung von Inhibitoren der Elektronenübertragung und Entkopplern der Phosphorylierung entwickelte Chance seine Hypothese von der Lokalisierung der einzelnen Kopplungspunkte der ETK, die sich bis heute nur wenig verändert hat. Die Frage nach den Orten der Kopplung wird weiter unten betrachtet.
Unter Berücksichtigung des oben Gesagten, wird offensichtlich, daß die Grundlage des biophysikalischen Problems, das bei der Untersuchung des Prozesses der oxidativen Phosphorylierung entsteht, die Frage nach dem Mechanismus der Bildung der primären energiereichen Bindung ist, die dann unter Beteiligung der ATPase ATP liefert. In diesem Sinne unterscheidet sich das Problem von dem der Substratphosphorylierung nur dadurch, daß die chemische Reaktion, die mit einer Energiesenkung verbunden ist, für die Schaffung der primären energiereichen Bindung genutzt wird und im gegebenen Fall in der Elektronenübertragung zwischen fixierten benachbarten Komponenten der ETK besteht.
Untersuchen wir zunächst den thermodynamischen Aspekt des Problems. Aus den obigen Ausführungen folgt, daß der Gesamtprozeß (8.24), der in gekoppelten Mitochondrien abläuft, in zwei Stufen unterteilt werden kann, wobei die exergonische Stufe

$$\text{NAD-H} + \text{H}^+ + {}^1/{}_2\text{O}_2 \rightleftharpoons \text{NAD}^+ + \text{H}_2\text{O} \tag{8.25}$$

durch die Übertragung von zwei Elektronen über die ETK vom NAD-H zum molekularen Sauerstoff realisiert wird. Man kann annehmen, daß die Ausgangsstoffe und Endprodukte der Stufe (8.25) zwischen dem Milieu und der ETK im Gleichgewicht sind. Deshalb darf man bei der Untersuchung des Gesamtprozesses die Formeln der Gleichgewichtsthermodynamik gesetzmäßig anwenden. Die Änderung der freien Energie ΔF in dieser Stufe entspricht der Differenz der Redoxpotentiale der Paare NAD-H/NAD$^+$ und O_2/H_2O und beträgt in den Zellen $\left(\frac{[\text{NAD-H}]}{[\text{NAD}^+]} \approx 1,\ P_{O_2} \approx 0{,}2\ \text{atm},\ \text{pH} \approx 7\right)$ [459]

$$\Delta F \approx -51\ \text{kcal/mol}. \tag{8.26}$$

Diese Energie kann für die Realisierung der verschiedensten endergonischen Prozesse genutzt werden, unter anderem auch für die Phosphorylierung. Auf jedes Mol synthetisierten ATPs können dabei 17 kcal/mol verwendet werden. Muraoka und Slater [407] zeigten, daß im Zustand der Atmungskontrolle (Zustand 4 nach der Klassifizierung von Chance) nach dem Erreichen eines bestimmten Wertes des Quotienten

$$\frac{[\text{ATP}]}{[\text{ADP}]\,[\text{P}_a]}$$

ein thermodynamisches Gleichgewicht zwischen dem gesamten Redoxprozeß und der Phosphorylierung in den Mitochondrien vorhanden ist. Man kann deshalb die freie Energie für die Synthese eines Mols ATP bestimmen, indem man im Milieu die Konzentrationen von ATP, ADP und P_a im Zustand 4 mißt:

$$\Delta F' = \Delta F^0_{\text{beob}} + 1{,}36 \lg \left(\frac{[\text{ATP}]}{[\text{ADP}][P_a]} \right). \tag{8.27}$$

Dabei ist ΔF^0_{beob} die freie Standard-Energie der ADP-Phosphorylierung. Entsprechend Tab. 8.1 erhalten wir bei 25 °C und physiologischen pH-Werten $\Delta F^0_{\text{beob}} \approx 8{,}0$ kcal/mol. Wenn man die Befunde der Arbeiten [265, 460] zu den ATP-, ADP- und P_a-Konzentrationen im Milieu im Zustand 4 verwendet, erhält man

$$\Delta F' \approx 8{,}0 + 6{,}5 = 14{,}5 \text{ kcal/mol}. \tag{8.28}$$

Somit werden von den zugänglichen 17 kcal/mol für die Synthese eines Mols ATP unmittelbar ca. 14,5 kcal/mol verbraucht. Die Gesamtreaktion der oxidativen Phosphorylierung (8.24) im Zustand der Atmungskontrolle verläuft praktisch reversibel.

Erinnern wir uns jetzt daran (s. Kap. 7), daß die Elektronenübertragung in allen Bereichen der ETK wahrscheinlich nach einem Einelektronenmechanismus erfolgt. Aus diesem Grund ist für die Senkung der Energie der Elektronen beim Durchlaufen des Kopplungspunktes, was letzten Endes die Synthese eine ATP-Moleküls hervorruft, entweder das Abfallen des Redoxpotentials in diesem Punkt um mehr als 630 mV (wenn ein Akt einer Einelektronenübertragung zur Synthese eines ATP-Moleküls führt), oder um mehr als 315 mV (wenn zwei Akte der Einelektronenübertragung zur Synthese eines ATP-Moleküls führen)[1]) erforderlich. Im letzteren Fall muß ein Mechanismus der Energiespeicherung bestehen. Diese Energie wird dann durch zwei aufeinanderfolgende Akte der Elektronenübertragung ohne Wärmeverluste freigesetzt. Anders ausgedrückt bedeutet das, daß — ganz gleich welcher Art die primären energiereichen Bindungen auch sein mögen — zur Realisierung der Synthese eines ATP-Moleküls wenigstens zwei vorhanden sein müssen.

Die Lage der Kopplungspunkte in der ETK wird nach neueren Vorstellungen durch Abb. 8.3 [242] illustriert. Der Kopplungspunkt I befindet sich zwischen der Transportpartikelgruppe (die mit dem Flavoproteid verknüpft ist, welches das NAD-H dehydriert) und dem Ubichinon UC. Der Kopplungspunkt II befindet sich in der Nähe des Cytochrom b_T (s. Abschnitt 7.3.) und der Punkt III steht mit dem Komplex der Cytochrome a_3, a und mit Kupferionen im Zusammenhang (s. auch [551]).

Die Differenz der Gleichgewichtswerte der Redoxpotentiale beliebiger Paare benachbarter Transportpartikel der ETK ist wesentlich geringer als 630 mV (sogar geringer als 315 mV) (s. z. B. [359]) (solche Potentiale müßten aber in den Kopplungspunkten realisiert sein). Dieses energetische Paradoxon stellt wahrscheinlich eines der zentralen Probleme der Membranphosphorylierung dar.

An dieser Stelle muß man vor allem herausfinden, in welchem Grade die Gleichgewichtswerte der Redoxpotentiale isolierter Transportpartikel bei der Analyse energetischer Merkmale der ETK Verwendung finden können. Es wäre völlig normal vorauszusetzen, daß die Redoxpotentiale der in die Membran eingebauten Transportpartikel der ETK sich von den entsprechenden Werten der isolierten Transportpartikel genügend stark unterscheiden. Man kann überdies voraussetzen, daß die Redoxpotentiale der Transport-

---

[1]) Hierbei wird vorausgesetzt, daß der Übergang von der primären energiereichen Bindung zum ATP ohne Energiedissipation erfolgt. Im entgegengesetzten Fall müßte die erforderliche Differenz der Redoxpotentiale noch größer sein.

partikel-Transformatoren[1]) wesentlich vom Zustand der Membran abhängen können, u. a., daß sie sich bei ihrer Aktivierung stark ändern. Im Zusammenhang damit ist auch folgende Voraussetzung zulässig: In einer so hoch organisierten Struktur wie den Membran-ETK, die Transportpartikel enthalten, unterscheidet sich die Differenz der Redoxpotentiale benachbarter Transportpartikel sehr wesentlich von der bei der

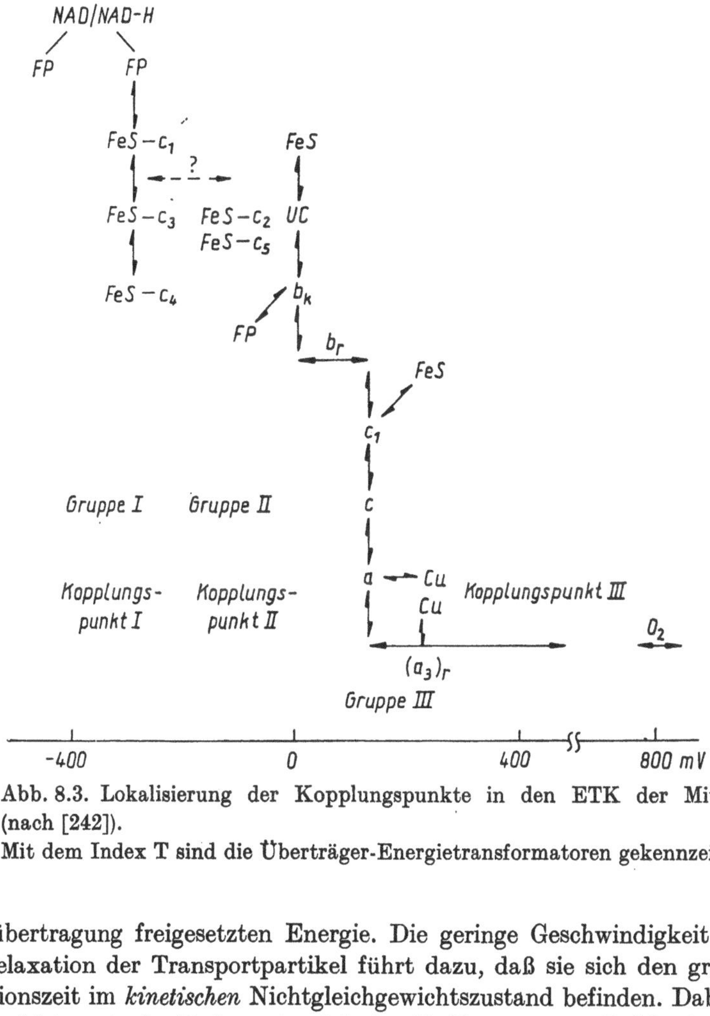

Abb. 8.3. Lokalisierung der Kopplungspunkte in den ETK der Mitochondrien (nach [242]).
Mit dem Index T sind die Überträger-Energietransformatoren gekennzeichnet.

Elektronenübertragung freigesetzten Energie. Die geringe Geschwindigkeit der Konformationsrelaxation der Transportpartikel führt dazu, daß sie sich den größten Teil ihrer Funktionszeit im *kinetischen* Nichtgleichgewichtszustand befinden. Dabei können die Gleichgewichtswerte der Redoxpotentiale für die Transportpartikel in der Membran fast genauso erhalten bleiben, wie bei isolierten Transportpartikeln. Der letzte Befund stimmt mit der Beobachtung überein, daß die Elektronenabsorptionsspektren der Transportpartikel in der Membran und in isolierten Transportpartikeln sich relativ wenig voneinander unterscheiden. Um zwischen den beiden oben angeführten möglichen Lösungen des energetischen Paradoxons auswählen zu können, muß man die Meßergebnisse der Redoxpotentiale einzelner Transportpartikel der ETK mit denen ver-

[1]) Das sind Transportpartikel, deren Redoxumwandlungen direkt zur Bildung der primären energiereichen Bindung führen.

gleichen, die direkt in den Membranen der Mitochondrien gemessen wurden. Solche Messungen wurden von Wilson und Dutton durchgeführt [488, 489]. Die Redoxpotentiale des Milieus fanden sie durch die Wahl der Puffermenge des Oxidationsmittels und des Reduktionsmittels, aber als Mediatoren benutzten sie N,N,N',N'-Tetramethyl-p-phenylendiamin (TMPD) bzw. Phenazinmetasulfat (MPS). Die Konzentrationsverhältnisse der oxidierten und reduzierten Formen der Transportpartikel (Cytochrome) wurden spektrophotometrisch bestimmt. Auf diese Weise wurden die Kopplungspunkte II und III untersucht.

Es konnte gefunden werden, daß sich im Kopplungspunkt II zwei Komponenten des Cytochrom b (b_K und b_T genannt) [261] bei Aktivierung oder Entkopplung der Mitochondrien unterschiedlich verhalten. Die kinetischen Unterschiede wurden bereits diskutiert (s. Abschnitt 7.3.). In entkoppelten oder nichtaktivierten Mitochondrien erhält man für die nach der oben beschriebenen Weise gemessenen Redoxpotentiale der Cytochrome b_K und b_T +20 mV bzw. −35 mV, d. h. etwa gleiche Werte. Bei der Aktivierung durch Zugabe von ATP bleibt das Redoxpotential des Cytochrom b_K unverändert, das Redoxpotential der Komponente b_T wächst dagegen um ca. 275 mV und erreicht damit einen Wert von +240 mV. Auf der Grundlage dieser Befunde wurde die Behauptung vom Vorhandensein zweier Formen des Cytochrom b_T aufgestellt: Die eine mit niedrigem Potential und eine andere mit hohem Potential, in die die erste Form bei der Aktivierung der Mitochondrien übergeht. Die Form des Cytochrom b_T mit hohem Potential ist auch entsprechend diesen Anschauungen die primäre energiereiche Verbindung im Kopplungspunkt II und man kann sie mit $b_T\sim$ bezeichnen. Die Änderung des Redoxpotentialwertes des Cytochrom b_T bei der Aktivierung entspricht auch der Energiemenge, die man für die Synthese der primären energiereichen chemischen Verbindung (und danach ATP) bei der Übertragung eines Elektrons durch den Kopplungspunkt II ausnutzen kann. In der Arbeit [242] schlug Chance einen konkreten Umwandlungszyklus des Cytochrom b_T vor. In diesem Zyklus macht die Transportpartikel aufeinanderfolgende Übergänge zwischen allen vier möglichen Formen durch (b_T^{3+}, b_T^{2+}, $b_T^{3+}\sim$ und $b_T^{2+}\sim$). Aus den oben angeführten Befunden wird deutlich, daß in diesem Fall für die ATP-Synthese entweder die parallele oder die aufeinanderfolgende Übertragung zweier Elektronen durch den Kopplungspunkt II notwendig ist[1]). Analoge Vorstellungen werden in den Arbeiten [224, 279, 436] entwickelt.

Im Kopplungspunkt III wurde auf ähnliche Weise die Abhängigkeit der Redoxpotentiale der Cytochrome a_3 und a von der Aktivierung der Mitochondrien untersucht [488]. Es zeigte sich, daß der Standardwert des Redoxpotentials des Cytochrom a_3 sich bei der Aktivierung der Mitochondrien nach der Zugabe von ATP von 395 mV auf 300 mV bis 290 mV senkt. Entkoppler löschen diesen Effekt. Der Standardwert des Redoxpotentials des Cytochrom a (+190 mV) ändert sich unter ATP-Einfluß nicht. Chance und Erecinska [247] entwickelten auf der Grundlage dieser Befunde ein Schema zur Energieumwandlung und zur Bildung einer primären energiereichen chemischen Verbindung im Punkt III. Die primäre energiereiche Verbindung stellt in diesem Fall die Form des Cytochrom a_3 mit dem niedrigeren Potential dar (mit einem Redoxpotential von ca. +300 mV). Die geringe Größe der Redoxpotentialänderung bei der Aktivierung macht eine solche Interpretation der Ergebnisse von [488, 489] nicht sehr glaubhaft (die Änderung der freien Energie des Systems beim Ablauf des Redoxprozesses im

---

[1]) Genau genommen reicht sogar in diesem Falle die Gesamtenergie (rund 0,55 eV) nicht ganz für die Synthese eines ATP-Moleküls aus (ca. 0,63 eV).

Punkt III ist etwa sechsmal kleiner als die Größe, die für die Synthese eines ATP-Moleküls notwendig ist).

Die oben angeführte Interpretation der Befunde von WILSON und DUTTON wird unter Einbeziehung der später von CASWELL erhaltenen Ergebnisse noch zweifelhafter [240]. Dieser verwies darauf, daß der Redoxmediator TMPD, der bei den Messungen von WILSON und DUTTON verwendet wurde, in den Mitochondrienmembranen uneingeschränkt nur mit Cytochrom c wechselwirkt. Mit Cytochrom b zeigt er eine sehr geringe Wechselwirkung und gar keine mit den Cytochromen a und a_3 (s. [477]). Nehmen wir an, daß der Mediator, der die Verbindung zwischen den Redoxprozessen im Milieu und den Redoxreaktionen der Transportpartikel der ETK der Mitochondrien realisiert, nur mit Cytochrom c in Wechselwirkung steht, und daß der Elektronentransport in der ETK vernachlässigbar klein ist (in den Versuchen von WILSON und DUTTON fanden Inhibitoren Verwendung). Nachfolgend ist das Schema des entsprechenden Bereichs der ETK dargestellt:

$$\begin{array}{c} b_T \rightleftharpoons c_1 \rightleftharpoons c \rightleftharpoons a \rightleftharpoons a_3 \\ \updownarrow \\ \mathrm{M} \\ \text{(Mediator)} \end{array}$$

Wenn zwischen Cytochrom c und den Cytochromen b_T und a_3 wenigstens ein Kopplungspunkt existiert, ist das Konzentrationsverhältnis der oxidierten und reduzierten Formen dieser Cytochrome bei gegebenen Redoxpotentialen des Milieus keine eindeutige Funktion der Normalredoxpotentiale. Zwischen dem Elektronentransport durch den Kopplungspunkt der ATP-Synthese möge sich ein Gleichgewicht einstellen (bei einem stöchiometrischen Verhältnis von zwei Elektronen pro ATP-Molekül); dann müssen für die Kopplungspunkte II und III folgende Gleichungen gelten

$$K_{II} = \frac{[b_T^{ox}]^2 \, [TMPD^{red}]^2 \, [ATP]}{[b_T^{red}]^2 \, [TMPD^{ox}]^2 \cdot [ADP] \, [P_a]} \tag{8.29}$$

$$K_{III} = \frac{[a_3^{red}]^2 \, [TMPD^{ox}]^2 \, [ATP]}{[a_3^{ox}]^2 \, [TMPD^{red}]^2 \, [ADP][P_a]} . \tag{8.30}$$

Die gemessenen Verhältnisse $\frac{[a_3^{ox}]}{[a_3^{red}]}$ und $\frac{[b_T^{ox}]}{[b_T^{red}]}$ ändern sich in gekoppelten Mitochondrien unter Zugabe von ATP entsprechend den Gleichungen (8.29) und (8.30), nicht aber in Abhängigkeit von der Änderung des Zustandes und der Normalredoxpotentiale der Transportpartikel. Indem er Mediatoren auswählte, die unmittelbar mit dem Cytochrom b reagieren (Vitamin K_5 und 2,6-Dichlorphenolindophenol) wies CASWELL nach, daß das gemessene Normalpotential des Cytochrom b in Mitochondrien +75 mV beträgt und sich bei der Aktivierung unter Einfluß von ATP und bei Zugabe von Entkopplern nicht ändert. Somit ist in aktivierten Mitochondrien keine besondere Gleichgewichtsform des Cytochrom b mit hohem Potential für den gegebenen Zustand der Mitochondrienmembran vorhanden. Im wesentlichen reduziert sich das Problem auf folgendes. Wenn man mit Hilfe eines Mediators, der direkt mit der Transportpartikel reagiert, bei gegebenem Redoxpotential des Milieus das Konzentrationsverhältnis der oxidierten und reduzierten Form der Transportpartikel mißt, so gleicht dieses dem

Geschwindigkeitsverhältnis der Reduktion und Oxidation der Transportpartikel und entspricht dem wahren Redoxgleichgewicht. Im Fall des Mediators, der mit einer anderen Transportpartikel direkt reagiert und der von der uns interessierenden Transportpartikel, bzw. vom Kopplungspunkt entfernt ist, wird die Reduktions- oder Oxidationsgeschwindigkeit durch den langsamen Prozeß der Synthese oder Hydrolyse der energiereichen Verbindung begrenzt. Deshalb entspricht dieser Fall nicht dem wahren Redoxgleichgewicht der Transportpartikel, obwohl das gemessene Konzentrationsverhältnis auch dem Geschwindigkeitsverhältnis der Reduktion und Oxidation gleicht.
Dazu sei noch eine Bemerkung gestattet. Das Konzentrationsverhältnis der oxidierten und reduzierten Formen der Transportpartikel wird in diesen Experimenten spektrophotometrisch gemessen, d. h. es wird hauptsächlich der Redoxzustand der prosthetischen Gruppe bestimmt. Wie wir jedoch in Kapitel 5 sahen, können Oxidation und Reduktion der Cytochrome mit wesentlichen Konformationsänderungen verbunden sein, die in der Regel langsamer sind, als die Änderungen der prosthetischen Gruppe. Somit müssen die gemessenen Konzentrationsverhältnisse nicht dem Gleichgewichtsverhältnis der ausrelaxierten oxidierten und reduzierten Formen entsprechen. Wir werden noch sehen (s. Abschnitt 8.6.), daß bei einer solchen Meßmethode gerade die Geschwindigkeit der Konformationsänderung zum entscheidenden Faktor, der die Änderung des Redoxzustandes der Transportpartikel bei der Aktivierung der Membran (und folglich, den gemessenen Sprung der „freien Energie“) bestimmt, werden kann. Nur bei unendlich langsamer Umwandlung werden die gemessenen Größen streng der Energie entsprechen, die bei der Elektronenübertragung frei wird und für die Verwendung bei der ATP-Synthese zugänglich ist. In allen anderen Fällen muß man niedrigere Werte erhalten. Entweder sind die mit gewöhnlichen Methoden gemessenen Normalwerte der Redoxpotentiale der Transportpartikel in den ETK keine Normalredoxpotentiale im strengen Sinne des Wortes und ihre Änderungen bei der Aktivierung sind immer geringer als die wahren Energieänderungen des Systems, oder aber es handelt sich um Gleichgewichtswerte (bei Messungen nach der Methode von Caswell) und ihre Differenz für benachbarte Transportpartikel entspricht nicht den wirklichen Energieänderungen bei der Elektronenübertragung in der im Nichtgleichgewicht befindlichen gekoppelten Membran.
In den letzten Jahren steigt die Zahl der Arbeiten auf dem Gebiet der Photophosphorylierung in photosynthetisierenden Systemen, aber bis heute sind die Kopplungspunkte in den ETK der Chloroplasten und Chromatophoren nicht genau aufgeklärt. Wahrscheinlich kann man als bewiesen ansehen, daß es sich bei der Photophosphorylierung im Wesentlichen um einen Prozeß des Dunkelstadiums handelt, der mit den Prozessen der Elektronenübertragung zwischen fixierten Transportpartikeln in der ETK der Chromatophoren und Chloroplasten gekoppelt ist (s. Abschnitt 7.3.). Joliot und Mitarbeiter [337], die den Wert der Gleichgewichtskonstanten des Dunkelstadiums für Prozesse der Elektronenübertragung zwischen den aktiven Zentren der Photosysteme I und II von Chloroplasten grüner Pflanzen und Chlorella untersuchten, stellten fest, daß diese Konstante sehr klein und von der Anwesenheit von Entkopplern und ATP unabhängig ist. Daraus schlossen sie, daß die Elektronenübertragung zwischen den zwei Photosystemen nicht mit der Phosphorylierung gekoppelt ist, die wahrscheinlich auf irgendeine Weise direkt auf Kosten des absorbierten Lichtquants energiemäßig realisiert wird.
Wir haben schon gesehen, daß sogenannte thermodynamische Gleichgewichtsmerkmale, die bei der Untersuchung in der Membran fixierter Zentren und Transportpartikel erhalten werden, gewöhnlich keine Beziehung zu dem real ablaufenden Prozeß haben.

Eine allgemeine Betrachtung zur Frage nach der Anzahl und dem Charakter der Kopplungspunkte bei nichtzyklischer Elektronenübertragung findet man in der Übersicht [127]. Schon im Jahre 1965 wiesen Avron und Chance überzeugend nach, daß sich wenigstens ein Kopplungspunkt in der ETK zwischen den beiden Photosystemen in den Chloroplasten befindet, und zwar liegt dieser auf dem Weg bis zum Cytochrom f [204]. Ebenfalls sehr interessante Befunde wurden von Racker und Mitarbeitern 1970 publiziert [316]. Die Autoren erhielten subchloroplastische Partikel, die in der Lage

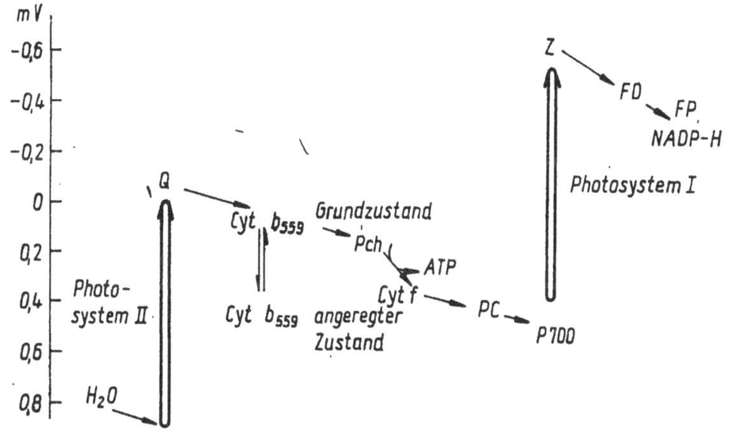

8.4. Lokalisierung der Phosphorylierung in nichtzyklischen ETK von Chloroplasten (nach [230]).

waren, NADP zu photoreduzieren und die zyklische Photophosphorylierung auszuführen. Sie zeigten, daß in diesen Partikeln (die hauptsächlich das Photosystem I enthalten) die zyklische Elektronenübertragung für die zyklische Phosphorylierung nicht ausreicht, sondern daß es notwendig ist, eine bestimmte „Elektronenmenge" von außen zuzuführen, indem man speziell ein exogenes Reduktionsmittel hinzugibt. Es wäre denkbar, daß in intakten Chloroplasten die Funktion des äußeren Elektronendonators für die zyklische Phosphorylierung vom Photosystem II übernommen wird. Tatsächlich wurde schon längst nachgewiesen [331], daß der Inhibitor Dichlormethylharnstoff die Elektronenübertragung zwischen den beiden Photosystemen ebenso blockiert, wie er auch die zyklische Phosphorylierung inhibiert. Auf jeden Fall kann man die Befunde der Arbeit [316] als Hinweis für die Notwendigkeit der parallelen Übertragung von zwei Elektronen für die Bildung einer primären energiereichen Bindung interpretieren (ausführlich Abschnitt 8.5.). Zu bemerken ist, daß die Autoren der Arbeit [316] zu dem Schluß kommen, daß der Kopplungspunkt bei der zyklischen Photophosphorylierung zwischen dem P 700 und dem Cytochrom b_6 liegt (das Cytochrom b_6 schließt im Schema obiger Autoren den Zyklus über das Cytochrom f, Plastocyanin (PC) und das unmittelbar reduzierende (P 700)$^+$. Bei der nichtzyklischen Photophosphorylierung befindet sich der Kopplungspunkt zwischen dem Plastochinon (PCh) und dem Cytochrom f. Zu der gleichen Schlußfolgerung kamen Böhme und Cramer [230], die die Kinetik der Elektronenübertragung und der Phosphorylierung in Chloroplasten untersuchten. Nach ihren Befunden befinden sich das Cytochrom f und das PCh in der nichtzyklischen ETK nebeneinander (Abb. 8.4) und in gekoppelten Chloroplasten wird gerade die Elektronenübertragung vom Plastochinon zum Cytochrom f zum begrenzenden Schritt. Sie sind der Meinung, daß das der einzige Kopplungspunkt auf dem ganzen

Weg der nichtzyklischen Elektronenübertragung ist. Die Differenz der Standardwerte der Redoxpotentiale des Plastochinons und des Cytochrom f beträgt ca. 250 mV und beim Durchlaufen eines Elektrons oder sogar von zwei Elektronen durch den Kopplungspunkt reicht die Differenz nicht einmal für die Synthese eines ATP-Moleküls aus. Bei der nichtzyklischen Phosphorylierung beträgt die Anzahl der pro Elektronenpaar[1]) synthetisierten ATP-Moleküle fast zwei [329] und deshalb existiert offensichtlich noch ein Kopplungspunkt, oder der wirkliche Energieabfall eines Elektrons beim Übergang vom PCh zum Cytochrom f kommt dem Wert von 0,63 eV nahe und entspricht nicht der Differenz der Gleichgewichtswerte der Redoxpotentiale.

Bei der Untersuchung der Elektronenübertragung und Photophosphorylierung in Chloroplasten mit verschiedenen Elektronenakzeptoren kamen SAHA und andere [445] zu der Schlußfolgerung, daß in normal funktionierenden Chloroplasten das Verhältnis P : 2e gleich zwei ist (s. auch [434]) und daß zwei einzelne Kopplungspunkte vorhanden sind. Einer der Kopplungspunkte befindet sich aller Wahrscheinlichkeit nach zwischen dem Wasser und dem aktiven Zentrum des Photosystems II. Die gleiche Behauptung wurde schon früher in einer Arbeit geäußert [231]. Weil der Abfall der Standardwerte der Redoxpotentiale zwischen dem Wasser und dem aktiven Zentrum des Photosystems II wahrscheinlich 100 mV nicht übersteigt, bleibt die Thermodynamik des Prozesses im Rahmen der klassischen Vorstellungen unverständlich.

Somit sind die thermodynamischen Gesichtspunkte der Probleme der Photophosphorylierung in Chloroplasten und der oxidativen Phosphorylierung in Mitochondrien sehr ähnlich. Wahrscheinlich sind in dem einen oder anderen Fall auch die Einzelheiten beider Mechanismen ähnlich (s. z. B. [433]).

Im vorliegenden Abschnitt wurde nur über die experimentellen Befunde gesprochen, die mit der Energetik des Gesamtprozesses der Membranphosphorylierung in Verbindung stehen. Das wichtigste Ergebnis der kinetischen Untersuchungen besteht darin, daß die Kopplung im Kopplungspunkt die Elektronenübertragung verlangsamt. Dies wurde im Abschnitt 7.3. genügend ausführlich behandelt. Natürlich hat die langjährige Untersuchung der Membranphosphorylierung in einer ganzen Reihe von Arbeitsgruppen verschiedener Länder zur Auffindung einer Menge anderer experimenteller Fakten und empirischer Gesetzmäßigkeiten geführt. Sie beziehen sich z. B. auf die Entstehung unterschiedlicher pH-Werte auf beiden Seiten der Membran, auf das Transmembran-Potential, auf den Einfluß verschiedener Entkoppler und Inhibitoren, usw. Es ist unmöglich alle diese Befunde ausführlich darzulegen. Wir werden sie im nächsten Abschnitt nur soweit berühren, wie sie für die Untersuchung der einzelnen theoretischen Konzeptionen der Membranphosphorylierung erforderlich sind.

8.5. Membranphosphorylierung: Bestehende theoretische Vorstellungen

Alle zur Zeit verbreiteten Meinungen über den Mechanismus der Membranphosphorylierung, genauer gesagt zur Natur der primären Prozesse der Energiespeicherung, kann man in drei Hauptgruppen einteilen: Chemische, chemiosmotische und konformationelle Konzeptionen [459]. Wie bereits erwähnt, ist die Annahme der Existenz einer primären

---

[1]) Gemeint sind die vom Wasser zum NADP wandernden Elektronen.

energiereichen Verbindung, die nicht mit ATP identisch ist, ihr gemeinsames Kennzeichen. Sie unterscheiden sich voneinander in der Auffassung über die Natur der primären energiereichen Verbindung und über den Mechanismus des primären Prozesses der Energiekonservierung.

In der heute üblichen Form wurde die chemische Konzeption von Slater im Jahre 1953 aufgestellt [458]. Ihre Grundlage bildet die Voraussetzung, daß der Primärakt der Energiekonservierung, d. h. der Prozeß bei dem die Speicherung der bei der Elektronenübertragung freiwerdenden Energie in eine langlebige Form im Transportpartikel-Transformator-Molekül erfolgt und der mit der Bildung der energiereichen Verbindung abgeschlossen wird. Letztere enthält eines der Produkte der Redoxreaktion und einen niedermolekularen Liganden (im weiteren mit I bezeichnet):

$$AH_2 + B + I \rightleftharpoons A \sim I + BH_2. \tag{8.31}$$

Danach wird mit Hilfe des Enzyms ATPase durch die primäre energiereiche Verbindung die ATP-Synthese realisiert:

$$A \sim I + ADP + P_a \rightleftharpoons A + I + ATP. \tag{8.32}$$

Vom Wesen her unterscheidet sich die chemische Konzeption der Membranphosphorylierung durch nichts von der Substratphosphorylierung mit der Ausnahme, daß sich der Redoxprozeß auf die Akte der Einelektronenübertragung zwischen benachbarten in der Membran fixierten Komponenten der ETK reduziert. Der physikalische Mechanismus der Reaktion (8.31) bleibt unaufgeklärt. Zur Verhinderung der praktisch völligen Energiedissipation, müssen die Elektronenübertragung von A auf B und die Bildung der energiereichen Verbindung $A \sim I$ in einem Elementarakt erfolgen, was man sich im Rahmen der klassischen Ideen (s. Abschnitt 8.3.) sehr schwer vorstellen kann. Es ist offensichtlich, daß die chemische Konzeption der Membranphosphorylierung eine natürliche Ausdehnung der Ansichten auf die im Abschnitt 8.3. dargelegte Substratphosphorylierung darstellt.

Der Konformationskonzeption liegen zahlreiche experimentelle Befunde über Konformationsänderungen von einzelnen Protein-Transportpartikeln bei Redoxprozessen und ebenso von Membranen im Ganzen bei der Funktion der ETK zugrunde. Entsprechend dieser Konzeption kann man sich den Prozeß der Bildung einer energiereichen chemischen Verbindung als Umkehrung des Prozesses der Konformationsänderung des Myosins bei der ATP-Hydrolyse vorstellen. Als Primärakt der Energiekonservierung bezeichnet man die durch die Elektronenübertragung induzierte Konformationsänderung der Atmungs-Transportpartikel (Flavoproteid, Eisen-Schwefel-Protein oder Cytochrom) [354].

Eine ausführliche Diskussion der Konformationshypothese findet man in den Arbeiten von Green und Mitarbeitern [315, 426]. Das allgemeine Schema der ATP-Synthese kann man in folgender Form darstellen:

$$\text{Elektronenübertragung} \rightleftharpoons \left\{\begin{array}{l}\text{konformationell}\\ \text{geänderter aktivierter}\\ \text{Zustand}\end{array}\right\} \rightleftharpoons \text{ATP}. \tag{8.33}$$

In [315] wird von einem konformationell geänderten aktivierten Zustand der ganzen Membran gesprochen. Es wird vorausgesetzt, daß sich die Membran entweder im aktivierten oder im nichtaktivierten Zustand befinden kann. Dieser Zustand breitet sich durch die Membran (von einem Protein-Lipid-Komplex der ETK zum anderen) in Form einer Art Welle aus. Wahrscheinlich setzen die Autoren der oben zitierten Arbeiten [315, 354] voraus, daß die Aktivierung der makromolekularen Transportpartikel den Primärakt (die induzierte Konformationsänderung) bildet. In diesem Sinn kann man die Konformationskonzeption als eine chemische Konzeption auffassen mit dem Unterschied, daß die primäre energiereiche Verbindung A $\sim$ I durch den aktivierten, konformationell geänderten Zustand der Transportpartikel A ersetzt wird. In diesem Sinne bedeutet der aktivierte Zustand der ganzen Membran, in dem die bei der Funktion der ETK freiwerdende Energie konserviert wird, eine Annäherung der Konformationskonzeption an die chemische Konzeption.

Die erste Variante der chemiosmotischen Hypothese wurde von MITCHELL im Jahre 1961 vorgeschlagen [403]. Im Prinzip liegt dieser Hypothese die Annahme zugrunde, daß in bestimmten Bereichen der ETK die Elektronenübertragung quer durch die Membran erfolgt, was mit der Entstehung einer pH-Differenz zwischen ihrer äußeren und inneren Oberfläche verbunden ist. So führt die Oxidation des Substrats an der äußeren Oberfläche:

$$SH_2 \rightarrow S + 2e + 2H^+ \tag{8.34}$$

zur Anreicherung von Protonen im äußeren Gebiet, die Reduktion des Endakzeptors, des molekularen Sauerstoffs, erfolgt aber an der inneren Oberfläche, wo sich die Cytochromoxidase befindet und ein Protonenmangel entsteht. Somit entsteht zwischen den zwei Membranoberflächen eine Potentialdifferenz oder ein Membranpotential. Eigentlich stellen Membranen mit getrennten Ladungen, die ein Membranpotential ermöglichen, auch die primäre energiereiche Verbindung dar. Die an der Oberfläche absorbierten Protonen können durch andere Kationen bei Erhaltung der Ladung der Membran und der Vergrößerung des Säurecharakters des äußeren Milieus ersetzt werden. Die Elektronenübertragung wird deshalb zu zwei Effekten führen: zur Entstehung eines Membranpotentials und zur Differenz der pH-Werte auf beiden Seiten der Membran. Das Vorhandensein eines Membranpotentials führt direkt zur ATP-Synthese, z. B. nach einem Mechanismus, der dem aktiven Ionentransport durch die Membran unter Einfluß von ATP entgegengesetzt ist (die physikalischen Grundlagen dieses Prozesses sind übrigens auch noch nicht geklärt). Tatsächlich wurde nachgewiesen, daß bei der Zirkulation der Na^+- und K^+-Ionen durch die Membran, die Na—K-aktivierbare ATPase mit der Katalyse der ATP-Synthese beginnt [299].

Im Anfangsschema von MITCHELL [403] wurde die Phosphorylierung direkt durch den Einfluß des beim Elektronentransport entstehenden pH-Gradienten realisiert. In der Folge modifizierte MITCHELL seine Hypothese, indem er eine Reihe von Zwischenstadien hinzunahm [404]. Das Prinzip des Aufbaus des Schemas der chemiosmotischen Kopplung wird in Abbildung 8.5 verdeutlicht. Die Funktion der ETK führt zur effektiven Protonenübertragung durch die Membran, die letzten Endes durch den Unterschied der Redoxpotentiale der Transportpartikel der ETK bedingt ist. In der Membran sind „Kopplungsintermediate" unbekannter Natur XH und YOH vorhanden, die die Fähigkeit zur Ionisation und zur Kondensationsreaktion besitzen:

$$XH \rightleftharpoons X^- + H^+ \tag{8.35}$$

$$YOH \rightleftharpoons YO^- + H^+ \tag{8.36}$$

$$YOH + XH \rightleftharpoons X - Y + H_2O. \tag{8.37}$$

Die Erhöhung des elektrochemischen Potentials der Wasserstoffionen auf der äußeren Seite der Membran auf Kosten der Vergrößerung ihrer Konzentration und des Membranpotentials führt zur Verschiebung des Gleichgewichts der folgenden Reaktion nach rechts

$$2H^+ + X^- + YO^- \rightleftharpoons H_2O + X - Y. \tag{8.38}$$

Das neutrale Molekül X — Y wandert durch die Membran (dasselbe Molekül muß nicht unbedingt die ganze Dicke der Membran durchdringen). Dabei tritt es mit dem inneren Bereich in Kontakt, wo das elektrochemische Protonenpotential niedrig und die

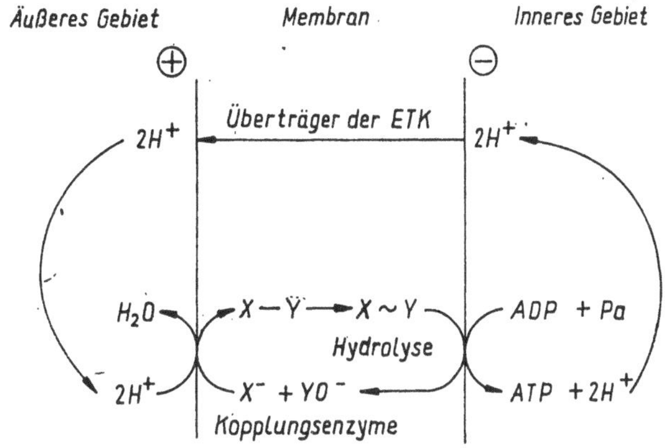

Abb. 8.5. Chemiosmotisches Kopplungsschema.

Konzentration der ionischen Formen X^+ und YO^- gering ist. Das Molekül X—Y wird labil und die Bindung zwischen X und Y wird zu einer energiereichen Bindung (X ~ Y). Das Gleichgewicht (8.38) verschiebt sich nach links und auf Kosten der Hydrolyse von X ~ Y werden ATP synthetisiert und Protonen gebildet, die den Protonenzyklus schließen. Im System müssen drei Arten von Kopplungsenzymen arbeiten: eine Hydrolase, die den Prozeß an der äußeren Membranoberfläche katalysiert, eine Translokase, die den Transport (möglicherweise in Stufen) durch die Membran ermöglicht und eine Synthetase, die die ATP-Synthese katalysiert. Um die experimentellen Befunde der Existenz von drei Kopplungspunkten in den mitochondrialen ETK zu berücksichtigen, ist es notwendig, die Existenz von drei Schleifen der ETK vorauszusetzen, in denen abwechselnd die Übertragung der Elektronen durch die Membran von außen nach innen und die der Protonen in umgekehrter Richtung erfolgt, z. B. nach dem Schema der Abbildung 8.6. Zuerst entstand die chemiosmotische Hypothese als natürliche Reaktion auf das Mißlingen der Versuche, in der chemischen Hypothese postulierte, dem ATP vorangehende primäre energiereiche Verbindungen zu finden. Die Entwicklung der chemiosmotischen Konzeption führte jedoch zur Notwendigkeit, in der Membran die Bildung von Kopplungsintermediaten X ~ Y unbekannter Natur zu postulieren, die ebenfalls der ATP-Synthese vorausgehen. Somit besteht der einzige Unterschied der chemiosmotischen Konzeption von der chemischen und konformationellen darin, daß die Elektronenübertragung durch einen beliebigen Kopplungspunkt direkt zur Entstehung einer Differenz der elektrochemischen Potentiale der Protonen auf beiden Seiten der Membran führt (ΔpH + Membranpotential). Die primäre energiereiche Verbindung ist somit der geänderte Zustand der Membran selbst. Nach den zwei letzten Konzeptionen stellt die primäre energiereiche Verbindung (chemisch oder konformationell) den geänderten Zustand der einzelnen Transportpartikel dar.[1])

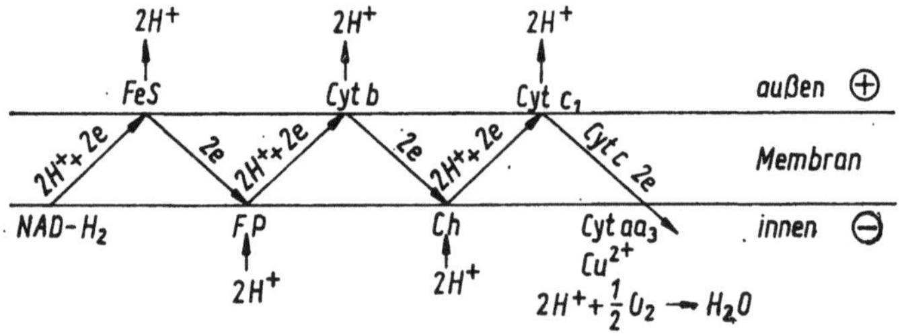

Abb. 8.6. Mögliches Schema der Elektronen-Protonen-Übertragung in den ETK von Mitochondrien nach der chemiosmotischen Hypothese.

Wir untersuchen nun Belege für und gegen diese drei Konzeptionen. Wahrscheinlich ist der wichtigste Mangel dieser drei Konzeptionen, daß nicht eine von ihnen die Grundfrage nach dem physikalischen Mechanismus der Kopplung beantwortet. Die chemische Hypothese führt das Problem des Mechanismus der Membranphosphorylierung auf das ebenso unklare Problem der Substratphosphorylierung zurück. Das Mißlingen der Versuche, primäre chemische energiereiche Verbindungen zu isolieren, sollte niemand stören, weil es völlig real ist, daß sie in der Membran als Zwischenprodukte in verschwindend kleinen Konzentrationen gebildet werden. Wesentlich bedenklicher stimmt der Umstand, daß die gemessenen Änderungen der Redoxpotentiale der zwischenzeitlichen Transportpartikel nicht genügend groß für die Ermöglichung einer ATP-Synthese sind (s. Abschnitt 8.4.). Slater schlug 1971 [459] ein Kopplungsschema vor, dem die Vorstellung der Beteiligung eines Komplexes aus zwei Einelektronen-Transportpartikeln als Energietransformator zugrunde liegt. Im Kopplungspunkt II der ETK von Mitochondrien könnte z. B. der Komplex aus den zwei Cytochromen b und b_l[2]) ein solcher Komplex sein. Diese Cytochrome können sich in energieangereicherten Zuständen befinden, die sich von den gewöhnlichen durch die Redoxpotentiale und spektralen Merkmale unterscheiden. Der Slatersche Zyklus für den Kopplungspunkt II in der Mitochondrienmembran ist in Abbildung 8.7 dargestellt. Energieangereichert können nur das oxidierte Cytochrom b_l und das reduzierte Cytochrom b sein. Das Cytochrom b_l kann nur im energieangereicherten Zustand reduziert werden. Im Ausgangszustand sind beide Cytochrome des dimeren Komplexes oxidiert (b^{3+}, b_l^{3+}). Der Zyklus besteht aus sieben Stufen. Im Verlauf der Stufe 1 wird das Cytochrom b^{3+} durch ein vom vorhergehenden Transportmolekül der ETK erhaltenes Elektron reduziert (Donator) und es wandelt sich in das energieangereicherte Cytochrom b^{2+} um. Im Ergebnis der zweiten Stufe wird die Energieanreicherung auf die zweite Komponente des dimeren Komplexes b_l^{3+} übertragen, diese erlangt die Fähigkeit, durch den Donator

---

[1]) In der Arbeit [560] wurde ein Modell vorgeschlagen, das die Konformations- und chemiosmotische Konzeption umfaßt.

[2]) Das Cytochrom b_l in der Nomenklatur von Slater entspricht dem Cytochrom b_T in der Nomenklatur von Chance [242, 261] (s. Abschnitt 7.3. und 8.4.), wenn man die spektralen Charakteristika zugrundelegt. Wenn man jedoch die kinetischen Eigenschaften berücksichtigt, dann entspricht das Cytochrom b_T von Chance dem Zustand mit hohem Potential, d. h. b^{2+} [459].

reduziert zu werden. Das erfolgt in der Stufe 3, wobei die Energieanreicherung wieder auf das Cytochrom b^{2+} übergeht. Im Verlauf der Stufe 4 wird das Cytochrom b^{2+} oxidiert und energieangereichert, indem es das Elektron an einen Akzeptor weitergibt, d. h. an die nachfolgende Transportpartikel der ETK.
Somit erweisen sich beide Cytochrome in Dimerform als energieangereichert ($b^{2+}_{\sim}$, $b^{2+}_{\sim}$). Die folgende 5. Stufe stellt eine Elektronenübertragung innerhalb des Komplexes dar (das Redoxpotential $b_i\sim$ ist höher als das von $b\sim$). Diese Übertragung ist mit einem

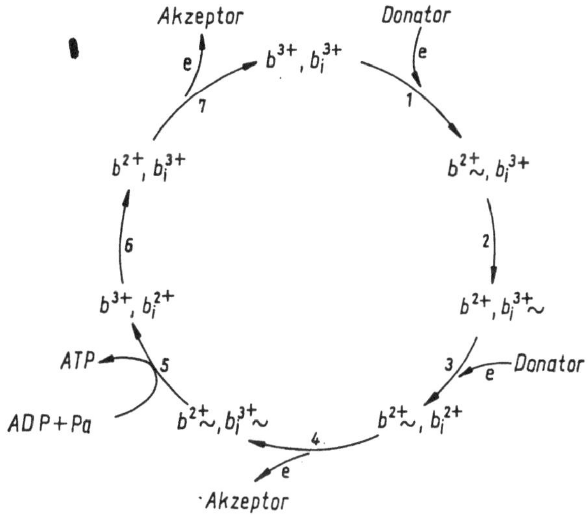

Abb. 8.7. Kopplungsschema im Punkt II der ETK von Mitochondrien (nach [459]).

Verlust der Energieanreicherung beider Cytochrome verbunden, wobei die freiwerdende Energie für die ATP-Synthese verwendet wird. Stufe 6 ist wiederum eine Elektronenübertragung innerhalb des Komplexes allerdings in umgekehrter Richtung (das Redoxpotential von b_i ist niedriger als das von b). Die 7. Stufe endlich ist die Oxidation des Cytochrom b^{2+} durch den Akzeptor, womit der Zyklus geschlossen ist. In diesem klug erdachten Schema bleibt das Wichtigste unklar, nämlich die Art des energieangereicherten Zustandes und der Mechanismus der Energieübertragung an das ATP-System. Außerdem sind die auf der Grundlage der Messung der Gleichgewichts-Redoxpotentiale gemachten Abschätzungen der energetischen Effektivität, wie wir im Abschnitt 8.4. sahen, sehr zweifelhaft. Slater ist der Meinung, daß man analoge Zyklen auch in anderen Kopplungspunkten der Mitochondrienmembran konstruieren kann (Abb. 8.8). Im Zusammenhang damit muß man jedoch bedenken, daß die Änderung des Redoxpotentials im Punkt III bei der Aktivierung selbst dann für die ATP-Synthese nicht ausreicht, wenn man einen solchen Zweielektronenzyklus der Kopplung zuläßt (s. Abschnitt 8.4.).
Ein Einelektronenzyklus im Kopplungspunkt II wurde von Chance vorgeschlagen [242]. Für den Erhalt der für die ATP-Synthese notwendigen Energie, muß der Zyklus zweimal durchlaufen werden. In welcher Form die Energie dabei „wartet", ist nicht bekannt.
Als Grundlage der Konformationskonzeption dienen die zahlreichen experimentellen Befunde über Strukturänderungen von Membranen gekoppelter Chloroplasten und Mitochondrien bei der Auslösung der Elektronenübertragung oder bei der Aktivierung

unter Einfluß von ATP. Diese Ergebnisse wurden mit unterschiedlichen physikalischen Methoden erhalten und zeugen sowohl von Makrostrukturänderungen, als auch von lokalen Änderungen der Membranen. Eine Beschreibung und Zusammenstellung der Ergebnisse findet der Leser in den Arbeiten [1, 116, 253, 255, 363, 420, 423]. Wahrscheinlich besteht kein Zweifel darüber, daß die die Energie der Elektronenübertragung transformierenden Membranen oder die einzelnen makromolekularen Komplexe innere

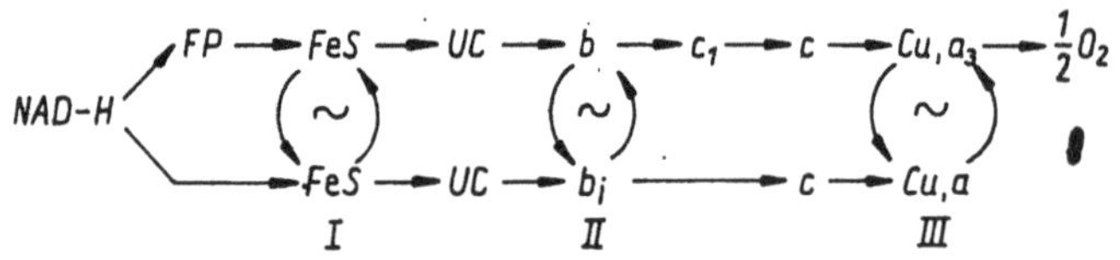

Abb. 8.8. Kopplungszyklen in den Punkten I, II, III der ETK von Mitochondrien (nach [459]).

Strukturänderungen erfahren, deren Gründe mit der Energietransformation verbunden sind. Die Autoren der Konformationshypothese gehen jedoch in der Mehrzahl der Fälle davon aus, daß gerade die unmittelbar durch die Elektronenübertragung (oder unter dem Einfluß des elektrischen Feldes, das durch die Elektronenübertragung hervorgerufen wird [306]) geänderte Membranstruktur aktiviert ist [222, 306, 315, 426]. Es fällt schwer, sich Mechanismen vorzustellen, die eine *gerichtete* Strukturänderung verbunden mit der Erhöhung ihrer potentiellen Energie durch lokale Prozesse der Elektronenübertragung ermöglichen. Ein Rätsel bleibt ebenso der physikalische Mechanismus des Syntheseprozesses einer energiereichen chemischen Verbindung auf Kosten der potentiellen Energie der konformationell geänderten Struktur.

Den schärfsten Meinungsstreit in der Literatur rief in den letzten Jahren die chemiosmotische Hypothese von Mitchell hervor. Allem Anschein nach gibt es drei Arten experimenteller Befunde, die man als Beweis für seine Konzeption ansehen kann. Dazu gehören vor allem die Entstehung eines pH-Gradienten und eines Transmembran-Potentials bei der Aktivierung gekoppelter Mitochondrienmembranen durch ein Substrat oder ATP, bzw. in Membranen von Chloroplasten durch Licht oder ATP (s. z. B. [57, 94, 101, 191, 207, 212, 245, 309, 339, 373, 442, 443, 447]). Dazu zählen ferner Versuche von Jagendorf und Uribe [332, 333], die die Bildung von ATP aus ADP und P_a in Chloroplasten realisieren, indem sie diese zunächst einer Säurebehandlung unterzogen und sie danach in ein basisches Milieu brachten. Letztendlich gehören auch die zahlreichen Arbeiten dazu, die dem Beweis gewidmet sind, daß die Mehrzahl der Entkoppler der Membranphosphorylierung die Protonenleitfähigkeit der Membran erhöhen und somit den pH-Gradienten und das Membranpotential senken (s. z. B. [99, 100, 456, 457, 459]).

Seinerzeit war die Möglichkeit, ohne energiereiche chemische Zwischenverbindungen (die noch niemand beobachten konnte) auszukommen, das beeindruckenste Merkmal der chemiosmotischen Konzeption. Nachdem man gezwungen war, im Rahmen der chemiosmotischen Konzeption die Existenz eines zeitweiligen Anhydrids unbekannter Art X—Y und der entsprechenden Anionen zu postulieren, fiel dieser Vorzug der Hypothese von Mitchell weg. Die Entstehung eines pH-Gradienten und eines Membranpotentials quer zur Membran kann für sich gesehen nicht als Beweis der Hypothese von Mitchell dienen. Beide Gradienten können infolge der Prozesse entstehen, die zur ATP-Synthese führen, sie müssen jedoch nicht die Ursache sein. Tatsächlich sahen wir im Kapitel 5, daß die Änderung des Redoxzustandes der einzelnen Transportpartikel mit wesentlichen

Konformationsänderungen der Proteinmakromoleküle verbunden sein kann, die ihrerseits in der Regel zur Änderung der pK-Werte der Säurereste der Moleküle und folglich zur Abgabe oder Aufnahme von Protonen führen können. Bei asymmetrischer Verteilung der einzelnen Transportpartikel relativ zur inneren und äußeren Membranoberfläche, muß das die Entstehung der beobachteten Gradienten hervorrufen. In diesem Fall dienen der pH-Gradient und das Membranpotential nur als Merkmale des energieangereicherten Zustandes der einzelnen Transportpartikel oder der Membran als Ganzes. Wie allgemein bekannt ist, erhöhen viele Entkoppler der Membranphosphorylierung die Protonenleitfähigkeit und gleichen somit zugleich die Konzentrationen auf beiden Seiten aus. Das kann aber nicht als Beweis dafür dienen, daß gerade die Energieanreicherung zur Schaffung der Nichtgleichgewichtsverteilung führt, in der die erhöhte potentielle Energie des Systems gespeichert wird. Für die kinetisch im Nichtgleichgewicht befindlichen Konstruktionen, wie z. B. die einzelnen Komponenten der ETK oder für die Membran als Ganzes, ist das Vorhandensein von „Abzugshähnen" charakteristisch, deren Auslösung zur Senkung der potentiellen Energie an völlig anderen Freiheitsgraden des gesamten Systems führen kann. Letztendlich können die Ergebnisse der direkten Messungen des Membranpotentials und des pH-Gradienten bei verschiedenen Zuständen gekoppelter Membranen als direkter Beleg gegen die Grundlagen der chemiosmotischen Konzeptionen dienen. Nicht einem Forscher gelang es, Werte dieser Parameter zu erhalten, die für die Gewährleistung der ATP-Synthese genügend groß wären, selbst wenn die Energietransformation verlustlos ablaufen würde. Die Größe des Membranpotentials war darüberhinaus in einer Reihe von Fällen vom energetischen Zustand der Mitochondrien unabhängig [476]. Eine ausführliche Analyse gab Avron [203] in seiner Arbeit, die der Erklärung der Beziehungen zwischen der Protonenübertragung und der Phosphorylierung gewidmet ist. Er betont, daß die Versuche von Jagendorf [332, 333] tatsächlich für die prinzipielle Möglichkeit der Ausnutzung des pH-Gradienten als einzige Energiequelle für die Bildung von ATP in Chloroplasten sprechen. Das schließt jedoch nicht aus, daß die künstliche Schaffung eines großen pH-Gradienten zur Entstehung eines energiereichen Zustandes führen kann, der die ATP-Synthese ermöglicht. Um experimentell auf die Frage zur Situation, die bei der normalen Phosphorylierung vorliegt, zu antworten, gibt es zwei Möglichkeiten des Herangehens. Erstens kann man die Größe $H^+/h\nu$ oder H^+/e^- messen, d. h. die Anzahl der durch die Membran transportierten Protonen pro absorbiertes Quant oder pro Elektron, das die ETK durchläuft. Entsprechend der chemiosmotischen Konzeption muß H^+/e^- gleich der Anzahl der Kopplungspunkte sein, d. h. im Fall der Chloroplasten eins oder zwei. Die experimentellen Befunde verschiedener Autoren unterscheiden sich stark voneinander und Karlish und Avron [346, 348] zeigten, daß man beliebige Werte von 0,1—6 in Abhängigkeit von den Versuchsbedingungen erhalten kann. Die Quantenausbeute der Protonenübertragung $H^+/h\nu$ müßte dem Wert H^+/e^- nahekommen. In zwei verschiedenen Arbeitsgruppen durchgeführte Messungen ergaben jedoch für $H^+/h\nu$ Werte von 5—7, was mit der chemiosmotischen Konzeption nicht vereinbar ist [278, 317]. Bei der direkten Messung des lichtinduzierten Membranpotentials [443] wurden Größen erhalten, die den Wert von 10 mV nicht übersteigen. Im Zusammenhang damit wurde festgestellt, daß ATP auch gebildet wird, wenn das Membranpotential gleich Null ist [347]. Andere Messungen ergaben, daß bei optimalen Bedingungen in den Chloroplasten die pH-Differenz auf beiden Seiten der Membran den Wert von 3,5 nicht überschreiten kann [443]. Das entspricht einem Wert von 200 mV und der ist für die ATP-Synthese eindeutig unzureichend. Hieraus zieht Avron den Schluß, daß der pH-

Gradient und das Transmembran-Potential nicht als primäre und energiereiche Zwischenzustände bei der ATP-Bildung in Chloroplasten „dienen" können.
Diese Schlußfolgerung von Avron, die auf experimentellen Befunden beruht, ist anfechtbar. Die Messung der wahren Werte des Transmembran-Potentials in subzellulären Partikeln ist unwahrscheinlich kompliziert. Wenn man sehr geringe Werte für das Membranpotential erhält, bleiben immer Zweifel an der Korrektheit der Messungen. Die geringe Größe der elektrischen Kapazität der Membran führt dazu, daß im Prinzip merkliche Größen der Potentialdifferenz beobachtet werden könnten, ohne daß man wesentliche Unterschiede in den Oberflächenladungen und in der Ionenkonzentration auf beiden Seiten der Membran schafft.
Wenn man die wesentlichen Elemente hervorhebt, kann man die moderne Version der chemiosmotischen Hypothese auf folgende Behauptung reduzieren. Beim Prozeß der Energietransformation [552] (gemeint ist die Energie, die anfänglich als Differenz der Redoxpotentiale der in der Membran asymmetrisch verteilten Transportpartikel gespeichert war) in die Energie der energiereichen Bindung des ATP muß unbedingt ein Zwischenstadium realisiert sein, bei dem die Energie in Form des Transmembranpotentials gespeichert wird (was möglicherweise nicht mit der Entstehung einer pH-Differenz verbunden ist).
Die Aufladung dieses „Membrankondensators" ist ein universeller Prozeß bei bioenergetischen Umwandlungen in Membranstrukturen. Die im Kondensator gespeicherte Energie kann man ausnutzen, indem man diesen durch eine spezielle Konstruktion entlädt, nämlich durch das Enzym ATP-Synthetase[1]). In dieser Konstruktion geben die Wasserstoffionen ihre überschüssige Energie (die gleich der Differenz ihrer elektrochemischen Potentiale auf beiden Seiten der Membran ist) ab, wodurch ein ATP-Molekül synthetisiert wird. Für die Gewährleistung der Synthese eines ATP-Moleküls unter Zellbedingungen müssen unbedingt zwei oder drei Wasserstoffionen die ATP-Synthetase durchlaufen.
Eine so formulierte chemiosmotische Hypothese ist nahezu unwiderlegbar. Es ist sehr schwierig herauszufinden, ob das Membranpotential Ursache oder Folge der Entstehung einer energiereichen Zwischenverbindung ist. Das einzige Experiment zur Widerlegung der chemiosmotischen Hypothese könnte wahrscheinlich die ATP-Synthese durch ATP-Synthetase in einem homogenen Gemisch sein. Bis jetzt ist diese Synthese noch niemandem gelungen.
In der letzten Zeit erschienen neue experimentelle und theoretische Arbeiten, die die Grundlagen der chemiosmotischen Konzeption in Zweifel stellten. So kam der Autor der Arbeit [553], in der gleichzeitig ΔpH und das Transmembranpotential in Mitochondrien gemessen wurde, zu der Schlußfolgerung, daß die erhaltenen Werte quantitativ nicht mit den Forderungen der chemiosmotischen Hypothese übereinstimmen. In der Arbeit [554] wurden die vorher betrachteten Experimente von Jagendorf und Uribe [333] wiederholt. In diesen Experimenten wurde die ATP-Bildung in Chloroplasten durch einen Säuren-Basen-Übergang induziert. Die Autoren der Arbeit [554] zeigten, daß die ATP-Synthese in diesem Fall nicht vom ΔpH-Wert zwischen den beiden Seiten der Membran abhängt, wie das nach der chemiosmotischen Hypothese zu erwarten wäre, sondern von den Absolutwerten der Protonenkonzentration. In der Gruppe von Witt wurde eine neue Meßmethode für das Membranpotential, anhand der photoinduzierten Änderungen der Spektralmerkmale von Karotinoiden in den Membranen der Chloroplasten und

[1]) Wir werden die ATPase der Mitochondrien oder Chloroplasten künftig so bezeichnen.

Chromatophoren (s. z. B. [555, 556]) erarbeitet. Mit dieser Methode wurden viele Befunde erhalten, die die chemiosmotische Hypothese bestätigen. Die registrierten spektralen Änderungen führt man auf das elektrische Feld zurück (Elektrochromie). Es muß jedoch daran erinnert werden, daß beliebige schwache Störungen zu analogen Spektrenänderungen der Farbstoffmoleküle führen müssen.

Unabhängig davon, wodurch diese Änderungen hervorgerufen werden, wird man anhand dieser Änderungen über Prozesse der Energietransformation kaum urteilen können. BALCHEVSKI [557] zeigte, daß in den Chromatophoren photosynthetisierender Bakterien nur ein relativ geringer Teil dieser Änderungen mit der Photophosphorylierung im Zusammenhang steht.

Kritische Untersuchungen der allgemeinen Grundlagen der chemiosmotischen Konzeption findet man in den Arbeiten [550, 508, 509].

Die chemiosmotische Konzeption stimulierte eine Vielzahl hervorragender experimenteller und theoretischer Arbeiten und in diesem Sinne war und bleibt sie sehr nutzbringend. Wie aus dem oben dargelegten jedoch leicht zu ersehen ist, beantwortet sie die Grundfrage nach den physikalischen Prinzipien der Kopplung nicht im mindesten besser als die chemische Konzeption. Wiederum bleibt unverständlich, wie der Ablauf eines exergonischen Prozesses (die Übertragung des Wasserstoffions nach dem Gradienten des elektrochemischen Potentials) den Ablauf eines endergonischen Prozesses (die Synthese einer Phosphorsäureesterbindung) ohne Energiedissipation ermöglichen kann. In welcher Form wird die Energie zwischen den aufeinanderfolgenden Protonenübertragungen gespeichert? Es geht hierbei nicht darum, daß kein spezieller Mechanismus formuliert wurde, sondern darum, daß kein Prinzip vorgeschlagen wurde, das eine solche Kopplung ermöglicht.

Ich bin der Meinung, daß man auf der Grundlage der in diesem Abschnitt durchgeführten Betrachtungen zu folgender Behauptung berechtigt ist: Nicht eine der bestehenden theoretischen Konzeptionen[1]) der Membranphosphorylierung (wie auch der Substratphosphorylierung) kann man als experimentell bewiesen bezeichnen; mehr noch, in nicht einer wird die Frage nach den physikalischen Mechanismen der Energietransformation, die diesen Konzeptionen zugrunde liegen, gestellt. In einer Vielzahl der Fälle wird angenommen, daß es keine physikalischen Probleme gibt, so würde es z. B. genügen, das Problem der Membranphosphorylierung auf das Problem der Substratphosphorylierung zu reduzieren, um sich nicht unnötige Gedanken zu machen.

Im nächsten Abschnitt wird der Versuch unternommen auf der Grundlage der in diesem Buch entwickelten allgemeinen Prinzipien der Behandlung biologischer Systeme und Prozesse diese physikalischen Probleme zu formulieren und auf ihre möglichen Lösungswege hinzuweisen. Die dabei betrachteten speziellen Schemata tragen nur Anschauungscharakter.

8.6. Physikalische Aspekte der Energieumwandlung in der Zelle

Bei der Untersuchung der innerzellulären Energietransformation, (d. h. des Prozesses, in dem die im Verlauf einer chemischen Reaktion freiwerdende Energie für die Erhöhung der potentiellen Energie der Reaktionspartner einer anderen chemischen Reak-

[1]) Die Mehrzahl der neuen speziellen Theorien der Membranphosphorylierung, die in den monatlich erscheinenden Arbeiten vorgeschlagen werden, lassen sich gewöhnlich auf eine der vorgeschlagenen Konzeptionen reduzieren.

tion genutzt wird), wählen wir die Kopplung der Elektronenübertragung mit der Phosphorylierung in den Membranen von Mitochondrien oder Chloroplasten als Beispiel. Die Prinzipien, die der vorgeschlagenen Behandlung zugrunde liegen, wurden offensichtlich erstmalig in den Arbeiten [28, 226] formuliert. Vergessen wir zunächst die Membran als Ganzes und betrachten nur den Kopplungspunkt, der aus drei aufeinanderfolgenden Transportpartikeln A, B, C besteht (Richtung der Elektronenübertragung von A nach C). Jede dieser Transportpartikel repräsentiert ein Proteinmakromolekül mit einem aktiven Zentrum, das die Fähigkeit hat, eine Einelektronen-Redoxumwandlung zu erleiden (z. B. das Cytochrom). Die Energie der höchsten besetzten Elektronenniveaus der reduzierten Formen der aktiven Zentren der Transportpartikel A und C mögen sich um die Größe ΔE, die im Prinzip für die Ermöglichung der Synthese eines ATP-Moleküls ($\Delta E \geqq 0{,}63$ eV[1])) ausreicht, unterscheiden. Was bedeutet diese Behauptung? Vorher sahen wir, daß beliebige (lokale) chemische Änderungen im Proteinmolekül, besonders in seinem aktiven Zentrum, zu Konformationsänderungen des Makromoleküls führen, die ihrerseits den Zustand und elektronischen Eigenschaften des aktiven Zentrums beeinflussen. Die Änderung des Redoxzustandes des aktiven Zentrums ruft eine Konformationsänderung des Moleküls und anschließend eine zusätzliche Änderung der Lage der Elektronenniveaus des aktiven Zentrums hervor, was davon abhängig ist, ob das Makromolekül die Konformationsrelaxation beenden konnte oder nicht. Deshalb müssen wir, wenn wir von der Differenz der Energieniveaus der Transportpartikel A und C sprechen, unbedingt darauf hinweisen, welche Zustände der Transportpartikel wir meinen. Weil wir nur die Einelektronenübertragung betrachten, kann jede Transportpartikel in zwei Formen existieren: In der oxidierten (z. B. A) und in der reduzierten (z. B. A^-), wobei jede von ihnen konformationell ausrelaxiert sein kann oder auch nicht. Die oben eingeführte Energiedifferenz ΔE bezieht sich auf die ausrelaxierten Formen der Transportpartikel.

Damit die eine chemische Umwandlung eine andere energetisch ermöglicht, ist ihre Realisierung — wie oben gezeigt wurde — in einem elementaren Akt notwendig. Der Elementarakt eines chemischen Prozesses, der unter Beteiligung von Proteinmakromolekülen abläuft, ist die Stufe der Konformationsrelaxation (s. Abschnitt 6.5.). Deshalb haben wir das Recht vorauszusetzen, daß gerade im Verlauf dieser Reaktion eine grundlegende Energieänderung des Transportpartikel-Transformators realisiert wird (Transportpartikel B in unserem Beispiel).

Somit kann man den Ausgangszustand des Systems aus drei Transportpartikeln — Donator A, Transformator B und Akzeptor C — in der Form A^-BC schreiben. Die ausrelaxierte (Gleichgewichts-) Konformation der oxidierten Transportpartikelformen werden willkürlich mit dem Index 1 und die der reduzierten mit dem Index 2 bezeichnet. Im Ausgangszustand mögen sich alle Transportpartikel konformationell im Gleichgewicht befinden:

$$A_2^-B_1C_1. \qquad \text{(I)}$$

Untersuchen wir, was mit dem Transportpartikel-Transformator bei der Elektronenübertragung von A nach C vor sich gehen muß. Wie im Abschnitt 7.5. gezeigt wurde, erfolgt eine solche Übertragung nach einem Tunnelmechanismus und erfordert die

---

1) Vorerst werden wir die Redoxpotentialdifferenz der Transportpartikel nicht berücksichtigen, weil ihre Messung in funktionsfähigen Membranstrukturen — wie wir bereits sahen — erschwert ist. Später kommen wir auf dieses Problem zurück.

Übereinstimmung der Elektronenniveaus benachbarter Transportpartikel mit einer Genauigkeit bis zu 0,1 eV. Die hierbei auftretende Energiedifferenz wird in Form von Wärme durch die gewöhnliche Schwingungsrelaxation dissipiert. Somit besteht die Bedingung für die Elektronenübertragung von A_2^- nach B_1 darin, daß im aktiven Zentrum von B_1 ein freies Elektronenniveau vorhanden ist, das um weniger als 0,1 eV unter dem höchsten besetzten Niveau von A_2^- liegt. Nach der Übertragung erfolgt die Schwingungsrelaxation des aktivierten Zentrums und der nahe gelegenen Gruppen sehr schnell (s. Abschnitt 5.4.), aber das ganze Transportpartikelmolekül B mit dem reduzierten aktiven Zentrum bleibt im „oxidierten" Konformationszustand (wie auch das Transportmolekül A mit dem oxidierten aktiven Zentrum im „reduzierten" Konformationszustand verbleibt):

$$A_2B_1^-C_1. \qquad \text{(II)}$$

Im Ergebnis der Reaktion befindet sich der Transportpartikel-Transformator B im konformationellen Nichtgleichgewichtszustand B_1^-. Dieser Zustand wurde nicht deshalb zum (mechanisch angeregten) Nichtgleichgewichtszustand, weil sich die Konformation B geändert hat, sondern weil das Auftreten einer zusätzlichen Elektronenladung im aktiven Zentrum zur Entstehung eines neuen kinetisch prinzipiell erreichbaren Konformationszustandes B_2^- mit geringerer Energie geführt hat. Die Elektronenübertragung von B_1^- nach C_1 ist verboten, weil die Energiedifferenz der entsprechenden Elektronenniveaus den Wert von 0,1 eV wesentlich übersteigt. Die langsame Konformationsrelaxation $B_1^- \rightarrow B_2^-$ muß zur Übereinstimmung des äußeren besetzten Elektronenniveaus des aktiven Zentrums B_2^- mit dem niedrigeren freien Niveau von C_1 mit einer Genauigkeit von ca. 0,1 eV führen.
Natürlich ist anzunehmen, daß in dieser Zeit auch die Konformationsrelaxation $A_2 \rightarrow A_1$ erfolgt (da A und C lt. Voraussetzung keine Energietransformatoren sind, müssen ihre Prozesse der Konformationsrelaxation mit wesentlich geringeren Energieänderungen ablaufen und deshalb werden sie uns vorerst nicht interessieren).
Somit kann man jetzt den Zustand der drei Transportpartikel in folgender Form schreiben:

$$A_1B_2^-C_1. \qquad \text{(III)}$$

Wie der Ausgangszustand, so befindet sich auch dieser Zustand konformationell im Gleichgewicht, obwohl die Konformation des Transportpartikel-Transformators starke Änderungen erfuhr.
Die entsprechenden Elektronenniveaus von B_1^- und C_1 stimmen jetzt mit einer Genauigkeit überein, die für die Ermöglichung der Tunnelübertragung ausreichend ist. Die Tunnelübertragung erfolgt hinreichend schnell und überführt das System in den Zustand

$$A_1B_2C_1^-. \qquad \text{(IV)}$$

Dieser Zustand befindet sich wiederum konformationell im Nichtgleichgewicht und muß langsam in den Endgleichgewichtszustand relaxieren

$$A_1B_1C_2^-. \qquad \text{(V)}$$

Somit erfolgte eine Elektronenübertragung vom Donator zum Akzeptor, der Transport partikel-Transformator aber erfuhr eine zyklische Redox- und Konformationsänderung

Den ganzen Prozeß kann man schematisch wie folgt darstellen:

$$A_2^-B_1C_1 \xrightarrow[(a)]{\text{schnell}} A_2B_1^-C_1 \xrightarrow[(b)]{\text{langsam}} A_1B_2^-C_1 \xrightarrow[(c)]{\text{schnell}} A_1B_2C_1^- \xrightarrow[(d)]{\text{langsam}} A_1B_1C_2^-. \tag{8.39}$$

Die Reduktion und Oxidation des aktiven Zentrums des Transportpartikel-Transformators B erfolgt in den schnell ablaufenden Stufen a und c. Der Ausgangszustand der Transportpartikel B befindet sich bei diesen Stufen im Gleichgewicht und im Verlauf des Prozesses selbst können nur geringe Energieänderungen des Systems stattfinden,

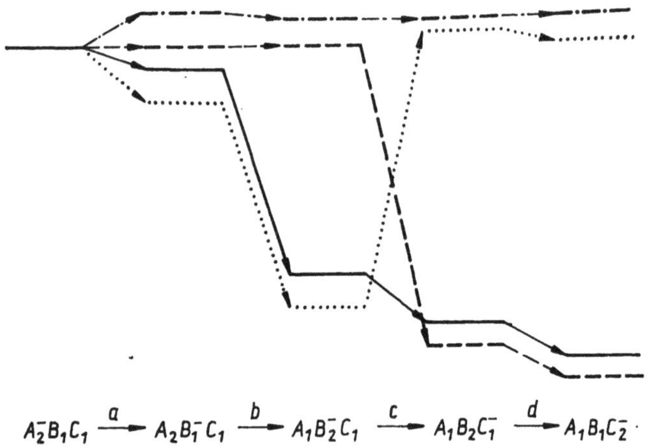

Abb. 8.9. Schema der Änderung der Gesamtenergie des Systems ABC (durchgezogene Linie) und der Gesamtenergie der Überträger bei den einzelnen Stufen des Prozesses (8.39). A (strichpunktiert), B (punktiert) und C (gestrichelt).

die unbedingt in Form von Wärme dissipiert werden. Große Energieänderungen, die im Prinzip für die Realisierung irgendwelcher paralleler chemischer Prozesse genutzt werden können, treten nur in den langsamen Relaxationsstufen auf. Seit einer Reihe von Jahren wird in der Literatur eine scharfe Diskussion über die Frage geführt, bei welcher Stufe die Energie der Elektronenübertragung genutzt wird, bei der Oxidations- oder der Reduktionsstufe des Überträger-Transformators. Wir sehen, daß bereits die Fragestellung ohne Sinn ist. Die Energienutzung kann nur im Verlauf der Konformationsrelaxation der Transportpartikel erfolgen, die selbst überhaupt kein Redoxprozeß ist.

In Abbildung 8.9 ist die Änderung der Gesamtenergie des Systems ABC und der einzelnen Transportpartikel in den Stufen des Prozesses (8.39) dargestellt. Weil für die weiteren Diskussionen nur die relativen Energieänderungen wichtig sind, sollen die Niveaus der Gesamtenergie der einzelnen Transportpartikel im Ausgangszustand und die Gesamtenergieniveaus des ganzen Systems rein willkürlich zusammenfallen. In der Stufe a bleibt die Energie des Akzeptors C natürlich ohne Änderungen[1]). Die Energie des Donators A muß sich in dieser Stufe um einen Betrag erhöhen, der praktisch dem Ionisierungspotential A_2^- unter Abzug der sich schnell in Wärme umwandelnden Energie entspricht. Dabei handelt es sich um die bei der Relaxation des aktiven Zentrums A_2

[1]) Vorerst wird die Membran nicht berücksichtigt und die Transportpartikel werden ohne Wechselwirkung angenommen.

und die in seiner näheren Umgebung freiwerdende Energie (s. Kap. 5. und 6.). In derselben Stufe senkt sich die Energie des Transportpartikel-Transformators B (Elektronenaffinität von B_1 und schnelle Relaxation). Die Energieänderung von B in dieser Stufe ist dem Absolutbetrag nach größer als die Änderung des Energieniveaus von A_2 (das freie Elektronenniveau von B_1 liegt um einen Wert unterhalb des besetzten Niveaus von A_2^-, der den Wert von ca. 0,1 eV nicht übersteigt) und folglich muß sich die Energie des gesamten Systems in der Stufe a leicht verringern. In der Stufe b bleibt das Niveau von C_1 wiederum unverändert, das Niveau von A senkt sich durch die Konformationsrelaxation $A_2 \rightarrow A_1$ unwesentlich, aber die Energie des Transportpartikel-Transformators B verringert sich durch die langsame Konformationsrelaxation $B_1^- \rightarrow B_2^-$ stark. Die Fähigkeit eine solche Energiesenkung durchzuführen, ist eben das besondere Merkmal des Transformators. Im Verlauf dieser Relaxation nähert sich das Elektronenniveau[1]) des aktiven Zentrums B_2^- (mit einer Genauigkeit 0,1 eV) dem unbesetzten Elektronenniveau des aktiven Zentrums des Akzeptors C_1. Dadurch kann die Elektronenübertragung auf C_1 unter Bildung der Nichtgleichgewichtszustände B_2 und C_1^- (Stufe C) (auf Grund der geringen Geschwindigkeit der Konformationsrelaxation) erfolgen. Das Niveau von A ändert sich dabei nicht, die Energie von B vergrößert sich bis auf einen Wert, der die Energie des konformationell im Gleichgewicht befindlichen Ausgangszustandes B_1 übersteigt. Die Energie des Akzeptors C dagegen wird hauptsächlich durch die hohe Elektronenaffinität von C_1 stark gesenkt (der Unterschied in den Elektronenaffinitäten von A_1 und C_1 oder in den Ionisierungspotentialen von A_2^- und C_2^- stellt eigentlich die Energiequelle des ganzen Prozesses dar).

Während der Zeit der langsamen Stufe d relaxieren die Transportpartikel B und C in ihre entsprechenden Gleichgewichtskonformationen. Im Ergebnis des gesamten Prozesses hat der Donator A ein Elektron an den Akzeptor C übergeben, wobei beide in den entsprechenden konformationellen Gleichgewichtszustand gekommen sind. Der Transportpartikel-Transformator B aber durchlief einen vollen Zyklus von Redox- und Konformationsumwandlungen und kehrte in seinen Ausgangszustand zurück.

Im Rahmen dieses Schemas ist der Transportpartikel-Transformator im Zustand B_1^- die primäre energiereiche Verbindung mit einem reduzierten aktiven Zentrum und einer *Ausgangskonformation*, die eine im Nichtgleichgewicht befindliche oxidierte Konformation darstellt. Während der Zeit der Konformationsrelaxation des Transformators in der Stufe b kann die Energie dieser primären energiereichen Verbindung genutzt werden.

Wie kann so etwas vor sich gehen? Ein möglicher spezieller Mechanismus (der in keiner Weise bewiesen ist!) wurde in [28] vorgeschlagen. Hinreichend begründet ist die Meinung, daß im Kopplungspunkt ein labiler Komplex zwischen dem Transportpartikel-Transformator und dem aktiven Zentrum des Kopplungsenzyms existiert, zu dessen Bestandteilen möglicherweise auch adeningebundenes ADP gehört. Im Prozeß der Konformationsrelaxation von $B_1^- \rightarrow B_2^-$ (Stufe b, Abb. 8.9) senkt sich das Elektronenniveau von B^- und zu einem bestimmten Zeitpunkt t_1 gleicht es sich dem Akzeptorniveau des Adenins an. Es wird eine Situation geschaffen, bei der zwei Elektronenniveaus (des Transformators und des Adenins) gleich sind und durch eine schwach durchlässige Barriere getrennt sind. In Arbeit [25] wurde in einem solchen System die zeitweilige Delokalisierung des Elektrons durch quantenmechanische Resonanz betrachtet. Bei

---

[1]) Hier muß man genau zwischen den Elektronenniveaus und den im Schema angeführten Niveaus der Gesamtenergie der Transportpartikel unterscheiden.

einem langsamen adiabatischen Durchgang der Niveaus relativ zueinander, findet man einen Teil der Elektronendichte von B_1^- am Adenin. Die Erhöhung der Elektronendichte am Adeninring (seine Reduktion) ist mit einer starken Erhöhung des Basencharakters der Aminogruppe des Adenins verbunden, der sich dem für aliphatische Amine charakteristischen Wert nähert [29]:

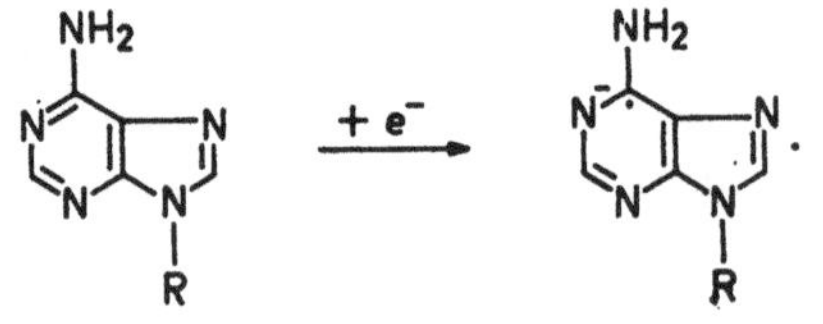

Hier ist rechts die reduzierte anionenradikalische Form des Adeninrestes dargestellt, dessen NH_2-Gruppe eine erhöhte Basizität besitzt und sich leicht mit einer beliebigen elektrophilen Gruppe verbindet. In Arbeit [29] wurde als Beispiel einer solchen Gruppe anorganisches Phosphat untersucht und die kovalente Kopplung des Phosphats an die Aminogruppe wurde als erste Stufe der ATP-Bildung angenommen. Im Prinzip stimmen Schemata ähnlichen Typs mit den Befunden von Kajushin und Mitarbeitern überein [80], die eine Entstehung radikalischer Formen bei der enzymatischen ATP-Hydrolyse beobachteten und decken sich mit den Ergebnissen der Autoren von [112], wonach die hydrierten (reduzierten) ADP-Moleküle sich mit dem Phosphat verbinden können.
Das Phosphat wird jedoch kaum direkt an der Bildung der primären energiereichen chemischen Bindung beteiligt sein [136]. Als eine der möglichen Arbeitshypothesen kann man das in den Arbeiten [135, 455] vorgeschlagene Carboxylschema verwenden, nämlich die Erhöhung der Elektronendichte am Adeninring und die Vergrößerung der Basizität der Aminogruppe zur Bildung der Amidbindung mit einer der Carboxylgruppen des Kopplungsenzyms:

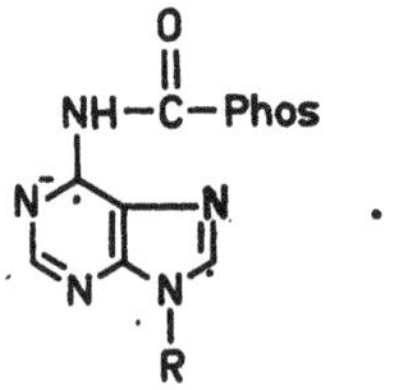

Für einen solchen Zustand des Adeninrings wird die Hydrolyse dieser Amidbindung durch eine geringe freie Hydrolyseenergie charakterisiert und die Bindung selbst ist deshalb nicht energiereich. Die Konformationsrelaxation des Transportpartikel-Transformators B setzt sich jedoch auch zu einem bestimmten Zeitpunkt t_2 fort und sein Elektronenniveau ist dann niedriger als das des Adenins. Es erfolgt ein Abpumpen der Elektronendichte vom Adenin zurück auf das aktive Zentrum von B. Die Aminogruppe wird wieder aromatisch und die schon gebildete Amidbindung energiereich:

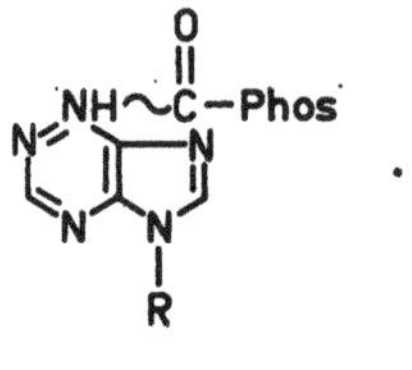

Somit erfolgt die „Entladung“ der primären „mechanischen“ energiereichen Verbindung B_1^- und die Bildung der primären „chemischen“ energiereichen Bindung in der Zeit eines elementaren Aktes, nämlich der Konformationsrelaxation des Transportpartikel-Transformators, und beide Prozesse können deshalb ohne wesentliche Energiedissipation realisiert werden.
Zwei Tatsachen muß man dabei besonders beachten. Erstens, das Elektronenniveau des Transformators bleibt im Verlauf der ganzen Zeit der Relaxation $B_1^- \rightarrow B_2^-$ im Grundzustand, d. h. auf dem niedrigsten besetzten Elektronenniveau für die gegebene momentane Konformation des Überträgers. Das schließt die Möglichkeit der Energiedissipation auf Kosten innermolekularer strahlender oder strahlungsloser Elektronenübergänge aus. Zweitens kann die Änderung der Elektronendichte am Adenin nicht nur durch die zeitweilige Elektronenübertragung vom Transformator B^- ermöglicht werden. Die Konformationsrelaxation von B^- kann eine Konformationsänderung am Kopplungsenzym [Synthetase) hervorrufen, was seinerseits zur Änderung der Elektronendichte am aktiven Zentrum des Enzyms führt.
Bisher haben wir das von der Membran isolierte Überträger-System ABC untersucht. Diese Überträger und das Kopplungsenzym sind jedoch in einer Lipoproteidmembran eingebaut, deren Zustand kooperativ vom Zustand ihrer Komponenten abhängt. Die Relaxation der Nichtgleichgewichtskonformation des Überträgers im Kopplungspunkt ist mit der Bildung einer chemischen energiereichen Bindung im Kopplungsenzym verbunden (dieses Enzym werden wir willkürlich als ATP-Synthetase bezeichnen), was seinerseits zur Konformationsänderung dieses Proteins führt. Die neue Konformation der ATP-Synthetase ruft einen entsprechenden Relaxationsprozeß des ganzen Bereichs der Membran hervor, deren neue Konformation letzten Endes durch den Zustand der Überträger und durch die gebildeten primären energiereichen Bindungen bestimmt wird. Diese neue Gleichgewichtskonformation der Membran ist wahrscheinlich der energieangereicherten Konformation von Green [307] äquivalent. Der im Experiment beobachtete Übergang der Membran in einen Zustand, der durch eine erhöhte Löslichkeit von paramagnetischen apolaren Sonden in ihr [363], sowie durch eine andere Intensität einer Flüoreszenzsonde gekennzeichnet ist [205] usw., spiegelt eben diesen Relaxationsprozeß eines ganzen Bereichs der Membran (nach der Bildung einer primären energiereichen chemischen Bindung) in den neuen Gleichgewichtszustand wider. Folglich ist der Übergang der Membran in die energieangereicherte Konformation Greens ein sekundärer Prozeß und die entsprechende charakteristische Zeit (ca. 3 sec) ist größer als die Relaxationszeit des gekoppelten Überträgers (die kleiner als 1,5 sec ist) [261].
Dabei muß man betonen, daß sich die energieangereicherte Konformation der Membran im Prinzip im Gleichgewicht befindet. Ihre Konformationsenergie ist gleich Null und in diesem Sinne ist sie eigentlich nicht energieangereichert. Eine solche Konformation wird jedoch nur bei vorhandener energiereicher Bindung in der ATP-Synthetase möglich und somit kann man von einer chemisch energieangereicherten Membran sprechen. Ihre Energie kann in den nachfolgenden enzymatischen Säure-Basen-Reaktionen der ATP-Synthese — aber auch genauso für andere endergonische Prozesse — genutzt werden.
Somit werden in jedem Kopplungspunkt Prozesse realisiert, die in Abb. 8.10 schematisch dargestellt sind. B_1SM ist der Ausgangszustand des Überträger-Transformators B, der ATP-Synthetase S und der Membran M. Durch die Bindung des Elektrons (schnelle Stufe 1) ändert sich die Konformation des Überträgers nicht, aber sie geht in ein Nichtgleichgewicht über und relaxiert langsam zum Gleichgewichtszustand B_2^-. Bei diesem

Prozeß bildet sich gleichzeitig im aktiven Zentrum der ATP-Synthetase eine primäre chemische energiereiche Bindung (Stufe 2). Das Elektron wird schnell auf den nächsten Akzeptor übertragen (Stufe 3) und die Membran, die sich durch die Änderung der ATP-Synthetase im Nichtgleichgewicht befand, relaxiert zur neuen Gleichgewichtsstruktur M* (Stufe 4). Im Zustand $B_2S \sim M^*$ kann der Transportpartikel-Transformator kein Elektron vom Donator binden (die entsprechenden Niveaus liegen weit voneinander

$$B_1SM \xrightarrow{1} B_1^-SM \xrightarrow{2} B_2^-S \sim M \xrightarrow{3} B_2S \sim M \xrightarrow{4} B_2S \sim M^* \xrightarrow[\text{ADP + Pa} \;\to\; \text{ATP}]{5} B_1SM$$

Abb. 8.10. Reihenfolge der Prozesse im Kopplungspunkt bei der Membranphosphorylierung.

entfernt, s. Abb. 8.9) und die geänderte Membranstruktur erschwert die Relaxation von $B_2 \to B_1$. Wenn Energieakzeptoren fehlen (z. B. ATP) relaxiert der Zustand $B_2S \sim M^*$ sehr langsam ($\tau \approx 7$ sec) [206] unter Abgabe von Wärme in den Ausgangszustand (Atmungsregulierung). Die Phosphorylierung von ADP hebt die chemische Kopplung auf ($S \sim \to S$) und beschleunigt die Relaxation, die den Zyklus schließt (Stufe 5).

In jedem der drei Kopplungspunkte können die entsprechenden charakteristischen Zeiten unterschiedlich sein.

Auf Grund der kooperativen Eigenschaften der Membran sind die Zustände der einzelnen Überträger und die Zeiten ihrer Relaxationsänderungen voneinander abhängig. Der Ausgangszustand des Transportpartikel-Transformators vor einem Arbeitsgang (Stufe b in Abb. 8.9) befindet sich im starken Nichtgleichgewicht, aber der Energieabfall bei seiner Relaxation wird nicht durch seine eigenen Merkmale bestimmt, sondern auch durch den Zustand ganzer Bereiche der Membran. Dieser Zustand hängt wiederum von der Situation in anderen Kopplungspunkten der gegebenen ETK und möglicherweise auch von anderen ETK ab. Offensichtlich können die Regulation der Elektronenübertragung und die Energietransformation in den Membranen auf Kosten solcher Prozesse ermöglicht werden. Wahrscheinlich führt diese Regulation automatisch dazu, daß in der richtig arbeitenden phosphorylierenden Membran der Energieabfall beim Relaxationsübergang $B_1^- \to B_2^-$ eines jeden Transportpartikel-Transformators zum Zeitpunkt seiner Reduktion 0,63 eV beträgt oder diesen Wert übersteigt. Die Stöchiometrie des Prozesses (der Durchlauf von zwei Elektronen durch den Kopplungspunkt führt zur Synthese eines ATP-Moleküls) ist nur im Mittel erfüllt. Die Übertragung eines Elektrons durch die ganze ETK von NAD-H zum O_2 führt entweder zur Bildung eines oder zweier ATP-Moleküle (im Mittel 1,5) in Abhängigkeit vom augenblicklichen Zustand der ETK[1]). Im Fall, daß die Konformation und die Lage der Elektronenniveaus der Überträger im starken Nichtgleichgewichtszustand sind, wird die Verwendung der gewöhnlichen thermodynamischen Funktionen unter anderem auch die Verwendung der Redoxpotentiale sinnlos. Die Geschwindigkeiten der einzelnen Stufen des Zyklus (s. Abb. 8.10)

[1]) Das gilt natürlich nur dann, wenn es keinen (bis jetzt schwer vorstellbaren) Mechanismus der Bildung der primären energiereichen chemischen Bindung gibt, der die aufeinanderfolgende oder parallele Übertragung zweier Elektronen braucht. Im Rahmen der chemiosmotischen Hypothese könnte man sich eine ähnliche Anpassung der Änderung des elektrochemischen Protonenpotentials in den Kopplungspunkten nur schwer vorstellen.

und folglich auch die Konzentrationsverhältnisse der oxidierten und reduzierten Formen der Überträger können stark vom Zustand der Membranen abhängen. Deshalb sind die oben gefundenen Widersprüche zwischen den Ergebnissen der mit impulsmäßigen und stationären Methoden an den ETK von Mitochondrien gefundenen Werte nicht weiter verwunderlich (s. Kap. 7.).
Die Relaxation zum Gleichgewicht ist nicht auf dem Wege der Konformationsänderung des Makromoleküls, sondern auch auf dem Wege der Änderung seiner Oberflächenladung möglich. Somit kann man sagen, daß die nach dem Primärakt (Elektronenübertragung für das Molekül, Bildung der chemischen energiereichen Verbindung für die Membran) entstandene Konformation sich nicht nur geometrisch, sondern auch ladungsmäßig im Nichtgleichgewicht befindet. Wenn eine genügend schnelle Änderung der Oberflächenladung möglich ist, dann ist die Relaxation zum Gleichgewicht auch ohne wesentliche Änderungen der Geometrie möglich. Man kann annehmen, daß die Wirkung vieler Entkoppler auf dieser Grundlage beruht.
Wie wir sahen, bestand bei der chemiosmotischen Konzeption die entkoppelnde Wirkung vieler Verbindungen in ihrer Fähigkeit, die Wasserstoffionenübertragung durch die Membran mit der nachfolgenden Neutralisierung des elektrischen Feldes der Membran zu katalysieren. Wenn die Entkoppler wirklich in der Lage wären, eine schnelle elektrische Relaxation der Transportpartikel-Transformatoren und der Membran als Ganzes zu ermöglichen, würden sich die entsprechenden Elektronenniveaus so schnell senken, daß keine chemischen energiereichen Bindungen gebildet werden können und die Transportzeit der Elektronen durch den Kopplungspunkt würde sich stark verringern. Wir sahen, daß das tatsächlich erfolgt (s. Abschnitt 7.3.).
Die hier untersuchten physikalischen Grundlagen des Mechanismus der Membranphosphorylierung stimmen ebenso mit den Befunden der Arbeit [340] überein, wo nachgewiesen wurde, daß keine allgemeine und für alle Kopplungspunkte gemeinsame energiereiche Zwischenverbindung existiert.
In der Arbeit [167] wird die mögliche Rolle des Membranpotentials bei der Regulierung der Elektronenübertragung und der Membranphosphorylierung diskutiert.
Zusammenfassend muß noch einmal unterstrichen werden, daß spezielle Einzelheiten der hier untersuchten Mechanismen (z. B. die Beteiligung des Adenins und der Carboxylgruppen der ATP-Synthetase bei der Bildung der primären chemischen energiereichen Bindung) reinen Anschauungscharakter tragen und daß sie nur für die genauere Diskussion einiger physikalischer Konzeptionen notwendig waren.
Es ist völlig klar, daß für eine effektive Energieumwandlung auch die Anregung solcher Freiheitsgrade des Systems notwendig wird, die ihre Energie langsam mit den Freiheitsgraden der Wärmebewegung austauschen. Offensichtlich sind die mechanischen Freiheitsgrade für diese Ziele am geeignetsten. Wir sahen, daß die Fähigkeit zu zielgerichteten Konformationsänderungen, d. h. die Fähigkeit zur mechanischen Bewegung unter dem Einfluß lokaler Störungen, ein besonderes Merkmal von Proteinmolekülen ist. Es ist anzunehmen, daß diese Besonderheit bei allen Prozessen der Energietransformation in der Zelle darunter auch bei den Prozessen der Substrat- und Membranphosphorylierung ausgenutzt wird.
Damit ist nicht ausgeschlossen, daß man die erforderlichen Relaxationsänderungen der ATP-Synthetase und der Membran im Prinzip auch ohne Beteiligung eines Transportpartikel-Transformators durch andere eine Anregung hervorrufende Einflüsse induzieren kann, z. B. durch Licht (Photoübertragung des Elektrons zum aktiven Zentrum), durch starke pH-Änderungen oder durch Änderungen des Ionenmilieus, usw.

Schlußwort

In diesem Buch wurde der Versuch unternommen, einige allgemeine physikalische Probleme zu formulieren, die vor einem Wissenschaftler stehen, der biologische Vorgänge analysiert.
Die Grundlage bildete die Betrachtung biologischer Systeme als Maschinen, d. h. als Konstruktionen, die ausgewählte Freiheitsgrade besitzen und imstande sind, einerseits die innere Energie für die Verrichtung nutzbarer Arbeit zu verwenden und andererseits eine sinnvolle Ordnung, Information zu schaffen. Wie wir sahen, sind solche Vorstellungen bereits auf dem Niveau der Biopolymere anwendbar.
Von den Maschinen, die der Mensch heute herstellen kann, unterscheiden sich die biologischen Maschinen vor allem dadurch, daß in ihnen die mechanischen und statistischen Komponenten nicht voneinander zu trennen sind und auf fast allen Ebenen der räumlichen Organisation miteinander verknüpft sind.
Wie alle Maschinen, so werden auch die belebten Systeme vor allem durch ihr kinetisches Nichtgleichgewicht charakterisiert. Die Besonderheiten ihrer Funktionsweise auf verschiedenen Organisationsebenen werden nicht allein dadurch bestimmt, daß sie dank des Energieaustauschs und des Stoffwechsels mit dem umgebenden Milieu einen Nichtgleichgewichtszustand aufrechterhalten, sondern auch durch den Umstand, daß der Übergang in das Gleichgewicht kinetisch behindert ist.
Prozesse, die in — und in Verbindung mit — der belebten Materie ablaufen, genügen völlig allen Gesetzen der Thermodynamik (entweder der Gleichgewichtsthermodynamik oder der Nichtgleichgewichtsthermodynamik in Abhängigkeit von den untersuchten Zeitintervallen). In Verbindung mit dem bereits erwähnten mechanischen Charakter belebter Systeme und ihrer Komponenten jedoch, erweist sich die gewöhnliche thermodynamische Betrachtungsweise in der Mehrzahl der Fälle als wenig produktiv. Die interessantesten Eigenschaften der belebten Materie sind — sogar auf dem Niveau der Makromoleküle und subzellulären Strukturen (z. B. solche, wie Enzymkatalyse und Energietransformation) — stark abhängig von der Anregung bestimmter langsam relaxierender mechanischer Freiheitsgrade. Ich habe versucht (natürlich vorerst auf rein phänomenologischem Niveau), die möglichen Lösungswege, die bei diesen Problemen entstehen, zu charakterisieren.
Die Schwierigkeiten, die bei der entsprechenden physikalischen Beschreibung der wichtigsten Merkmale der makromolekularen und subzellulären Strukturen der belebten Materie entstehen, hängen nicht nur mit ihrem kinetischen Nichtgleichgewicht zusammen, sondern auch damit, daß sich der Grad dieses kinetischen Nichtgleichgewichts im Verlauf ihrer Funktion und bei geringfügiger Änderung solcher Parameter wie Temperatur und pH ändert. Letzterer Umstand macht die Anwendung vieler Begriffe und

Formeln, die bei der Untersuchung von Prozessen mit einfacheren Molekülen erfolgreich angewendet werden, sinnlos. Die Schaffung entsprechender quantitativer und halbempirischer Theorien, die die VAN'T HOFFsche Betrachtungsweise in der Thermodynamik und die ARRHENIUS-EYRINGsche Betrachtungsweise in der Kinetik ersetzen, stellt die wichtigste Aufgabe dar, die heute vor der Biophysik steht.

Bei weitem nicht alle biologischen Erscheinungen erlauben heute bereits eine Formulierung geschweige denn eine Lösung der entsprechenden physikalischen Probleme. Den Teil der Biologie, der so einfach und so gut untersucht ist, daß man für ihn schon jetzt wenigstens physikalische Fragestellungen finden und in der Physik erarbeitete Untersuchungsprinzipien anwenden kann, kann man als Biophysik bezeichnen. Die Bezeichnung Biophysik ist in der Tat nicht sehr glücklich gewählt.

Man kann voraussetzen, daß dieser Teil der Biologie stetig wachsen wird, indem er sich asymptotisch der ganzen Biologie nähert (obwohl wir uns heute noch am Anfang des Weges befinden). Hier werden keinerlei Verbote sichtbar. Daraus folgt jedoch nicht, daß man die Augen davor verschließen kann, daß die Forscher heute noch nicht die geringste Vorstellung darüber haben, worin das physikalische Herangehen nicht nur für so komplizierte biologische Erscheinungen, wie das Denken, sondern auch für so fundamentale und einfache biologische Prozesse, wie die Morphogenese, bestehen wird. Im Kapitel 1 wurde bereits erwähnt, daß die Beseitigung dieser Schwierigkeiten kaum mit der Notwendigkeit der Schaffung einer prinzipiell neuen, speziellen „biologischen" Physik verbunden ist. Wir wissen einfach zu wenig über die Biologie.

Das Leben in der Form, wie es auf unserem Planeten existiert — auf jeden Fall seine komplizierten Formen, die zur Selbsterkenntnis befähigt sind — sind nicht nur äußerst seltene Erscheinungen, sondern wahrscheinlich auch die einzigen im ganzen All.

Deshalb wäre es sehr bedauerlich, ein so glückliches Zusammentreffen der Umstände nicht zu nutzen, um alle Kräfte für die Untersuchung des interessantesten Forschungsgegenstandes — nämlich der belebten Materie, die selbst zur Forschung befähigt ist — zu mobilisieren.

Literatur

[1] ANNAJEV, V. K., L. M. REICHMAN und V. I. SUSKINA: Die Untersuchung von Konformationsänderungen in Membranen des endoplasmatischen Retikulums mit der Methode der paramagnetischen Sonde; Doklady AN **196**, 969 (1971)

[2] BAUER, E. S.: Theoretische Biologie; VIEM, 1935

[3] BELIZER, V. A., und E. T. ZYBAKOVA: Über den Mechanismus der mit der Atmung gekoppelten Phosphorylierung; Biokhimia **4**, 516 (1939)

[4] BELOUSOV, B. P.: Eine periodisch auftretende Reaktion und ihr Mechanismus, in: Referate zur Strahlungsmedizin des Jahres 1958; Medgis, 1959, S. 145

[5] BENDERSKI, V. A., und L. A. BLUMENFELD: Mit der Ladungsübertragung verbundene Zustände in organischen Systemen; Doklady AN **144**, 813 (1962)

[6] BENDERSKI, V. A., L. A. BLUMENFELD und D. A. POPOV: Mit der Ladungsübertragung verbundene Zustände in organischen Systemen. III. Das Leitfähigkeitsband und angeregte Zustände der Moleküle in organischen Halbleitern; Zh. strukt. Khim **7**, 370 (1966)

[7] BENDERSKI, V. A., L. A. BLUMENFELD und A. I. PRISTUPA: Verschiedene Typen von paramagnetischen Zentren in Polymeren mit Doppelbindungen; Vysokomol. soedin. **A9**, 171 (1967)

[8] BERESTEZKAJA, I. V., J. N. KOSAGANOV, J. S. LAZURKIN, E. N. TRIFONOV und M. D. FRANK-KAMENETZKI: Das Schmelzverhalten von DNS mit Defekten in der Sekundärstruktur; Mol. Biol. **4**, 137 (1970)

[9] BERNHARD, S.: Struktur und Funktion von Enzymen; Mir, 1971

[10] BILEVICH, K. A., und O. J. OKHLOBYSTIN: Die Elektronenübertragung als Elementarakt organischer Reaktionen; Usp. Khimii **37**, 2162 (1968)

[11] Biologische Uhren; Mir, 1964

[12] BLUMENFELD, L. A.: Aus Anlaß der Arbeit von A. S. Davydov: „Berechnung der niedrigsten Elektronenbänder des Naphthalinmoleküls"; Zh. eksp. teoret. Fiz. **18**, 670 (1948)

[13] BLUMENFELD, L. A.: Der chemische Aufbau des Hämoglobin und der Mechanismus der Reaktion der reversiblen Sauerstoffbindung; Doklady AN **85**, 1111 (1952)

[14] BLUMENFELD, L. A.: Hämoglobin und reversible Sauerstoffbindung; Sovetskaja Nauka, 1957

[15] BLUMENFELD, L. A.: ESR-Spektren von biologischen Objekten und Energiemigration; Izv. AN, ser. biol. 285 (1957)

[16] BLUMENFELD, L. A.: Zur Molekularbiologie; in: Über das Wesen des Lebens; Nauka, 1964, S. 121

[17] BLUMENFELD, L. A.: Aktivierungsparameter enzymatischer Reaktionen; Biofizika **16**, 724 (1971)

[18] BLUMENFELD, L. A.: Zum Elementarakt der Enzymkatalyse; Biofizika **17**, 954 (1972)

[19] BLUMENFELD, L. A.: Paramagnetische Zentren und Ladungen in photosynthetischen Systemen, IV. Mezhd. Biofis. Kongr. Moskva; 1972, Thesen, S. 56

[20] BLUMENFELD, L. A., und V. A. BENDERSKI: Mit der Ladungsübertragung verbundene Zustände in organischen Systemen; Zh. strukt. Khim. **4**, 405 (1963)

[21] BLUMENFELD, L. A., und V. A. BENDERSKI: Mechanismen der Leitfähigkeit und Photoleitfähigkeit organischer Materialien, in: Arbeiten der zweiten Konferenz über organische Halbleiter; Snanie, Riga, 1968, S. 8
[22] BLUMENFELD, L. A., V. A. BENDERSKI und P. A. STUNCHAS: Mit der Ladungsübertragung verbundene Zustände in organischen Systemen. IV. Paramagnetismus und Leitfähigkeit organischer Halbleiter; Zh. strukt. Khim, 686 (1966)
[23] BLUMENFELD, L. A., L. V. BRUKHOVEZKAJA, G. V. FOMIN und S. M. SHEIN: Die Rolle der Akte der Einelektronenübertragung bei Reaktionen organischer Verbindungen; Zh. fiz. Khim. 44, 931 (1970)
[24] BLUMENFELD, L. A., V. V. VOJEVODSKI und A. G. SEMJONOV: Anwendung der ESR in der Chemie; Novosibirsk, 1962
[25] BLUMENFELD, L. A., V. I. GOLDANSKI, M. I. PODGOREZKI und D. S. CHERNAVSKI: Räumliche und zeitliche Delokalisation von Elektronen in molekularen Systemen und der Kopplungsbegriff in der Chemie; Zh. strukt. Khim. 8, 854, (1967)
[26] BLUMENFELD, L. A., und A. E. KALMANSON: ESR-Spektren nativer und denaturierter Proteine; Doklady AN 117, 72 (1957)
[27] BLUMENFELD, L. A., D. N. KAFALIEVA, V. A. LIFSHIZ, I. S. SOLOVJEV und A. G. CHETVERIKOV: Wirkungsspektren der Photoleitfähigkeit grüner Blätter und Chloroplasten bei einer Frequenz von 10^{10} Hz; Doklady AN 193, 700 (1971)
[28] BLUMENFELD, L. A., und V. K. KOLTOVER: Energietransformation und Konformationsübergänge als Relaxationsprozesse in Mitochondrien-Membranen; Mol. Biol. 6, 161 (1972)
[29] BLUMENFELD, L. A., und M. I. TJOMKIN: Zum möglichen Mechanismus der Bildung von ATP im Verlauf der oxidativen Phosphorylierung; Biofizika 7, 731 (1962)
[30] BOGUSLAVSKI, L. I., und A. V. VANNIKOV: Organische Halbleiter und Biopolymere; Nauka, 1968
[31] BORISOV, A. J., und M. D. ILJINA: Lebenszeit und Fluoreszenzausbeute der beiden photochemischen Systeme höherer Pflanzen; Biokhimia 36, 822 (1971)
[32] BRAUNSTEIN, A. E.: Aktive Zentren und die Natur der katalytischen Wirkung von Enzymen; Zh. Vsesojus. khim obshsch. imeni. Mendelejeva 8, 81 (1963)
[33] BRESLER, S. E.: Zum aktiven Zentrum von Enzymen; Trudy Mezhd. Biokhim. Kongr. Symp. 1, AN UdSSR, 1962, S. 51
[34] BRJEVSKAJA, O. N., L. P. KAJUSHIN und O. S. NEDELINA: Zur Existenz freier Radikale bei der enzymatischen Hydrolyse des ATP; Biofizika 11, 213 (1966)
[35] BRJEVSKAJA, O. N., L. P. KAJUSHIN, M. N. KONDRASHOVA, O. S. NEDELINA und E. M. SHEKSHEJEV: Untersuchung radikalischer Zustände bei Atmungs- und Phosphorylierungsprozessen in Mitochondrien; Biofizika 11, 1076 (1966)
[36] BRJEVSKAJA, O. N., K. M. LVOV und O. S. NEDELINA: Zur Frage der Existenz freier Radikale bei der enzymatischen Hydrolyse von ATP; Biofizika 9, 500 (1964)
[37] BRJEVSKAJA, O. N., V. S. MARINOV, O. S. NEDELINA und E. M. SHEKSHEJEV: Radikalische Zustände von Zellen und subzellulären Komponenten; Biofizika 12, 354 (1967)
[38] BRJEVSKAJA, O. N., und O. S. NEDELINA: Untersuchung der Hydrolysereaktion des ATP durch Aktomyosin in Anwesenheit von Akridinorange; Biofizika 31, 141 (1968)
[39] BRILLOUIN, L.: Wissenschaft und Informationstheorie; Fizmatgiz, 1960
[40] BUCHACHENKO A. L., und A. M. VASSERMAN: Vorzeichen der Hfs-Koppelkonstanten und Spindichten in Nitroxyl-Radikalen; Zh. strukt. Khim. 8, 27 (1967)
[41] VAVILOV, S. I.: Die Mikrostruktur des Lichtes; AN UdSSR, 1950
[42] WEISSBLUT, M.: Die Physik des Hämoglobins, in: Struktur und Bindung; Mir, 1969, S. 11
[43] VLADIMIROV, J. A.: Photochemie und Lumineszenz von Proteinen; Nauka, 1965
[44] VLADIMIROV, J. A., und S. V. KONJEV: Zur Möglichkeit der Energiemigration im Proteinmolekül; Biofizika 2, 3 (1957)
[45] VLADIMIROV, J. A., und S. V. KONJEV: Über mögliche Mechanismen der Energiemigration im Proteinmolekül; Biofizika 4, 533 (1959)
[46] VOLKENSTEIN, M. V.: Die Statistik der Konfiguration von Polymerketten; AN UdSSR, 1959

[47] VOLKENSTEIN, M. V.: Physik der Enzyme; Nauka 1967
[48] VOLKENSTEIN, M. V.: Elektronen-Konformationswechselwirkungen in biologischen Systemen; Izv. AN, ser. biol., 805 (1971)
[49] VOLKENSTEIN, M. V., R. R. DOGONADZE, A. K. MADUMAROV, Z. D. URUSHADZE und J. I. KHARKAZ: Zur Theorie der Enzymkatalyse; Mol. biol. 6, 431 (1972)
[50] GLASSTONE, S., K. LEIDLER und G. EYRING: Theorie der absoluten Reaktionsgeschwindigkeiten; Izdat. Lenina, 1948
[51] GOLUBJEV, V. B., M. N. KUZNETSOVA und V. B. EVDOKIMOV: Untersuchung des Umwandlungsprozesses in der Reihe Chinon—Semichinon-Hydrochinon in basischem Milieu. I. Übergang vom Chinon zum Semichinon; Zh. fiz. Khim. 37, 2795 (1963)
[52] GOLUBJEV, V. B., L. S. JAGUZHINSKI und A. V. VOLKOV: Zum Mechanismus der Reaktion der Chinone mit dem Hydroxylion; Biofizika 11, 572 (1966)
[53] GRIGOROV, L. N.: Untersuchung der Reaktion der Elektronenübertragung im bakteriellen photosynthetischen Reaktionszentrum; Dissertation, MGU, 1970
[54] GRIGOROV, L. N., A. A. KONONENKO und A. B. RUBIN: Die Untersuchung der bei niedriger Temperatur ablaufenden photoinduzierten Redoxprozesse der Cytochrome in den Zellen der Schwefelbakterien *Rhodopseudomonas Sp.*; Mol. biol. 4, 483 (1970)
[55] GRIGOROV, L. N., und D. S. CHERNAVSKI: Ein quantenmechanisches Modell der Elektronenübertragung vom Cytochrom zum Chlorophyll in der Photosynthese; Biofizika 17, 195 (1972)
[56] GREEN, D., und S. FLEISCHER: Die molekulare Organisation biologischer umorganisierter Systeme in: Horizonte der Biochemie; Mir, 1964, S. 293
[57] GRINSJUS, L. L., und V. P. SKULACHEV: Die Generierung des mit der Protonenübertragung gekoppelten Membranpotentials; Biokhimia 36, 430 (1971)
[58] GOODWEEN, B.: Zeitliche Organisation der Zelle; Mir, 1966
[59] GURVICH, A. G.: Die biologische Feldtheorie; Medgiz, 1944
[60] GUTMANN, F., und L. E. LYONS: Organische Halbleiter; Mir, 1970
[61] DE GROOT, S.: Thermodynamik irreversibler Prozesse; Mannheim, Bibliographisches Institut, 1960, IL, 1956
[62] DE GROOT, S., und P. MASUR: Nichtgleichgewichtsthermodynamik; Mir, 1964
[63] DESHCHEREVSKI, V. I., A. M. SHABOTINSKI, E. E. SELKOV, N. P. SIDORENKO und S. E. SHNOLL: Biologische Schwingungsprozesse auf molekularer Ebene; Biofizika 15, 225 (1970)
[64] DIXON, M., und E. WEBB: Enzyme; Mir, 1966
[65] DOGONADZE, R. R., und A. M. KUZNETSOV: Berechnung der Wahrscheinlichkeit des elementaren Aktes der Reaktion der Ladungsübertragung in polarer Flüssigkeit in Landauscher Näherung; Teoret. i. eksp. Khim. 6, 298 (1970)
[66] DULOV, A. A., und A. A. SLINKIN: Organische Halbleiter; Nauka, 1970
[67] ZHABOTINSKI, A. M.: Der periodische Ablauf der Oxidation der Malonsäure in Lösung (Untersuchung der Reaktionskinetik von Belousov); Biofizika 9, 306 (1964)
[68] ZHABOTINSKI, A. M.: Periodische Oxidationsreaktion in flüssiger Phase; Doklady AN 157, 392 (1964)
[69] ZHABOTINSKI, A. M.: Chemische Schwingungsreaktionen in homogenem Milieu und Mischungsprobleme, in: Schwingungsprozesse in biologischen und chemischen Systemen; Nauka, 1967, S. 149
[70] ZHABOTINSKI, A. M., und A. N. ZAIKIN: Räumliche Effekte im sich selbst erregenden chemischen Schwingungssystem, in: Schwingungsprozesse in biologischen und chemischen Systemen; Band 2, Pushchino/Oka, 1971, S. 279
[71] ZHABOTINSKI, A. M., und A. N. ZAIKIN: Zum Mechanismus der Entstehung von Synchronisations-Zentren, in: Schwingungsprozesse in biologischen und chemischen Systemen; Bd. 2, Pushchino/Oka, 1971, S. 288
[72] JOLLY, M.: Physikalische Chemie der Proteindenaturierung; Mir, 1968
[73] IGNATJEVA, L. G., T. M. SEREGINA, L. A. BLUMENFELD, E. K. RUUGE, R. I. ARTJUKH und G. B. POSTNIKOVA: Untersuchung der enzymatischen Aktivität von Myosin mit der Spinmarker-Methode; Biofizika 17, 533, (1972)

[74] INGRAM, D.: Elektronenspinresonanz in der Biologie; Mir, 1972
[75] KALMANSON, A. E., L. P. LIPCHINA und A. G. CHETVERIKOV: ESR-Untersuchung der Wechselwirkungsreaktion bösartiger und normaler Zellen mit aus Inhibitoren radikalischer Prozesse entstandenen Semichinon-Ionen-Radikalen; Biofizika 6, 410 (1961)
[76] KALMANSON, A. E., I. G. KHARITONENKOV, A. G. CHETVERIKOV und L. A. BLUMENFELD: Die Dampfstrahlmethode bei der Untersuchung der ESR-Spektren freier Radikale unter heterogenen Bedingungen; Biofizika 8, 722 (1963)
[77] KASTLER, G.: Entstehung der biologischen Organisation; Mir, 1967
[78] KAFALIEVA, D. N., L. A. BLUMENFELD, I. S. SOLOVIEV, V. A. LIFSHIZ und A. P. DARMANIAN: Relaxationscharakteristika photoinduzierter paramagnetischer Zentren in Chloroplasten von *Vicia faba*; Biofizika 14, 1117 (1969)
[79] KAJUSHIN, L. P., I. K. KOLOMIZIEVA und K. M. LVOV: Untersuchung freier Radikale in lebenden Tiergeweben; Doklady AN 134, 1229 (1960)
[80] KAJUSHIN, L. P., E. E. KOFMAN, I. N. GOLUBJEV, K. M. LVOV und M. K. PULATOVA: Zur Frage der Übertragung der Hydrolyseenergie des ATP an ein kontraktiles Protein; Biofizika 6, 20 (1961)
[81] KAJUSHIN, L. P., K. M. LVOV und M. K. PULATOVA: Untersuchung paramagnetischer Zentren von bestrahlten Proteinen; Nauka, 1970
[82] KERKENI, A., A. T. CHERNOKOLEV, A. K. KUKUSHIN und M. K. SOLNZEV: Energiespeicherung im grünen Blatt das mit konstantem und gepulstem Licht bei niedriger Temperatur bestrahlt wurde, in: Theor. i. eksp. biofizika (Ed. Kaliningrader Universität) 1973, 4, S. 91
[83] KOBOSEV, N. I.: Das Prinzip der Gesamtheit und der Aggravation bei der Katalyse. Zum überstrukturellen Faktor der Aktivität (der Aggravationseffekt in der Katalyse und Kinetik); Zh. fiz. Khim. 21, 1414 (1947)
[84] KOBOSEV, N. I.: Zum Mechanismus der Katalyse. Zur valenzmäßigen und energetischen Form der heterogenen und enzymatischen Katalyse; Zh. fiz. Khim. 34, 1443 (1960)
[85] KOMISSAROV, G. G., A. N. ASANOVA und J. S. SHUMOV: Lichtinduzierte Freisetzung von Sauerstoff in einer wäßrigen Suspension photosynthetischer Pigmente; Doklady AN 206, 1468 (1972)
[86] KOMISSAROV, G. G., und J. S. SHUMOV: Über die Möglichkeit der Photoelektrolyse des Wassers in photosynthetische Pigmente enthaltenden Modellsystemen und im grünen Blatt; Doklady AN 182, 1226 (1968)
[87] KOMISSAROV, G. G., J. S. SHUMOV und J. E. BORISEVICH: Die Photobatterie — ein Funktionsmodell des Chloroplasten; Doklady AN 187, 670 (1969)
[88] KONEV, S. V.: Elektronisch angeregte Zustände von Biopolymeren; Akad. Nauk BSSR, Minsk, 1965
[89] KONEV, S. V., S. A. AKZENZOV und E. A. CHERNIZKI: Kooperative Übergänge der Proteine in der Zelle; Nauki i Tekhnika, Minsk, 1970
[90] KOSOVER, E.: Molekulare Biochemie; Mir, 1964
[91] KRASNOVSKI, A. A., und G. B. BRIN: Die photokatalytische Wirkung von ZnO und TiO_2 in sauerstofffreisetzenden Reaktionen; Doklady AN 139, 142 (1961)
[92] KUZNETSOV A. N.: Verbreiterung der ESR-Linien unter dem Einfluß der Rotationsdiffusion eines sphärischen Radikals in anisotropem Milieu; Zh. strukt. Khim. 11, 535 (1970)
[93] KUKUSHKIN, A. K.: Die Thermoabstrahlung eines grünen Blattes nach Bestrahlung mit sichtbarem Licht im Vakuum bei niedriger Temperatur; Biofizika 13, 1124 (1968)
[94] KULENE, V. V., V. P. SKULACHEV und A. A. JASAITIS: Beobachtung eines Membranpotentials der Mitochondrien anhand von Fluoreszenzmessungen am Anilinnaphthalinsulphonat; Biokhimia 36, 649 (1971)
[95] LEBEDEV, J. S., J. D. ZVETKOV und V. V. VOEVODSKI: Über den Ablauf des Kompensationseffektes für den Fall der Rekombinationsreaktion von Radikalen in bestrahlten Polymeren; Kinetika i kataliz 1, 496 (1960)

[96] LEVICH, V. G., R. R. DOGNADZE, M. A. VOROTINZEV, E. D. HERMAN, A. M. KUZNETSOV und J. I. KHARKAZ: Quantentheorie der Kinetik elektrochemischer Prozesse; Elektrokhimia 6, 562 (1970)

[97] LEVICH, V. G., und A. M. KUZNETSOV: Berechnung der Geschwindigkeitskonstanten einer Reaktion der Ladungsübertragung in einer polaren Flüssigkeit in harmonischer Näherung; Teor. i eksp. khim. 6, 291 (1970)

[98] LENINDSHER, A.: Mitochondrien; Mir, 1966

[99] LIBERMAN, E. A., E. N. MOCHOVA, V. P. SKULACHEV und V. P. TOPALI: Die Wirkung von Entkopplern der oxydativen Phosphorylierung auf bimolekulare Phospholipidmembranen; Biofizika 13, 188 (1968)

[100] LIBERMAN, E. A., und V. P. TOPALI: Ionentransport durch bimolekulare Membranen und Klassifizierung von Entkopplern der oxidativen Phosphorylierung; Biofizika 13, 1025 (1968)

[101] LIBERMAN, E. A., V. P. TOPALI, L. M. ZOFINA, A. A. JASAITIS und V. P. SKULACHEV: Ionentransport und elektrisches Potential mitochondrialer Membranen; Biokhimia 234, 1083 (1969)

[102] LIFSHIZ, V. A.: Untersuchung elektrischer und magnetischer Eigenschaften ungeordneter organischer Halbleiter; Dissertation, Moskau, 1969

[103] LIOGONSKI, B. I., A. V. RAGIMOV und A. A. BERLIN: Gewinnung und Untersuchung stabiler Polyradikale vom Semichinontyp; Teor. i eksp. khim. 1, 511, 1965

[104] LIFSHIZ, I. M.: Einige Fragen der statistischen Theorie von Biopolymeren; Zh. eksp. i teor. fiz. 55, 2408 (1968)

[105] LIFSHIZ, I.M.: Der Übergang Knäuel — Globulus in Biopolymermakromolekülen; IV. Mezhd. Biof. Kongr. Moskva 1972, Thesen S. 18

[106] LICHTENSTEIN, G. I.: Gesetzmäßigkeiten bei Entropie- und Energieeigenschaften enzymatischer Prozesse; Biofizika 11, 24 (1966)

[107] LICHTENSTEIN, G. I.: Untersuchung von Struktur und Funktion von Proteinen mit der Spinmarker-Methode; Usp. biol. khim. 12, 3 (1971)

[108] LICHTENSTEIN, G. I.: Die Rolle von konformationellen und energetischen Faktoren bei der Enzymkatalyse; Dissertation, Moskau, 1971

[109] LICHTENSTEIN, G. I., und J. D. AKHMEDOV: Untersuchung von Konformationsübergängen im Lysozym mit der Spinmarker-Methode; Mol. biol. 4, 551 (1971)

[110] LICHTENSTEIN, G. I., und B. I. SUKHORUKOV: Zur Kinetik kooperativer Prozesse; Zh. fiz. khim. 38, 747 (1964)

[111] LICHTENSTEIN, G. I., V. P. TIMOFEJEV, M. V. VOLKENSTEIN, O. L. POLIANOVSKI und J. V. KOKHANOV: Untersuchung von Konformationsübergängen in der Glutamataspartattransaminase mit der ESR-Methode; Mol. biol 5, 1 (1971)

[112] MAKAROV, A. D., A. N. MALIAN und V. K. OPANASENKO: Die Wechselwirkung von Adenosinphosphaten mit Chloroplasten bei der Photophosphorylierungsreaktion, Biofizika 16, 1125 (1971)

[113] MEDVEDJEVA, N. V., L. A. BLUMENFELD und E. K. RUUGE: Über den Relaxationscharakter von Aktivitätsänderungen einiger Enzyme bei sprunghaften pH- und Temperaturänderungen; Biokhimia 39, 5 (1974)

[114] MEILANOV, I. S., V. A. BENDERSKI und L. A. BLUMENFELD: Photoelektrische Eigenschaften der Chlorophyllschichten a und b. I. Photoströme bei konstanter Beleuchtung; Biofizika 15, 822 (1970)

[115] MEILANOV, I. S., V. A. BENDERSKI und L. A. BLUMENFELD: Photoelektrische Eigenschaften der Chlorophyllschichten a und b. II. Photoströme bei gepulster Beleuchtung; Biofizika 15, 959 (1970)

[116] MOLOTKOVSKI, YU. G., V. S. DSJUBENKO und V. N. TIMONINA: Struktur- und Konformationsänderungen in durch monovalente Kationen induzierten Chloroplasten; Fiziol. rast. 19, 525 (1972)

[117] MOLCHANOV, A. M.: Thermodynamik und Evolution, in: Schwingungsprozesse in biologischen und chemischen Systemen; Nauka 1967, S. 292

[118] Morozov, V. N.: Über die zeitliche Determiniertheit der Umstrukturierung komplizierter Systeme; Biofizika **17**, 926 (1972)
[119] Organische Halbleiter; Nauka, 1968
[120] Privalov, P. L.: Kalorimetrische Untersuchungen wäßriger Biopolymerlösungen; Dissertation, Pushchino/Oka, 1970
[121] Privalov, P. L.: Thermodynamik temperaturbedingter Umwandlungen in globulären Proteinen; IV. Meshd. Biof. Kongr. Moskva 1972, Thesen, S. 18
[122] Pulatova, M. K., und O. A. Azizova: Zur Frage des ESR-Spektrentyps von Aminosäuren und Proteinen nach Einwirkung von γ-Strahlung und Licht; Biofizika **9**, 33 (1964)
[123] Pulatova, M. K., V. N. Rogumenkova und L. P. Kajushin: Besonderheiten der ESR-Spektren synthetischer Polypeptidfilme und Proteine; Biofizika **6**, 548 (1961)
[124] Pullman, B., und A. Pullman: Quantenbiochemie; Mir, 1965
[125] Reichman, L. M., und L. A. Blumenfeld: Semichinonradikale in Atmungs- und Phosphorylierungsprozessen von Mitochondrien; Biokhimia **31**, 1127 (1966)
[126] Romanovski, Yu. M., N. V. Stepanova und D. S. Chernavski: Was ist mathematische Biophysik? (Kinetische Modelle in der Biophysik); Prosveshchenie, 1971
[127] Rubin, A. B., und T. E. Krendeljeva: Die Elektronenübertragung bei der Photosynthese und ihre Kopplung mit Prozessen der Phosphorylierung in Pflanzen; Usp. sovr. biol. **73**, 364 (1972)
[128] Ruuge, E. K., und L. A. Blumenfeld: Radikalische Zustände bei Prozessen der Elektronenübertragung in Mitochondrien, in: Bioenergetik und biologische Spektrophotometrie; Nauka, 1967, S. 127
[129] Rybina, V. V., und E. P. Chetverikova: Reaktivität und Schwingungen der SH-Gruppen der Kreatinkinase, in: Schwingungsprozesse in biologischen und chemischen Systemen; Bd. 2, Pushchino/Oka, 1971, S. 29
[130] Racker, E.: Bioenergetische Mechanismen; Mir, 1967
[131] Freie Radikale in biologischen Systemen; Izdat. Lenina, 1963
[132] Selkov, E. E.: Schwingungen in biochemischen Systemen. Experimentelle Befunde, Hypothesen, Modelle, in: Schwingungsprozesse in biologischen und chemischen Systemen; Nauka, 1967, S. 7
[133] Selkov, E. E.: Die Zelluhr als selbstschwingendes biochemisches System, in: Schwingungsprozesse in biologischen und chemischen Systemen; Bd. 2, Pushchino/Oka 1971, S. 5
[134] Sidorenko, N. P., und V. I. Deshcherevski: Eine verallgemeinerte Form der kinetischen Gleichungen der Enzymkatalyse unter Berücksichtigung der Relaxation des Proteinmakromoleküls; Biofizika **15**, 785 (1970)
[135] Skulachev, V. P.: Die Rolle der Adeninnucleotide bei der phosphorylierenden Atmung und die physiologischen Funktionen oxydativer Prozesse; Usp. biol. khim **6**, 180 (1964)
[136] Skulachev, V. P.: Energieakkumulation in der Zelle Nauka, 1969
[137] Smith, E. L., D. R. Kimmel und P. A. Light: Struktur des Papains; V. Mezhd. Biokhim. Kongr., Symp. 4, Izd. Akan. Nauk UdSSR, 1962, S. 148
[138] Sudbina, E. N., M. K. Pulatova und L. P. Kajushin: ESR-Untersuchungen der Herkunft und Eigenschaften paramagnetischer Zentren γ-bestrahlter Proteine; Biofizika **16**, 596 (1971)
[139] Sukhorukov, B. I., und G. I. Lichtenstein: Kinetik und Mechanismus der Denaturierung von Biopolymeren; Biofizika **10**, 925 (1965)
[140] Terenin, A. N.: Grundlegende Probleme der Photobiochemie; Izv. Akad. Nauk USSR, ser. biol., 369 (1947)
[141] Terenin, A. N., und A. A. Krasnovski: Zur Frage der Energiemigration bei biologischen Prozessen; Usp. fiz. Nauk **37**, 65 (1949)
[142] Terenin, A. N., und E. K. Puzeiko: Der innere photoelektrische Effekt in aggregiertem Chlorophyll, Methylchlorophyllid und den Pigmenten von Chloroplasten; V. Mezhd. Biokhim. Kongr., Symp. 6, Izd. Akad. Nauk USSR, 1962, S. 52
[143] Timofejev, V. P., O. L. Polianovski, M. V. Volkenstein, O. V. Preobrazhenskaja, G. I. Lichtenstein und Yu. V. Kokhanov: Untersuchung der konformationellen Eigenschaften der Aspartattransaminase mit Spinmarkern; Mol. biol. **6**, 377 (1972)

[144] TIMOFEJEV-RESSOVSKI, N. V., N. N. VORONZOV und A. V. JABLOKOV: Kurzer Abriß der Evolutionstheorie; Nauka, 1969
[145] TRUKHAN, E. M.: Dispersion der dielektrischen Suszeptibilität heterogener Systeme; Fiz. twerd. tela 4, 3496 (1962)
[146] TRUKHAN, E. M.: Bestimmung der Beweglichkeit freier Ladungsträger in biologischen Verbindungen; Biofizika 11, 412 (1966)
[147] FOMIN, G. V.: Untersuchung der Reaktionen des Hydroxylions mit organischen Elektronenakzeptoren; Dissertation, Moskau, 1969
[148] FOMIN, G. V., L. A. BLUMENFELD und L. M. GURDZHIYAN: Der Bildungsmechanismus von Anionenradikalen bei der Reaktion organischer Elektronenakzeptoren mit dem OH^--Ion, in: Vysokom. soedin., Izd. Inst. Khim. Fiz. Akad. Nauk USSR, 1970. S. 284
[149] FOMIN, G. V., L. A. BLUMENFELD, R. M. DAVIDOV und L. G. IGNATIEVA: Beteiligung von H_2O (OH^--Ionen) an Redoxprozessen, in: Zustand und Rolle des Wassers in biologischen Objekten; Nauka, 1967, S. 120
[150] FOMIN, G. V., L. A. BLUMENFELD und B. I. SUKHORUKOV: Elektronendonator-Eigenschaften des Hydroxylions; Doklady AN 157, 1199 (1964)
[151] FOMIN, G. V., G. P. BRIN, M. V. GENKIN, A. K. LJUBIMOVA, L. A. BLUMENFELD und A. A. KRASNOVSKI: Massenspektrometrische Untersuchung der Photospaltung von Wasser im System: Anorganischer Sensibilisator — Elektronenakzeptor; Doklady AN 212, 424 (1973)
[152] FOMIN, G. V. GURDZHIAN und L. A. BLUMENFELD: Der Mechanismus der Reduktion und Hydroxylierung von Anthrachinon-2-Sulphonaten in basischen Lösungen; Doklady AN, 9151 (1970)
[153] FOMIN, G. V., N. N. KATMAZOVSKI, L. G. IGNATIEVA und L. A. BLUMENFELD: Wechselwirkung des Hydroxylions mit Chinonen in Proteinlösungen; Biofizika 13, 765 (1968)
[154] FOMIN, G. V., und V. A. RIMSKAJA: Photoreduktion schwacher organischer Akzeptoren durch Wasser (durch OH^--Ionen), in: Zustand und Rolle des Wassers in biologischen Objekten; Nauka, 1967, S. 131
[155] FRANK-KAMENETZKI, D. A.: Periodische Prozesse in der Kinetik von Oxidationsreaktionen; Doklady AN 25, 672 (1939)
[156] FRANK-KAMENETZKI, D. A.: Kinetik komplizierter Reaktionen. I. Homogene Reaktionen; Usp. khim. 10, 373 (1941)
[157] FRANK-KAMENETZKI, M. D.: Theoretische Behandlung des Einflusses verschiedener Faktoren auf die Hitzedenaturierung der DNA; Doklady AN 157, 187 (1964)
[158] FRANK-KAMENETZKI, M. D.: Untersuchung des Helix—Knäuel-Übergangs in Homopolymeren mit der Methode der wahrscheinlichsten Verteilung; Mol. biol. 2, 408 (1968)
[159] HAASE, R.: Thermodynamik irreversibler Prozesse; Mir, 1967
[160] KHARITONENKOV, I. G.: Statistische und dynamische Modellierung radikalischer Zustände biologischer Objekte; Dissertation, Moskau, 1965
[161] KHINCHIN, A. YA.: Mathematische Grundlagen der statistischen Mechanik; Gostekhizdat, 1943
[162] KHURGIN, YU. I., D. S. CHERNAVSKI und S. E. SHNOLL: Das Enzymmolekül als mechanisches System; Mol. biol. 1, 419 (1967)
[163] CHANCE, B.: Freie Radikale und Enzym-Substrat-Komplexe, in: Freie Radikale in biologischen Systemen; Izdat. Lenina, 1963, S. 11
[164] CHEREPANOVA, E. S.: Untersuchung des Paramagnetismus und der supermolekularen Organisation von Polyarylenen; Diplomarbeit, Kaz. gos. univ., Kazan, 1973
[165] CHERNAVSKAJA, N. M., und D. S. CHERNAVSKI: Eigenschwingungen beim Prozeß der Photosynthese; Biofizika 3, 521 (1958)
[166] CHERNAVSKAJA, N. M., und D. S. CHERNAVSKI: Periodische Vorgänge bei der Photosynthese; Usp. fiz. Nauk 72, 627 (1960)
[167] CHERNAVSKAJA, N. M., D. S. CHERNAVSKI und L. N. GRIGOROV: Zur möglichen Rolle des Tunneleffektes beim Elektronentransport; Trudi Mosk. obschh. izpyt. prirod. 49, 191 (1973)

[168] Chernavski, D. S., L. N. Grigorov und M. S. Poljakova: Modellierung der Triggerschemata von Jacob und Monod, in: Schwingungsprozesse in biologischen und chemischen Systemen, Nauka, 1967, S. 138

[169] Chernavski, D. S., und N. M. Chernavskaja: Über Schwingungen bei der Dunkelreaktion der Photosynthese, in: Schwingungsprozesse in biologischen und chemischen Systemen; Nauka, 1967, S. 51

[170] Chernitzki, E. A.: Lumineszenz und strukturelle Labilität der Proteine in Lösung und in der Zelle: Nauka i tekhnika, Minsk, 1972

[171] Chetverikov, A. G.: Untersuchung der ESR-Spektren biologischer Präparate; Biofizika **9**, 678 (1964)

[172] Chetverikov, A. G., L. A. Blumenfeld und G. V. Fomin: Mögliche Mechanismen des Entstehens und Verschwindens radikalischer Zustände in Zellen; Biofizika **10**, 476 (1965)

[173] Chetverikov, A. G., A. E. Kalmanson, I. G. Kharitonenkov und L. A. Blumenfeld: ESR-Untersuchungen freier Radikale in biologischen Objekten während des Ablaufs enzymatischer Reaktionen; Biofizika **9**, 18 (1964)

[174] Chetverikov, A. G., D. N. Kafalieva und A. F. Vanin: ESR-Signale freier Radikale in lyophilisierten und eingefrorenen pflanzlichen Objekten; Biofizika **14**, 559 (1969)

[175] Chetverikova, E. P.: Aktivitätsschwingungen der Kreatinkinase aus Skelettmuskulatur; Biofizika **13**, 864 (1968)

[176] Chetverikova, E. P.: Konformationsschwingungen der Muskel-Kreatinkinase in Lösung, in: Schwingungsprozesse in biologischen und chemischen Systemen; Bd. 2, Pushchino/Oka, 1971. S. 25

[177] Shapiro, B. I., V. M. Kazakova und Ya. K. Syrkin: ESR-Untersuchungen des Mechanismus der Wechselwirkung einiger aromatischer Dinitro-Derivate mit Laugen; Doklady AN **165**, 619 (1965)

[178] Sharojan, S. G., V. R. Fedkina und S. E. Shnoll: Zur möglichen Rolle von Proteinmakromolekülen bei der Enzymkatalyse. Analyse der Konzeption von Hinshelwood und Kassel; Biofizika **17**, 960 (1972)

[179] Shein, S. M., L. V. Brukhovezkaja, F. V. Pishtshugin, V. F. Sokhrichenko, V. N. Panfilov und V. V. Voevodski: Die Bildung von Anionradikalen bei Reaktionen der aromatischen nucleophilen Substitution; Zh. strukt. khim. **11**, 243 (1970)

[180] Shein, S. M., L. V. Brukhovezkaja, A. D. Khmelinskaja, V. F. Starichenko und T. M. Ivanova: Ein Ionenradikal-Mechanismus von Reaktionen der aromatischen nucleophilen Substitution, Reaks. sposobn. org. soed. **6**, 1087 (1969)

[181] Shnoll, S. E.: Über die selbständigen synchronen Übergänge der Aktomyosinmoleküle in Lösung; Vopr. med. khim. **4**, 443 (1958)

[182] Shnoll, S. E.: Synchrone Konformationsschwingungen der Aktin-, Myosin- und Aktomyosinmoleküle in Lösung, in: Molekularnaya biofizika, Nauka 1965, S. 56

[183] Shnoll, S. E.: Konformationsschwingungen von Makromolekülen, in: Schwingungsprozesse in biologischen und chemischen Systemen; Nauka, 1967, S. 22

[184] Shnoll, S. E.: Spontane reversible Änderungen (Konformationsschwingungen) von Muskelproteinpräparaten; Dissertation, Pushchino/Oka, 1970

[185] Shnoll, S. E.: Makroskopisch synchrone Schwingungen der ATPase-Aktivität in konzentrierten Aktomyosinpräparaten, in: Schwingungsprozesse in biologischen und chemischen Systemen; Bd. 2, Pushchino/Oka, 1971, S. 20

[186] Shnoll, S. E., und V. I. Grishina: Komplizierte periodische Konzentrationsänderungen verschiedener Stoffe im Blut; Biofizika **9**, 376 (1964)

[187] Shnoll, S. E., O. A. Rudneva, B. L. Nikolskaja und T. A. Revelskaja: Amplitudenänderung der selbständigen Übergänge von Aktomyosinpräparaten bei ihrer Lagerung; Biofizika **6**, 166 (1961)

[188] Sholina, S. I., G. V. Fomin und L. A. Blumenfeld: Die Bildung von OH-Radikalen bei der Photoübertragung eines Elektrons vom Hydroxylion auf einen Abkömmling des Anthrachinons; Zh. fiz. khim., **43**, 800 (1969)

[189] SCHRÖDINGER, E.: Was ist Leben? Izdat. Lenina, 1947 u. [Bern 1951]
[190] EMANUEL, N. M., und T. E. LIPATOVA: Verringerung der Anzahl freier Radikale in Ehrlich-Aszites-Krebszellen bei Einwirkung von Propylgallat; Doklady AN **130**, 221 (1960)
[191] JASAITIS, A. A.: Teilung und Rekonstruktion von Membranpotentiale erzeugenden mitochondrialen Systemen; Dissertation, Moskau 1972
[192] ADAMS, E. C., and M. R. WEISS: Calorimetric studies of the haemoglobin–haptoglobin reaction; Biochem. J. **115**, 441 (1969)
[193] ALBERTY, R. A.: Effect of pH and metal ion concentration on the equilibrium hydrolysis of adenosine triphosphate to adenosine diphosphate; J. Biol. Chem. **243**, 1337 (1968)
[194] ALBERTY, R. A.: Standard Gibbs free energy, enthalpy, and entropy changes as a function of pH and pMg for several reactions involving adenosine phosphates; J. Biol. Chem. **244**, 3290 (1969)
[195] ALBRECHT, S. P. J., and E. C. SLATER: EPR studies at 20°K on the mitochrondrial respiratory chain; Biochim. Biophys. Acta **245**, 503 (1971)
[196] ALBRECHT, S. P. J., and E. C. SLATER: Effect of ATP on the EPR spectrum at 20°K of phosphorylating submitochondrial particles; Biochim. Biophys. Acta **245**, 508 (1971)
[197] ALPERT, A., R. BANERJEE, and L. LINDQVIST: Rapid structural changes in human haemoglobin studied by laser photolysis; Biochem. Biophys. Res. Comm. **46**, 913 (1972)
[198] ALVING, R. E., and K. LAKI: Energy and electron orbitals in adenosine phosphates; J. Theor. Biol. **34**, 199 (1972)
[199] AMBL, K. S., and A. VENKATARAMAN: Depolymerisation of cytochrome oxidase to a soluble monomeric protein; Biochem. Biophys. Res. Comm. **1**, 133 (1959)
[200] ANUSIEM, A. C., J. G. BEETLESTONE and D. H. IRVINE: Reactivity differences between haemoglobins. VI. The reaction of human methaemoglobins A and C with azide ion, and the concept of "haem-linked" groups; J. Chem. Soc. A., 357 (1966)
[201] ANUSIEM, A. C., J. G. BEETLESTONE and D. H. IRVINE: Reactivity differences between haemoglobins. VIII. The thermodynamics of the reaction of human methaemoglobins A and C with fluoride, thiocyanate, and cyanide iones. An interpretation of enthalphy changes in terms of hydration; J. Chem. Soc. A, 960 (1968)
[202] AVIRAM, I., and A. SCHEJTER: On the conformation change attending the hydration of lyophilized cytochrome c; Biopolymers **11**, 2141 (1972)
[203] AVRON, M.: Proton transport and photophosphorylation, in: Book of Abstracts, VI. International Congress on Photobiology; Bochum 21.–25. 8. 1972, N 035
[204] AVRON, M., and B. CHANCE: The relation of light-induced oxydation-reduction changes in cytochrome f of isolated chloroplasts to phosphorylation, in: Currents in photosynthesis; Rotterdam, 1966, p. 455.
[205] AZZI, A., B. CHANCE, G. RODDA and C. LEE: A fluorescence probe of energy-dependent structure changes in fragmented membranes; Proc. Natl. Acad. Sci. (USA) **62**, 612 (1969)
[206] AZZI, A., B. CHANCE, G. RODDA and C. LEE: Fluorescence probe of energy-dependent structure changes in fragmented membranes; Biochim. Biophys. Acta **189**, 141 (1969)
[207] BAKEEVA, L. E., L. L. GRINIUS, A. A. JASAITIS, V. V. KULIENE, D. O. LEVITSKY, E. A. LIBERMAN, I. I. SEVERINA and V. P. SKULACHEV: Conversion of biomembrane-produced energy into electric form. II. Intact mitochondria; Biochim. Biophys. Acta. **234**, 177 (1971)
[208] BALTHASAR, W.: Spin-labelling studies of D-glyceraldehyde-3-phosphate dehydrogenase; Eur. J. Biochem. **22**, 158 (1971)
[209] BANKS, B. E. C.: Thermodynamics and biology; Chem. in Britain **5**, 514 (1969)
[210] BANKS, B. E. C., and C. A. VERNON: A reply to Linus Pauling and A. F. Huxley; Chem. in Britain **6**, 541 (1970)
[211] BANKS, B. E. C., and C. A. VERNON: Reassessment of the role of ATP in vivo; J. Theor. Biol. **29**, 301 (1970)
[212] BARBER, J.: A method of estimating the magnitude of the light-induced electrical potential across the thylakoid membranes; FEBS Letters **20**, 251 (1972)

[213] Bearden, A. J., and R. Malkin: Quantitative EPR studies of the primary reaction of photosystem I in chloroplasts; Biochim. Biophys. Acta. **283**, 436 (1972)
[214] Beetlestone, J. G., and D. H. Irvine: Reactivity differences between haemoglobins. IV. The thermodynamics of ionization of some vertebrate haemoglobins; J. Chem. Soc. A, 5090 (1964)
[215] Beetlestone, J. G., and D. H. Irvine: Reactivity differences between haemoglobins. V. Further studies on the ionization of methaemoglobins; J. Chem. Soc. A, 3271 (1965)
[216] Beetlestone, J. G., and D. H. Irvine: Reactivity differences between haemoglobins. VII. The effect of ionic strength on the affinity of methaemoglobins A and C for azide ion. A test of the dielectric cavity model for methaemoglobins; J. Chem. Soc. A, 951 (1968)
[217] Beinert, H., D. E. Griffiths, D. C. Wharton and R. H. Sands: Properties of the Cu associated with cytochrome oxydase as studied by paramagnetic resonance spectroscopy; J. Biol. Chem. **237**, 2337 (1962)
[218] Beinert, H., and B. Kok: The relation between light induced EPR signal and pigment P 700, in: Photosynthetic mechanisms of green plants; Publication 1145, Natl. Acad. Sci. (USA), Washington, 1963, p. 131
[219] Belehradek, J.: Temperature and living matter; Protoplasma Monographien, Bornträger-Verlag, Berlin, 1935
[220] Belehradek, J.: Physiological aspects of heat and cold; Ann. Rev. Physiol. **19**, 59 (1957)
[221] Bendall, D. S., and D. Sofroya: Reactions at 77 °K in photosystem II of green plants; Biochim. Biophys. Acta **234**, 371 (1971)
[222] Bennun, A.: Hypothesis for coupling energy transduction with ATP synthesis or ATP hydrolysis; Nature (New Biology) **233**, 5 (1971)
[223] Benzinger, T., C. Kitzinger, R. Hems and K. Burton: Free-energy changes of the glutaminase reaction and the hydrolysis of the terminal pyrophosphate bond of adenosine triphosphate; Biochem. J. **71**, 400 (1959)
[224] Berden, J. A., and F. P. Opperdoes: An antimycin-sensitive cytochrome b component in beef-heart mitochondria; Biochim. Biophys. Acta **267**, 17 (1972)
[225] Bilevitch, K. A., N. N. Bubnov and O. Yu. Okhlobystin: Electron transfer as first step in nucleophilic substitution; Tetr. Letters, 3465 (1968)
[226] Blumenfeld, L. A., und D. S. Chernavski: Tunnelling of electrons in biological processes; J. Theor. Biol. **39**, 1 (1973)
[227] Blumenfeld, L. A., A. G. Chetverikov, D. N. Kafalieva and A. F. Vanin: The free radical ESR signals in the frozen and freezedrying animal and plant tissues; Studia biophysica (Berlin), **10**, 101 (1968)
[228] Blumenfeld, L. A., and L. G. Ignatjeva: Conformational changes of myosin under ATP hydrolysis; Eur. J. Biochem. **47**, 75 (1974)
[229] Boardmann, N. R.: The photochemical system of photosynthesis; Adv. Enzymol. **30**, 1 (1968)
[230] Böhme, H., and W. A. Cramer: Localization of a site of energy coupling between plastoquinone and cytochrome f in the energy-transport chain of spinach chloroplasts; Biochemistry **11**, 1155 (1972)
[231] Böhme, H., and A. Trebst: Properties of ascorbate photooxydation in isolated chloroplasts. Evidence for two ATP sites in noncyclic photophosphorylation; Biochim. Biophys. Acta **180**, 137 (1969)
[232] Brandt, G., P. C. Parks, G. H. Czerlinski and G. P. Hess: On the elucidation of the pH dependence of the oxydation — reduction potential of cytochrome c at alkaline pH; J. Biol. Chem. **241**, 4180 (1966)
[233] Brandts, J. F.: Thermodynamics of protein denaturation. I. The denaturation of chymotrypsinogen; J. Amer. Chem. Soc. **86**, 4291 (1964)
[234] Brandts, J. F.: Thermodynamics of protein denaturation. II. A model of reversible denaturation and interpretations regarding the stability of chymotrypsinogen; J. Amer. Chem. Soc. **86**, 4302 (1964)

[235] Braunstein, A. E., and M. G. Kritsman: Formation and breakdown of amino acids by intermolecular transfer of the amino groups; Nature **140**, 503 (1937)

[236] Bray, R. C., P. F. Knowles and L. S. Meriwetter: ESR and the role of molybdenium in enzymic catalysis by milk xanthine oxidase, in: Magnetic resonance in biological systems; Pergamon Press, 1967, p. 249

[237] Bro, P., and J. M. Sturtevant: The heat content of bovine serum albumin in acid solution; J. Amer. Chem. Soc. **80**, 1789 (1958)

[238] Callomon, J. H., T. M. Dunn and J. M. Mills: Rotational analysis of the 2600 Å absorption system of benzene; Phil. Trans. Roy. Soc. A **259**, 499 (1966)

[239] Cardew, M. H., and D. D. Eley: Semiconductivity of organic substances. III. Hemoglobin and amino acids; Disc. Faraday Soc. **27**, 115 (1959)

[240] Caswell, A. H.: The estimation of redox potentials of cytochromes in mitochondria; Arch. Biochem. Biophys. **144**, 445 (1971)

[241] Chance, B.: Spectra and reaction kinetics of respiratory pigments of homogenized and intact cells; Nature **169**, 215 (1952)

[242] Chance, B.: The nature of electron transfer and energy coupling reactions; FEBS Letters **23**, 3 (1972)

[243] Chance, B., and W. D. Bonner jr.: The temperature insensitive oxidation of cytochrome f in green leaves — a primary biochemical event of photosynthesis, in: Photosynthetic mechanisms of green plants; Publication N 1145, Natl. Acad. Sci. (USA) Washington, 1963, p. 66

[244] Chance, B., W. D. Bonner jr. and B. T. Storey: Electron transport in respiration; Ann. Rev. Plant Physiol. **19**, 295 (1968)

[245] Chance, B., J. Bunkenburg and J. A. McGray: Fast spectrophotometric measurement of H^+ changes in *Chromatium* chromatophores activated by a ligand dye laser; Nature **225**, 705 (1970)

[246] Chance, B., D. DeVault, V. Legalais, L. Mela and T. Jonetani: Kinetics of electron transfer reactions in biological systems, in: Fast reactions and primary processes in chemical kinetics; 5st Nobel Symposium, Almqvist u. Wiksell, Stockholm, 1967, p. 437

[247] Chance, B., and M. Erecinska: Flow flash kinetics of the cytochrome a_3 — oxygen reaction in coupled and uncoupled mitochondria using the liquid dye laser; Arch. Biochem. Biophys. **143**, 675 (1971)

[248] Chance, B., R. Ernster, P. B. Garland, C. P. Lee, P. A. Light, T. Ohnishi, C. J. Ragan and D. Wang: Flavoproteins of the mitochondrial respiratory chain; Proc. Natl. Acad. Sci. (USA) **57**, 1498 (1967)

[249] Chance, B., R. W. Estabrook and A. Ghosh: Damped sinusoidal oscillations of cytoplasmic reduced pyridine; Proc. Natl. Acad. Sci. (USA) **51**, 1244 (1964)

[250] Chance, B., B. Hess and A. Betz: DPNH oscillations in a cell-free extract of *S. Carlsbergensis*; Biochem. Biophys. Res. Comm. **16**, 182 (1964)

[251] Chance, B., and G. Hollinger: Sites of energy conservation in oxydative phosphorylation; J. Amer. Chem. Soc. **79**, 2970 (1957)

[252] Chance, B., C. Lee and L. Mela: Some properties of the 695 mμ band of cytochrom c, in: Abstr. Symposium on cytochromes; Osaka, 1967, p. 181

[253] Chance, B., C. P. Lee, T. Ohnishi and J. Higgins: Electron transport and energy coupling, in: Electron transport and energy conservation; Adriatica editrice, Bari, 1970, p. 29

[254] Chance, B., and M. Nishimura: On the mechanism of chlorophyll-cytochrome interaction: the temperature insensitivity of light-induced cytochrome oxidation in *Chromatium*; Proc. Natl. Acad. Sci. (USA) **46**, 19 (1960)

[255] Chance, B., M. Pring, A. Azzi, C. P. Lee and L. Mela: Kinetics of membrane transitions; Biophys. J. **9**, A-90 (1969)

[256] Chance, B., and E. R. Redfearn: Direct spectrophotometric studies of the kinetics of oxidation and reduction of ubiquinone of heart-muscle particles; Biochem. J. **80**, 632 (1961)

[257] CHANCE, B., B. SHOENER and D. DEVAULT: Reaction-velocity constants for electron transfer and transport reactions, in: Oxidases and related redox systems; ed. M. E. Ring, H. S. Mason, M. Moorison, N. Y., 1965, p. 907
[258] CHANCE, B., and G. R. WILLIAMS: A method for the localization of sites for oxidative phosphorylation; Nature **176**, 250 (1955)
[259] CHANCE, B., and G. R. WILLIAMS: Respiratory enzyme in oxidative phosphorylation. IV. Respiratory chain; J. Biol. Chem. **217**, 429 (1955)
[260] CHANCE, B., and G. R. WILLIAMS: The respiratory chain and oxidative phosphorylation; Adv. Enzymol. **17**, 65 (1965)
[261] CHANCE, B., D. F. WILSON, P. L. DUTTON and M. ERECINSKA: Energy-coupling mechanisms in mitochondria: kinetic, spectroscopic and thermodynamic properties of an energytransducing form of cytochrome b; Proc. Natl. Acad. Sci. (USA) **66**, 1175 (1970)
[262] CHENIAE, G. M., and J. F. MARTIN: Sites of function of manganese within photosystem II: roles in O_2 evolution and system II; Biochim. Biophys. Acta **197**, 219 (1970)
[263] CHERRY, R. J.: Semiconduction and photoconduction of biological pigments; Quart. Rev. **22**, 160 (1968)
[264] CLARKE, L. G.: Thesis; Univ. Vermont, 1966
[265] COCKRELL, R. S., E. J. HARRIS and B. C. PRESSMAN: Energetics of potassium transport in mitochondria induced by valinomycin; Biochemistry **5**, 2326 (1966)
[266] COMMONER, B., and J. F. TERNBERG: Free radicals in surviving tissues; Proc. Natl. Acad. Sci. (USA) **47**, 1374 (1961)
[267] COMMONER, B., J. TOWNSEND and G. E. PAKE: Free radicals in biological materials; Nature **174**, 689 (1954)
[268] CRIDDLE, R. C., and R. M. BOCK: Physico-chemical properties of soluble cytochrome oxidase; Biochem. Biophys. Res. Comm. **1**, 138 (1959)
[269] CRIDDLE, R. C., R. M. BOCK, D. E. GREEN and H. TISDALE: The physical characteristics of proteins of the electron transfer systems and interpretation of the structure of the mitochondria; Biochemistry **1**, 827 (1962)
[270] CROTHERS, D. M., and B. H. ZIMM: Theory of the melting transition of synthetic polynucleotides: evaluation of the stacking free energy; J. Molec. Biol. **9**, 1 (1964)
[271] CZERLINSKI, G., and V. BRACOKOVA: Kinetics of the interconversions among the electron-transfer-linked forms of ferricytochrome c; Arch. Biochem. Biophys. **147**, 707 (1971)
[272] DEMERS, P.: Les demons de Maxwell et le second principe de la thermodynamique; Can. J. Research **A 22**, 27 (1944)
[273] DEMERS, P.: Second law and the quantum theory; Can. J. Research **A 23**, 47 (1945)
[274] DEVAULT, D., and B. CHANCE: Photosynthesis using a pulsed laser. I. Temperature dependence of cytochrome oxidation rate in *Chromatium*. Evidence for tunnelling; Biophys. J. **6**, 825 (1966)
[275] DEVAULT, D., J. H. PARKS and B. CHANCE: Electron tunnelling in cytochromes; Nature **215**, 642 (1967)
[276] DICKERSON, R. E.: X-ray studies of protein mechanisms; Ann. Rev. Biochem. **41**, 815 (1972)
[277] DICKERSON, R., T. TAKANO, D. EISENBERG, O. B. KALLAI, R. SWANSON, A. COOPER and E. MARGOLIASH: Ferricytochrome c. I. General features of the horse and bonito proteins at 2,8 Å resolution; J. Biol. Chem. **246**, 1511 (1971)
[278] DILLEY, R. A., and L. P. VERNON: Quantum requirement of the light-induced proton uptake by spinach chloroplasts; Proc. Natl. Acad. Sci. (USA) **57**, 395 (1967)
[279] DUTTON, P. L., M. ERECINSKI, N. SATO, J. MUKAI and D. T. WILSON: Reactions of b-cytochromes with ATP and antimycin A in pigeon heart mitochondria; Biochim. Biophys. Acta **267**, 15 (1972)
[280] DUTTON, P. L., T. KIHARA and B. CHANCE: Early reactions in photosynthetic energy conservation: the photooxydation at liquid nitrogen temperatures of *Rhodopseudomonas gelatinosa*; Arch. Biochem. Biophys. **139**, 236 (1970)

[281] Duysens, L., and J. Amesz: Fluorescence spectrophotometry of reduced phosphorydine nucleotide in intact cells in the near-ultraviolet and visible region; Biochim. Biophys. Acta **24**, 19 (1957)

[282] Eigen, M.: Selforganization of matter and the evolution of biological macromolecules; Naturwissenschaften **58**, 465 (1971)

[283] Eigen, M., and G. G. Hammes: Elementary steps in enzyme kinetics; Adv. Enzymol. **25**, 1 (1963)

[284] Eigen, M., und P. Matthies: Über Kinetik und Mechanismus der Primärreaktionen der Zersetzung von Chinon in alkalischer Lösung; Chem. Ber. **94**, 3309 (1961)

[285] Eley, D. D.: Semiconductivity in biological molecules, in: Horizons in biochemistry, Acad. Press, N. Y. 1962, p. 341

[286] Eley, D. D., and R. Pethig: Microwave Hall mobility measurements on rat liver mitochondria and spinach chloroplasts; J. Bioenerg. **2**, 39 (1971)

[287] Eley, D. D., and R. Pethig: Microwave dielectric and Hall effect measurements on biological materials; Disc. Faraday Soc. **51**, 164 (1971)

[288] Engelhardt, W. A.: Ortho- und Pyrophosphat im aeroben und anaeroben Stoffwechsel der Blutzellen; Biochem. Z. **227**, 16 (1930)

[289] Engelhardt, W. A.: Die Beziehungen zwischen Atmung und Pyrophosphatumsatz in Vogelerythrozyten; Biochem. Z. **251**, 343 (1932)

[290] Epstein, H. F., A. N. Schechter, R. F. Chen and C. B. Anfinsen: Folding of staphylococcal nuclease: kinetic studies of two processes in acid renaturation; J. Molec. Biol. **60**, 499 (1971)

[291] Evans, M. G., and J. Gergely: A discussion of possibility of bands of energy levels in proteins. Electronic interactions in non-bonded systems; Biochim. Biophys. Acta **3**, 188 (1949)

[292] Eyring, H., R. Lumry and J. D. Spikes: Kinetics of enzyme-catalyzed reactions, in: The mechanism of enzyme action; J. Hopkins press, 1954, p. 123

[293] Fleischmann, D. E., and G. Tollin: Molecular complexes of flavins and phenol. I. Absorption spectra and properties in solution; Biochim. Biophys. Acta **94**, 248 (1965)

[294] Forest, W. W., and J. M. Sturtevant: The heat of denaturation of ferrihemoglobin in acid solution; J. Amer. Chem. Soc. **82**, 585 (1960)

[295] Förster, Th.: Intermolecular energy transfer and fluorescence; Ann. d. Phys. **2**, 55 (1948)

[296] Foster, R. J., and C. Niemann: The evaluation of the enzyme-inhibitor dissociation constants of α-chymotrypsin and several pairs of charged and uncharged competitive inhibitors at pH 7,9 and 6,9; J. Amer. Chem. Soc. **77**, 3365 (1955)

[297] Frater, R., A. Light and E. L. Smith: Chemical and enzymic studies on the aminoterminal sequence of papain; J. Biol. Chem. **240**, 253 (1965)

[298] Garland, P. B.: Biochemical applications of continuous culture: energy-conservation mechanism in *Torulopsis utilis*; Biochem. J. **118**, 329 (1970)

[299] Garrahan, P. J., and J. M. Glynn: Driving the sodium pump backwards to form adenosine triphosphate; Nature **211**, 1413 (1966)

[300] Geacintov, N. E., F. van Nostrand, J. F. Becker and J. B. Tinkel: Magnetic field induced orientation of photosynthetic systems; Biochim. Biophys. Acta **267**, 65 (1972)

[301] Gibson, Q. H.: The photochemical formation of a quickly reacting form of haemoglobin; Biochem. J. **71**, 293 (1959)

[302] Gillespie, R. J., G. A. Maw and C. A. Vernon: The concept of phosphate bond-energy; Nature **171**, 1147 (1953)

[303] Glansdorff, P. C., and J. Prigogine: On a general evolution criterion in macroscopic physics; Physica **30**, 351 (1964)

[304] Glegg, R. A., and P. B. Garland: Non-haem iron and the dissociation of piercidin A sensitivity from site I energy conservation in mitochondria from *Torulopsis utilis*; Biochem. J. **124**, 135 (1971)

[305] GOLDBERG, E., and T. WUNTCH: Electrophoretic and kinetic properties of *Rana pipiens* lactate dehydrogenase isozymes; J. Exp. Zool. **165**, 101 (1967)
[306] GREEN, D. E.: Electrochemical model of mitochrondrial structure and function; Proc. Natl. Acad. Sci. (USA) **69**, 726 (1972)
[307] GREEN, D. E., J. ASAI, R. O. HARRIS and J. PENNISTON: Conformational basis of energy transformation in membrane systems. III. Configurational changes in the mitochondrial inner membrane induced by changes in functional states; Arch. Biochem. Biophys. **125**, 684 (1968)
[308] GREENWOOD, G., and G. PALMER: Evidence for the existence of two functionally distinct forms of cytochrome c monomers at alkaline pH; J. Biol. Chem. **240**, 3660 (1965)
[309] GRINIUS, L. L., A. A. JASAITIS, J. P. KADZIAUSKAS, E. A. LIBERMAN, V. P. SKULACHEV, V. T. TOPALI, L. M. TSOFINA and M. A. VLADIMIROVA: Conversion of biomembrane-produced energy into electric form. I. Submitochondrial particles; Biochim. Biophys. Acta **216**, 1 (1970)
[310] GUTMANN, F.: Electron tunnelling in biological structures; Nature **219**, 1359 (1968)
[311] GUTMANN, M., T. P. SINGER and H. BEINERT: ESR studies on the iron-sulfur centers of DPNH dehydrogenase during the redox cycle of the enzyme; Biochem. Biophys. Res. Comm. **44**, 1572 (1971)
[312] HAAS, E.: The mode action of yellow pigment protein; Biochem. Z. **290**, 291 (1937)
[313] HAMILTON, C. L., and H. M. MCCONNELL: Spin labels, in: Structural chemistry and molecular biology; W. H. Freeman and Co, 1968, p. 115
[314] HAMMES, G. G., and CHENG-WEN-WU: Regulation of enzyme activity; Science **172**, 1205 (1971)
[315] HARRIS, R. A., J. T. PENNISTON, J. ASAI and D. E. GREEN: The conformational basis of energy conservation in membrane systems. III. Correlation between conformational change and functional states; Proc. Natl. Acad. Sci. (USA) **59**, 830 (1968)
[316] HAUSKA, G. A., R. E. MCCARTY and E. RACKER: The site of phosphorylation associated with photosystem I; Biochim. Biophys. Acta **197**, 206 (1970)
[317] HEATH, R. L.: Light requirements for proton movement by isolated chloroplasts as measured by the bromocresol purple indicator; Biochim. Biophys. Acta **256**, 645 (1972)
[318] HESS, B., and A. BOITEUX: Oscillatory phenomena in biochemistry; Ann. Rev. Biochem. **40**, 237 (1971)
[319] HESS, B., B. CHANCE und A. BETZ: Isolierung eines oszillierenden Systems aus *S. Carlsbergensis*; Ber. Bunsenges. Phys. Chem. **68**, 718 (1964)
[320] HEWITT, J. A., J. V. KILMARTIN, L. F. TEN EUCK and M. F. PERUTZ: Non-cooperativitiy of the $\alpha\beta$ dimer in the reaction of hemoglobin with oxygen; Proc. Natl. Acad. Sci. (USA) **69**, 203 (1972)
[321] HILL, T. L., and M. T. MORALES: On high energy phosphate bonds of biochemical interest; J. Amer. Chem. Soc. **73**, 1656 (1951)
[322] HINS, G., R. L. HEATH and S. IZAWA; The role of chloride ion in photosynthesis, in: Progress in photosynthetics research; vol. 2, Lichtenstern 1969, p. 1022
[323] HINSHELWOOD, C. N.: The theory of unimolecular reactions; Proc. Roy. Soc. **A 113**, 230 (1926)
[324] HINZ, H. J., D. D. F. SHIAO and J. M. STURTEVANT: Calorimetric investigation of inhibitor binding to rabbit muscle aldolase; Biochemistry **10**, 1347 (1971)
[325] HIYAMA, T., and B. KE: Difference spectra and extinction coefficients of P_{700}; Biochim. Biophys. Acta **267**, 160 (1972)
[326] HOARD, J. L.: Stereochemistry of porphyrins, in: Hemes and hemoproteins; Acad. Press, 1966, p. 9
[327] HUXLEY, A. F.: Energetics of muscle; Chem. in Britain **6**, 477 (1970)
[328] IVANOV, V. I., and M. J. KARPEISKI: Dynamic threedimensional model for enzymic transamination; Adv. Enzymol. **32**, 21 (1969)
[329] IZAWA, S., and N. E. GOOD: The stoichiometric relation of phosphorylation to electron transport in isolated chloroplasts; Biochim. Biophys. Acta **162**, 380 (1968)

[330] JACKSON, W. M., and J. F. BRANDTS: Thermodynamics of protein denaturation. A calorimetric study of the reversible denaturation of chymotrypsinogen and conclusions regarding the accuracy of the two-state approximations; Biochemistry **9**, 2294 (1970)

[331] JAGENDORF, A. T., and M. MARULIES: Inhibition of spinach chloroplasts photosynthetic reactions by p-chlorophenyl-1,1-dimethylurea; Arch. Biochem. Biophys. **90**, 184 (1960)

[332] JAGENDORF, A. T., and E. URIBE: Photophosphorylation and the chemiosmotic hypothesis; Proc. Inform. Exch. Group, Inst. of Health **1**, 678 (1966)

[333] JAGENDORF, A. T., and E. URIBE: ATP formation caused by acid-base transition of spinach chloroplasts; Proc. Natl. Acad. Sci. (USA) **55**, 170 (1966)

[334] JANG, C. S., and W. E. BLUMENBERG: Quantitative studies on the EPR signals of photosynthetic system I and ferredoxin; Biochem. Biophys. Res. Comm. **46**, 422 (1972)

[335] JOHNSON, C. H., and J. R. KNOWLES: The binding of inhibitors to α-chymotrypsin; Biochem. J. **101**, 56 (1966)

[336] JOHNSON, F. H., H. EYRING and M. J. POLISSAR: The kinetics basis of molecular biology; Wiley u. Son, 1954

[337] JOLIOT, P., A. JOLIOT and B. KOK: Analysis of the interactions between the two photosystems in isolated chloroplasts; Biochim. Biophys. Acta **153**, 635 (1968)

[338] JORDAN, P.: Über die physikalische Struktur organischer Riesenmoleküle; Naturwissenschaften **26**, 693 (1938)

[339] JUNGE, W.: Electric potential difference and photophosphorylation, in: Book of abstracts, VI Internat. Congr. on Photobiology; Bochum, 21.—25. 8. 1972, N 034

[340] KAHN, J. S.: Absence of a common intermediate pool among individual enzyme chains of the energy-conversation pathway in chloroplasts of *Euglena*; Biochem. J. **116**, 55 (1970)

[341] KAJNE, F. J., and C. H. SUELTER: Effects of temperature, substrate, activating cations on the conformations of pyruvate kinase in aqueous solutions; J. Amer. Chem. Soc. **87**, 897 (1965)

[342] KALCKAR, H.: Phosphorylation in kidney tissue; Enzymologia **2**, 47 (1937)

[343] KALCKAR, H.: The nature of phosphoric esters formed in kidney extracts; Biochem. J. **33**, 631 (1939)

[344] KALCKAR, H.: The function of phosphate in cellular assimilations; Biol. Rev. Cambr. Phil. Soc. **17**, 28 (1942)

[345] KALCKAR, H.: Biological phosphorylations. Development of concepts; Prentice-Hall Inc. USA 1969

[346] KARLISH, S. J. D., and M. AVRON: Relevance of proton uptake induced by light to the mechanism of energy coupling in photophosphorylation; Nature **216**, 1107 (1967)

[347] KARLISH, S. J. D., and M. AVRON: Effect of phosphorylating conditions on photoinduced changes in light scattering; Eur. J. Biochem. **9**, 291 (1969)

[348] KARLISH, S. J. D., and M. AVRON: Energy transfer inhibition and ion movements in isolated chloroplasts; Eur. J. Biochem. **20**, 51 (1971)

[349] KASSEL, L. S.: The kinetics of homogenous gas reactions; The Chem. Catalog Comp., N. Y., 1932

[350] KEELE, B. B., J. M. MCCORD and J. FRIDOVICH: Superoxyde dismutase from *E. coli* — a new Mn-containing enzyme; J. Biol. Chem. **245**, 6176 (1970)

[351] KEISTER, D. L.: Indophenols as electron donors and catalyts of photophosphorylation in chloroplasts reactions; J. Biol. Chem. **240**, 2673 (1965)

[352] KERKUT, G. A., M. L. EDWARDS, K. LEECH and K. A. MUNDAY: Free radicals in animal tissues; Experientia **17**, 497 (1961)

[353] KING, G., and J. A. MEDLEY: D.c. conduction in swollen polar polymers. I. Electrolysis of the keratin — water system. II. Influence of temperature and adsorbed salts in the d.c. conduction of polar polymer — adsorbate systems; J. Colloid Sci. **4**, 1 (1949)

[354] KING, T., M. KUBOJAMA and S. TAKEMORI: Cardiac cytochrome oxidase — cytochrome-c-cytochrome oxidase complex, in: Oxidases and related redox systems; vol. 2, 1965, p. 707

[355] KIRSCHNER, K., E. GALLEAO, J. SCHUSTER and D. GOODALL: Cooperative binding of nicotinamide-adeninedinucleotide to yeast glyceraldehyde-3-phosphate dehydrogenase. I. Equilibrium and temperature jump studies at pH 8.5 and 40°C; J. Molec. Biol. 58, 29 (1971)
[356] KIRSCHNER, K., E. GALLEAO, J. SCHUSTER and D. GOODALL: Cooperative binding of nicotinamide-adenine dinucleotide to yeast glyceraldehyde-3-phosphate dehydrogenase. II. Stopped flow studies at pH 8.5 and 40° C; J. Molec. Biol. 58, 51 (1971)
[357] KIRSCHNER, M. W., and H. K. SCHACHMAN: Conformational changes in proteins as measured by difference sedimentation studies. I. A technique for measuring small changes in sedimentation coefficient; Biochemistry 10, 1900 (1971)
[358] KIRSCHNER, M. W., and H. K. SCHACHMAN: Conformational changes in proteins as measured by difference sedimentation studies. II. Effect of stereospecific ligands on the catalytic subunit of aspartate transcarbamylase; Biochemistry 10, 1919 (1971)
[359] KLINGENBERG, M.: The respiratory chain, in: Biological oxidations; Intersci. Publ., 1968, p. 3
[360] KLINGENBERG, M., and A. KRÖGER: The role of ubiquinone in the respiratory chain, in: Biochemistry of mitochondria; Acad. Press. 1967, p. 11
[361] KNAFF, D. B., and D. I. ARNON: A concept of three light reactions in photosynthesis by green plants; Proc. Natl. Acad. Sci. (USA) 64, 715 (1969)
[362] KNOWLES, P. T.: Evidence for semiquinon — molybdenium (V) interaction in molybdenium containing flavoproteins, in: Magnetic resonance in biological systems; Pergamon Press. 1967, p. 265
[363] KOLTOVER, V. K., L. M. REICHMAN, A. A. JASAITIS and L. A. BLUMENFELD: A study of spin-probe solubility in mitochondrial membranes correlated with ATP-dependent conformational changes; Biochim. Biophys. Acta 234, 306 (1971)
[364] KOSHLAND, D. E. jr.: Application of a theory of enzyme specificity to protein synthesis; Proc. Natl. Acad. Sci. (USA) 44, 98 (1958)
[365] KOSHLAND, D. E. jr.: Comparison of nonenzymic and enzymic reaction velocities; J. Theor. Biol. 2, 75 (1962)
[366] KOSHLAND, D. E. jr., and R. E. NEET: The catalytic and regulatory properties of enzymes; Ann. Rev. Biochem. 37, 672 (1968)
[367] LAIDLER, K. J.: Chemical kinetics of enzyme action; Clarendon Press, 1958
[368] LAIDLER, K. J.: Chemical kinetics, 2nd ed.; McGraw Hill, 1965
[369] LAZAROV, S. D., A. TRIFONOV und T. POPOV: Einiges zum Verhalten von p-Chinonen im aprotischen und protonenliefernden Medium; Z. Phys. Chem. 238, 145 (1968)
[370] LAZURKIN, J. S., M. D. FRANK-KAMENETZKI and E. M. TRIFANOV, Biopolymers 5, 1253 (1970)
[371] LEHRER, G. M., and R. BARKER: Conformational changes in rabbit muscle aldolase kinetic studies; Biochemistry 9, 1533 (1970)
[372] LEIGH, J. S. jr., and P. L. DUTTON: The primary electron acceptor in photosynthesis; Biochem. Biophys. Res. Comm. 46, 414 (1972)
[373] LIBERMAN, E. A., V. P. TOPALI, Z. M. TSOFINA, A. A. JASAITIS and V. P. SKULACHEV: Mechanism of coupling of oxidative phosphorylation and the membrane potential of mitochondria; Nature 222, 1076 (1969)
[374] LICHTENSTEIN, G. I.: The dynamic structure of proteins and enzyme catalysis; studia biophysica, Berlin 33, 185 (1972)
[375] LINDERSTRÖM-LANG, K., and J. SCHELLMANN: Protein structure and enzyme activity; The Enzymes, vol. 1, 1959, p. 443
[376] LIPMANN, F.: Metabolic generation and utilization of phosphate bond energy; Adv. Enzymol. 1, 99 (1941)
[377] LOTKA, A. J.: Zur Theorie der periodischen Reaktionen; Z. Phys. Chem. 72, 508 (1910)
[378] LOTKA, A. J.: Undamped oscillations derived from the law of mass action; J. Amer. Chem. Soc. 42, 1595 (1920)
[379] LOTKA, A. J.: Elements of physical biology; Dover Publications, Inc., 1925
[380] LUMRY, R.: Some aspects of the thermodynamics and mechanism of enzymic catalysis; The Enzymes, vol. 1, 1959, p. 157

[381] Lumry, R., and Sh. Rajender: Enthalpy — entropy compensation phenomena in water solutions of proteins and small molecules — an ubiquitous property of water; Biopolymers, **9**, 1125 (1970)
[382] Lymn, R. W., and E. W. Taylor: Transient state phosphate production in the hydrolysis of nucleoside triphosphates by myosin; Biochemistry **9**, 2975 (1970)
[383] Lyons, L. E.: Photo- and semi-conductance in organic crystals. V. Ionized states in molecular crystals; J. Chem. Soc., 5001 (1957)
[384] McClare, C. W. F.: Chemical machines, Maxwell's demon and living organisms.; J. Theor. Biol. **30**, 1 (1971)
[385] McClare, C. W. F.: In defence of the high energy phosphate bond; J. Theor. Biol. **35**, 233 (1972)
[386] McConnell, H. M., and B. C. McFarland: Physics and chemistry of spin labels; Quart. Rev. Biophys. **3**, 91 (1970)
[387] McCord, J. M., and I. Fridovich: The reduction of cytochrome c by milk xanthine oxidase; J. Biol. Chem. **243**, 5753 (1968)
[388] McCord, J. M., and I. Fridovich: Superoxide dismutase. An enzymic function for erythrocuprein (hemocuprein); J. Biol. Chem. **244**, 6049 (1969)
[389] Magnetic resonance in biological systems; Pergamon Press 1967
[390] Mallard, J. R., and M. Kent: Electron spin resonance in surviving rat tissues; Nature **210**, 588 (1966)
[391] Margoliash, E., and A. Schejter: Cytochrome c; Adv. Protein Chem. **21**, 113 (1966)
[392] Markby, J. L., M. N. Williams and O. Jardetzky: Nuclear magnetic resonance studies of the structure and binding sites of enzymes. XII. A conformational equilibrium in staphylococcal nuclease involving a histidine residue; Proc. Natl. Acad. Sci. (USA) **65**, 645 (1970)
[393] Massey, V., B. Curti and H. Ganther: A temperature-dependent conformational change in d-amino acid oxidase and its effect on catalysis; J. Biol. Chem. **241**, 2347 (1966)
[394] Masters, B. S. S., N. H. Bilimoria, H. Kamin and Q. H. Gibson: The mechanism of 1- and 2-electron transfers catalyzed by reduced triphosphorpyridine nucleotide-cytochrome c reductase; J. Biol. Chem. **240**, 4081 (1965)
[395] Maxwell, J. C.: Theory of heat; London, 1871
[396] Meadows, D., and O. Jardetzki: Nuclear magnetic resonance studies of the structure and binding sites of enzymes. IV. Cytidine-3-monophosphate binding to ribonuclease; Proc. Natl. Acad. Sci. (USA) **61**, 406 (1968)
[397] Metsner, H.: Lichtinduzierte Wasserspaltung im Photosynthese-Modell; Hoppe Seylers Z. Physiol. Chem. **349**, 1586 (1968)
[398] Michaelis, L.: Oxidation-reduction systems of biological significance. VI. The mechanism of the catalytic effect of Fe on the oxidation of cysteine; J. Biol. Chem. **84**, 777 (1929)
[399] Michaelis, L.: The formation of semiquinones as intermediary reduction products from pyocyanine and some other dyestuffs; J. Biol. Chem. **92**, 211 (1931)
[400] Michaelis, L.: Theory of reversible two-step oxidation; J. Biol. Chem. **96**, 703 (1932)
[401] Miller, R. L., and A. L. Bieber: Purification and properties of inosine monophosphate: pyrophosphate phosphoribosyltransferase; Biochemistry **7**, 1420 (1968)
[402] Milstien, S., and L. A. Cohen: Rate acceleration by stereopopulation control models for enzyme action; Proc. Natl. Acad. Sci. (USA) **67**, 1143 (1970)
[403] Mitchell, P.: Coupling of phosphorylation to electron and hydrogen transport by a chemiosmotic type of mechanism; Nature **191**, 144 (1961)
[404] Mitchell, P.: Chemiosmotic coupling in oxidative and photosynthetic phosphorylation; Biol. Rev. **41**, 445 (1966)
[405] Moelwyn-Hughes, E. A.: Physical chemistry and chemical kinetics of enzymes; The Enzymes, vol. 1, 1959, p. 28
[406] Morrison, M., S. Horie und H. S. Mason: Cytochrome c oxidase components. II. A study of the copper in cytochrome c oxidase; J. Biol. Chem. **238**, 2220 (1963)

[407] MURAOKA, S., and E. C. SLATER: Redox state of respiratory chain components in rat liver mitochondria. I. Effect of varying substrate concentration and azide; Biochim. Biophys. Acta **180**, 221 (1969)
[408] MURPHY, E. J., and A. C. WALKER: Electrical conduction in textiles; J. Phys. Chem. **32**, 1761 (1928)
[409] MURRAY, A. W.: Studies on the nature of the regulation by purine nucleotides of adenine phosphoribosyl transferase and of hypoxanthine phosphoribosyltransferase from Ehrlich ascites tumour cells; Biochem. J. **103**, 271 (1967)
[410] NOSTRAND, F. V., N. E. GEACINTOV and J. F. BECKER: The in vivo orientation of chlorophyl, in Book of abstracts. VI. Internat. Congr. on Photobiology; Bochum 21.—25. 8. 1972, N 230
[411] OCHOA, S.: "Coupling" of phosphorylation with oxidation of pyruvic acid in brain tissue; J. Biol. Chem. **138**, 751 (1941)
[412] OCHOA, S.: Efficiency of aerobic phosphorylation in cellfree heart extracts; J. Biol. Chem. **151**, 493 (1943)
[413] O'KONSKI, C. T., P. MOSER and M. SHIRAI: Electric properties of macromolecules. XI. Conductivity and dielectric constant of solid sodium, lithium, and magnesium deoxyribonucleates, in: Quantum aspects of polypeptides and polynucleotides; Intersci. Publ. 1964, p. 479
[414] OKUNUKI, K.: Denaturation and inactivation of enzyme proteins; Adv. Enzymol. **23**, 29 (1961)
[415] ONSAGER, L.: Reciprocal relations in irreversible processes I.; Phys. Rev. **37**, 405 (1931)
[416] ONSAGER, L.: Reciprocal relations in irreversible processes II.; Phys. Rev. **38**, 2265 (1931)
[417] ORME-JOHNSON, N. R., W. H. ORME-JOHNSON, R. E. HANSEN, H. BEINERT and J. HATEFI: EPR detectable electron acceptors in submitochondrial particles from beef heart with special reference to the iron-sulfur compound of DPNH-ubiquinon reductase; Biochem. Biophys. Res. Comm. **44**, 446 (1971)
[418] OSTERHOFF, L. J., and A. KUPPERMANN: Discussion on: Kinetics of electron transfer reactions in biological systems, in: Fast reactions and primary processes in chemical kinetics; (5st Nobel Symposium), Stockholm, 1967, p. 466
[419] Oxydases and related redox systems; Wiley, 1965, p. 929—942
[420] PACKER, L.: Metabolic and structural states of mitochondria I. Regulation by adenosine diphosphate; J. Biol. Chem. **235**, 242 (1960)
[421] PACKER, L.: Control of chloroplast structure by adenosine triphosphate, in: Photosynthesis mechanism of green plants; Publication N 1145 Natl. Acad. Sci. (USA), Washington 1963, p. 587
[422] PACKER, L.: Evidence of contractivity in chloroplasts, in: Biochemistry of chloroplasts; vol. I. Acad. Press, 1966, p. 233
[423] PACKER, L.: Structural changes in chloroplast membranes, in: Book of Abstracts, VI. Internat. Congress on Photobiology; Bochum 21.—25. 8. 1972, N 030
[424] PAULE, M. R.: The effect of temperature on the kinetics of adenosine diphosphoglucose pyrophosphorylase from *Rhodospirillum rubrum*; Biochemistry **10**, 4509 (1971)
[425] PECHT, J., and M. FARAGGI: Electron transfer to ferricytochrom c: reaction with hydrated electron and conformational transitions involved; Proc. Natl. Acad. Sci. (USA) **69**, 902 (1972)
[426] PENNISTON, J. T., R. A. HARRIS, J. ASAI and D. E. GREEN: The conformational basis of energy transformations in membrane systems I. Conformational changes in mitochondria; Proc. Natl. Acad. Sci. (USA) **59**, 624 (1968)
[427] PERUTZ, M.: Stereochemistry of cooperative effects in hemoglobin. Heme — heme interaction and the problem of allostery; Nature **228**, 726 (1970)
[428] PERUTZ, M.: Stereochemistry of cooperative effects in hemoglobin. Bohr effect and combination with organic phosphates; Nature **228**, 734 (1970)
[429] PERUTZ, M.: Nature of haem — haem interactions; Nature **237**, 495 (1972)

[430] PERUTZ, M., and L. F. TEN EYCK: Stereochemistry of cooperative effects in hemoglobin; Cold Spring Harbor Symp. Quant. Biol. **36**, 295 (1971)
[431] PRIGOGINE, J.: Structure, dissipation and life, in: Theoretical physics and biology; North-Holland Publ. Co., 1969, p. 23
[432] PRIVALOV, P. L., N. N. KHECHINASHVILI and B. P. ATANASOV: Thermodynamic analysis of thermal transitions in globular proteins. I. Calorimetric study of chymotrypsinogen, ribonuclease, and myoglobin; Biopolymers **10**, 1865 (1971)
[433] RACKER, E., N. NELSON and D. DETERS: Enzymatic of phosphorylation, in: Book of Abstracts, VI. Internat. Congr. on Photobiology; Bochum 21.—25. 8. 1972, N 033
[434] REEVES, S. C., P. HEATHCOLE and D. O. HALL: Stoichiometry of phosphorylation, basal electron transport and chloroplast structure, in: Book ob Abstracts, VI. Internat. Congr. on Photobiology; Bochum 21.—25. 8. 1972, N 284
[435] REUBEN, J., and F. J. KAYNE: Thallium-205 NMR study of pyruvate kinase and its substrates (evidence for a substrate induced conformational change); J. Biol. Chem. **246**, 6227 (1971)
[436] RIESKE, J. S.: Changes in oxidation-reduction potential of cytochrome b observed in the presence of actinomycin A; Arch. Biochem. Biophys. **145**, 179 (1971)
[437] ROSING, J., and E. C. SLATER: The value of $\Delta G°$ for the hydrolysis of ATP; Biochim. Biophys. Acta **267**, 275 (1972)
[438] ROSS, R. A., and C. A. VERNON: A reply to Douglas Wilkie; Chem. in Britain, **6**, 539 (1970)
[439] ROTHSTEIN, J.: Information, measurement and quantum mechanics; Science **114**, 171 (1951)
[440] ROTHSTEIN, J.: Information and thermodynamics; Phys. Rev. **85**, 135 (1952)
[441] ROTILIO, G., and L. CALABRESE: Properties of apoprotein and role of copper and zink in protein conformation and enzyme activity of bovine superoxide dismutase; Biochemistry **11**, 2182 (1972)
[442] ROTTENBERG, H., and T. GRUNWALD: Determination of ΔpH in chloroplasts. 3. Ammonium uptake as a measure of ΔpH in chloroplasts and subchloroplast particles; Eur. J. Biochem. **25**, 71 (1972)
[443] ROTTENBERG, H., T. GRUNWALD and M. AVRON: Determination of ΔpH in chloroplasts, I. Distribution of ^{14}C-methylamine; Eur. J. Biochem. **25**, 24 (1972)
[444] RÜTERJANS, H., H. WITZEL and O. PONGS: Proton magnetic resonance studies on ribonuclease T; Biochem. Biophys. Res. Comm. **37**, 247 (1969)
[445] SAHA, S., R. QUITRAKUL, S. IZAWA and N. E. GOOD: Electron transport and photophosphorylation in chloroplasts as a function of the electron acceptor; J. Biol. Chem. **246**, 3201 (1971)
[446] SCHEJTER, A., and P. GEORGE: The 695 mμ band of ferricytochrome c and its relation to protein conformation; Biochemistry **3**, 1045 (1964)
[447] SCHULDINER, SH., H. ROTTENBERG and M. AVRON: Determination of ΔpH in chloroplasts. 2. Fluorescent amines as a probe for the determination of ΔpH in chloroplasts; Eur. J. Biochem. **25**, 64 (1972)
[448] SELKOV, E. E.: Self-oszillations in glycolysis. I. A simple kinetic model; Eur. J. Biochem. **4**, 79 (1968)
[449] SHANNON, C. E., and W. WEAVER: The mathematical theory of communication; Univ. of. Illinois Press, 1949
[450] SHEVELLIER, J. S., J. JACQUOT-ARMAND and J. INN: Recherche d'une activité enzymatique dans les hydrolysats de trypsine; Biochim. Biophys. Acta **92**, 521 (1964)
[451] SHIAO, D. D. F.: Calorimetric investigations of the binding of inhibitors to α-chymotrypsin. II. A systematic comparison of thermodynamic function of variety of inhibitors to α-chymotrypsin; Biochemistry **9**, 1083 (1970)
[452] SHIAO, D. D. F., and J. M. STURTEVANT: Calorimetric investigations of the binding of inhibitors to α-chymotrypsin. 1. The enthalpy of dilution of α-chymotrypsin and of proflavin and the enthalpy of binding of indol, N-acetyl-D-tryptophan and proflavin to α-chymotrypsin; Biochemistry **8**, 4910 (1969)

[453] SHIKAMA, K.: Standard free energy maps for the hydrolysis of ATP as a function of pH, pMg and pCa; Arch. Biochem. Biophys. **147**, 311 (1971)

[454] SIGGEL, U., G. RENGER, H. H. STIEL and B. RUMBERG: Evidence for electronic and ionic interaction between electron transport chains in chloroplasts; Biochim. Biophys. Acta **256**, 328 (1972)

[455] SKULACHEV, V. P.: Adenosine diphosphate as a possible hydrogen carrier in the respiratory chain; Nature **198**, 444 (1963)

[456] SKULACHEV, V. P. u. a.: The effect of uncouplers on mitochondria, respiratory enzyme complexes, and artifical phospholipid membranes; Currents in Mod. Biol. **2**, 98 (1968)

[457] SKULACHEV, V. P., u. a.: Uncoupling of oxidative phosphorylation; energy-dependent anion transfer, discharge of membrane potential or electrophilic attack on coupling intermediate, in: The energy level and metabolic control in mitochondria; Adriatica Editrice, Bari, 1969, p. 283

[458] SLATER, E. C.: Mechanism of phosphorylation in the respiratory chain; Nature **172**, 975 (1953)

[459] SLATER, E. C.: The coupling between energy-yielding and energy-utilizing reactions in mitochondria; Quart. Rev. Biophys. **4**, 35 (1971)

[460] SLATER, E. C.: Energy-conservation mechanism of mitochondria, in: Electron transport and energy conservation; Adriatica Editrice, Bari, 1970, p. 363

[461] SLATER, N. B.: Gaseous unimolecular reactions: theory of the effects of pressure and of vibrational degeneracy; Phil. Trans. Roy. Soc. **A 246**, 57 (1953)

[462] SPENCE, J. T., M. HEYDANEK and P. HEMMERICH: An ESR study of molybdenum-flavin model reaction, in: Magnetic resonance in biological systems; Pergamon Press, 1967, p. 269

[463] STEINHARDT, J., and E. M. ZAISER: Kinetic study of the reversible acid denaturation of ferrihemoglobin; J. Amer. Chem. Soc. **75**, 1599 (1953)

[464] STELLEN, D.: Biosynthesis and pyrophosphate; Amer. J. Med. **28**, 867 (1960)

[465] STONE, D. J., T. BUCKMAN, P. L. NORDIO and H. M. MCCONNELL: Spin-labelled biomolecules; Proc. Natl. Acad. Sci. (USA) **44**, 1010 (1965)

[466] SZENT-GYORGYI, A.: Towards a new biochemistry; Science **93**, 609 (1941)

[467] SZENT-GYORGYI, A.: The study of energy-levels in biochemistry; Nature **148**, 157 (1941)

[468] SZILLARD, L.: Über die Entropieverminderung in einem thermodynamischen System bei Eingriffen intelligenter Wesen; Z. Physik **53**, 840 (1929)

[469] TAKANO, T., R. SWANSON, O. B. KALLAI and R. E. DICKERSON: Conformational changes upon reduction of cytochrome c; Cold Spring Harbor Symposium on Quant. Biol. **36**, 397 (1971)

[470] TALSKY, G., und W. MÜLLER: Temperaturverhalten einiger kinetischer Parameter bei der Hydrolyse von cyclischen Cytidin-2',3'-monophosphat durch Ribonuclease; Hoppe-Seylers Z. Physiol. Chem. **352**, 1681 (1971)

[471] TANFORD, C.: Protein denaturation; Adv. Protein Chem. **23**, 121 (1968)

[472] TAYLOR, E. W., R. W. LYMN and G. MOLL: Myosin-product complex and its effect on the steady-state rate of nucleoside triphosphate hydrolysis; Biochemistry **9**, 2984 (1970)

[473] TEIPEL, J. W., and D. E. KOSHLAND jr.: Kinetic aspects of conformational changes in proteins. I. Rate of region of enzyme activity from denatured proteins; Biochemistry **10**, 792 (1971)

[474] TEIPEL, J. W., and D. E. KOSHLAND jr.: Kinetic aspects of conformational changes in proteins. II. Structural changes in renaturation of denatured proteins; Biochemistry **10**, 798 (1971)

[475] THEORELL, H., and A. AKESSON: Absorption spectrum of further purified cytochrome c; Science **90**, 67 (1939)

[476] TUPPER, J. T., and H. TEDESHI: Mitochondrial membrane potentials measured with microelectrodes: probable ionic basis; Science **166**, 1539 (1969)

[477] TYLER, D. D., R. W. EASTBROOK and D. R. SANADI: Oxidative phosphorylation and energy-linked cytochrome b reduction with tetramethyl-p-phenylenediamine as substrate; Arch. Biochem. Biophys. **114**, 239 (1966)

[478] VELICK, S. F., J. P. BAGGOTT and J. M. STURTEVANT: Thermodynamics of nicotinamide-adenine dinucleotide addition to the glyceraldehyde-3-phosphate dehydrogenase of yeast and of rabbit. An equilibrium and calorimetric analysis over a range of temperatures; Biochemistry **10**, 779 (1971)
[479] VERNON, L. P.: Photochemical and electron transport reactions of bacterial photosynthesis; Bacteriolog. Rev. **32**, 243 (1968)
[480] VIERKE, G.: On the impossibility of an OH-radical model for photosynthetic water oxidation; Z. Naturforsch. **27** b, 172 (1972)
[481] VOLTERRA, V.: Leçons sur la théorie mathématique de la lutte pour la vie; Gauthiers-Villars, Paris 1931
[482] VREDENBERG, W. J., and L. N. M. DUYSENS: Light-induced oxydation of cytochrome in photosynthetic bacteria between 20 and −170 °C; Biochim. Biophys. Acta **79**, 456 (1964)
[483] WEAVER, E. C.: EPR studies of free radicals in photosynthetic systems; Ann. Rev. Plant Physiol. **19**, 283 (1968)
[484] WEAVER, E. C.: New light induced EPR signal in *Anacystis nidulans*; Nature **226**, 183 (1970)
[485] WEBER, G.: Fluorescence-polarisation spectrum and electronic-energy transfer in proteins; Biochem. J. **75**, 345 (1960)
[486] WILKIE, D.: Thermodynamics and biology; Chem. in Britain **6**, 472 (1970)
[487] WILSON, A. T., and M. CALVIN: The photosynthetic cycle. CO_2-dependent transients; J. Amer. Chem. Soc. **77**, 5948 (1955)
[488] WILSON, D. F., and P. L. DUTTON: The oxidation-reduction potentials of cytochrome a and a_3 in rat liver mitochondria; Arch. Biochem. Biophys. **136**, 583 (1970)
[489] WILSON, D. F., and P. L. DUTTON: Energy dependent changes in the oxidation-reduction potential of cytochrome b; Biochem. Biophys. Res. Comm. **39**, 59 (1970)
[490] WILSON, M. F., and C. GREENWOOD: Studies of ferricytochrome c. 2. A correlation between reducibility and the possession of the 695 nm absorbtion band of ferricytochrome c; Eur. J. Biochem. **22**, 11 (1971)
[491] WITT, H. T., A. MÜLLER and B. RUMBERG: Oxidized cytochromes and chlorophyll C_2^+ in photosynthesis; Nature **192**, 967 (1961)
[492] YAPEL, A.: Thesis; Univ. of Minnesota, 1966
[493] JASAITIS, A. A., I. I. SEVERINA, V. P. SKULACHEV and S. M. SMIRNOVA: A study on the mechanism of energy coupling in the redox chain. II. ATP supported generation of membrane potential in the respiratory chain — deficient submitochondrial particles; J. Bioenergetics **3**, 387 (1972)
[494] ZAIKIN, A. N., and A. M. ZHABOTINSKI: Concentration wave propagation in two-dimensional liquid-phase self-oscillating systems; Nature **225**, 535 (1970)
[495] ZAISER, E. M., and J. STEINHARDT: Effect of temperature on the reversible pH-dependent denaturation of horse ferrihemoglobin; J. Amer. Chem. Soc. **76**, 2866 (1954)
[496] ZIMM, B. H.: Theory of "melting" of the helical form in double chains of the DNA type; J. Chem. Phys. **33**, 1349 (1960)

Zusätzliche Literatur

[497] KEIZER, J., and R. F. FOX: Qualms regarding the range of validity of the Glansdorff-Prigogine criterion for stability of non-equilibrium states; Proc. Natl. Acad. Sci (USA) **71**, 192 (1974)
[498] LIFSHIZ, I. M., und A. J. GROSSBERG: Phasendiagramm eines polymeren Globulus und das Problem der Selbstorganisation seiner Raumstruktur; Zh. eksp. i teor. fiz. **65**, 2399 (1973)
[499] EDWARDS, S. F.: The statistical mechanics of polymers with excluded volume; Proc. Phys. Soc. **85**, 613 (1968)
[500] FREED, K. F.: Functional integrals and polymer statistics; Adv. Chem. Phys. **22**, 1 (1972)
[501] LIFSHIZ, I. M., und A. J. GROSSBERG: Zustandsdiagramm eines polymeren Globulus und das Problem der Selbstorganisation seiner Raumstruktur; Usp. fiz. Nauk **113**, 331 (1974)

[502] Frank-Kamenetzki, M. D., and J. S. Lazurkin: Conformational changes in DNA molecules; Ann. Rev. Bioph. Bioengin. **3**, 127 (1974)
[503] Privalov, P. L.: Thermal investigations of biopolymer solutions and scanning microcalorimetry; FEBS Letters **40**, S. 140 (1974)
[504] Privalov, P. L., and N. N. Khechinashvili: A thermodynamic approach to the problem of stabilization of globular protein structure: a calorimetric study; J. Mol. Biol. **86**, 665 (1974)
[505] Privalov, P. L., und N. N. Khechinashvili: Kalorimetrische Untersuchung der Hitzedenaturierung von Cytochrom c; Biofizika **19**, 14 (1974)
[506] Laviab, F., M. Rogard and A. Alfsen: Calorimetric determination of the enthalpy and heat capacity changes for the association of haptoglobin with hemoglobin. I. Demonstration of two interacting systems; Biochemistry **13**, 223 (1974)
[507] Shnoll, S. E., and E. P. Chetverikova: Synchronous reversible alterations in enzymatic activity (conformational fluctuations) in actomyosin and creatine kinase preparations; Biochim. Biophys. Acta **403**, 89 (1975)
[508] Williams, R. J. P.: The separation of electrons and protons during electron transfer: the distinction between membrane potentials and transmembrane gradients; Ann. N. Y. Acad. Sci. **227**, 98 (1974)
[509] Weber, G.: Addition of chemical and osmotic energies by ligand-protein interactions; Ann. N. Y. Acad. Sci. **227**, 486 (1974)
[510] Kuznetsov, A. N.: Die Spinsondenmethode; Nauka, Moskau 1976
[511] Seidel, J. C., J. Gergely and M. Chopek: The tryptic digestion of spin-labelled heavy meromyosin; Arch. Biochim. Biophys. **142**, 223 (1971)
[512] Seidel, J. C., and J. Gergely: Electron spin resonance of myosin spin labelled at S1 thiol groups during hydrolysis of adenosine triphosphate; Arch. Biochim. Biophys. **158**, 853 (1973)
[513] Medvedjeva, N. V., E. K. Ruuge und L. A. Blumenfeld: Temperaturabhängigkeit der ESR-Spektren von spinmarkiertem Myosin und seiner ADP-Komplexe; Biofizika **20**, 26 (1975)
[514] Ruuge, E. K., N. V. Medvedjeva, M. N. Vilenkina und L. A. Blumenfeld: Untersuchung von Konformationsänderungen des Myosins mit zwei Typen von Spinmarkern; Biofizika **21**, 409 (1976)
[515] Dobson, C. M., and R. J. P. Williams: An NMR study of the dynamics of inhibitor-induced conformational changes in lysozyme; FEBS Letters **56**, 362 (1975)
[516] Hvidt, A., and S. O. Nielson: Hydrogen exchange in proteins; Adv. in Protein Chem. **21**, 287 (1966)
[517] Englander, S. W., N. Dodner and H. Teitelbaum: Hydrogen exchange; Ann. Rev. Biochem. **41**, 903 (1972)
[518] Englander, S. W., and A. Rolfe: Hydrogen exchange of respiratory proteins. III. Structural and free energy changes in hemoglobin by use of a difference method; J. Biol. Chem. **248**, 4852 (1973)
[519] Blumenfeld, L. A., R. M. Davydov, S. N. Madonov and R. O. Vilu: Studies on the conformational changes of metalloproteins induced by electrons in water-ethylenglycol solutions at low temperatures. Hemoglobin; FEBS Letters **49**, 246 (1974)
[520] Blumenfeld, L. A., R. M. Davydov, D. Sh. Burbajev, A. F. Vanin, R. O. Vilu und S. N. Madonov: Nichtgleichgewichtsstrukturen metallorganischer Komplexe als aktive Zentren von Enzymen; Zh. strukt. khim. **15**, 1030 (1974)
[521] Blumenfeld L. A., R. M. Davydov, V. K. Vanag, S. N. Kuprin, N. S. Fel und P. I. Dolin: Impuls radiolytische Untersuchungen konformationeller Nichtgleichgewichtszustände des Hämoglobin und seiner Komplexe; Elektokhimia **13** (1977)
[522] Adair, G.: J. Biol. Chem. **63**, 529 (1925)
[523] Ogata, R. T., and H. M. McConnell: States of hemoglobin in solution; Biochemistry **11**, 4792 (1972)
[524] Monod, J., J. Wyman, J. P. and Changeux: On the nature of allosteric transitions: a plausible model; J. Mol. Biol. **12**, 88 (1965)

[525] Koshland, D. E. Jr., G. Nemethy and D. Filmer: Comparison of experimental binding data and theoretical models in protein containing subunits; Biochemistry **5**, 365 (1966)
[526] Huestis, W. H., and M. A. Raftery: Conformation and cooperativity in hemoglobin; Biochemistry **14**, 1886 (1975)
[527] Jermakov, Ju. A., V. I. Pasechnik, S. und V. Tulski: Untersuchung der Photodissoziation des CO-Hämoglobin bei verschiedenen Sättigungsgraden; Biofizika **20**, 591 (1975)
[528] Jermakov, Ju. A., und V. I. Pasechnik: Reaktionskinetik von Hämoglobin mit CO. I. Relaxationsmessungen bei photolytischer Belichtung; Biofizika **21**, 629 (1976)
[529] Jermakov, Ju. A., S. P. Kuprin, V. I. und Pasechnik: Reaktionskinetik von Hämoglobin mit CO. II. Die Untersuchung kinetischer Schemata in linearer Näherung; Biofizika **21**, 788 (1976)
[530] Pasechnik, V. I.: Über die Besonderheiten von Relaxationsexperimenten bei Proteinen mit „Gedächtnis"; Biofizika **21**, 746 (1976)
[531] Blumenfeld, L. A., Ju. A. Jermakov und V. I. Pasechnik: Reaktionskinetik von Hämoglobin mit CO. III. Zur Existenz von konformationell im Nichtgleichgewicht befindlichen Hämoglobinmolekülen in Prozessen der Bindung und Dissoziation von CO; Biofizika **22**, 8 (1977)
[532] Ulmer, D. D., and J. H. R. Käge: Hydrogen-deuterium exchange of cytochrome c. 1. Effect of oxidation state; Biochemistry **7**, 2710 (1968)
[533] Kuznetsov, A. N., und B. Ebert: Untersuchung von Konformationsänderungen der Moleküle des Rinderserumalbumin im Temperaturbereich der Vordenaturierung (reversible Konformationsänderungen) mit der Spinsondenmethode; Mol. biol. **9**, 407 (1975)
[534] Blumenfeld, L. A., R. M. Davydov, N. S. Fel, S. N. Madonov and R. O. Vilu: Studies on the conformational changes of metalloproteins induced by electrons in water-ethylenglycol solutions at low temperatures. Cytochrome c; FEBS Letters **45**, 256 (1974)
[535] Belovolova, L. V., L. A. Blumenfeld, D. Sh. Burbajev und A. F. Vanin: Über die Komplexbildung zwischen CO und Cytochrom c; Mol. biol. **9**, 934 (1975)
[536] Greschner, S., L. A. Blumenfeld, M. V. Genkin, R. M. Davydov and N. M. Roldugina: Kinetics of conformational changes in acidic ferricytochrome c induced by salts; studia biophysica (Berlin) **57**, 109 (1976)
[537] Blumenfeld, L. A., S. Greschner, M. V. Genkin, R. M. Davydov and N. M. Roldugina: Kinetic study of conformational changes in ferricytochrome c induced by pH change; studia biophysica (Berlin) **57**, 110 (1976)
[538] Schlesinger, J., and A. Levitzki: Molecular basis of negative cooperativity in rabbit muscle glyceraldehyde-3-phosphate dehydrogenase; J. Mol. Biol. **82**, 547 (1974)
[539] Chernavski, D. S.: Physikalische Modelle der biologischen Katalyse; Znanie, Moskau 1972
[540] Goldstein, B. I., M. A. Lifshiz und M. V. Volkenstein: Über kinetische Erscheinungen der Konformationsänderungen von Enzymen; Mol. biol. **8**, 784 (1974)
[542] Naktinis, I. N., und L. Ch. Chernjauskene: Über die Herkunft des SR-Signals freier Radikale in getrockneten tierischen Geweben; Biofizika **19**, 1039 (1974)
[543] Panemanglor, A. V.: Zur Rolle des Wassers und des Sauerstoffs bei der Bildung und dem Zerfall freier Radikale in Geweben tierischer Herkunft; Dissertation, MGU Moskau 1975
[544] Genkin, M. V., R. M. Davydov, O. V. Krylov und L. A. Blumenfeld: Der Einfluß der Immobilisierung auf die Kinetik von Konformationsübergängen im Ferricytochrom c, die durch Änderungen des pH-Wertes induziert wurden; Doklady AN (1976)
[545] Hall, D. O., R. Cammack and K. K. Rao: Non-hem iron proteins; in: Iron in biochemistry and medicine, Ed. Jacob, A. und M. Worwood, Acad. Press, London, p. 279, 1974
[546] Burbajev, D. Sh., und A. V. Lebanidze: Über die Heterogenität von Eisen-Schwefel-Zentren N-2 in Mitochondrien und Gewebe vom Rinderherz; Biofizika **21**, 942 (1976)
[547] Khangulov, S. V., M. G. Goldfeld und L. A. Blumenfeld: Über den Mechanismus des Zweielektronentransports in der photosynthetischen Elektronentransportkette Doklady AN **218**, 726 (1974)

[548] KHANGULOV, S. V., M. G. GOLDFELD and L. A. BLUMENFELD: Two-electron step in the photosynthetic electron transport; studia biophysica (Berlin) **48**, 85 (1975)
[549] GOLDFELD, M. G., S. V. KHANGULOV and L. A. BLUMENFELD: ESR signal response in short-flash-excited chloroplasts and the two-electron step in photosynthetic electron transport; Photosynthetica **10**, 946 (1976)
[550] BLUMENFELD, L. A.: Zu einigen physikalischen Aspekten der innerzellulären Energietransformation; Biofizika **21**, 946 (1976)
[551] WILSON, D. F., M. ERECINSKA, T. OHNISHI and P. L. DUTTON: Energy relationship between the redox and phosphorylation reactions in mitochondria; Bioelectrochem. and Bioenergetics **1**, 3 (1974)
[552] SKULACHEV, V. P.: Energietransformation in Biomembranen; Nauka, Moskau 1972
[553] NICHOLLS, D. G.: The influence of respiration and ATP hydrolysis on the proton-electrochemical gradient across the inner membrane of rat-liver mitochondria as determined by ion distribution; Eur. J. Biochem. **50**, 305 (1974)
[554] YAMAMOTO, T., and Y. TONOMURA: pH jump-induced phosphorylation of adenosine diphosphate in thylakoidal membranes. Dependence of the rate on pH and concentrations of substrates; J. Biochem. **77**, 137 (1975)
[555] JUNGE, W., and H. T. WITT: The ion transport system of photosynthesis. Investigations at a molecular level; Z. Naturforschg. **23**, 244 (1968)
[556] JUNGE, W., H. RUMBERG and H. SCHRÖDER: The necessity of an electric potential difference and its use for photophosphorylation in short flash groups; Eur. J. Biochem. **14**, 575 (1970)
[557] BALTSCHEFFSKY, M.: Reversible energization in photosynthesis as measured with endo-, geneous carotenoid; in: Dynamics of energy-transducing membranes, Ed. Ernster, Estabrook, Slater, Amsterdam p. 365, 1974

Sachregister

Bei Fragen zur Produktsicherheit wenden Sie sich bitte an:
If you have any questions regarding product safety,
please contact:

Walter de Gruyter GmbH
Genthiner Straße 13
10785 Berlin
productsafety@degruyterbrill.com